华为网络安全技术与实践系列

网络安全防御技术与实践

主编○李学昭　副主编○刘水　张娜　席友缘　技术指导○乔喆

Cybersecurity Defense Technologies and Practices

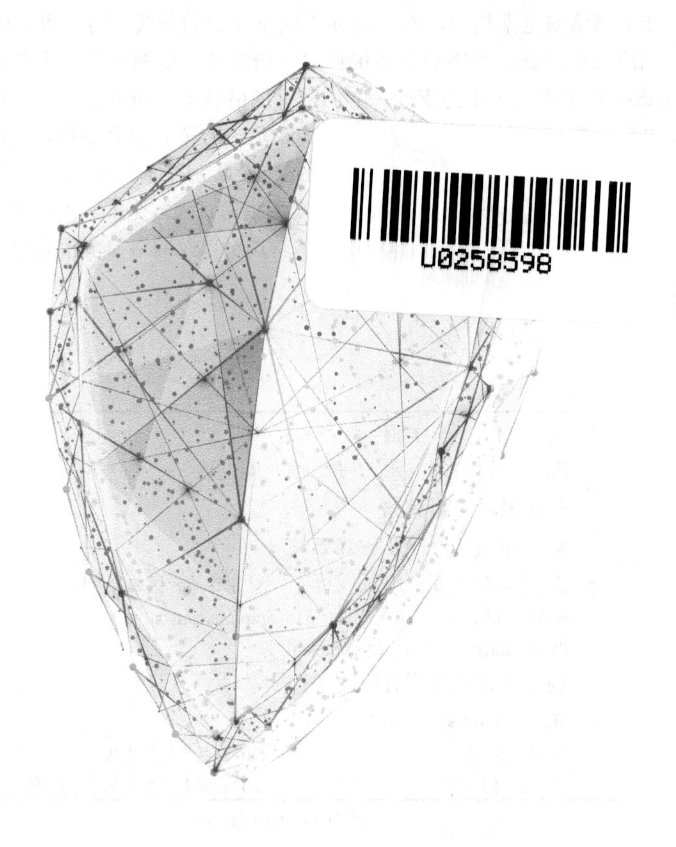

人民邮电出版社
北京

图书在版编目（CIP）数据

网络安全防御技术与实践 / 李学昭主编. -- 北京 :
人民邮电出版社, 2023.5（2024.3重印）
（华为网络安全技术与实践系列）
ISBN 978-7-115-61041-6

Ⅰ. ①网… Ⅱ. ①李… Ⅲ. ①计算机网络－网络安全
Ⅳ. ①TP393.08

中国国家版本馆CIP数据核字(2023)第031834号

内 容 提 要

在传统的网络安全架构中，网络边界是网络攻防的前线。防火墙、IPS、Anti-DDoS、安全沙箱等网络安全产品在网络安全防御活动中扮演着重要的角色。本书以 HCIP-Security 和 HCIE-Security 认证考试大纲为依托，介绍常见的网络安全防御技术，包括用户管理、加密流量检测、内容过滤、入侵防御、反病毒、DDoS 攻击防范和安全沙箱。通过介绍技术的产生背景、实现原理和配置方法，帮助读者掌握网络安全防御技术与实践。

本书是学习和了解网络安全防御技术的实用指南，内容全面、通俗易懂、实用性强，适合网络规划工程师、网络技术支持工程师、网络管理员以及网络安全相关专业的师生阅读。

◆ 主　　编　李学昭
副 主 编　刘　水　张　娜　席友缘
责任编辑　邓昱洲
责任印制　李　东　焦志炜
◆ 人民邮电出版社出版发行　　北京市丰台区成寿寺路 11 号
邮编　100164　　电子邮件　315@ptpress.com.cn
网址　https://www.ptpress.com.cn
固安县铭成印刷有限公司印刷
◆ 开本：700×1000　1/16
印张：26.25　　　2023 年 5 月第 1 版
字数：557 千字　　　2024 年 3 月河北第 5 次印刷

定价：149.00 元

读者服务热线：(010)81055552　印装质量热线：(010)81055316
反盗版热线：(010)81055315
广告经营许可证：京东市监广登字 20170147 号

华为网络安全技术与实践系列

丛书编委会

推荐序一

当今世界正处于百年未有之大变局，科技发展的主导权、世界经济结构、国际地缘政治以及社会文明治理体系都在发生深刻的变化。而网络空间在这场大变局中，扮演着举足轻重的角色。进一步地，网络安全能力成为国家竞争实力的重要体现。从《中华人民共和国网络安全法》到《中华人民共和国密码法》，再到《中华人民共和国数据安全法》和《中华人民共和国个人信息保护法》，我国在近十年内颁布了一系列与网络安全相关的法律、法规和政策，推动了从政府部门到关键信息基础设施管理方乃至个人对网络安全的重视。

从技术角度来讲，网络安全事件存在于信息系统及其应用的不同层面，从物理层到代码层，从数据层到应用层，每个层面都可能出现网络安全事件，从而导致不良的后果。

在物理层，针对信息系统的物理载体，从能量对抗的角度出发，攻击者可通过电磁干扰、物理破坏、资源耗尽、环境（包括能源）破坏等诸多方式，使信息系统瘫痪，以达到中断信息系统服务的目的。

在代码层，针对信息系统及其应用，从代码对抗的角度出发，攻击者可利用安全漏洞、社会工程、拒绝服务攻击等手段，获取信息系统的控制权以及相应的数据，或者阻断系统的服务，从而损害业务连续性。在代码的供应链环节，开源软件的安全不可忽视，曾经发生过攻击者通过向开源社区提交“带毒”源代码，让开发者在不知情的情况下应用到系统软件中，从而实现潜伏攻击的事件。

在数据层，针对用户数据等敏感信息，从算法对抗的角度出发，攻击者不仅可以通过APT手段进行数据窃取，也可以通过数据截取的方式破解加密数据，还可以通过加密用户数据的方式进行“勒索”，甚至可以通过直接擦除数据的方式销毁数据。

在应用层，针对具体的系统应用服务，例如内容服务，从认知对抗的角度出发，攻击者不仅可以对应用进行破坏性攻击，还可以通过互联网应用散布虚假消息，影响网民的认知，从而左右舆论导向。

网络安全事件会从多个维度影响国计民生，网络安全技术需要不断演进，夯实基础能力，从而实现网络安全防御。常规的网络安全防御模式分为自卫模式与护卫模式两类，前者依靠强化自身安全以自卫，后者依靠外部协助防御来护卫。护卫模式的本质在于具备攻击感知能力、攻击研判能力以及攻击阻截能力。可以说，感知是基础，研判是核心，阻截是根本，自卫是底线。

华为作为全球领先的ICT基础设施供应商，基于对ICT的理解、对网络安全技术的认识，通过业界知名的网络安全红线能力要求，为其ICT产品构建了自卫能力。而对于网络空间安全能力的构建，则更聚焦于探索面向外置系统保护的护卫模式。“华为网络安全技术与实践系列”汇集了华为丰富的实践经验，内容适合企业高端管理者、安全工程技术人员和网络安全专业的学生阅读。未来希望政府、企业、高校和科研院所等多方能够共同协作，打造我国网络安全的保护盾。

方滨兴，中国工程院院士

2022年12月

推荐序二

网络空间已成为一个国家继陆、海、空、天四个疆域之后的第五疆域，保障网络空间安全就是保障国家主权。没有网络安全就没有国家安全，网络安全是国家安全战略的一部分。近年来，国家从战略高度有力地支持着网络安全产业的发展。

网络安全是建设数字世界、发展数字经济的重中之重，体现了国家信息化建设的水平和综合国力，是“两个强国”建设的重要支撑。如果网络安全没有保障，网络基础设施的根基就不稳固，网络就可能被操控。国家坚持网络安全与信息化发展并重，这要求我们既要推进网络基础设施建设，鼓励技术创新和应用，又要建设健全网络安全保障体系，提高网络安全防护能力。

在互联网发展的上半场，即以日常生活为应用场景的消费互联网时代，我国已经走在前列，建成了全球最大的消费互联网。在互联网不断深入社会各领域的同时，互联网发展的下半场，即将信息化、数字化技术广泛应用于实体经济的工业互联网时代，也悄然开局。

互联网如果能与实体经济紧密结合，将产生相较于消费领域更大的效能，从而极大提高经济社会发展水平。但是新的领域也意味着有新的需求，在互联网发展的下半场，我们还有很多挑战需要克服，譬如网络确定性的要求越来越高、差异化的需求越来越多。其中不可避免地也包括对网络安全的要求越来越高。与消费互联网相比，工业互联网一旦遭受攻击，很可能会对工业生产运行造成巨大影响，进而引发安全生产事故，这就给工业互联网的网络安全、设备安全、控制安全、数据安全等带来了挑战。

2022年，我国工业互联网安全态势整体平稳，但恶意网络行为持续活跃，对工业控制系统及设备的攻击持续增多，受攻击的行业范围扩大，工业互联网安全形势严峻。这提醒我们要加快培育形成网络安全人才培养、技术创新、产业发展的良性生态链，提供网络安全防护服务的企业更要提高应对网络安全风险挑战的能力，以新的安全架构筑牢网络强国屏障。

华为在网络安全领域有着20多年的实践经验，“安全可信”这一理念已经融入华为的产品和解决方案，助力其为全球约1/3的人口提供服务。在这个过程中，华为积累了丰富的安全技术、解决方案和实践经验。现在，为助力网络安全产业发展、加强网络安全人才体系建设，华为推出了“华为网络安全技术与实践系列”。这套丛书内容涉及华为的网络安全理念、产品技术、解决方案和工程实践，分享了华为多年来积淀的经验，体现了华为对网络安全产业的重视，以及作为全球领先的ICT基础设施供应商的责任担当。

网络安全与信息化建设需要更多的人才，需要企业相互协同，开放合作。我相信，在大家的共同努力下，我们的国家一定可以抓住信息技术发展的机遇，实现技术突破，从信息大国成长为信息强国。我对中国信息技术的未来充满信心。

刘韵洁，中国工程院院士

2022年12月

丛书序

随着政企数字化转型的不断深入，业务上云、万物互联、万物智联成为网络发展的趋势。网络结构在这一趋势的推动下不断演化，在促进政企业务发展的同时，安全暴露面也呈指数级增长。同时，百年变局和世纪疫情交织叠加，世界进入动荡变革期，不稳定性不确定性显著上升。网络外部环境越来越恶劣，网络空间对抗趋势越来越突出，大规模针对性网络攻击行为不断增加，安全漏洞、数据泄露、网络诈骗等风险持续加剧。

如何在日益严峻复杂的网络安全环境下守住安全底线，为数字化转型战略的顺利实施提供可靠的安全保障，这是整个产业界需要研究和解决的严峻问题。

第一，网络安全是数字中国的基础，法律法规是安全建设的准则。没有网络安全就没有国家安全。为了应对日益增长的网络安全风险，近年来，国家出台了《中华人民共和国网络安全法》《中华人民共和国数据安全法》《关键信息基础设施安全保护条例》等一系列法律法规，对网络安全建设提出了更高的要求，为网络安全产业的发展指明了方向。

第二，网络安全建设应该遵循"正向建、反向查"的思路，提供面向确定性业务的韧性保障。"正向建"，首先是通过供应链可信、硬件可信和软件可信，构建ICT基础设施的"可信基座"；其次是采用SRv6、FlexE切片等"IPv6+"技术构建确定性网络，确保"网络可信"；最后是基于数字身份和信任评估框架，加强设备和人员的身份验证，确保"身份可信"。"反向查"，首先是通过全域监测，查漏洞、查病毒、查缺陷、查攻击；其次是通过智能防御、基于AI的威胁关联检测、云地联邦学习等技术，大幅提升威胁检出率；最后是以“云—网—端”协同防护构建一体化安全，提升网络韧性。“正向建”从可信的视角打造信任体系，提升系统内部的确定性；“反向查”从攻击者的视角针对性地构建威胁防御体系，消减外部威胁带来的不确定性。

第三，强化网络安全运营和人才培养，改变“重建设、轻运营”的传统观念。部署安全产品只是网络安全建设的第一步，堆砌安全产品并不能提升网络安全实效。产品上线之后的专业运营才是达成网络安全实效的关键保障。部署的很多安全产品因为客户缺乏运营能力，都成了“僵尸”产品，难以发挥出真实的防护能力。我国网络安全专业人才缺口大，具备专业技能和丰富经验的网络安全人才一直供不应求。安全从业者的能力和意识都有待全面提升。

华为在网络安全领域有着20多年的实践，安全的基因已融入华为所有的产品和解决方案中，助力其为全球约1/3的人口提供服务。在长期的实践中，华为积累和沉淀了特有的安全技术、解决方案和实践经验。

为助力网络安全产业发展、网络安全人才体系建设，我们策划了“华为网络安全技术与实践系列”图书，内容来自华为网络安全专家多年的沉淀和总结，涉及技术、理论和工程实践，读者范围覆盖管理者、工程技术人员和相关专业师生。

- 面向管理者，回顾安全体系和理论的发展历程，提出韧性架构与技术体系，介绍华为的解决方案架构，并给出场景化解决方案。
- 面向工程技术人员，总结华为在网络安全产业长期积累的技术知识和实践经验，原理与实践结合，介绍相关安全产品、技术和解决方案。
- 面向相关专业师生，介绍网络安全领域的关键技术和典型应用。

我们力争以朴实、严谨的语言呈现网络安全领域具体的逻辑和思想。衷心希望本丛书对企业用户、网络安全工程师、相关专业师生和技术爱好者掌握网络安全技术有所帮助。欢迎读者朋友提出宝贵的意见和建议，与我们一起不断丰富、完善这些图书，为国家的网络安全建设添砖加瓦。

丛书编委会

2022年10月

前言

在传统的网络安全架构中，划分安全区域是网络设计的第一步。把不同安全等级的资源划分到不同的安全区域中，并在安全区域边界实施安全检查，是防火墙的核心作用。随着攻防态势的不断变化，防火墙提供的安全检查能力也在不断增强。构建安全区域边界需要综合利用防火墙和其他网络安全产品的能力，最大限度地降低攻击者入侵的可能性。

首先，你无法保护你看不见的东西，提高网络流量可视性是防御入侵的第一步。必须清楚地知道网络中部署着哪些信息资产，才能合理地划分安全区域。同样地，必须清楚地知道哪些用户在访问哪些应用，才能发现异常访问行为，阻断恶意流量。近年来，随着用户隐私保护和网络安全意识的增强，互联网中的加密流量已经超过90%。然而，加密流量的增长也为网络安全带来了新的隐患，超过70%的网络攻击采用了加密技术。主流的解决方法是解密流量，让防火墙等网络安全产品可以针对解密后的流量实施安全检查。此外，通过应用识别能力，可以更精确地呈现网络流量模型，为基于应用的管控提供可能。通过用户认证与用户管理，识别流量IP地址与用户之间的映射关系，可以为网络行为管控和权限分配提供基于用户的管理维度。知道“谁”在实施恶意行为，可以显著缩短对攻击的响应时间。

其次，根据业务需求部署精确的安全策略，限制进出网络的流量，以最大限度地缩小攻击面。如前所述，应用识别、用户认证与用户管理为安全策略提供了新的管控维度，提高了安全策略的可读性。你可以放行指定用户访问合法应用的流量，也可以禁止任何人访问高风险应用。部署精确的安全策略是缩小攻击面最简单、有效的方法。在此基础之上，你还可以采用URL过滤和DNS过滤技术防止用户访问恶意网站，采用文件过滤技术防止恶意软件的投递，采用内容过滤技术阻止敏感信息的传播。为了防御“网络钓鱼”攻击，你可以采用邮件过滤技术拦截钓鱼邮件。上述过滤技术可以进一步缩小攻击面，进而提高网络安全性。

再次，采用入侵防御技术、反病毒技术，阻止已知威胁。开发人员网络安全意识薄弱、系统的复杂度不断提高、日常维护和管理不到位等因素导致漏洞不可避免，给网络安全带来隐患。入侵防御技术依托持续更新的特征库，可以准确地检测并立即阻止隐藏于网络流量中的攻击，从而大幅降低漏洞带来的风险。在网络边界启用病毒检测，可以实时阻断常见的病毒、木马、蠕虫等恶意软件，避免其通过网络传输进入内网。此外，针对游戏、直播、电商等行业的DDoS攻击愈演愈烈，攻击数量和攻击流量屡创新高，部署专业的DDoS防御解决方案，成为相关行业保障业务连续的重要手段。

最后，依托安全沙箱，检测和防范未知威胁。随着APT攻击、勒索病毒、挖矿病毒等新型攻击手段的不断发展，传统的基于特征的防御手段暴露出很大的局限性。恶意代码复杂、多变，基于特征匹配的入侵防御技术和反病毒技术，依赖特征库的开发与更新，无法快速检测和阻断新型攻击。在这种情况下，基于安全沙箱的动态检测技术成为必要的补充。在安全沙箱中动态检测文件的行为，已经成为应对新型攻击的必备手段。

本书以等级保护技术标准要求为切入点，按照上述系统化的防御思路，详细介绍增强区域边界安全的关键技术。本书以华为安全产品为基础，介绍各种技术的产生背景、技术实现原理及配置指导等内容。

本书共7章。第1章和第2章介绍网络可视性手段，包括用户管理技术和加密流量检测技术。第3章介绍缩小攻击面的方法，即内容过滤技术。第4章～第6章介绍防范已知威胁的技术，包括反病毒技术、入侵防御技术和DDoS攻击防范技术。第7章介绍防御未知威胁的技术，即安全沙箱。

第1章　用户管理技术

用户管理技术的本质是根据用户接入网络时的认证信息，将流量的源IP地址与用户身份建立关联。之后，防火墙就可以基于用户身份动态控制其网络访问权限，从而解决动态地址的管控难题。防火墙可以作为认证点，也可以同步其他认证点的结果。这一章介绍防火墙的用户管理体系和认证方法，展示如何基于用户来进行访问控制。

第2章　加密流量检测技术

在互联网流量加密日益增长的背景下，网络攻击者也越来越多地利用加密流量来隐藏攻击行为。加密流量检测技术是应对这一趋势的重要手段。在用户的授权下，防火墙等安全产品解密加密流量，获得明文数据并实施安全检查。本章介绍加密技术的基础知识，提供加密流量检测的原理和典型场景。此外，鉴于加密流量检测技术还存在部分限制，本章还介绍一种采用不解密的方式来检测安全威胁的技术，即ECA（Encrypted Communication Analytics，加密通信分析）技术。

第3章　内容过滤技术

内容过滤技术是一组防火墙特性的统称，有针对特定协议和应用的URL过滤、DNS过滤和邮件过滤，也有针对协议和应用中具体数据内容的文件过滤、内容过滤和应用行为控制。综合运用这些技术，可以管控网络中的业务行为，把暴露面控制在尽量小的范围内。这一章介绍各种内容过滤技术的原理和配置方法。

第4章　入侵防御技术

入侵是指攻击者利用系统漏洞或社会工程学手段，非法进入信息系统的行为。入侵行为会破坏信息系统的完整性、机密性和可用性，给用户单位带来直接损失。本章介绍入侵检测和入侵防御的概念和基本工作原理，展示防火墙和专业入侵防御设备的配置、部署方法。

第5章　反病毒技术

计算机病毒快速增多，新型病毒层出不穷，严重威胁生产、生活安全。除了在计算机终端安装杀毒软件，在网络边界处部署网关反病毒功能也是保护网络免受病毒侵害的重要手段。本章简要回顾病毒的基础知识，介绍网关反病毒的基本原理和配置逻辑，并通过实践演示反病毒的应用效果。

第6章　DDoS攻击防范技术

以关键信息基础设施为目标的DDoS攻击已跃升为国家级网络安全威胁之首。DDoS攻击的峰值流量越来越大，攻击频率越来越高，攻击手法也越来越复杂。本章介绍DDoS攻击的现状和发展趋势，阐述典型DDoS攻击的原理与防御手段，介绍华为Anti-DDoS解决方案及其典型场景。

第7章　安全沙箱

安全沙箱是一种在隔离环境下运行程序的安全机制，用于检测不受信任的文件，确认是否存在安全风险。安全沙箱是应对未知威胁的重要技术手段。这一章介绍使用华为安全沙箱FireHunter检测未知威胁的原理以及FireHunter的典型应用。

致谢

本书由华为技术有限公司数据通信数字化信息和内容体验部组织编写。在写作过程中，华为数据通信产品线的领导给予了很多的指导、支持和鼓励，人民邮电出版社的编辑给予了严格、细致的审核。在此，诚挚感谢相关领导的帮助，感谢本书各位编委和人民邮电出版社各位编辑的辛勤工作！

以下是参与本书编写和技术审校的人员名单。

主编：李学昭。

编委：李学昭、刘水、张娜、席友缘、闫广辉、赵洁。

技术审校：陈甲、董亮、范贤均、郭璞、何新乾、廉乐凯、刘晓亮、米淑云、任仲党、王涛、吴波、杨莉、张爱玲、郑言。

参与本书编写和技术审校的人员虽然有多年从业经验，但因水平有限，书中难免存在不妥之处，望读者不吝赐教，在此表示衷心的感谢。

本书常用图标

防火墙 核心交换机 汇聚交换机 接入交换机 路由器 骨干路由器 AP

       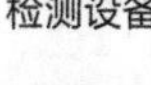 

检测设备 清洗设备 管理中心 IDS/IPS设备 分光器 FireHunter NAS

服务器 服务器集群 FTP服务器 文件服务器 Web服务器 邮件服务器 代理服务器

AD服务器 RADIUS服务器 HiSec Insight 流探针 控制器 客户端 出差员工

攻击者 特征库 PC 僵尸主机 失陷主机 平板计算机 手机

网络用户 管理者 用户代理 浏览器 数据中心 企业 网络

目 录

第1章　用户管理技术

在企业网络中，用户是访问网络资源的主体，对用户进行合理的认证授权是企业安全管控的基本要求。通过用户管理技术，可实现基于用户账号的资源访问控制、行为审计。用户管理技术的核心就是防火墙作为认证点进行认证，或者同步其他认证点的用户认证结果，将流量的源IP（Internet Protocol，互联网协议）地址识别为用户，从而实现基于用户账号动态控制其网络访问权限。

本章主要介绍防火墙的用户管理技术，包括用户认证体系及基于用户的访问控制等内容。

1.1 用户管理概貌

本节首先介绍用户管理基础知识，然后介绍用户组织结构及用户认证体系等。从广义上说，防火墙中的用户包括设备管理员和访问网络资源的用户，而访问网络资源的用户又分为从企业内网发起访问的上网用户和通过VPN（Virtual Private Network，虚拟专用网络）方式远程接入的用户（接入用户）。本章重点介绍上网用户，不详细介绍接入用户，仅介绍接入用户与上网用户的关系。

1.1.1 用户管理基础知识

由于移动办公的普及，用户IP地址经常发生变化，传统的以IP地址作为资源访问控制对象的方式已经无法满足精细化管控的需求，根据用户账号进行管控才是“王道”。

防火墙上的用户是访问网络资源的人员在网络世界的身份映射，例如张三的用户账号是zhangsan。防火墙的用户管理功能就是将业务访问流量的源IP地址识别为用户，从而控制用户资源访问权限，用户管理基本流程如图1-1所示。

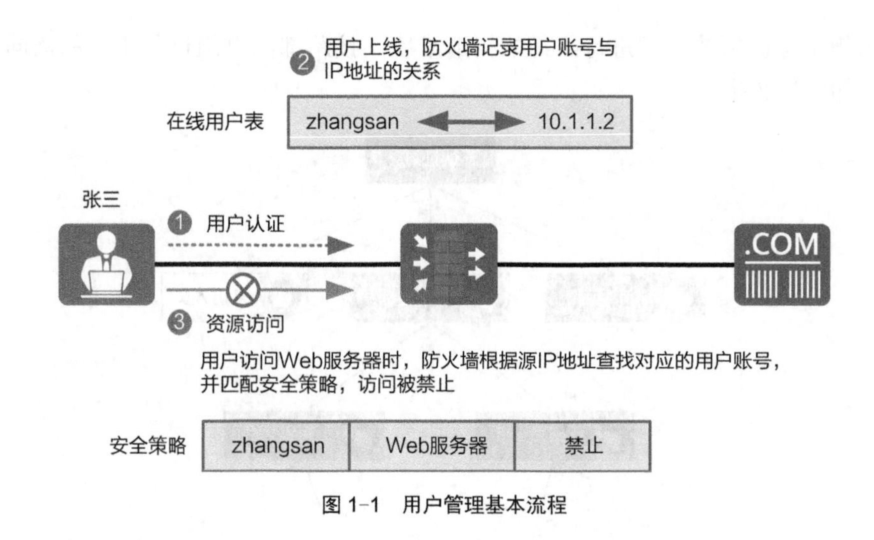

图 1-1 用户管理基本流程

从图1-1可以看出用户管理的两个关键因素。

① 在防火墙上部署认证功能。用户认证通过后，防火墙将IP地址和用户账号的关系记录到在线用户表。当IP地址发生变化时，防火墙需要重新认证用户，更新IP地址和用户账号的对应关系。

② 在安全策略中引用用户账号作为匹配条件，实现基于用户的访问控制。

同时，用户认证通过后，用户后续的资源访问日志中将记录账号信息，便于企业审计。

需要注意一点，防火墙基于IP地址来识别用户，一个IP地址只能对应一个在线用户，不支持多个用户使用同一IP地址上线。当用户与防火墙之间存在NAT（Network Address Translation，网络地址转换）设备、代理服务器等设备时，不同用户的源IP地址被转换为同一个IP地址后才到达防火墙。在这种场景下，防火墙无法区分不同的用户。

1.1.2 用户组织结构

在第1.1.1节中我们了解了用户管理的基本流程，基于用户的管控需要在安全策略中引用用户账号作为匹配条件。实际上，企业通常都会按照部门层级划分组织结构。因此，在防火墙上也需要一套相应的用户组织结构，方便企业管理员分级、分层对用户权限进行管理。

防火墙上的用户组织结构就是企业真实组织结构的映射。根据需求，用户组织结构包括按部门进行组织的树形维度、按跨部门群组进行组织的横向维度，如图1-2所示。

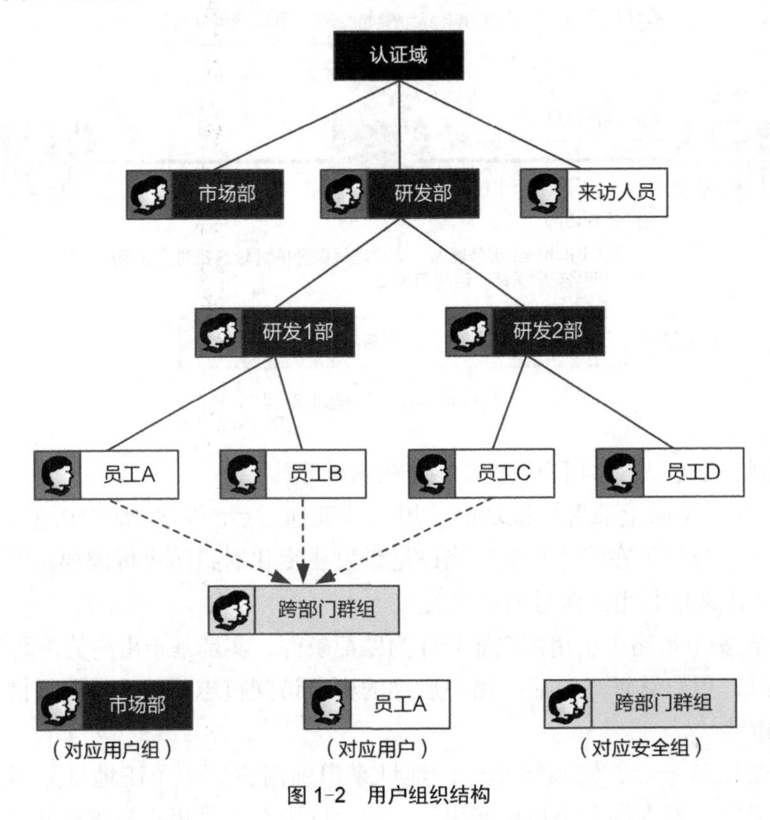

图1-2 用户组织结构

1. 认证域

树形组织结构的树根就是大家已经很熟悉的AAA（Authentication，Authorization and Accounting，身份认证、授权和记账协议）中的认证域（domain）。防火墙默认设置一个名为default的认证域，你可以根据需求新建认证域。

每个认证域都拥有独立的树形组织结构，类似于微软AD（Active Directory，活动目录）协议、LDAP（Lightweight Directory Access Protocol，轻量目录访问协议）等认证服务器上的域结构。各认证域中的用户账号独立，允许不同认证域中的账号重名。登录用户属于哪个认证域由用户账号中“@”后携带的字符串来决定。如果使用新创建的认证域，用户登录时需要输入“用户名@认证域名”；如果使用默认的default认证域，则用户登录时只需要输入用户名。

另外，认证域也是决定内置Portal认证中用户认证方式的关键一环，决定了对用户进行本地认证还是服务器认证，后文介绍内置Portal认证时将详述其原理。

2. 用户组 / 用户

认证域的下级就是分层组织中的各级用户组和用户，可以理解为企业的各级部门和员工。这里的“用户”，与大家熟悉的其他数据通信产品中AAA的本地用户是不同的。本地用户是扁平结构，防火墙的用户组织结构是树形的，方便分级控制，而且用户的属性更丰富。如图1-3所示，“所属用户组”指示用户在树形组织结构中的位置。

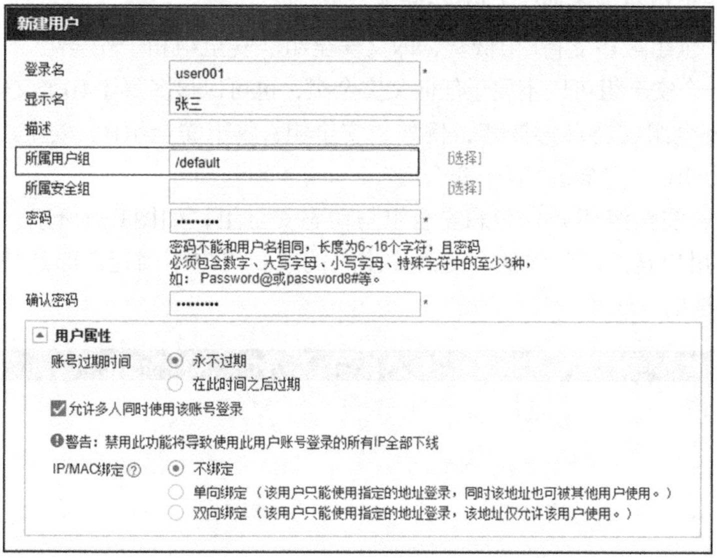

新建用户
登录名 user001 *
显示名 张三
描述
所属用户组 /default [选择]
所属安全组 [选择]
密码 •••••••••• *
密码不能和用户名相同，长度为6~16个字符，且密码必须包含数字、大写字母、小写字母、特殊字符中的至少3种，如：Password@或password8#等。
确认密码 •••••••••• *
用户属性
账号过期时间 永不过期 / 在此时间之后过期
允许多人同时使用该账号登录
警告：禁用此功能将导致使用此用户账号登录的所有IP全部下线
IP/MAC绑定 不绑定 / 单向绑定（该用户只能使用指定的地址登录，同时该地址也可被其他用户使用。）/ 双向绑定（该用户只能使用指定的地址登录，该地址仅允许该用户使用。）

图 1-3　防火墙中的用户组 / 用户

树形组织结构的约定如下。

- 防火墙最多支持20层用户结构，包括认证域和用户，即认证域和用户之间最多允许存在18层用户组。
- 每个用户组可以包括多个用户和子用户组，但每个用户组只能属于一个父用户组。
- 一个用户只能属于一个父用户组。
- 用户组可以重名，但用户组在组织结构中的全路径必须具有唯一性。例如，/default/department1/research和/default/department2/

research是两个不同的用户组。防火墙中的用户组都使用从认证域开始的全路径表示。

3. 安全组

用户组/用户是“纵向”的组织结构，体现了用户所属的组织关系；安全组则是“横向”的组织结构，可以把不同部门的用户划分到同一个安全组，从新的管理维度来对用户进行管理。管理员基于安全组配置安全策略后，安全组中的所有成员用户都会继承该策略，这就使得对用户的管理更加灵活和便捷。

安全组一般是平铺的，当然也支持嵌套，具体约定如下。

- 一个用户最多属于40个安全组。
- 安全组最多支持3层嵌套，即父安全组、安全组和子安全组。
- 一个安全组可以不属于任何父安全组，也可以最多属于40个父安全组。
- 安全组支持环形嵌套，例如，安全组A属于安全组B，安全组B属于安全组C，安全组C属于安全组A。

另外，安全组还分为静态安全组与动态安全组，如图1-4所示。静态安全组的成员用户是静态配置的。动态安全组的成员用户不固定，而是基于一定条件动态筛选的。

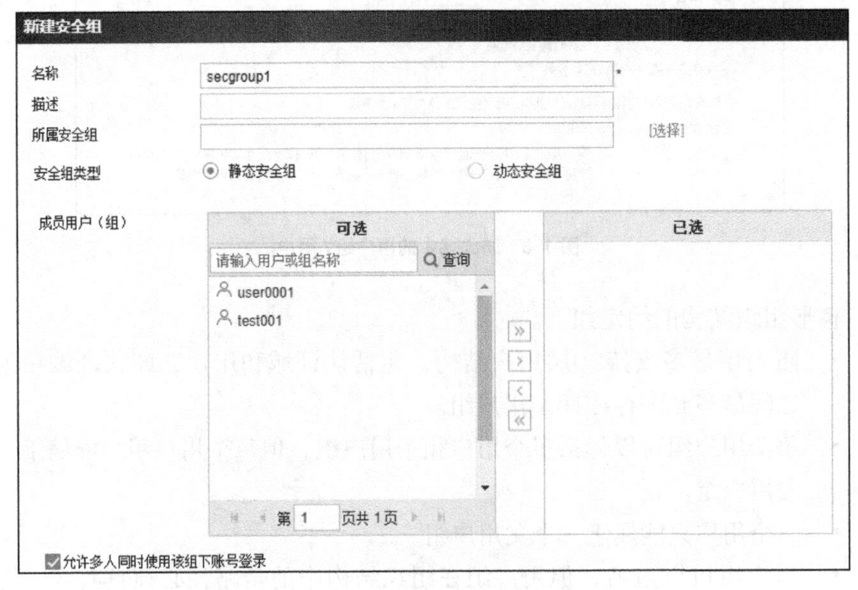

图 1-4　防火墙中的安全组类型

防火墙基于用户组/用户、安全组两个维度的组织结构进行管理，也与第三方认证服务器相呼应。例如，AD服务器、Sun ONE LDAP服务器上除树形组织结构之外，也存在横向的组织结构。当企业使用第三方认证服务器存储用户组织结构时，防火墙可以与认证服务器无缝对接，实现对用户的管控。

如图1-5所示，AD服务器中的组织单位对应防火墙的用户组/用户，安全组对应防火墙的静态安全组，通信组一般用于发邮件等，与访问控制无关。如图1-6所示，Sun ONE LDAP服务器中的组织单位（Organization Unit）对应防火墙的用户组/用户，静态组（Static Group）对应防火墙的静态安全组，动态组（Dynamic Group）对应防火墙的动态安全组。

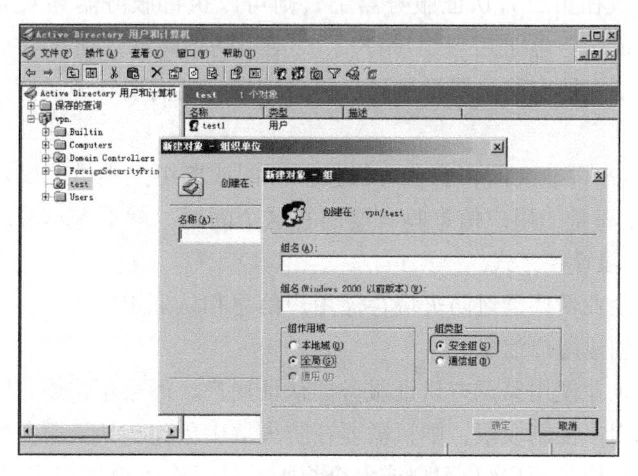

图 1-5　AD 服务器的组织结构

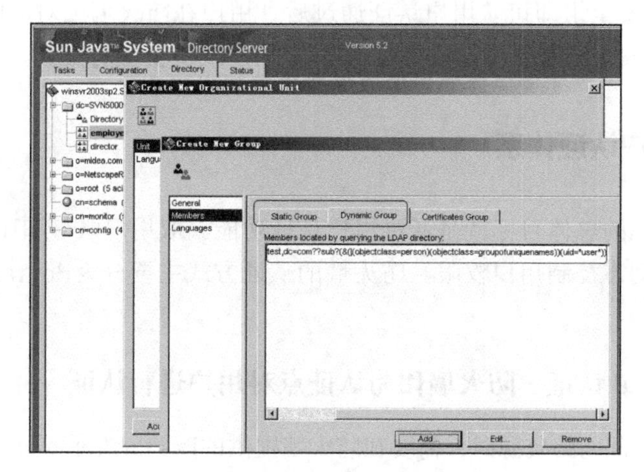

图 1-6　Sun ONE LDAP 服务器的组织结构

4. 在防火墙上建立用户组织结构的方式

在防火墙上建立用户组织结构的方式包括如下3种。

- **手动创建：**管理员根据企业组织结构手动创建用户组/用户、安全组，并配置用户属性。
- **从CSV文件导入：**管理员将用户组/用户信息、安全组信息按照指定格式写入CSV（Comma-Separated Values，逗号分隔值）文件中，再将CSV文件导入防火墙，批量创建。
- **从认证服务器导入：**如果企业已经部署身份验证机制，并且用户信息都存放在第三方认证服务器上，则可以执行服务器导入策略，将第三方认证服务器上用户组/用户、安全组的信息导入防火墙。如果认证服务器不支持向防火墙批量导入用户信息，则需要管理员使用前两种方式创建。

看到这里你可能会问，企业一般按照部门或群组控制员工权限，有必要在防火墙上创建海量的用户信息吗？要回答这个问题，就不得不考虑企业规划的认证方式和权限管控方式。

- 如果企业希望通过防火墙存储用户信息和认证用户身份，则必须在防火墙上创建用户信息。
- 如果企业使用第三方认证服务器认证用户，而且不需要在防火墙上基于具体用户控制权限，则只需要在防火墙上创建与认证服务器相同的用户组织结构（用户组/用户或安全组）。然后在安全策略中引用用户组/用户或安全组即可。用户认证通过后，用户在防火墙上对应的用户组/用户或安全组中上线，获得该用户组/用户或安全组的权限。

1.1.3 用户认证体系

用户管理的总体目标就是通过用户认证功能获取用户账号和IP地址的对应关系，从而动态控制用户权限。防火墙的认证方式主要分为Portal认证和单点登录两大类。

1. Portal 认证：防火墙作为认证点对用户进行认证

当用户访问网络资源时，需要在防火墙提供的Portal认证页面中输入用户账号（用户名）、密码，如图1-7所示，认证通过后用户在防火墙上线。

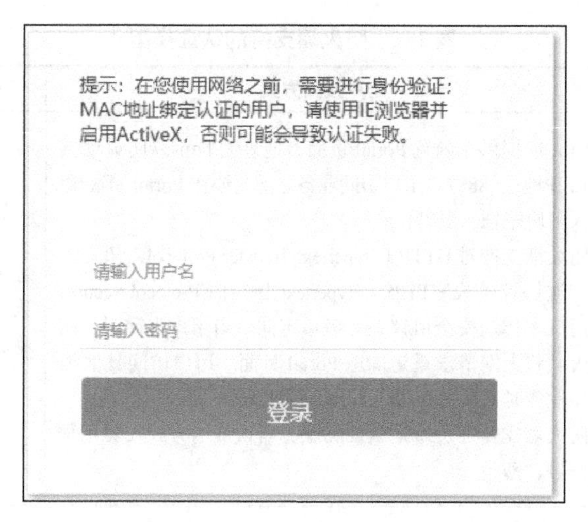

图 1-7　Portal 认证页面

2. 单点登录：防火墙接收其他认证点的用户认证结果

如果企业已经部署认证机制，例如Windows的AD域认证，防火墙直接获取用户认证的结果，将用户在防火墙上同步上线。这种认证方式称为单点登录。单点登录使得用户可一处认证多处使用，简化用户登录流程。图1-8所示为单点登录示意图，防火墙获取不同认证系统用户认证结果的方式不同，具体将在第1.3节介绍。

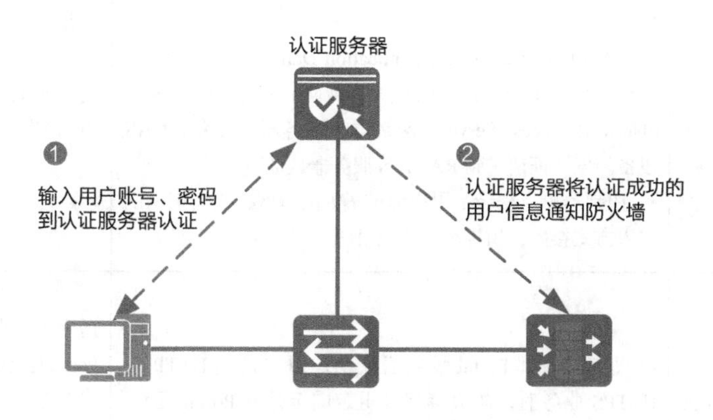

图 1-8　单点登录示意图

了解以上知识后，我们再具体看一下防火墙支持的认证类型，如表1-1所示。

表 1-1　防火墙支持的认证类型

认证类型	用户接入方式	适用场景
内置 Portal 认证	防火墙提供了内置 Portal 页面，地址为 https:// 防火墙接口 IP地址 :8887。用户访问业务之前需要在 Portal 页面输入用户账号、密码。 防火墙支持对 HTTP（Hypertext Transfer Protocol，超文本传送协议）或 HTTPS（Hypertext Transfer Protocol Secure，超文本传送安全协议）业务重定向。当用户上网时，防火墙将上网请求重定向至 Portal 页面。用户访问其他类型业务时，须主动访问 Portal 页面完成认证。 防火墙支持通过本地认证和服务器认证的方式校验用户账号、密码	适用于将防火墙作为认证点，直接由防火墙认证用户的场景
免认证	免认证是内置 Portal 认证的一种特殊情况。用户直接访问网络资源，感知不到认证过程。 防火墙将用户账号与 IP地址或 MAC（Medium Access Control，介质访问控制）地址双向绑定。当用户接入网络时，防火墙通过识别绑定关系，使用户自动通过认证	一般适用于企业的高级管理者。免认证既简化了认证过程，又限制了使用的 IP 地址或 MAC 地址，提高了安全性
单点登录	用户使用已有认证系统的接入方式。防火墙从认证系统间接获取用户认证信息，不用再次认证用户。 • AD 单点登录：用户登录 AD 域，由 AD 服务器认证用户。 • RADIUS（Remote Authentication Dail-In User Service，远程身份验证拨号用户服务）单点登录：用户接入 NAS（Network Access Server，网络访问服务器）设备，NAS 设备转发认证请求到 RADIUS 服务器认证。 • 控制器单点登录：用户通过华为的园区控制器提供的接入方式接入，由控制器认证用户	适用于企业已经部署好了认证系统，但是需要通过防火墙进行访问控制的场景
外部 Portal 认证	防火墙与外部 Portal 服务器联动，用户访问 HTTP 或 HTTPS 业务时，防火墙将其重定向至外部 Portal 页面，由外部 Portal 服务器认证用户	适用于企业部署了其他 Portal 服务器的情况。目前常用的外部 Portal 服务器是华为公司的园区控制器

1.1.4　认证策略

前文介绍了防火墙支持的各种认证方式，那么，防火墙采用哪种认证方式来认证用户呢？这就要引出认证策略这个概念。

认证策略用于决定防火墙需要对哪些流量进行认证，以及采取何种认证方式。匹配认证策略的流量必须经过防火墙的身份认证才能通过防火墙。例如，图1-9所示的认证策略限制10.1.1.0/24网段的用户必须经过Portal认证才能访问业务。

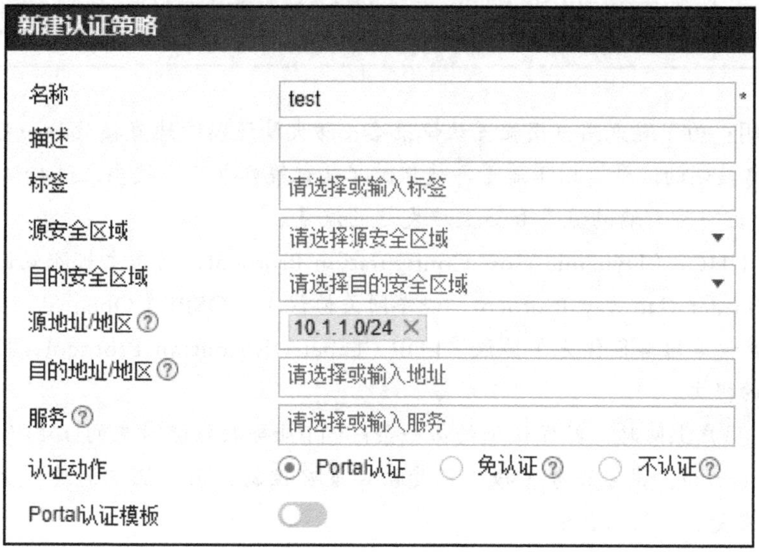

新建认证策略

名称　test *
描述
标签　请选择或输入标签
源安全区域　请选择源安全区域
目的安全区域　请选择目的安全区域
源地址/地区　10.1.1.0/24
目的地址/地区　请选择或输入地址
服务　请选择或输入服务
认证动作　Portal认证　免认证　不认证
Portal认证模板

图 1-9　认证策略

防火墙默认存在一条名为default的认证策略，认证动作为不认证。当需要进行身份认证时，请按需配置认证策略。认证策略是基于用户的策略管控的入口条件，只有当用户流量匹配认证策略，并且用户认证通过防火墙上线时，防火墙上基于用户配置的策略才生效。

看到这里你可能会疑惑，认证策略中的认证动作与第1.1.3节中介绍的认证方式并不完全对等，认证动作没有“单点登录”。表1-2列出了认证策略中的认证动作，看完你就明白了。

认证策略配置的正确与否直接影响业务处理。一旦配置认证策略，匹配认证策略的流量必须经过认证。

表 1-2　认证策略中的认证动作

认证动作	应用场景
Portal 认证	对符合条件的用户流量进行 Portal 认证，包括内置 Portal 认证和外部 Portal 认证
免认证	以下两种认证方式，均需要配置认证动作为免认证的认证策略。 • 免认证：用户无须输入用户账号、密码，防火墙通过识别流量的 IP/MAC 地址与用户账号的绑定关系，使用户上线。 • 单点登录：在单点登录场景下，防火墙不作为认证点，只是被动接收用户上线消息。因此，在单点登录场景下，认证策略中的认证动作配置为免认证。用户通过第三方认证服务器的认证后，直接在防火墙上线
不认证	适用于不需要认证的数据流，例如内网 PC 之间互访的流量、PC 在线更新操作系统的流量等。这些流量只受防火墙安全策略的控制，不用进行认证

说明：为了避免用户误配置认证策略，防火墙还贴心地直接放行一些不用受认证策略控制的流量。以下流量即使匹配了认证策略也不会被要求进行认证。

- 访问防火墙的流量和防火墙发起的流量。
- DHCP（Dynamic Host Configuration Protocol，动态主机配置协议）、BGP（Border Gateway Protocol，边界网关协议）、OSPF（Open Shortest Path First，开放最短路径优先）协议、LDP（Label Distribution Protocol，标签分发协议）的报文。
- 用户上网时，触发认证的第一条HTTP业务数据流对应的DNS（Domain Name Service，域名服务）报文不受认证策略控制，用户认证通过、上线后的DNS报文受认证策略控制。

认证策略的匹配规则与安全策略的类似，都是按照策略列表的顺序由上向下匹配的，只要匹配一条认证策略就不再继续匹配。如果所有认证策略都未匹配，则按默认认证策略的动作处理。

当发现流量无法按预期通过防火墙时，要注意排查是否是由认证策略导致的。举个例子，如图1-10所示，PC无法访问服务器，但是安全策略配置没有问题。

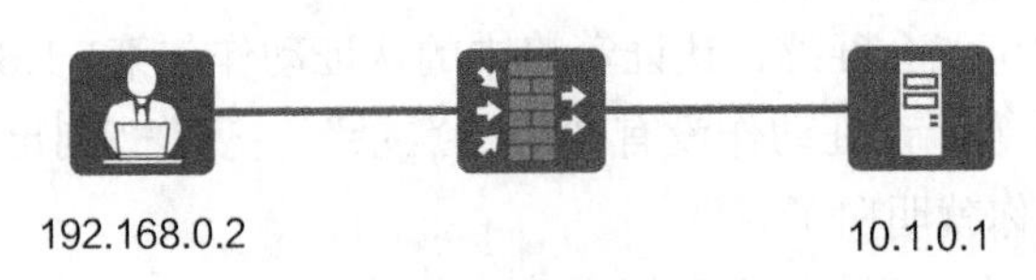

图 1-10　排查认证策略示例

查看流量统计，发现UM_FIRST_PROCCESS_FAIL模块存在丢包。UM模块就是用户管理模块，据此可以判定流量被认证策略丢包。

```
[sysname-diagnose] display firewall statistic acl source-ip 192.168.0.2
Current Show sessions count:1
 Protocol(ICMP) SourceIp(192.168.0.2) DestinationIp(10.1.0.1)
 SourcePort(1) DestinationPort(2048) VpnIndex(public)
             RcvnFrag     RcvFrag     Forward     DisnFrag     DisFrag
 Obverse(pkts) :4           0           0           4            0
 Reverse(pkts) :0           0           0           0            0

 Discard detail information:
  UM_FIRST_PROCCESS_FAIL            :    4
```

查看认证策略的配置，发现源IP地址是192.168.0.2的流量匹配了图1-11所示的认证策略。如果确认该流量不需要认证，调整认证策略配置即可。

名称	描述	标签	源安全区域	目的安全区域	源地址/地区	目的地址/地区	服务	认证动作	Portal认证模板	命中次数
test			Any	Any	192.168.0.0/255.255.255.0	Any	Any	Portal认证		8 清除

图1-11 认证策略匹配结果

非HTTP/HTTPS流量更容易出现上述例子中的问题。用户访问非HTTP/HTTPS业务时，防火墙不会向用户推送Portal认证页面，管理员往往很难意识到是认证策略的问题。还是那句话，一旦配置认证策略，匹配认证策略的流量必须通过身份认证。

1.2 内置Portal认证

Portal认证也被称为Web认证。用户上网或访问资源服务器时，必须在Portal认证页面进行认证，认证成功后才能访问网络资源。防火墙提供内置Portal认证页面，当流量经过防火墙时可以触发Portal认证。

1.2.1 内置 Portal 认证基础知识

1. 会话认证与事前认证

根据用户接入Portal认证页面的方式，内置Portal认证分为会话认证和事前认证两类。

会话认证：当用户访问HTTP/HTTPS的网页时，流量匹配认证策略，防火墙将用户的访问请求重定向到内置Portal认证页面（https://防火墙接口IP地址:8887）。用户通过认证后才能继续访问网页。在默认情况下，防火墙只重定向HTTP请求，可以按需开启HTTPS请求重定向。

事前认证：当用户访问FTP（File Transfer Protocol，文件传送协议）、SMTP（Simple Mail Transfer Protocol，简单邮件传送协议）等其他非HTTP/HTTPS业务时，用户必须事先主动访问Portal认证页面进行认证，通过认证后再访问业务。

2. 基础配置

我们以图1-12所示的用户上网场景为例，通过内置Portal认证的基础配置过程来直观了解内置Portal认证。

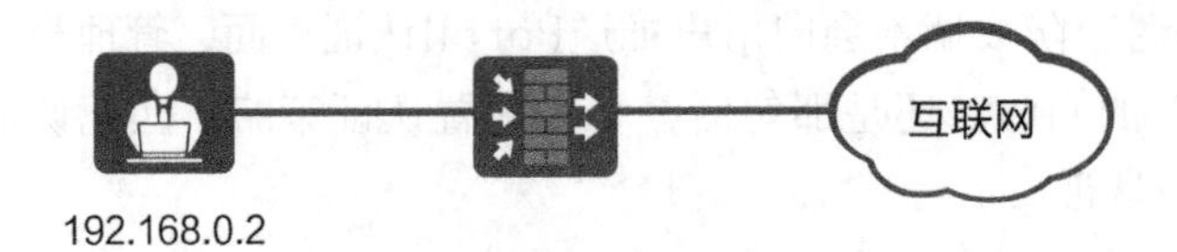

图 1-12 内置 Portal 认证组网示意图

① 新建认证策略，如图1-13所示，控制流量必须通过Portal认证才能通过防火墙。

② 新建（本地）用户，如图1-14所示。

③ 配置Portal认证的安全策略，允许防火墙对用户上网流量重定向，如表1-3所示。

其中，第一条是允许用户访问防火墙内置Portal认证页面的安全策略，第二条是允许用户客户端的DNS请求报文通过防火墙的安全策略。用户发起HTTP连接时，用户客户端需要通过DNS请求报文获取域名对应的IP地址，然后才能发起HTTP连接，触发重定向认证。

新建认证策略

名称　test *
描述
标签　请选择或输入标签
源安全区域　请选择源安全区域
目的安全区域　请选择目的安全区域
源地址/地区　192.168.0.0/24
目的地址/地区　请选择或输入地址
服务　请选择或输入服务
认证动作　Portal认证　免认证　不认证

图 1-13　新建认证策略

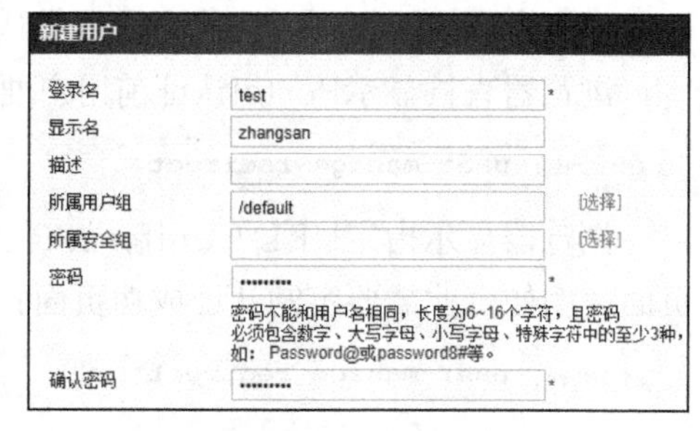

图 1-14　新建用户

表 1-3　配置 Portal 认证的安全策略

编号	源设备	源 IP 地址	源端口	目的设备	目的 IP 地址	目的端口	协议
1	用户	Any	Any	防火墙	接收 HTTP 流量的接口 IP 地址：192.168.0.6	8887	TCP
2	用户	Any	Any	DNS 服务器	DNS 服务器的 IP 地址	53	DNS

在默认情况下，防火墙以接收用户HTTP流量的接口IP地址作为Portal认证页面的地址。但是，如果用户客户端与这个接口地址之间路由不可达，则需要自行设置与用户客户端路由可达的接口IP地址为Portal认证页面地址。

```
[sysname] user-manage redirect-authentication ipv4 10.1.1.1
```

执行如上命令后，需要将第一条安全策略中的目的IP地址指定为此命令中配置的地址。

④ 用户通过浏览器上网时，被重定向至Portal认证页面进行认证。用户在Portal认证页面中输入用户账号、密码，通过认证后，在防火墙上生成在线用户表，如图1-15所示。之后用户就可以正常访问资源。

用户名(显示名)	所属组	IP地址	认证方式	接入方式	终端设备	登录时间/冻结时间
test	/default	192.168.0.2	本地认证	本地	unknown	2022-06-21 17:13:44登录

图 1-15　在线用户表

3. 会话认证通过后的跳转设置

在默认情况下，用户通过Portal认证后，浏览器显示用户上线成功的页面。对于会话认证，可以使用命令调整认证通过后浏览器显示的页面。

浏览器直接显示Portal认证前用户要访问的页面，简化用户操作：

```
[sysname] user-manage redirect
```

浏览器显示指定URL（Uniform Resource Locator，统一资源定位符）的页面，例如企业需要定制认证成功页面：

```
[sysname] user-manage redirect url
```

4. HTTPS 重定向

在默认情况下，防火墙只将目的端口为80的HTTP业务请求重定向至Portal认证页面，对目的端口为443的HTTPS业务请求不进行重定向。针对HTTPS业务请求，用户必须主动访问防火墙的Portal认证页面进行认证，再发起业务请求，否则业务请求将被阻断。

使用命令**https** { **enable** | **disable action** { **bypass** | **block** } }，可以修改HTTPS业务请求的处理方式。

- **enable**表示对HTTPS业务请求进行重定向。
- **disable action bypass**表示直接放行HTTPS业务请求，用户不进行认证即可访问HTTPS业务。
- **disable action block**表示阻断HTTPS业务请求，用户必须主动访问Portal认证页面进行认证，认证成功后才可以访问业务。

若要启用HTTPS重定向，需要创建自定义Portal认证模板，在自定义模板中设置Portal认证页面的URL，并启用HTTPS重定向。

```
[sysname] user-manage portal-template test          //创建自定义Portal认证模板
[sysname-portal-template-test] portal-url https://192.168.0.6:8887    //在自定义模板中指定内置Portal认证页面的URL
[sysname-portal-template-test] https enable        //启用HTTPS重定向
```

然后，在认证策略中引用自定义Portal认证模板，如图1-16所示。

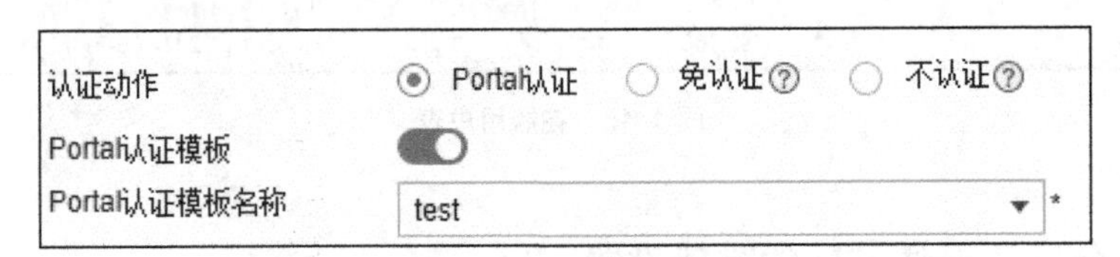

图 1-16 在认证策略中引用自定义 Portal 认证模板

5. 自定义 Portal 认证页面

为满足企业个性化定制的需求，防火墙支持修改内置Portal认证页面的样式，具体如图1-17所示。

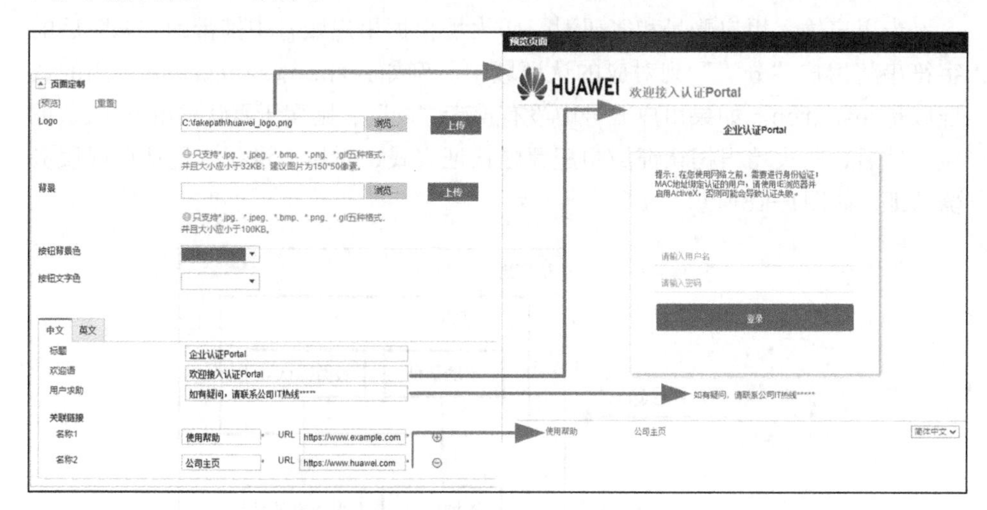

图 1-17　自定义 Portal 认证页面

1.2.2　本地认证与服务器认证

前文介绍了内置Portal认证的基本过程，那么防火墙如何校验用户输入的用户账号和密码呢？从这个角度划分，内置Portal认证可分为本地认证和服务器认证两种方式。

- **本地认证：**防火墙通过本地用户校验用户账号和密码。
- **服务器认证：**防火墙将用户账号和密码转发至认证服务器校验。防火墙支持RADIUS、HWTACACS（Huawei Terminal Access Controller Access Control System，华为终端访问控制器访问控制系统）、LDAP、AD服务器认证。

本地认证比较好理解，就是在防火墙上创建用户、认证用户。第1.2.1节就是以本地认证为例讲解的。但是大中型企业通常都会部署认证服务器，此时就涉及防火墙与认证服务器的对接。

1. 防火墙如何确定采用的认证方式

在内置Portal认证中，防火墙使用AAA机制对用户进行认证，管理员需要在认证域中设置使用的认证方式，包括本地认证和服务器认证。

当用户输入用户账号和密码时，防火墙根据用户账号中携带的“@”后的字符串将用户“分流”到对应的认证域中。例如，zhangsan@research的认证域是research。如果用户账号中没有携带“@”，则属于默认的default认证域。然后，防火墙根据认证域中配置的认证方式，对用户进行本地认证或服务器认证，如图1-18所示。

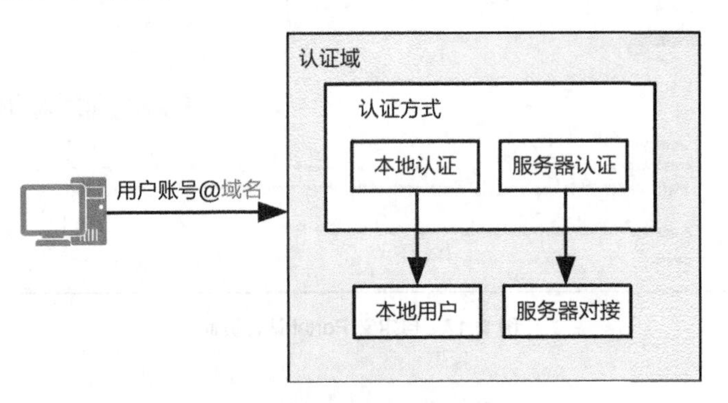

图 1-18　认证域与认证方式

本地认证需要在防火墙中创建本地用户，服务器认证需要在认证域中引用认证服务器的配置。下面就分别介绍这两种认证方式的配置方法。

2. 本地认证

如果防火墙采用本地认证，则需要管理员按照第1.1.2节的内容在防火墙中规划并创建用户、用户组和安全组。

① 可选：按需新建认证域，如图1-19所示。如果使用default认证域则不必新建认证域。

② 在认证域下，指定认证方式为本地认证，并根据用户组织结构新建用户、用户组、安全组，如图1-20所示。

图1-20所示的“用户所在位置”配置项，对应AAA的认证方案和认证模式配置。因为配置了test认证域，所以用户输入用户账号时必须输入“用户名@test”。

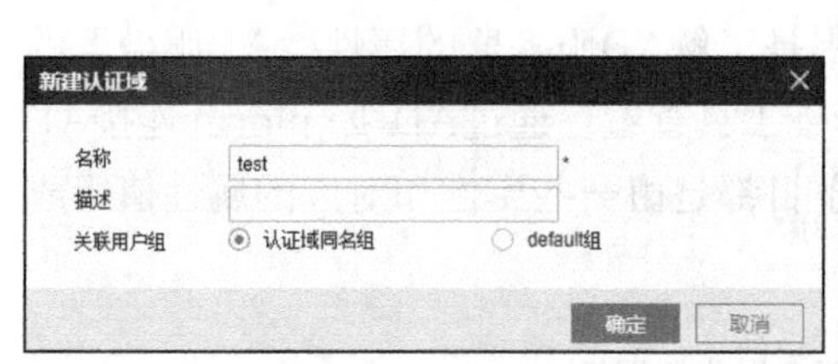

图 1-19　新建认证域

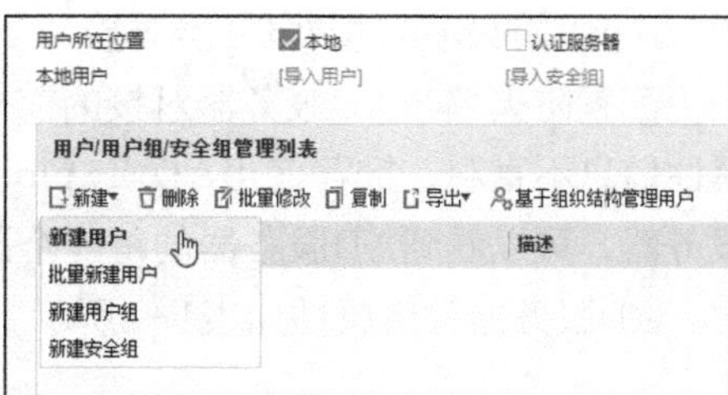

图 1-20　本地认证

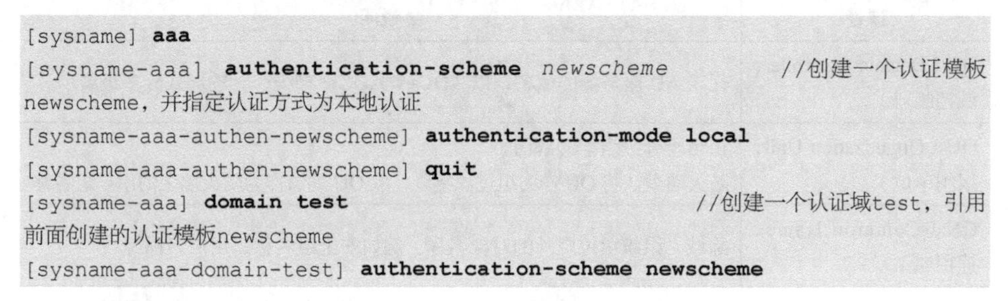

```
[sysname] aaa
[sysname-aaa] authentication-scheme newscheme                //创建一个认证模板newscheme，并指定认证方式为本地认证
[sysname-aaa-authen-newscheme] authentication-mode local
[sysname-aaa-authen-newscheme] quit
[sysname-aaa] domain test                 //创建一个认证域test，引用前面创建的认证模板newscheme
[sysname-aaa-domain-test] authentication-scheme newscheme
```

3. 服务器认证

如果防火墙采用服务器认证，则需要配置认证服务器对接、从认证服务器导入用户等。服务器认证相对复杂，这里主要以微软的AD服务器认证为例讲解。

AD服务器与LDAP服务器类似，都是以目录的形式存储用户信息。如图1-21所示，AD服务器中有以域名为顶级节点的树形目录结构，域名下级有组织单位（部门）和用户。

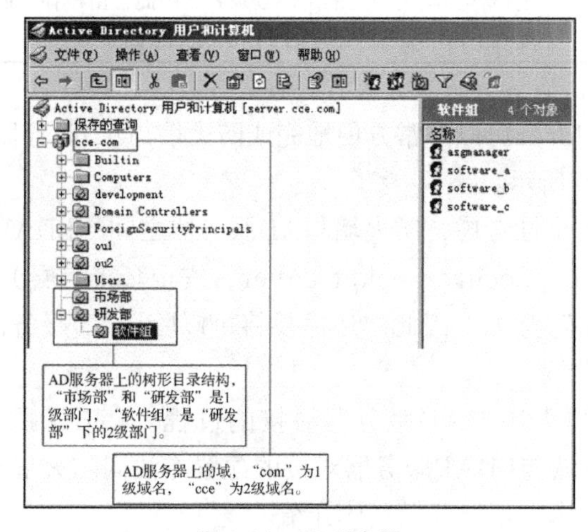

图 1-21　AD 服务器

（1）防火墙与AD服务器对接

配置防火墙与AD服务器对接的前提是了解AD服务器的属性。AD服务器的属性信息不直观，推荐使用AD Explorer工具查看。通过AD Explorer连接AD服务器，可以看到AD服务器的每一个条目都是由一些属性和对应的属性值组成的。AD服务器常用属性如表1-4所示。

表 1-4　AD 服务器常用属性

属性	说明
DC（Domain Controller，域控制器）	代表 AD 服务器的域名，以“DC=***,DC=***……”的形式分多级展示
OU（Organization Unit，组织单位）	相当于分级组织的部门。 防火墙默认将 OU 作为组过滤字段，取 OU 的值作为防火墙上的用户组名称
CN（Common Name，通用名）	除域、组织单位以外的对象名称，例如安全组名称、用户名称等
DN（Distinguished Name，区别名）	唯一标识某个节点在“目录树”上的位置，相当于从一级域名到该节点所在位置的路径。 例如，DN 为 OU=employee,DC=cce,DC=com，代表在 cce.com 域名下名为 employee 的组织单位。 Base DN 表示根节点，也就是域名的 DN，例如 DC=cce,DC=com
sAMAccountName	在 AD 服务器中创建用户时的“用户登录名”（Windows 2000 以前版本）参数，也就是用户登录时使用的账号。 防火墙默认将 sAMAccountName 作为用户过滤字段，取 sAMAccountName 的值作为防火墙上的用户登录名。因此，用户在 Portal 认证页面登录时，输入的用户账号为用户的 sAMAccountName 属性值

借助AD Explorer可以非常方便地完成防火墙与AD服务器对接配置，配置对应关系如图1-22所示。

另外，出于安全性考虑，防火墙与AD服务器之间的LDAP认证过程默认采用LDAP over SSL（Secure Socket Layer，安全套接字层），也就是图1-22所示的“启用SSL”开关。因此，还需要将可以验证AD服务器证书的CA证书导入防火墙。

上文介绍了防火墙与AD服务器对接的过程。LDAP服务器常用属性如表1-5所示，防火墙与LDAP服务器对接的配置方法同防火墙与AD服务器对接的配置方法类似，本书不展开做具体介绍。

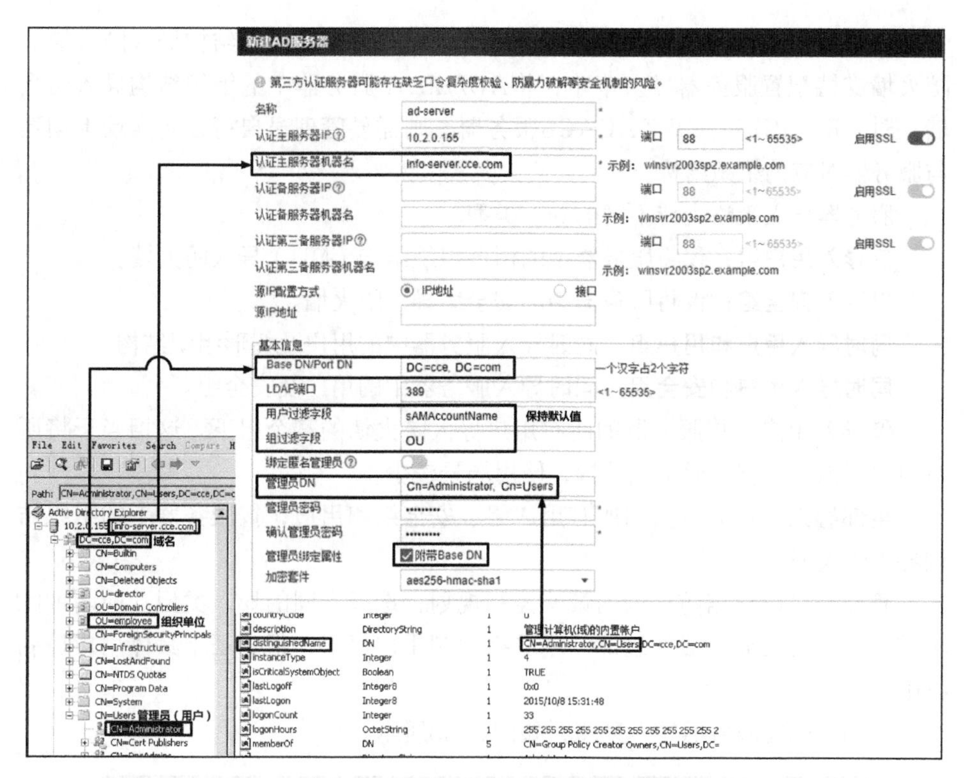

图 1-22　配置防火墙与 AD 服务器对接

表 1-5　LDAP 服务器常用属性

项目	Sun ONE LDAP 属性	Open LDAP/IBM Tivoli Directory Server 属性
域名	DC	DC
组织单位（组过滤字段）	OU	OU
区别名	DN	DN
用户 ID（用户过滤字段）	UID	CN

（2）导入服务器中的组织结构

通过防火墙认证用户的最终目的是控制用户可访问的资源，也就是基于用户或用户所在的用户组来配置策略。根据前文的讲解，当采用服务器认证时，防火墙将用户账号和密码转发给认证服务器去认证。但是，防火墙设备中并没有用户及用户组织结构的信息，配置策略时如何引用这些用户呢？

为了解决这一问题，我们还需要将认证服务器中的组织结构导入防火墙。防火墙支持配置服务器导入策略，将AD/LDAP服务器中的组织结构导入防火墙；对于RADIUS、HWTACACS服务器，则需要管理员自行在防火墙上创建与服务器对应的组织结构。

服务器导入策略支持不同的导入类型。

仅导入用户组：仅将服务器中的树形组织结构（OU）导入防火墙。

仅导入安全组：仅将服务器中的安全组导入防火墙。

同时导入用户和用户组：同时导入服务器中的用户及树形组织结构。

同时导入用户和安全组：同时导入服务器中的用户及安全组。

仅导入用户：将服务器的所有用户导入防火墙的某个组下。这相当于将所有用户平铺，没有树形组织结构，使用场景较少。

全部导入：将服务器的所有用户组、安全组和用户，按服务器上的组织结构导入防火墙。

管理员可以根据防火墙的策略控制规划，选择不同的导入类型。前两种比较常用，因为企业一般通过部门或群组控制用户权限，很少基于具体用户控制权限。

我们先来看服务器导入策略，如图1-23所示。

新建服务器导入策略

名称	ad_import	*
服务器类型	◉ AD ○ LDAP ○ Agile Controller	
服务器名称	ad-server	*
服务器路径	DC=cce, DC=com	[选择]
导入类型	仅导入用户组到本地	
导入到用户组	/cce.com	[选择]
☑ 增量同步	120	<10 ~1440>分钟
☐ 全量同步		
☐ 当前用户存在时，覆盖本地用户记录		

过滤参数

用户	(&(|(objectClass=person)(objectClass=organizationalPerson))(cn:
用户组	(|(objectClass=organizationalUnit)(ou=*))
安全组	(&(objectClass=group)(|(groupType=2147483640)(groupType=-2
用户属性	sAMAccountName

图 1-23　服务器导入策略

服务器路径：默认将服务器Base DN，也就是整个域下的对象导入防火墙。建议根据实际需要导入的范围指定服务器路径，避免导入时间过长，而且有超出防火墙支持规格的风险。

导入到用户组：指的是将服务器上的组织结构或用户导入到防火墙的位置。对于AD/LDAP服务器，该用户组只能是与服务器域名同名的认证域下的用户组或default认证域下的用户组。什么叫“与服务器域名同名的认证域”呢？例如AD服务器的域名是“DC=cce,DC=com”，那么防火墙上与其同名的认证域就是“cce.com”。

过滤参数：用于从AD/LDAP服务器过滤需要导入防火墙的信息。在执行导入操作时，服务器会根据该过滤条件搜索满足条件的用户、用户组、安全组信息，将其发送给防火墙。

过滤参数是由一系列属性以及运算符组成的过滤语句。语句中的ou、cn、sAMAccountName属性分别代表服务器上的组织单位、通用名和用户登录名（参见表1-4）。接着介绍objectClass和groupType。

在AD/LDAP服务器中，一个条目必须包含一个objectClass属性，且至少需要赋予一个值。objectClass属性的每个值都相当于一个数据存储的模板，类似于软件中的Class，模板中规定了属于这个objectClass属性的条目需要包含的属性。

例如，在图1-24所示的AD服务器上，用户的objectClass属性包含top、person、organizationalPerson、user。在过滤参数中指定objectClass属性，就确定了防火墙在AD服务器上的搜索范围。

cn	DirectoryString	1	user16
codePage	Integer	1	0
countryCode	Integer	1	0
displayName	DirectoryString	1	user16
distinguishedName	DN	1	CN=user16,OU=group10,OU=rona,DC=SVN5000test,DC=com
instanceType	Integer	1	4
lastLogoff	Integer8	1	0x0
lastLogon	Integer8	1	0x0
logonCount	Integer	1	0
name	DirectoryString	1	user16
nTSecurityDescriptor	NTSecurityDescriptor	1	D:AI(A;;CCDCLCSWRPWPDTLOCRSDRCWDWO;;;S-1-5-21-25564
objectCategory	DN	1	CN=Person,CN=Schema,CN=Configuration,DC=SVN5000test,DC
objectClass	OID	4	top;person;organizationalPerson;user
objectGUID	OctetString	1	{AA637DB8-031B-446F-89E6-FBC5CFCB317C}
objectSid	Sid	1	S-1-5-21-2556451103-2521346578-608539327-1125
primaryGroupID	Integer	1	513
pwdLastSet	Integer8	1	0x0
sAMAccountName	DirectoryString	1	user16

图 1-24　objectClass 示例

介绍完objectClass再来介绍groupType。在第1.1.2节中介绍过，防火墙的安全组对应AD服务器的安全组、LDAP服务器的静态组/动态组。AD服务器的安全组分为本地域安全组、全局安全组和通用安全组，安全组使用groupType属性标识组类型。

- 本地域安全组：groupType=-2147483644。
- 全局安全组：groupType=-2147483646。
- 通用安全组：groupType=-2147483640。

例如，图1-25所示的groupType的组类型是本地域安全组。

cn	DirectoryString	1	group3
distinguishedName	DN	1	CN=group3,DC=SVN5000test,DC=com
groupType	Integer	1	-2147483644
instanceType	Integer	1	4
member	DN	1	CN=raoqiuna,CN=Users,DC=SVN5000test,DC=com
name	DirectoryString	1	group3

图 1-25 groupType 示例

除属性外，在过滤参数中还有=（等于）、>=（大于等于）、<=（小于等于）、*（通配符）、&（与）、|（或）、!（非）等运算符。属性和运算符组成的表达式，确定了服务器导入策略的过滤条件。

现在我们回过头来看AD服务器导入策略的4个默认过滤参数的含义，如表1-6所示。

表 1-6 AD 服务器导入策略默认过滤参数

过滤参数	取值	含义
用户	(&(|(objectClass=person)(objectClass=organizationalPerson))(cn=*)(!(objectClass=computer)))	搜索 objectClass 包含 organizationalPerson 或 person但不包含 computer，且 cn 属性为任意值的条目作为防火墙中的用户
用户组	(|(objectClass=organizationalUnit)(ou=*))	搜索 objectClass 包含 organizationalUnit 或 ou 属性为任意值的条目作为防火墙中的用户组
安全组	(&(objectClass=group)(|(groupType=-2147483640)(groupType=-2147483644)(groupType=-2147483646)))	搜索 objectClass 包含 group，且组类型为通用安全组、本地域安全组或全局安全组的条目作为防火墙中的安全组
用户属性	sAMAccountName	表示搜索到用户条目后，取条目的 sAMAccount Name 属性值作为防火墙上的用户账号

在一般情况下，防火墙为各种服务器预置的过滤参数已经可以满足需要。如果管理员非常了解AD/LDAP服务器的过滤语法，可以根据需要修改。例如，查询AD服务器上所有姓张且邮件地址中包含163的用户，用户的过滤语句为：(&(sn=张*)(mail=163*))。

（3）配置认证域

在防火墙上创建认证服务器、服务器导入策略之后，就可以进入图1-26所示的认证域界面，完成服务器认证的完整配置了。推荐创建并使用与认证服务器域名同名的认证域。

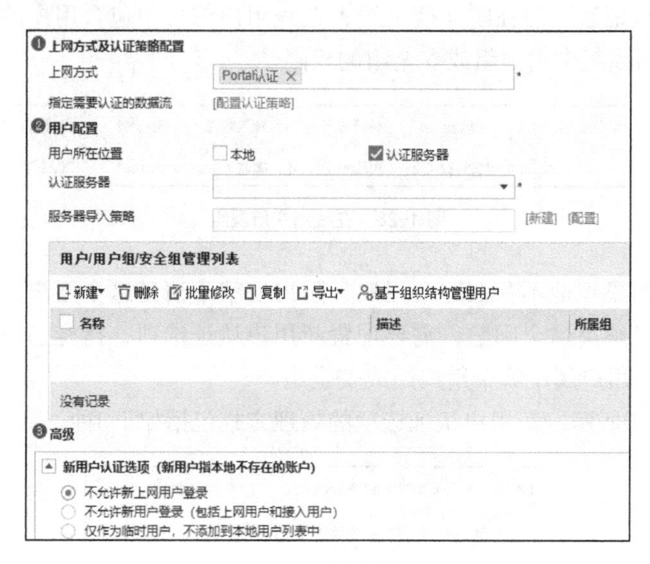

图1-26 认证域界面

说明：认证域界面中的认证策略和服务器导入策略并不需要被认证域引用，只是在同一个界面提供所有配置入口，方便管理员一站式配置。

首先，在认证域中关联使用的认证服务器，如图1-27所示。

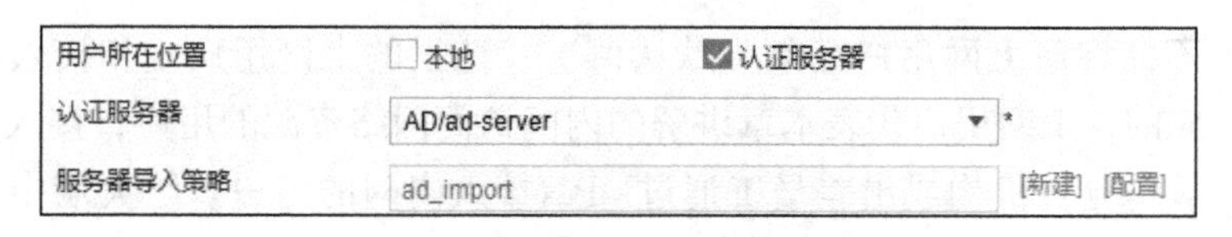

图1-27 在认证域中关联认证服务器

图1-27所示界面对应AAA的如下配置。

```
[sysname] aaa
[sysname-aaa] authentication-scheme newscheme
[sysname-aaa-authen-newscheme] authentication-mode ad
[sysname-aaa-authen-newscheme] quit
[sysname-aaa] domain cce.com
[sysname-aaa-domain-cce.com] authentication-scheme newscheme
[sysname-aaa-domain-cce.com] ad-server ad-server
```

在认证域界面中还有一个关键选项“新用户认证选项”。在解释新用户认证选项的含义之前，先总结一下用户认证通过后被赋予权限的过程。如图1-28所示，用户认证通过后在防火墙上线，在线用户信息中包含用户的所属组，因此用户享有所属组中用户组或安全组的权限。

用户名(显示名)	所属组	IP地址	认证方式	接入方式	终端设备	登录时间/冻结时间
test@cce.com	/cce.com	192.168.0.2	AD服务器认证	本地	unknown	2022-06-21 17:13:44登录

图 1-28 在线用户所属组

那么，如果本地不存在这个用户，防火墙就不清楚这个用户应该属于哪个用户组。为了解决这个问题，需要配置新用户认证选项，指定当用户在防火墙中不存在时，用户属于哪个用户组或安全组。

如图1-29所示，新用户认证选项的处理方式包括如下3种。

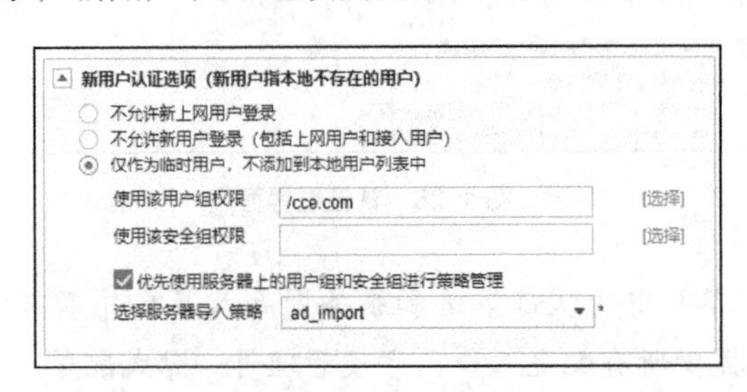

图 1-29 新用户认证选项

- **不允许新上网用户登录**（默认值）：这里的上网用户是和接入用户对应的，上网用户代表本章讲解的内网访问网络资源的用户，接入用户一般是分支机构或出差员工通过VPN接入内网的用户。防火墙中两类用户的创建方式一致，只是在一些处理方式上有所不同。例如，之所以将“不允许新上网用户登录”设置为默认值，就是为了使接入用户能顺利完成VPN接入，而上网用户则需要管理员自行配置新用户认证选项。

- **不允许新用户登录**：不允许所有用户上线，包括上网用户和接入用户。要谨慎选择此种方式，以防影响用户通过VPN接入内网。
- **仅作为临时用户，不添加到本地用户列表中**：此时可以指定"使用该用户组权限"或"使用该安全组权限"，也就是使用户在指定的组上线，不将用户添加到防火墙中。

前文提到过，认证服务器中用户数量巨大，而且根据具体用户授权的场景也很少。因此，管理员通常会选择只将服务器中的组织结构导入防火墙，然后通过用户组或安全组控制用户权限。在这种情况下，相当于所有认证通过的用户都是"新用户"，如果仅指定"使用该用户组权限"或"使用该安全组权限"，那么所有用户权限相同，将无法实现分层、分级管控。

为了解决这一问题，需要在新用户认证选项中关联服务器导入策略，也就是设置"优先使用服务器上的用户组和安全组进行策略管理"。当用户认证通过后，防火墙通过服务器导入策略获取用户在服务器上所属的用户组或安全组，然后将用户在防火墙上同名的用户组或安全组中上线。如果防火墙上没有同名用户组或安全组，则使用"使用该用户组权限"或"使用该安全组权限"的配置。

到这里，关于服务器认证的讲解就告一段落，综合起来就是防火墙的Portal认证策略与AAA功能配合，实现内置Portal认证功能。最后，使用图1-30总结一下服务器认证的要素。

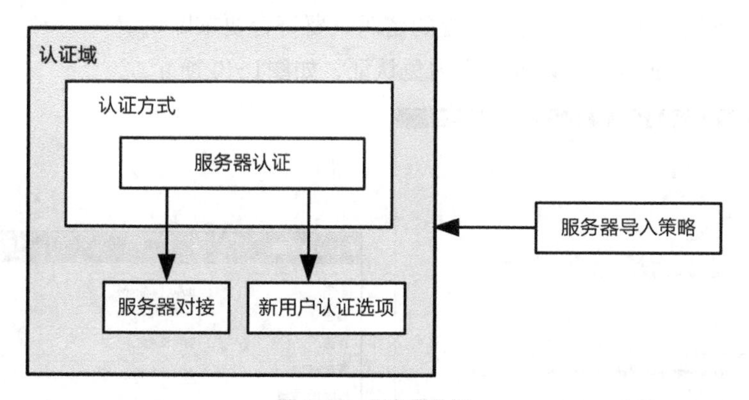

图1-30 服务器认证

- 在认证域中配置认证方式，指定认证方式为服务器认证。
- 配置认证服务器对接，用于防火墙转发用户账号和密码至目标服务器。本书没有详细介绍AD、LDAP、RADIUS、HWTACACS的具体内容及认证交互过程，如需学习，请查阅通用的RFC（Request For Comments，征求意见稿）文档。

- 配置服务器导入策略，将服务器组织结构导入防火墙，从而基于组织结构进行策略控制。
- 配置新用户认证选项，当防火墙本地不存在用户时，指定如何根据用户组或安全组进行策略控制。在服务器认证场景下，一般不会将海量用户导入防火墙，新用户认证选项配置很重要。

1.2.3 免认证

免认证是内置Portal认证中的一种特殊场景。有些企业的高级管理者希望简化认证过程，同时对安全要求又更加严格，一般都拥有专用设备。在防火墙上，将本地用户与IP地址或者MAC地址双向绑定，或者将本地用户同时与IP/MAC地址双向绑定。然后，防火墙通过识别IP/MAC地址与用户的双向绑定关系确定用户的身份。采用免认证方式，用户只能使用特定的IP/MAC地址来访问网络资源，并且其他用户也不允许使用该IP/MAC地址。用户在访问网络资源时不弹出Portal认证页面，无须输入用户账号和密码即可访问资源。可见，免认证并不是不认证，而是不需要用户输入用户账号和密码。

① 新建用户，将免认证用户与IP/MAC地址双向绑定，如图1-31所示。因为在免认证时无须输入密码，此处的密码只要符合要求即可。

② 新建认证策略，认证动作为免认证，如图1-32所示。

图 1-31 免认证用户与 IP/MAC 地址双向绑定

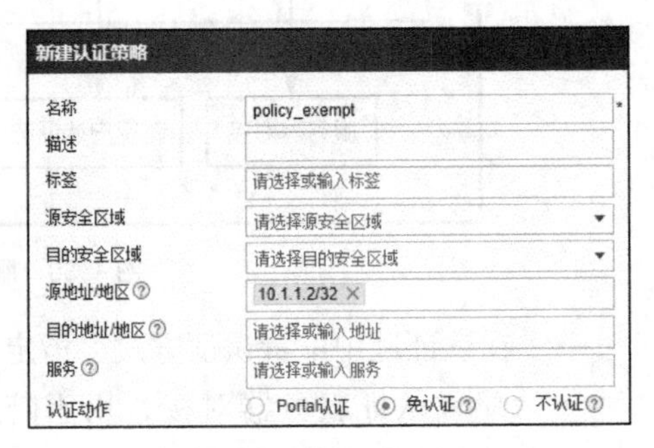

图 1-32 免认证的认证策略

完成图1-32所示的配置后，用户访问业务时流量经过防火墙，防火墙通过源IP/MAC地址识别用户，并使其上线，不再弹出Portal认证页面。

既然防火墙需要识别免认证用户的IP/MAC地址，那势必要求地址是固定的。

- 当配置了用户与MAC地址的双向绑定关系时，必须确保防火墙能获取用户的真实MAC地址。如果用户与防火墙之间存在其他三层设备，由于三层设备转发报文时改变了源MAC地址，用户就无法在防火墙上线。
- 当配置了用户与IP地址的双向绑定关系时，需要确保用户的IP地址是固定的，而非动态分配的。如果在网络中使用DHCP方式动态分配IP地址，则需要在DHCP服务器上为免认证用户分配固定的IP地址。

1.3　单点登录

单点登录（Single Sign On，SSO）是指在多个应用系统中，用户只需要登录一次就可以访问所有相互信任的应用系统，是目前比较流行的企业业务整合的解决方案之一。各应用系统间同步认证结果就是单点登录技术要实现的。

那么，防火墙的单点登录指的是什么呢？企业已经部署好了认证系统，如AD域认证，现在需要引入防火墙基于用户身份的控制权限。防火墙自然要获取登录用户的身份信息才能实现基于用户控制权限。防火墙通过Portal认证对用户再认证一次？这当然不可接受。单点登录就是用来解决这个问题的，防火墙通过单点登录功能获取认证系统的认证结果，使用户同时在防火墙上线。

1.3.1　AD 单点登录

大家对Windows AD域（简称AD域）账号登录应该很熟悉，如图1-33所示，每天上班第一件事可能就是用账号登录，登录后即可访问网络资源。登录事件的背后，其实就是AD域的登录过程。当用户登录AD域后，不需要再次输入账号和密码，就可以自动通过防火墙的认证，即为AD单点登录。

前文在介绍Portal认证时讲过AD服务器认证，这里的AD单点登录也和AD服务器有关，两者的区别在哪里呢？如图1-34所示，区别在于向AD服务器发起认证请求的对象不同：AD服务器认证由防火墙发起；AD单点登录由用户发起，防火墙只获取认证结果。

图 1-33 登录 Windows AD 域

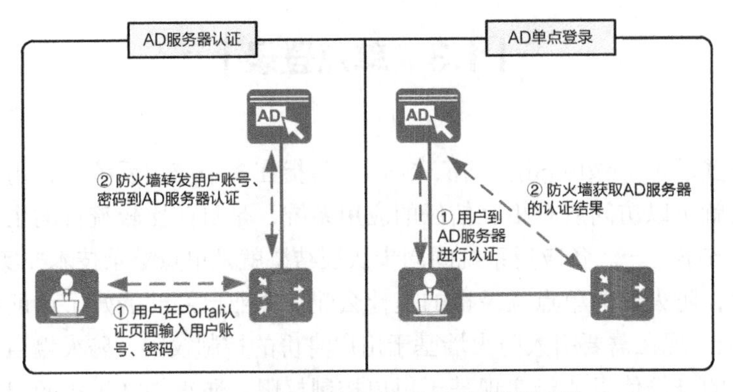

图 1-34 AD 服务器认证与 AD 单点登录的对比

AD单点登录的关键就是，用户在PC上登录或退出AD域时，防火墙如何获取用户上下线消息。防火墙支持以多种方式获取用户上下线消息，如表1-7所示，请根据需求选择。

表 1-7 AD 单点登录实现方式对比

对比项	插件方式：接收 PC 上下线消息	插件方式：查询 AD 服务器安全日志	免插件方式：监控 AD 服务器认证报文
安装部署	需要在 AD 服务器或能与 AD 服务器通信的计算机上安装 ADSSO 插件。 需要在 AD 服务器上部署登录 / 注销脚本，用于下发给登录的 PC	需要在 AD 服务器或能与 AD 服务器通信的计算机上安装 ADSSO 插件，无须部署脚本	不需要安装额外程序。 在组网上要求防火墙必须能获取用户与 AD 服务器之间的认证交互报文

续表

对比项	插件方式：接收 PC 上下线消息	插件方式：查询 AD 服务器安全日志	免插件方式：监控 AD 服务器认证报文
客户端（登录终端）兼容性	仅支持 Windows 系统，其他系统不支持执行登录 /注销脚本	操作系统不限	操作系统不限
获取上线消息	开机、注销、重启后的登录消息	开机、注销、重启、锁屏后的登录消息	开机、注销、重启后的登录消息
获取下线消息	关机、注销、重启的下线消息	不支持	不支持
多台 AD 服务器支持能力	最多支持获取 16 台 AD 服务器的消息。 当网络中部署多台 AD 服务器时，一般将 ADSSO 插件安装在非 AD 服务器的其他计算机上，同时获取多台 AD 服务器消息。 如果多台 AD 服务器之间没有建立同步关系，需要在每台 AD 服务器中部署登录 / 注销脚本	最多支持获取 16 台 AD 服务器的消息。 当网络中部署多台 AD 服务器时，一般将 ADSSO 插件安装在非 AD 服务器的其他计算机上，同时获取多台 AD 服务器消息	最多支持获取 32 台 AD 服务器的消息。 当网络中部署多台 AD 服务器时，可以同时获取多台 AD 服务器消息
安全性	ADSSO 插件与防火墙之间的消息通过共享密钥加密	ADSSO 插件与防火墙之间的消息通过共享密钥加密	防火墙直接解析认证报文，存在认证报文被恶意篡改、用户身份被伪造的风险

1. 插件方式：接收用户上下线消息

采用这种方式，需要在AD监控器（AD服务器或其他计算机）上安装ADSSO插件，在AD服务器的“组策略”中设置下发给PC的登录/注销脚本。防火墙获取用户上下线消息的具体实现过程如图1-35所示。

① 用户登录/注销AD域，AD服务器向用户返回成功消息。

② AD服务器向用户PC的策略结果集下发登录/注销脚本。

③ 用户上下线时执行登录/注销脚本，将用户上下线消息发送给AD监控器中的ADSSO插件。

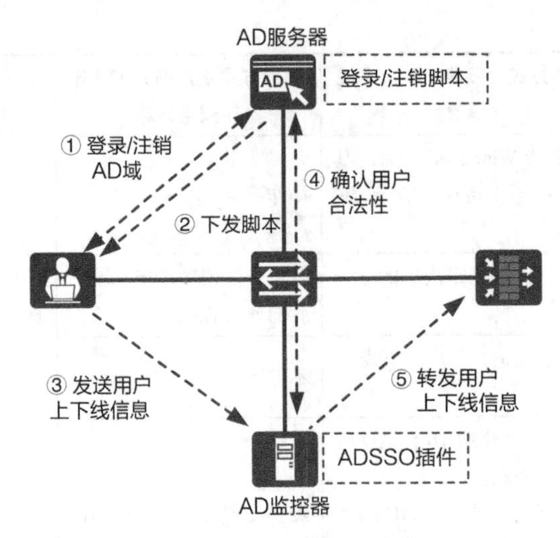

图 1-35 插件方式：接收用户上下线消息

④ ADSSO插件连接AD服务器，查询该用户信息，如果能查询到则说明用户合法。

⑤ ADSSO插件转发用户上下线消息到防火墙，防火墙使用户上线或下线。

你可在华为技术支持网站下载ADSSO插件，使用Administrator账号将ADSSO插件安装到AD监控器，并配置参数。具体配置过程和配置方法我们将在下文结合脚本配置一起讲解。

ADSSO插件安装完毕后，可在程序安装目录下获取登录/注销脚本（ReportLogin.exe），将其部署到AD服务器上。下面以Windows 2012 Server为例介绍其部署过程。

① 选择“开始 > 管理工具 > 组策略管理器”。

② 选择需要进行单点登录认证的域下面的“Default Domain Policy”，单击鼠标右键，选择“编辑”。

③ 选择“用户配置 > 策略 > Windows 设置 > 脚本 (登录/注销)”。

④ 双击“登录”，进入登录脚本配置界面。

⑤ 在登录脚本配置界面上单击“显示文件”，将弹出一个目录，将ReportLogin.exe复制到该目录下，关闭该目录。

⑥ 在登录脚本配置界面上单击“添加”，添加用户登录脚本ReportLogin.exe，配置登录脚本参数（每个参数间有空格，具体参见图1-36）。

⑦ 参考上述步骤配置注销脚本参数。

⑧ 选择“开始 > 运行”，输入**cmd**，打开命令行窗口，执行命令**gpupdate**，使脚本生效。

在用户PC的“运行”窗口中输入命令**rsop.msc**，收集终端PC上的策略结果集，然后选择“用户配置 > Windows设置 > 脚本（登录/注销）”，可以查看AD服务器是否向用户PC正常下发了ReportLogin.exe脚本。

ADSSO插件、AD服务器上部署的脚本以及防火墙的配置参数关系如图1-36所示，主要包括3部分配置。

① ADSSO插件接收PC消息部分：登录/注销脚本与ADSSO插件之间的通信参数。

② ADSSO插件到AD服务器查询用户合法性部分：ADSSO插件与AD服务器之间的通信参数。

③ ADSSO插件通知防火墙用户上下线消息部分：ADSSO插件与防火墙之间的通信参数。

如果AD单点登录不生效，可以检查这3个通道连通性是否正常、端口是否被占用、脚本是否正常下发。

ADSSO插件最多支持对接16台AD服务器、5台防火墙。

另外还需对以下几个参数进行单独解释。

防重放时间：用来检测ADSSO插件接收到用户上线消息的时间与用户实际在AD服务器登录时间的差值。如果差值超过设置的防重放时间，则ADSSO插件认为接收到的消息为恶意伪造的用户账号消息，不再将消息发给防火墙。因此，一定要注意安装ADSSO插件的计算机与AD服务器之间的时间同步。如果没有特殊要求，可以将ADSSO插件安装到AD服务器上。

如果ADSSO插件出现Fake logon detected，because logon time too far!错误日志，就表示未通过防重放时间检查，可以将防重放时间的数值调大一些。

编码格式：ADSSO插件的编码格式需要与防火墙的编码格式保持一致，防火墙的编码格式默认是GBK（Chinese Character GB Extended Code，汉字国标扩展码）格式。

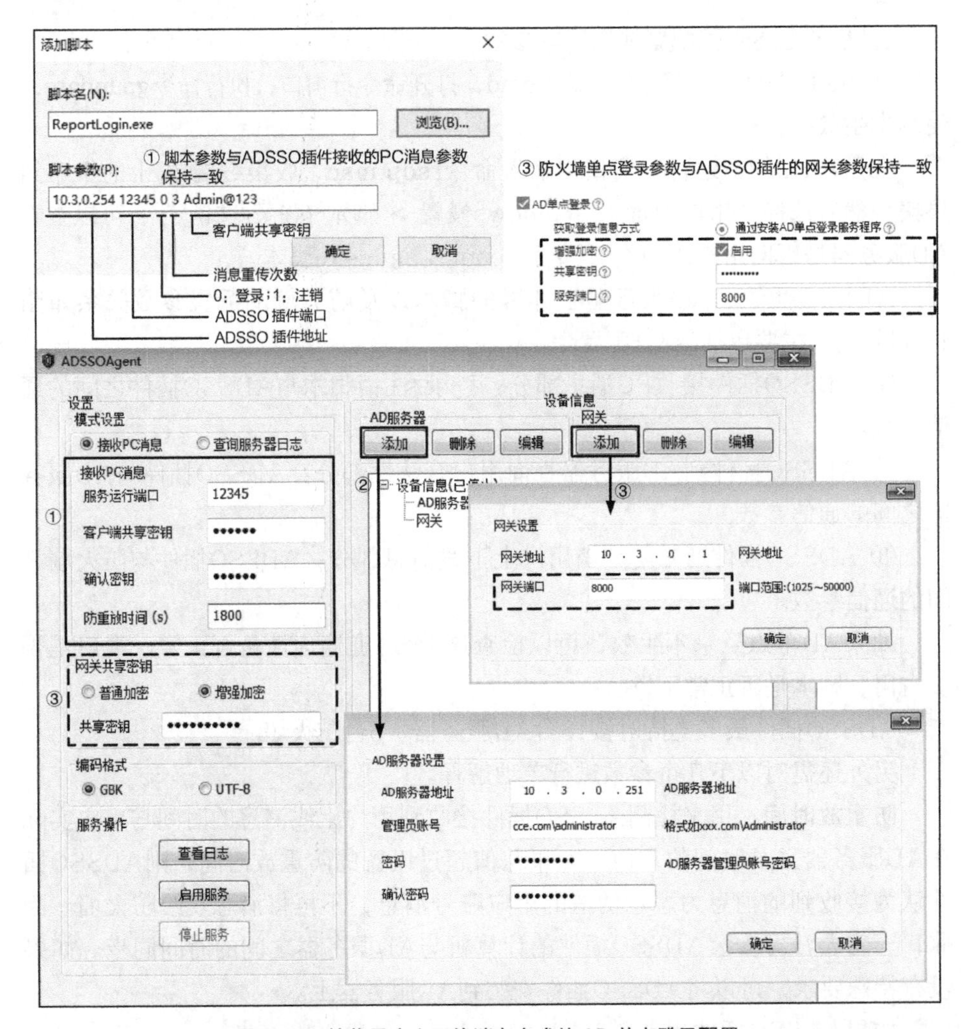

图 1-36　接收用户上下线消息方式的 AD 单点登录配置

2. 插件方式：查询 AD 服务器安全日志

采用此方式，需要在AD监控器上安装ADSSO插件，查询AD服务器的安全日志中的用户登录日志，从而获取用户上线消息。AD监控器可以是AD服务器本身，也可以是能与AD服务器通信的其他计算机。当需要监控多台AD服务器时，一般在非AD服务器的其他计算机上安装ADSSO插件。具体实现过程如图1-37所示。

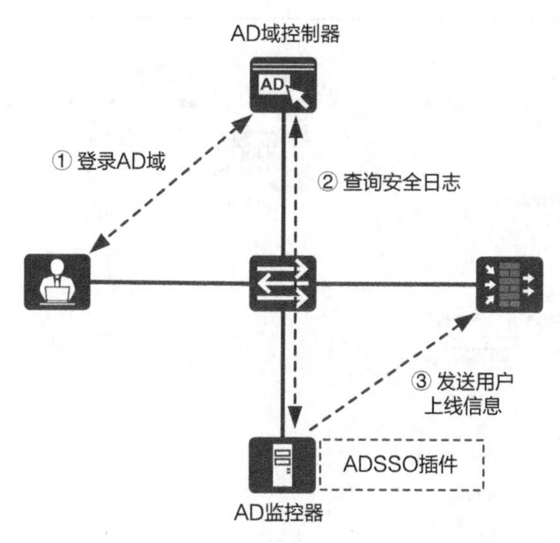

图 1-37　插件方式：查询 AD 服务器安全日志

① 用户登录AD域，AD服务器记录用户上线消息到安全日志中。

② ADSSO插件通过AD服务器提供的WMI（Windows Management Instrumentation，Windows管理规范）服务，连接到AD服务器，查询安全日志中的用户登录日志，获取用户上线消息。

ADSSO插件从服务启动开始，定时查询AD服务器上产生的安全日志，每次只会查询上一次查询时间之后产生的日志。因此安装ADSSO插件的计算机与AD服务器之间的时间同步非常重要。

③ ADSSO插件转发用户上线消息到防火墙，用户在防火墙上线。

此种方式有一个缺点：防火墙无法从安全日志中获取用户下线消息。也就是说，当用户注销时，防火墙上的用户并没有下线。防火墙只能根据在线用户超时时间使用户下线。

这种方式的AD单点登录不涉及PC与ADSSO插件的交互，没有接收PC消息的配置。如图1-38所示，需要设置ADSSO插件查询AD服务器日志的时间间隔。其他配置前文已经讲过，这里不赘述。

ADSSO插件最多支持对接16台AD服务器、5台防火墙。当配置多台AD服务器时，ADSSO插件启用多个进程分别查询不同AD服务器的日志，保证查询效率。

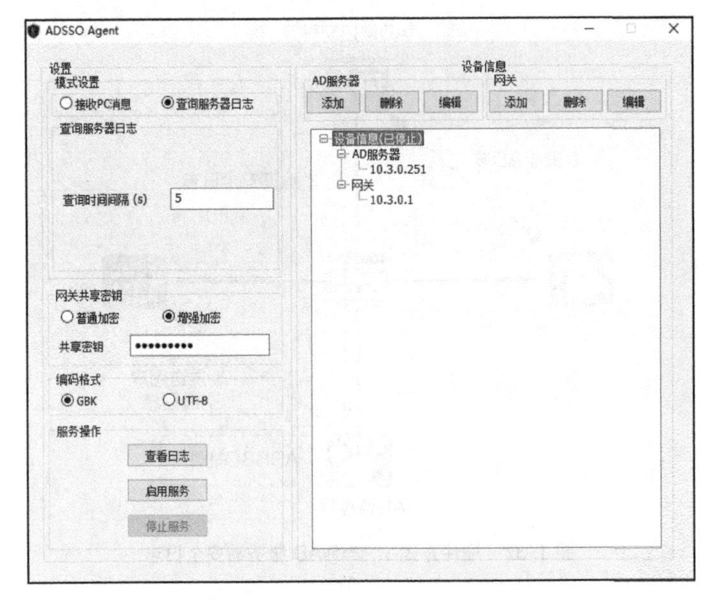

图 1-38　查询 AD 服务器日志的配置

另外需要确保启用AD服务器的WMI服务，使ADSSO插件可以查询日志信息。

① 检查AD服务器的WMI服务、RPC（Remote Procedure Call，远程过程调用）服务已经启用。

② 在组策略配置中启用“审核登录事件”和“审核账户登录事件”，使AD服务器可以记录用户登录安全日志。

3. 免插件方式：监控 AD 服务器认证报文

采用免插件方式时，无须安装任何程序。当用户登录AD域时，防火墙通过AD服务器返回用户的认证报文获取用户上线消息。如果认证成功，将用户和IP地址的对应关系添加到在线用户表。

采用此种方式，防火墙同样无法获取用户下线消息。也就是说，当用户注销时，防火墙的用户并没有下线。防火墙只能根据在线用户超时时间使用户下线。另外，这种方式存在认证报文被恶意篡改、用户账号被伪造的风险，请谨慎使用。

采用免插件方式，需要通过组网部署来保证防火墙可以获取认证报文。如果认证报文经过防火墙，防火墙可以直接获取并解析认证报文。如果认证报文不经过防火墙，则需要将AD服务器发给用户的认证报文镜像到防火墙，如图

1-39所示。防火墙接收镜像认证报文的接口必须是独立的二层接口，不能与其他业务混用。

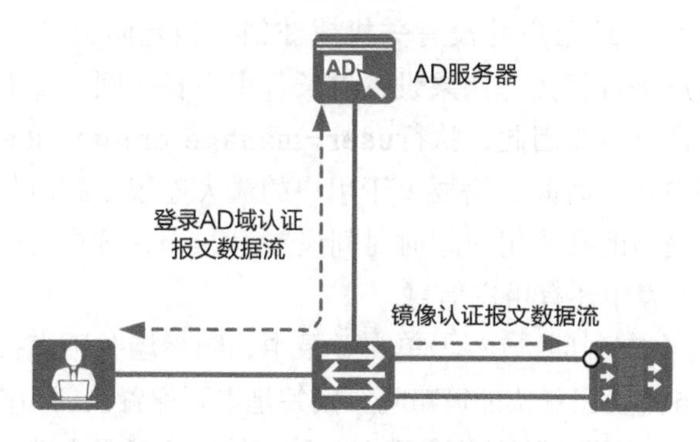

图 1-39 免插件方式：监控 AD 服务器认证报文

免插件方式的AD单点登录配置如图1-40所示，其中“服务器IP地址/端口”表示AD服务器的IP地址和认证端口。认证端口需要与AD服务器保持一致。在一般情况下，AD服务器的认证端口为UDP（User Datagram Protocol，用户数据报协议）的端口88，因此该参数一般配置为“AD服务器IP地址:88”。

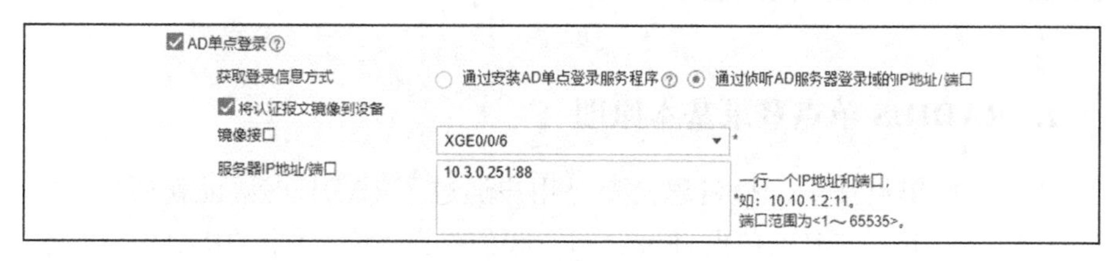

图 1-40 免插件方式的 AD 单点登录配置

4. AD 单点登录的其他说明

以上重点介绍了防火墙获取用户上下线消息的几种方式。除此之外，为了实现基于用户的访问控制，同样需要配置AD服务器对接、服务器导入策略、新用户认证选项。这些内容已经在第1.2节中介绍过，这里不赘述。

关于AD单点登录，还有以下几点需要特别说明。

① AD单点登录用户优先在防火墙上与服务器同名的认证域上线；如果不存在同名认证域，则在default认证域上线。前文已经交代过，如果AD服务器的域名是“DC=cce,DC=com”，那么防火墙上与其同名的认证域就是cce.com。推荐在防火墙中配置一个与AD服务器同名的认证域，方便识别和管理。

② 只有开机或注销后的用户登录会触发用户在防火墙上线，休眠后的登录并不能触发用户上线。因此，对防火墙上在线用户超时时间的设置大有讲究。如果设置过短，将导致用户并没有关机或注销，但是防火墙已经将该用户下线，无法基于用户进行管控。如果设置过长，用户长时间在线而不需要经过重新认证，会有安全风险。因此，执行**user-manage online-user aging-time**命令设置在线用户超时时间，需要大于用户的最大连续在线时长（包含休眠时间）。一般将防火墙的在线用户超时时间设置为24 h，这样能保证用户第二天上班时在线用户列表中还有用户信息。

③ 大家可能会有疑问，在AD单点登录中，防火墙并不直接认证用户，那还需要对用户业务流量配置认证策略吗？回答是需要配置认证动作为“免认证”的认证策略。只有当流量匹配认证策略时，防火墙才会对用户进行策略管控。

另外，配置认证策略时一定要注意，仅针对用户的业务流量配置认证策略。前文讲解AD单点登录原理时的各类消息的交互报文不能由防火墙进行认证，配置认证策略时需要绕开这些流量。

1.3.2 RADIUS单点登录

1. RADIUS单点登录基本原理

RADIUS单点登录，顾名思义就是用户通过了RADIUS认证就通过了防火墙的认证。讲解RADIUS单点登录之前，我们先回顾AAA中的RADIUS认证过程。RADIUS认证系统由用户、RADIUS客户端和RADIUS服务器组成，其中往往由NAS设备充当RADIUS客户端。NAS获取用户信息（如用户账号、密码等），并将这些信息转发到RADIUS服务器。RADIUS服务器则根据这些信息完成用户的身份认证、授权和计费，RADIUS交互流程如图1-41所示。

用户认证通过后，NAS向RADIUS服务器发送计费开始请求报文Accounting-Request(Start)，进入计费流程。防火墙通过解析NAS与RADIUS服务器之间的计费报文来获取用户上下线消息。

如图1-42所示，防火墙提取计费开始请求报文属性信息中的用户账号和IP地址，使用户在防火墙上线。如果遇到某些特殊情况，计费开始请求报文中没有用户IP地址，则防火墙还需要解析后续的实时计费请求报文Accounting-Request(Interim-update)，以获取用户IP地址，使用户上线。

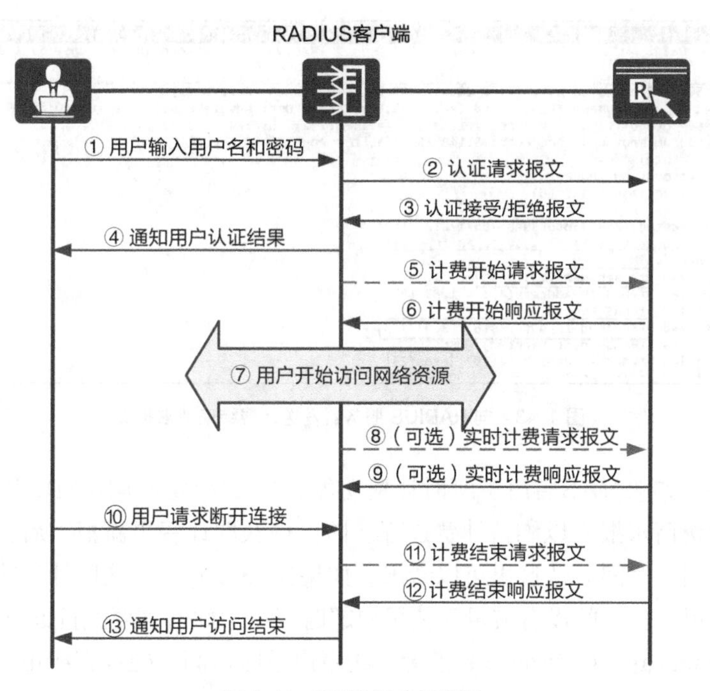

图 1-41　RADIUS 交互流程

```
52 3.646786   4.1.79.73      4.1.83.132     RADIUS   62 Accounting-Response(5) (id=5, l=20)
51 3.643388   4.1.83.132     4.1.79.73      RADIUS   255 Accounting-Request(4) (id=5, l=213)

⊞ Frame 51: 255 bytes on wire (2040 bits), 255 bytes captured (2040 bits)
⊞ Ethernet II, Src: HuaweiTe_83:20:fd (e4:68:a3:83:20:fd), Dst: RealtekS_88:56:cb (00:e0:4c:88:56:cb)
⊞ Internet Protocol Version 4, Src: 4.1.83.132 (4.1.83.132), Dst: 4.1.79.73 (4.1.79.73)
⊞ User Datagram Protocol, Src Port: 51148 (51148), Dst Port: sa-msg-port (1646)
⊟ Radius Protocol
    Code: Accounting-Request (4)
    Packet identifier: 0x5 (5)
    Length: 213
    Authenticator: fd1c0cd8fa5570f38a5cf4a5285f6585
    [The response to this request is in frame 52]
  ⊟ Attribute Value Pairs
    ⊞ AVP: l=6  t=User-Name(1): test
    ⊞ AVP: l=6  t=NAS-IP-Address(4): 4.1.83.132
    ⊞ AVP: l=6  t=NAS-Port(5): 0
    ⊞ AVP: l=6  t=Framed-IP-Address(8): 3.33.3.3
    ⊞ AVP: l=9  t=NAS-Identifier(32): USG6300
    ⊞ AVP: l=6  t=Acct-Status-Type(40): Start(1)
    ⊞ AVP: l=36  t=Acct-Session-Id(44): USG63000000000000000000ef50b90001248
```

图 1-42　向 RADIUS 服务器发送计费开始请求报文

当用户下线时，NAS向RADIUS服务器发送计费结束请求报文Accounting-Request(Stop)，如图1-43所示。防火墙提取报文中的属性信息，使用户同步在防火墙下线。

```
157 16.881415 4.1.83.132      4.1.79.73       RADIUS   309 Accounting-Request(4) (id=6, l=267)
158 16.908808 4.1.79.73       4.1.83.132      RADIUS    62 Accounting-Response(5) (id=6, l=20)

⊞ Frame 157: 309 bytes on wire (2472 bits), 309 bytes captured (2472 bits)
⊞ Ethernet II, Src: HuaweiTe_83:20:fd (e4:68:a3:83:20:fd), Dst: RealtekS_88:56:cb (00:e0:4c:88:56:cb)
⊞ Internet Protocol Version 4, Src: 4.1.83.132 (4.1.83.132), Dst: 4.1.79.73 (4.1.79.73)
⊞ User Datagram Protocol, Src Port: 51148 (51148), Dst Port: sa-msg-port (1646)
⊟ Radius Protocol
    Code: Accounting-Request (4)
    Packet identifier: 0x6 (6)
    Length: 267
    Authenticator: 753635bdd839eb5466712212ed1b3e05
    [The response to this request is in frame 158]
  ⊟ Attribute Value Pairs
    ⊞ AVP: l=6  t=User-Name(1): test
    ⊞ AVP: l=6  t=NAS-IP-Address(4): 4.1.83.132
    ⊞ AVP: l=6  t=NAS-Port(5): 0
    ⊞ AVP: l=6  t=Framed-IP-Address(8): 3.33.3.3
    ⊞ AVP: l=9  t=NAS-Identifier(32): USG6300
    ⊞ AVP: l=6  t=Acct-Status-Type(40): Stop(2)
```

图 1-43　向 RADIUS 服务器发送计费结束请求报文

另外，如果NAS启用了实时计费功能，NAS会定时向RADIUS服务器发送实时计费请求报文以维持计费过程。防火墙获取计费更新报文后，将刷新在线用户的剩余时间。从这里可以看出，如果NAS没有开启实时计费功能，防火墙可能因用户长时间没有流量而使用户超时下线。此时需要执行**user-manage online-user aging-time**命令设置在线用户超时时间。建议在线用户超时时间大于用户的最大连续在线时长。

2. RADIUS 单点登录模式

根据防火墙在组网中的位置，防火墙获取计费报文的方式不同。RADIUS单点登录模式分为如下3种。

（1）直路模式

直路模式相对简单。防火墙位于NAS与RADIUS服务器之间，如图1-44所示，可以直接获取并解析经过自身的计费报文。

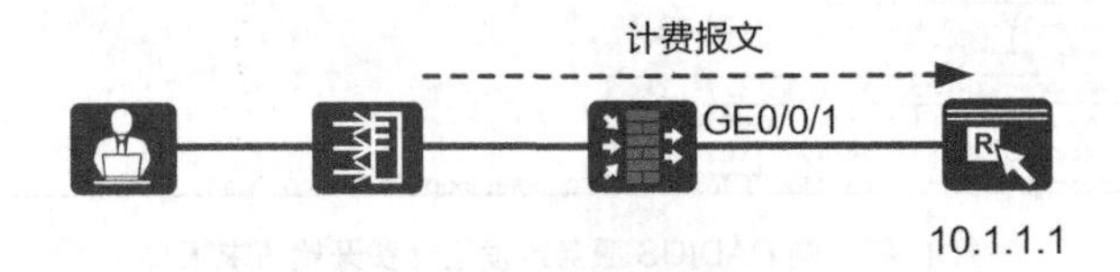

图 1-44　直路模式 RADIUS 单点登录

配置直路模式RADIUS单点登录如图1-45所示，指定防火墙接收计费报文的接口、RADIUS服务器的IP地址及计费端口。防火墙根据RADIUS服务器的

IP地址及计费端口，从接收的报文中筛选出计费报文。

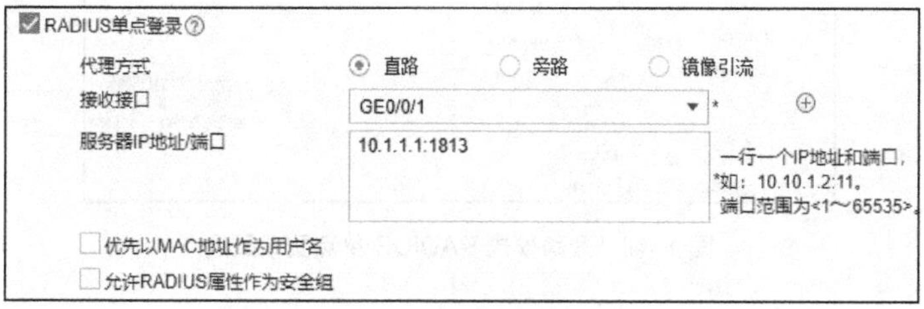

☑ RADIUS单点登录 ?

代理方式　◉ 直路　○ 旁路　○ 镜像引流

接收接口　GE0/0/1 ▾ *　⊕

服务器IP地址/端口　10.1.1.1:1813　一行一个IP地址和端口，*如：10.10.1.2:11。端口范围为<1～65535>。

☐ 优先以MAC地址作为用户名

☐ 允许RADIUS属性作为安全组

图 1-45　直路模式 RADIUS 单点登录配置

（2）旁路模式

如图1-46所示，相对于NAS与RADIUS服务器之间的链路，防火墙旁路部署无法直接获取计费报文。在旁路模式下，NAS需要将发给RADIUS服务器的计费报文同步向防火墙发送一份，防火墙解析计费报文并对NAS进行应答。

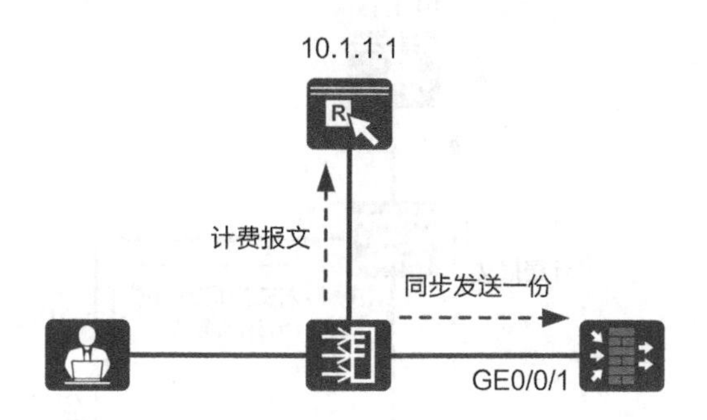

图 1-46　旁路模式 RADIUS 单点登录

在旁路模式下，需要在NAS上配置计费抄送功能，将计费报文抄送给防火墙。对于NAS来说，防火墙也相当于一台RADIUS服务器。此时，需要在防火墙上指定其作为RADIUS服务器的IP地址和端口，用于接收NAS抄送过来的计费报文。通常，服务器IP地址为防火墙与NAS通信的端口（如图1-46所示的GE0/0/1）的IP地址，端口为知名计费端口1813或其他端口。然后防火墙接收并解析目的地址是此IP地址和端口的计费报文。

另外，旁路模式的配置比直路模式多了共享密钥配置，共享密钥用于加密防火墙与NAS之间传输的计费报文。注意，防火墙与NAS设备上指定的共享密钥必须保持一致。防火墙旁路模式RADIUS单点登录配置如图1-47所示。

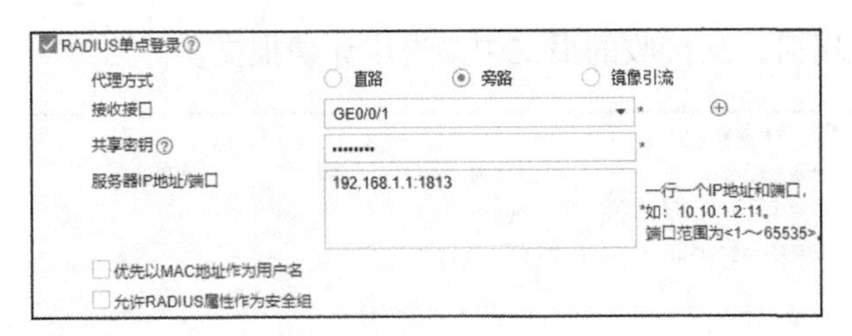

图 1-47　旁路模式 RADIUS 单点登录配置

（3）镜像引流模式

旁路模式依赖于NAS向防火墙发送计费报文。如果不满足此条件，还可以使用镜像引流模式。如图1-48所示，NAS发给RADIUS服务器的计费报文不经过防火墙，通过接入交换机镜像或分光器分光的方式复制一份计费报文到防火墙。防火墙对计费报文进行解析后丢弃。

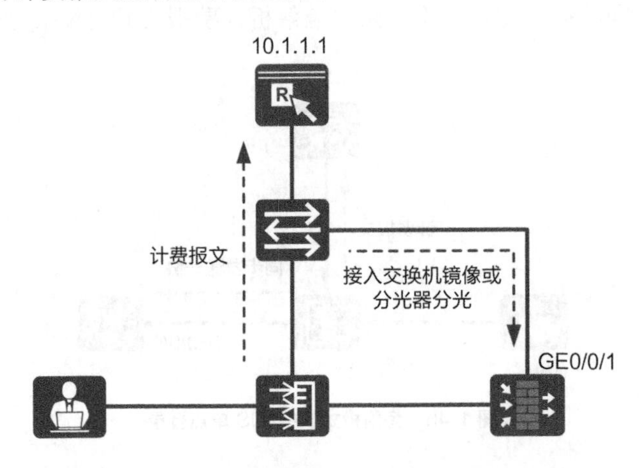

图 1-48　镜像引流模式 RADIUS 单点登录

在镜像引流模式下，防火墙的配置与直路模式配置一致，如图1-49所示。但是需要在接入交换机上配置端口镜像功能，将流量复制到防火墙。

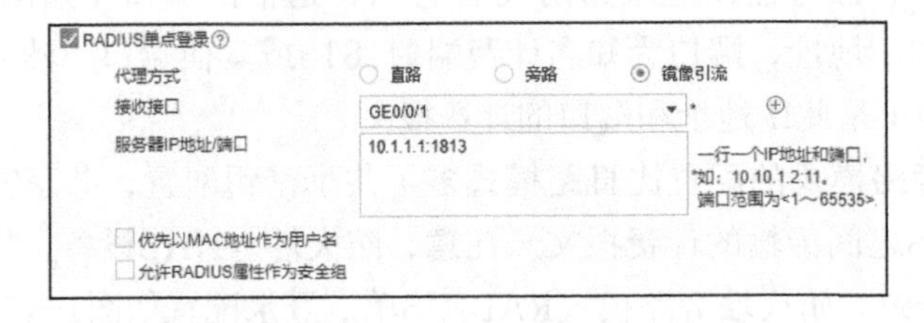

图 1-49　镜像引流模式 RADIUS 单点登录配置

在RADIUS单点登录界面中，还有“优先以MAC地址作为用户名”“允许RADIUS属性作为安全组”两个可选项。

① 优先以MAC地址作为用户名

在需要识别某些特定MAC地址用户为VIP用户的场景下，可以启用此选项。防火墙优先以计费报文中的MAC地址作为用户名，使用户上线，但是需要满足以下两个条件。

- 计费报文中的属性信息包含用户MAC地址属性（通常使用31号属性Calling-Station-Id）。
- 防火墙上配置了将该MAC地址作为用户名的本地用户。

在满足以上两个条件的情况下，防火墙将该MAC地址作为用户名上线。如果任何一个条件不满足，防火墙仍旧以实际认证时使用的用户名上线。

② 允许RADIUS属性作为安全组

当RADIUS服务器使用某个RADIUS属性取值作为用户的安全组，并希望防火墙基于此安全组进行访问控制时，需要在防火墙上启用该功能。

作为安全组的RADIUS属性必须存在于计费报文中。防火墙解析计费报文中对应的属性取值，作为用户所属的安全组，使用户上线并拥有对应安全组的权限。

防火墙支持解析RFC中定义的RADIUS标准属性和厂商自定义属性（26号属性）。对于厂商自定义属性，配置的ID为厂商自定义属性的子属性ID，例如配置为40表示解析26号属性的40号子属性，也就是26-40属性。

如图1-50所示，表示RADIUS服务器采用25号标准属性Class的值作为用户安全组。配置界面中的“安全组分隔符”表示多个属性取值的分隔符，用于一个属性包含多个取值、防火墙需要解析出多个安全组的情况。

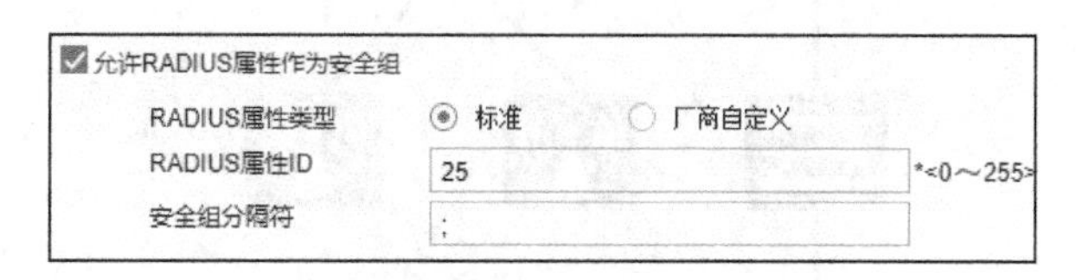

图 1-50 配置作为安全组的 RADIUS 属性

通过以上描述，大家应该已经发现，要想启用该功能，有一个显而易见的前提条件：防火墙本地需要预先配置好对应的安全组。这样，用户才能在对应的安全组上线，拥有安全组的权限。如果防火墙解析出本地不存在的安全组，则根据认证域中配置的“新用户认证选项”决定用户所属的组织。

至此，RADIUS单点登录的用户上线过程基本讲解完毕。第1.3.1节已经讲过，配置完单点登录以后，还需要配置认证动作为“免认证”的认证策略，这里不赘述。

1.3.3 控制器单点登录

在华为园区网络解决方案中，基于用户账号的准入控制和权限管控是解决方案的基本特性。如图1-51所示，在网络中通常采用接入交换机、AP（Access Point，接入点）等接入设备作为认证点，转发用户认证请求至控制器。控制器提供Portal服务器、RADIUS服务器的功能，与认证点设备配合，完成用户认证。控制器是整个方案的集中管理控制系统，产品的名称经历过较多变化，因此本书中统称为控制器。

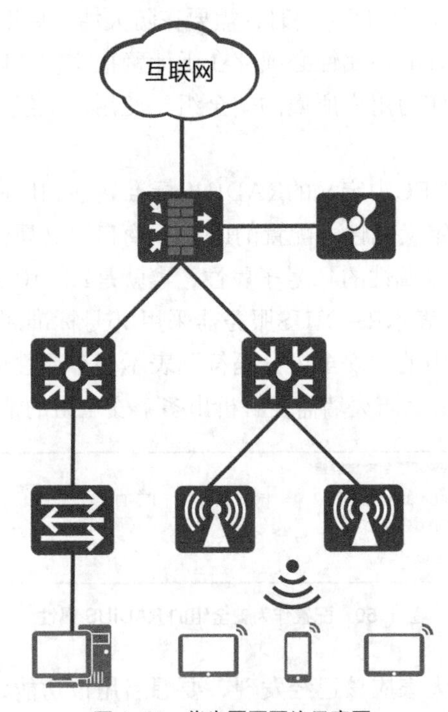

图 1-51 华为园区网络示意图

用户通过认证后，位于网络出口的防火墙需要基于用户账号进行权限管控，势必要同步获取用户账号信息。控制器单点登录应运而生。用户认证通过后，控制器向防火墙发送用户上线消息，用户无须在防火墙二次认证即可访问网络资源。

华为园区网络支持802.1X认证、MAC认证、Portal认证等多种认证方式，这些是控制器单点登录的前提条件，不做详细介绍。本书重点介绍控制器与防火墙之间的交互，也就是控制器单点登录。

如图1-52所示，为了实现控制器单点登录，管理员需要在控制器和防火墙上配置双方的通信参数，然后控制器通过UDP通道将用户上下线消息发给防火墙。

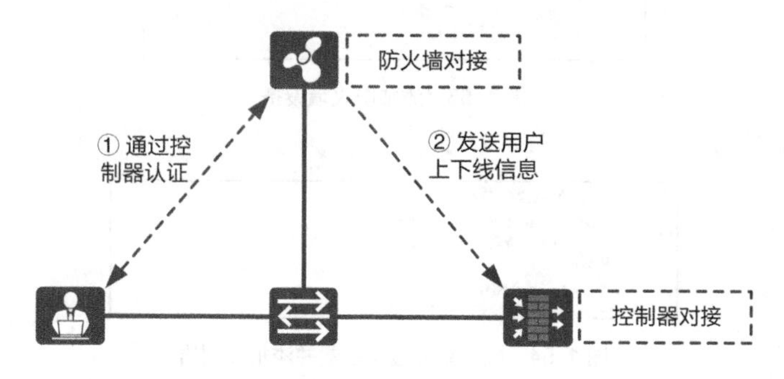

图1-52 控制器单点登录

下面从配置的角度展示控制器单点登录的应用过程。

1. 在控制器上添加防火墙设备

在控制器上添加防火墙设备的配置项如图1-53所示，其中，“端口”表示防火墙接收用户上下线消息的端口；“加密算法”和“接入密钥”用于加密传输用户上下线消息；“终端IPv4地址列表”表示控制器只会发送属于该列表的用户消息给防火墙；“IPv6开关”表示开启IPv6地址用户上下线消息的发送。

2. 在防火墙上配置单点登录参数并添加控制器

如图1-54所示，服务端口表示防火墙接收用户上下线消息的端口（默认为8001）。防火墙和控制器的配置必须一致。

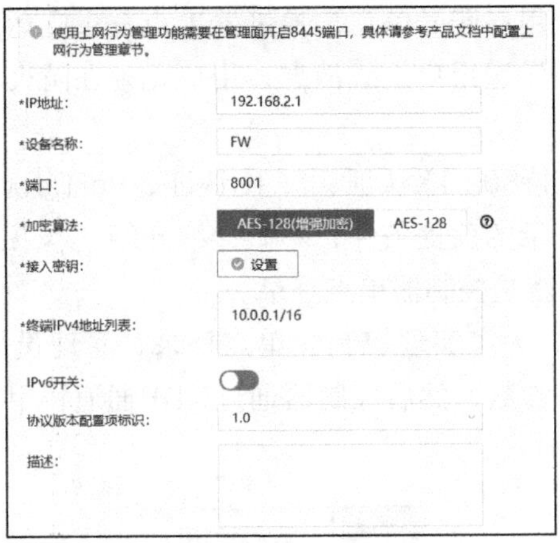

使用上网行为管理功能需要在管理面开启8445端口，具体请参考产品文档中配置上网行为管理章节。

*IP地址: 192.168.2.1

*设备名称: FW

*端口: 8001

*加密算法: AES-128(增强加密) AES-128

*接入密钥: 设置

*终端IPv4地址列表: 10.0.0.1/16

IPv6开关:

协议版本配置项标识: 1.0

描述:

图 1-53　添加防火墙设备

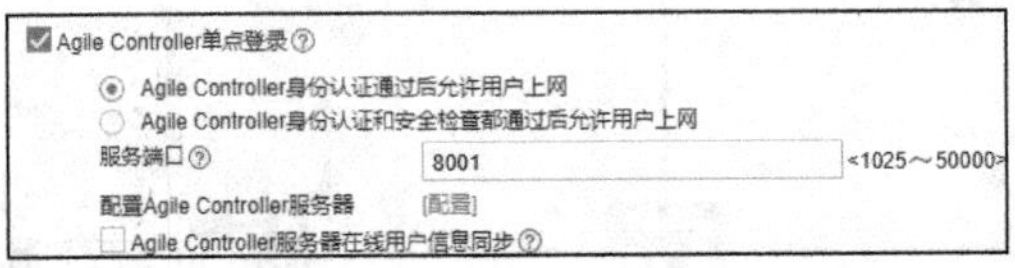

Agile Controller单点登录

Agile Controller身份认证通过后允许用户上网

Agile Controller身份认证和安全检查都通过后允许用户上网

服务端口 8001 <1025～50000>

配置Agile Controller服务器 [配置]

Agile Controller服务器在线用户信息同步

图 1-54　配置单点登录参数并添加控制器

说明：华为园区控制器经过迭代，产品名称发生过变更，当前防火墙界面中的Agile Controller是其中一个名称。无须关注产品名称，单点登录实现原理基本一致。

另外，如果控制器支持用户终端安全检查功能，还可以指定用户认证通过后是否需要通过安全检查才能上线。

在图1-54所示界面中单击“配置”添加控制器，出现的界面如图1-55所示。其中，服务器端口并非控制器发送用户上下线消息使用的端口，而是防火墙导入控制器上的组织结构时，控制器接收导入请求的端口。不同控制器的默认端口不同，Agile Controller使用端口8084，iMaster NCE-Campus使用端口8445。加密算法必须与控制器上的配置保持一致。

图1-54中还有一个“Agile Controller服务器在线用户信息同步”选项，用于解决防火墙与控制器在线用户信息不同步的问题。防火墙与控制器的在线用户保持同步是保证用户权限控制正常的关键因素。但是在实际使用中如下3种情况将导致两端在线用户不同步。

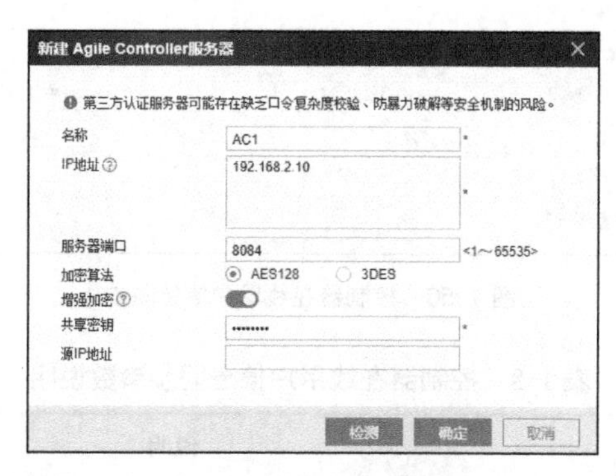

图 1-55　添加控制器

情况1：用户在控制器认证通过后，控制器发给防火墙的用户上线消息丢失，用户无法在防火墙上线。

情况2：防火墙具有在线用户超时机制，即如果在一定时间内没有在线用户的流量经过防火墙，则防火墙会主动将其下线。此时可能出现用户在控制器没下线，而在防火墙提前下线的问题。

情况3：用户已经从控制器下线，控制器发给防火墙的用户下线消息丢失，在防火墙中仍存在此在线用户，可能存在用户被仿冒的风险。

针对以上情况，防火墙主动向控制器查询在线用户以保持两端同步，具体实现如下。

针对情况1：当经过防火墙的流量没有对应在线用户表项时，防火墙会主动向控制器查询源IP地址对应的在线用户。如果在控制器上存在与该IP地址对应的在线用户，则控制器将此用户上线消息发送给防火墙。为避免不需要单点登录的流量也到控制器查询，可以在防火墙上指定查询流量的源IP地址范围，只有符合范围的流量才会触发防火墙向控制器发起查询和同步功能。

针对情况2：当防火墙上的在线用户即将超时时（剩余在线时间为超时时间的1/4），防火墙向控制器发起查询。如果该用户在控制器上在线，则刷新用户在防火墙的剩余在线时间为最大值；如果用户在控制器上不在线，防火墙上的该用户被正常下线。

针对情况3：防火墙的在线用户超时机制就是用来解决这个问题的，在一定时间内没有在线用户的流量，防火墙会主动将用户下线。

控制器在线用户信息同步功能的具体配置如图1-56所示，其参数说明如表1-8所示。

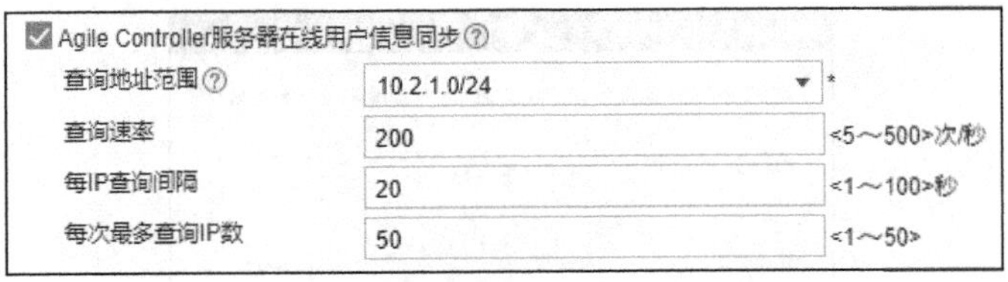

Agile Controller服务器在线用户信息同步
查询地址范围 10.2.1.0/24 *
查询速率 200 <5～500>次/秒
每IP查询间隔 20 <1～100>秒
每次最多查询IP数 50 <1～50>

图 1-56　控制器在线用户信息同步

表 1-8　控制器在线用户信息同步参数说明

参数	说明
查询地址范围	指定在线用户信息同步的源 IP 地址范围。只有源 IP 地址在指定范围内的用户，才会触发查询和同步。 在一般情况下，查询地址范围就是图 1-53 所示在控制器上添加防火墙设备时，“终端 IPv4 地址列表”中配置的 IP 地址范围
查询速率	指定防火墙发送查询报文的速率。 如果需要同时查询的 IP 地址数量过大，将导致控制器处理拥塞、防火墙性能下降等问题，因此通过该参数限制发送查询报文的速率。查询速率如果过小，将导致用户上线慢、影响用户访问网络的体验。通常情况该参数保持默认值即可
每 IP 查询间隔	指定每个源 IP 地址的查询时间间隔。例如，配置为 20 s 时，则每个源 IP 地址在 20 s 内只能被查询 1 次。 查询间隔不能过小，否则防火墙向控制器查询的次数过多，会导致控制器性能下降。通常情况该参数保持默认值即可
每次最多查询 IP数	当配置防火墙向控制器发起在线用户查询时，每个查询报文中最多包含的 IP 地址个数。通常情况该参数保持默认值即可。 通过该参数能够调节防火墙同步接收控制器在线用户信息的速率，避免上线速度过慢或者上线处理拥塞

到这里，基于华为园区控制器的单点登录内容就基本介绍完了。另外，在第1.2节中介绍过，防火墙上基于用户组织结构进行权限控制的前提是需要将认证服务器上的组织结构导入防火墙。在控制器单点登录的场景下，控制器就是认证服务器，因此也需要将控制器上的组织结构导入防火墙，并在认证域下配置新用户认证选项。需要强调的是，防火墙只支持将控制器上的组织结构导入其default认证域。也就是说，控制器单点登录用户只能在防火墙的default认证域上线。

1.3.4　HTTP 代理用户源 IP 地址解析

用户在防火墙上线后，当用户进行业务访问时，防火墙通过流量源IP地址识别对应用户，从而进行访问控制。这是用户管理的基本逻辑。但是，如果用户通过HTTP代理服务器上网（参见图1-57），用户上网流量经过代理服务器后才到达防火墙，则流量的源IP地址都会变为代理服务器地址。这样，防火墙就无法根据源IP地址识别对应的用户了。

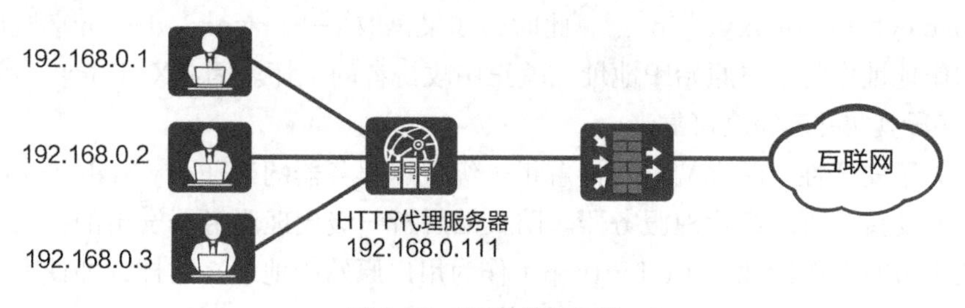

图 1-57　HTTP 代理组网

在这种场景下，防火墙有没有办法获取用户的真实IP地址呢？答案是有，也就是解析HTTP请求报文扩展头中的X-Forwarded-For字段，该字段包含用户的原始IP地址。

X-Forwarded-For字段的格式如下。

```
X-Forwarded-For:client-ip,proxy1-ip,proxy2-ip,proxy3-ip,...
```

HTTP请求每经过一级代理服务器，代理服务器就在这个字段的后边填入请求的源IP地址，再转发出去。因此，字段最左边的地址是一级代理服务器添加的用户真实的IP地址，左边第二个IP地址是二级代理服务器添加的一级代理服务器的IP地址，以此类推。防火墙支持从HTTP请求报文扩展头中的X-Forwarded-For字段提取用户的原始IP地址来与在线用户表比较，从而识别用户。

在防火墙上启用XFF（X-Forwarded-For）代理用户管控开关（参见图1-58），并指定代理服务器。防火墙只对指定的代理服务器发出的HTTP报文进行解析，如果报文中没有X-Forwarded-For字段则无法基于用户进行访问控制。

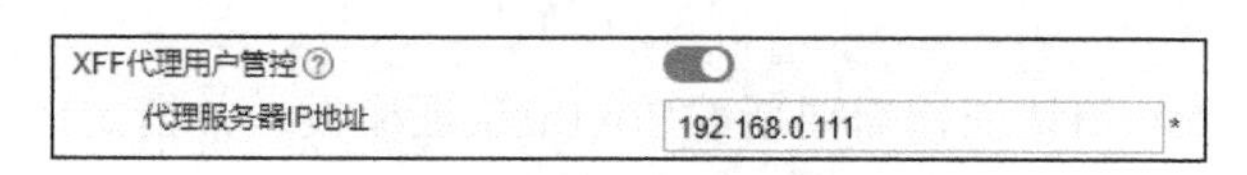

图 1-58　XFF 代理用户管控

看到这里大家应该已经发现了，X-Forwarded-For字段可以有多级代理服务器的IP地址。那么，应该在防火墙上指定哪个代理服务器呢？这就要从X-Forwarded-For字段的安全漏洞讲起了。代理服务器只会在X-Forwarded-For字段追加地址，如果客户端在首次发出HTTP请求报文时就伪造了X-Forwarded-For字段，填入了一个虚假的IP地址fake-ip，一级代理服务器转发报文的X-Forwarded-For字段就变为：fake-ip,client-ip。经过多级代理后，X-Forwarded-For字段变为fake-ip,client-ip,proxy1-ip,proxy2-ip,proxy3-ip,…。此时，如果再取X-Forwarded-For字段最左边的IP地址作为用户原始IP地址，就正中攻击者的下怀。因此X-Forwarded-For字段其实并不完全可靠。

为了安全性，防火墙只支持解析一级代理服务器的X-Forwarded-For字段，不支持解析多级代理服务器。防火墙解析一级代理服务器发出的报文，将报文中最右边的IP地址（client-ip）作为用户原始IP地址。这样，即使有伪造情况，最右边的IP地址也是比较可靠的。

最后再强调一下，通过X-Forwarded-For字段解析功能进行用户管控的前提是用户已经在防火墙上线。防火墙根据解析出的IP地址到在线用户表中查找对应用户，从而匹配用户策略。如果在线用户表中没有对应用户，防火墙则认为此流量未通过用户认证，将阻断流量。因此，该功能一般与单点登录功能一起使用，用户HTTP流量在到达防火墙之前，用户就已经在防火墙上线。

说明： 虽然防火墙识别X-Forwarded-For字段中的IP地址为用户IP地址，但是流量的源IP地址还是代理服务器IP地址。因此请注意，在安全策略列表中，引用用户的安全策略需要位于引用代理服务器IP地址的安全策略的前面，否则流量将匹配引用代理服务器IP地址的策略。

|1.4 外部Portal认证|

顾名思义，外部Portal认证就是由外部Portal服务器提供认证页面来进行用户认证。

使用外部Portal认证，需要新建Portal认证模板，并指定Portal服务器的地址，然后在认证策略中引用Portal认证模板，如图1-59和图1-60所示。

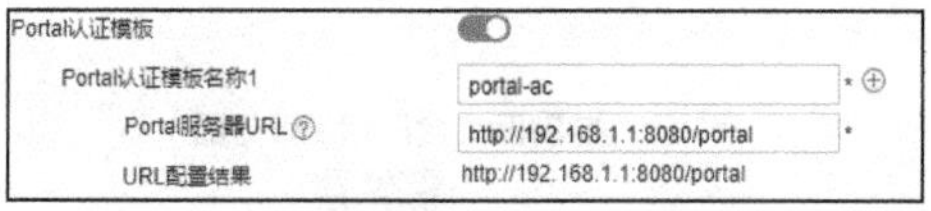

Portal认证模板
Portal认证模板名称1 portal-ac
Portal服务器URL http://192.168.1.1:8080/portal
URL配置结果 http://192.168.1.1:8080/portal

图 1-59 新建 Portal 认证模板

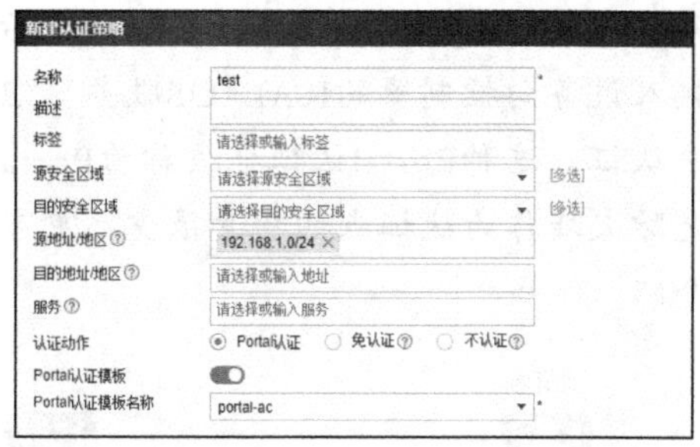

图 1-60 在认证策略中引用 Portal 认证模板

在默认情况下，防火墙只将目的端口为80的HTTP业务请求重定向至Portal认证页面。如果需要对HTTPS业务重定向，则需要在Portal认证模板中启用开关，命令如下。

```
[sysname] user-manage portal-template portal-ac
[sysname-portal-template-portal-ac] portal-url https enable
```

以上就是外部Portal认证的基本过程。

看到这里你一定有个疑问：为何本节内容没有安排在内置Portal认证之后？因为当前防火墙外部Portal认证的主要场景是华为园区控制器单点登录，只是由防火墙将用户流量重定向至控制器进行认证，因此安排在控制器单点登录后进行介绍。如果使用其他外部Portal服务器，需要对防火墙进行定制开发，本书不做介绍。

在第1.3.3节中我们讲过，华为园区网络中通常使用接入交换机或AP等接入设备作为认证点，转发用户认证请求至控制器完成用户认证。防火墙只是被动接受控制器的用户上线消息，用户不需要在防火墙二次认证即可访问网络资源。但是组网没有一定之规，偶尔也存在需要防火墙触发控制器Portal认证的情况。

如图1-61所示，当用户的HTTP/HTTPS请求经过防火墙时，防火墙发现没有对应的在线用户表项，则将请求重定向至控制器的Portal认证页面。用户输入用户账号、密码，控制器对用户进行认证。接下来的事情就和控制器单点登录一样了，控制器将用户上线消息发给防火墙，使用户同步在防火墙上线。

说明：如图1-61所示，需要控制器自行完成用户认证，防火墙只起到重定向的作用。Agile Controller及其之前的控制器产品支持这种认证方式，从iMaster NCE-Campus开始则不再支持。

如果你熟悉华为交换机、AP、Agile Controller等设备的Portal认证，应该知道Portal服务器收到Portal认证请求后会将请求转发至这些接入设备，然后由接入设备向控制器的RADIUS服务器组件发起RADIUS认证请求，从而完成用户认证。这种Portal认证也被称为Portal 2.0，防火墙也支持这种认证方式，但是防火墙作为认证点的场景很少，更多还是单点登录方式，因此本书不做具体介绍。

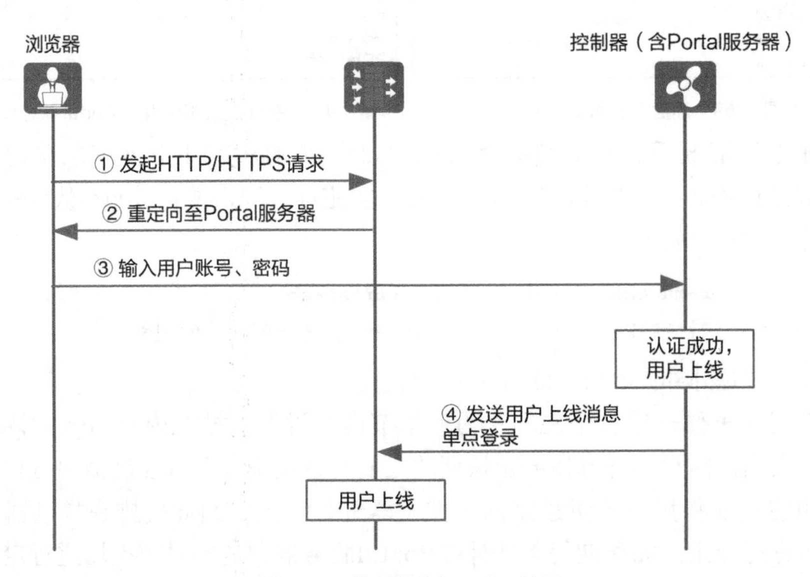

图 1-61　控制器外部 Portal 认证

1.5　基于用户的访问控制

防火墙的几种主要认证方式已经讲解完毕。认证的目的是基于用户进行访问控制，在安全策略、带宽策略等特性中引用用户。本节介绍防火墙如何基于用户进行访问控制。

1. 基于用户进行访问控制的前提条件

在安全策略、策略路由、带宽策略、加密流量检测策略、审计策略以及配额控制策略等特性中，可以引用用户组/用户/安全组作为匹配条件，从而实现基于用户的访问控制。这些策略生效的前提条件如下。

- 用户认证通过，在防火墙的在线用户表中上线。
- 用户发起的业务流量必须匹配认证策略。前文已经讲过，即使是单点登录，也需要配置认证动作为“免认证”的认证策略。
- 防火墙本地需要存在用户、用户组或安全组，供策略配置引用。当本地不存在用户时，需要配置新用户认证选项。

2. 不同认证方式及用户存储方式的策略配置

策略需要引用用户、用户组或安全组，不同认证方式、用户存储方式也影响策略的配置方式，具体见表1-9。

表 1-9　认证方式、 用户存储方式与策略配置方式

认证方式	防火墙的用户存储方式	策略配置方式	新用户认证选项的配置
Portal 认证（本地认证）	用户、用户组和安全组都存储于本地	管理员可以根据权限粒度，在策略中选择引用用户、用户组或安全组	不涉及
Portal 认证（服务器认证）和单点登录	只将服务器上的用户组 / 安全组导入防火墙，不导入具体用户信息	管理员基于用户组 / 安全组配置各类策略，不能基于具体用户配置策略	因为防火墙不保存用户信息，所有用户对防火墙来说都是新用户。新用户认证选项指定为“仅作为临时用户，不添加到本地用户列表中”
	将服务器上的全部组织结构和用户都导入防火墙。此种方式需要提前评估服务器用户数量是否超过防火墙的最大规格	管理员可以根据权限粒度，在策略中选择引用用户、用户组或安全组	可能出现服务器新增了用户，防火墙没有及时同步的现象，因此也需要指定新用户认证选项为“仅作为临时用户，不添加到本地用户列表中”

说明：防火墙只支持通过导入策略导入AD服务器、LDAP服务器、控制器的组织结构及用户。如果是其他类型的服务器，则需要在防火墙上手动创建或通过CSV文件导入组织结构及用户。

3. 策略匹配

在防火墙中，用户是策略的一个匹配条件，而非在用户上绑定策略。当匹配具体策略时，防火墙按照策略列表顺序匹配，匹配一条就不再继续匹配。因此配置策略时需要注意配置顺序，策略并不绝对按照树形组织结构继承。例

如，如果要按图1-62所示的权限控制方式配置策略，则需要按照表1-10所示的顺序配置策略。

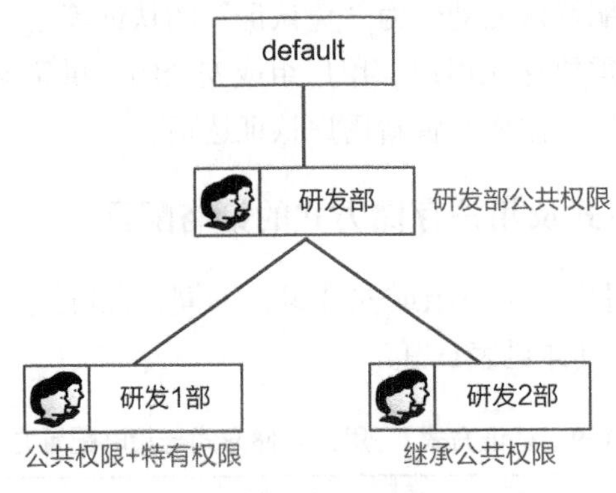

图 1-62　权限示例

表 1-10　策略配置顺序

策略名称	用户	目的地址	动作
policy1	研发 1 部	可访问的基础资源 + 特有资源	允许
policy2	研发部	可访问的基础资源	允许

配置要点如下。

- 先配置“研发1部”的特有策略policy1，再配置“研发部”的公共策略policy2。如果不按此顺序配置，因为“研发1部”的用户也属于研发部，将会先匹配公共策略policy2，不会再继续匹配特有策略policy1。
- 在配置“研发1部”的特有策略policy1时必须同时指定可访问的基础资源和特有资源，因为“研发1部”的用户匹配到特有策略后不会再继续匹配公共策略policy2，也就是无法继承父用户组的策略。
- “研发2部”因为没有特殊权限，不用单独配置策略，直接匹配“研发部”的公共策略policy2。

当下级用户组或用户完全继承父用户组的权限时，策略有继承关系，下级用户组或用户直接继承、引用父用户组的策略。如果用户同时属于用户组和安全组，用户权限就是所属用户组和安全组权限的并集。

但是，一旦需要针对下级用户组或用户单独控制权限、单独配置策略时，则下级用户组或用户不再继承父用户组的策略。

1.6 VPN 接入后的访问控制

L2TP（Layer 2 Tunneling Protocol，二层隧道协议）VPN、SSL VPN等VPN技术借用AAA技术对接入用户进行认证，认证通过才能成功建立隧道，然后用户才能通过隧道访问内网资源。大家有没有想过，用户在接入隧道后，管理员要如何控制用户能访问的具体资源呢？当然，不排除有些VPN技术自带授权功能。但是，大部分VPN技术如果想实现访问控制，需要进一步配置策略。本节就来介绍防火墙如何实现这一功能。

前文我们简要介绍过上网用户和接入用户的区别。

上网用户：从内网访问网络资源的用户。用户需要通过防火墙的Portal认证或单点登录认证，才能访问网络资源。这就是前文着重介绍的用户类型。

接入用户：通过VPN远程接入访问内网资源的用户。这类用户的认证集成在VPN的接入配置过程中，一般通过AAA方式进行认证，本书不做详细介绍。

说到这里，大家可能有点疑惑，在防火墙上创建用户时，并没有指定用户类型呀？确实如此，这种分类是根据业务类型划分的，反映到防火墙上，是通过认证域来区分可以接入的用户类型的。防火墙认证域支持图1-63所示的几种接入场景。管理员需要根据需求指定认证域的接入场景，未指定的业务则无法接入。

场景 ☑上网行为管理 ☑SSL VPN接入 ☑L2TP/L2TP over IPsec ☑IPsec接入 ☐管理员接入

图 1-63 认证域接入场景

上网行为管理场景就是本章聚焦的用户从内网访问网络资源的场景。用户认证通过后，用户在防火墙在线用户表上线，防火墙只支持对在线用户表上线的用户进行策略控制。

那么，假如认证域仅指定了L2TP接入（L2TP/L2TP over IPsec），L2TP用户会在在线用户表上线吗？答案是否定的，因为此时认证域接入的用户相当于接入用户。回到本节开头的问题，到底如何对通过VPN接入的用户也进行策略控制呢？答案就是在认证域中同时指定L2TP接入、上网行为管理，此时接入用户就有了上网用户的属性。另外还需要配置认证动作为“免认证”的认证策略，防火墙直接借用VPN的认证结果使用户在“上网用户在线用户表”上线，此时就可以对L2TP接入用户进行策略控制了。如图1-64所示，在线用户的接入方式显示为VPN的接入方式，此处的PPP（Point-to-Point Protocol，点到点协议）就代表L2TP接入。

用户名(显示名)	所属组	IP地址	认证方式	接入方式	终端设备	登录时间/冻结时间
test	/default	192.168.0.2	本地认证	PPP	unknown	2022-06-21 17:13:44登录

图 1-64　VPN 接入用户在上网用户在线用户表上线

还要提醒一点，在配置认证策略时指定的源IP地址是VPN接入后防火墙给用户分配的私网IP地址，而不是公网IP地址。

完成上述配置，管理员就可以在策略中引用用户或用户组，进一步实现访问控制。

1.7　用户管理技术综合应用

用户管理特性比较庞杂，最后我们再通过一个综合应用示例结合组网讲解一下配置过程。如图1-65所示，某企业对不同角色的用户采取不同的认证方式。

- **研发部和市场部员工：**AD域认证。
- **管理者：**使用固定IP地址和MAC地址的PC，通过防火墙进行免认证。
- **访客：**共用visitor用户账号，通过防火墙进行Portal认证。

以下仅给出与用户管理相关的主要步骤，不包含接口、安全策略等辅助步骤。

1. 配置 AD 单点登录

研发部和市场部员工采用AD域认证，需要在防火墙上配置AD单点登录，获取用户上下线消息。这里以插件方式（接收用户上下线消息）为例进行配置。

① 新建AD服务器，如图1-66所示。

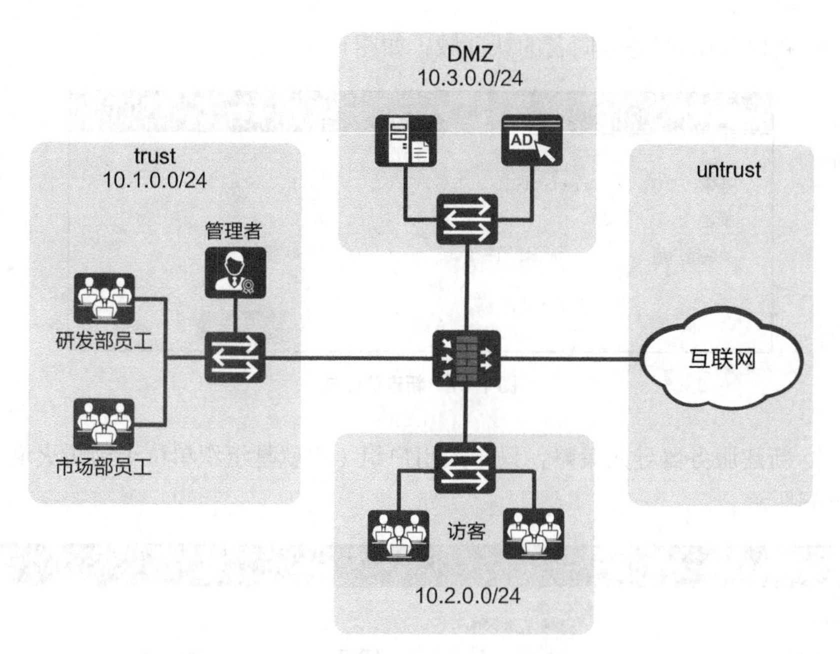

图 1-65　用户管理综合应用组网

新建AD服务器

❶ 第三方认证服务器可能存在缺乏口令复杂度校验、防暴力破解等安全机制的风险。

名称	auth_server_ad	*
认证主服务器IP地址	10.3.0.251	* 端口 88 <1～65535>
认证主服务器机器名	ad.cce.com	* 示例：winsvr2003sp2.example.com
认证备服务器IP地址		端口 88 <1～65535>
认证备服务器机器名		示例：winsvr2003sp2.example.com
认证第三备服务器IP地址		端口 88 <1～65535>
认证第三备服务器机器名		示例：winsvr2003sp2.example.com
源IP地址配置方式	◉ IP地址　○ 接口	
源IP地址		

基本信息

Base DN/Port DN	dc=cce,dc=com	一个汉字占2个字符
LDAP端口	389	<1～65535>
用户过滤字段	sAMAccountName	
组过滤字段	ou	
绑定匿名管理员	关	
管理员DN	cn=Administrator,cn=users	
管理员密码	••••••••••	*
确认管理员密码	••••••••••	*
管理员绑定属性	☑ 附带Base DN	
加密套件	aes256-hmac-sha1	

图 1-66　新建 AD 服务器

② 新建与AD服务器同名的认证域，如图1-67所示。

图 1-67　新建认证域

③ 新建服务器导入策略，只导入用户组（也就是组织单位）到防火墙，如图1-68所示。

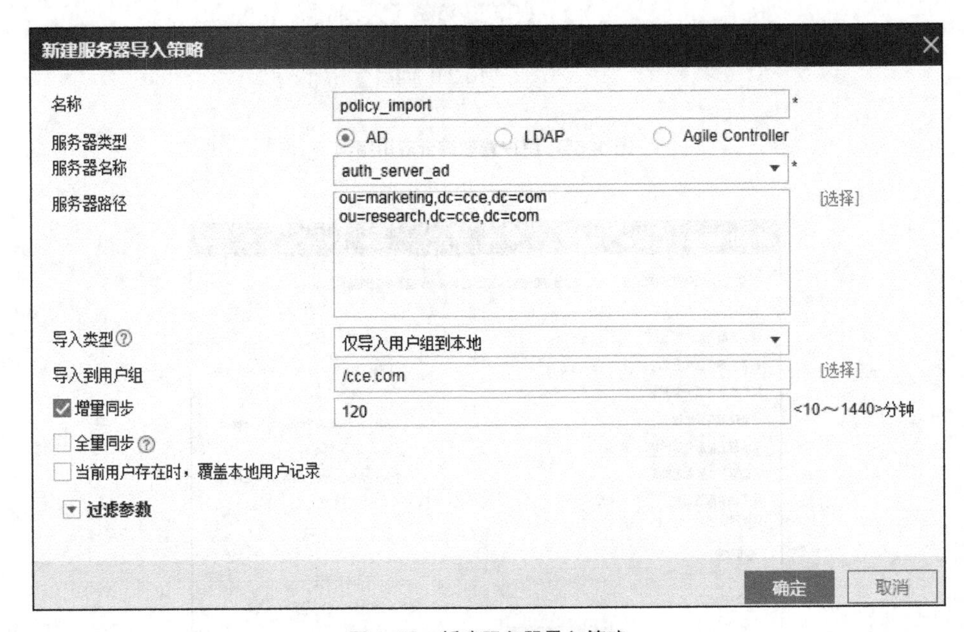

图 1-68　新建服务器导入策略

④ 在认证域界面中配置AD单点登录参数及新用户认证选项，如图1-69所示。

注意，步骤③已经新建了服务器导入策略，这一步需要单击“服务器导入策略”（参见图1-69）右侧的“配置”，在弹出的对话框中单击“立即导入”，将AD服务器的组织单位导入防火墙作为用户组。

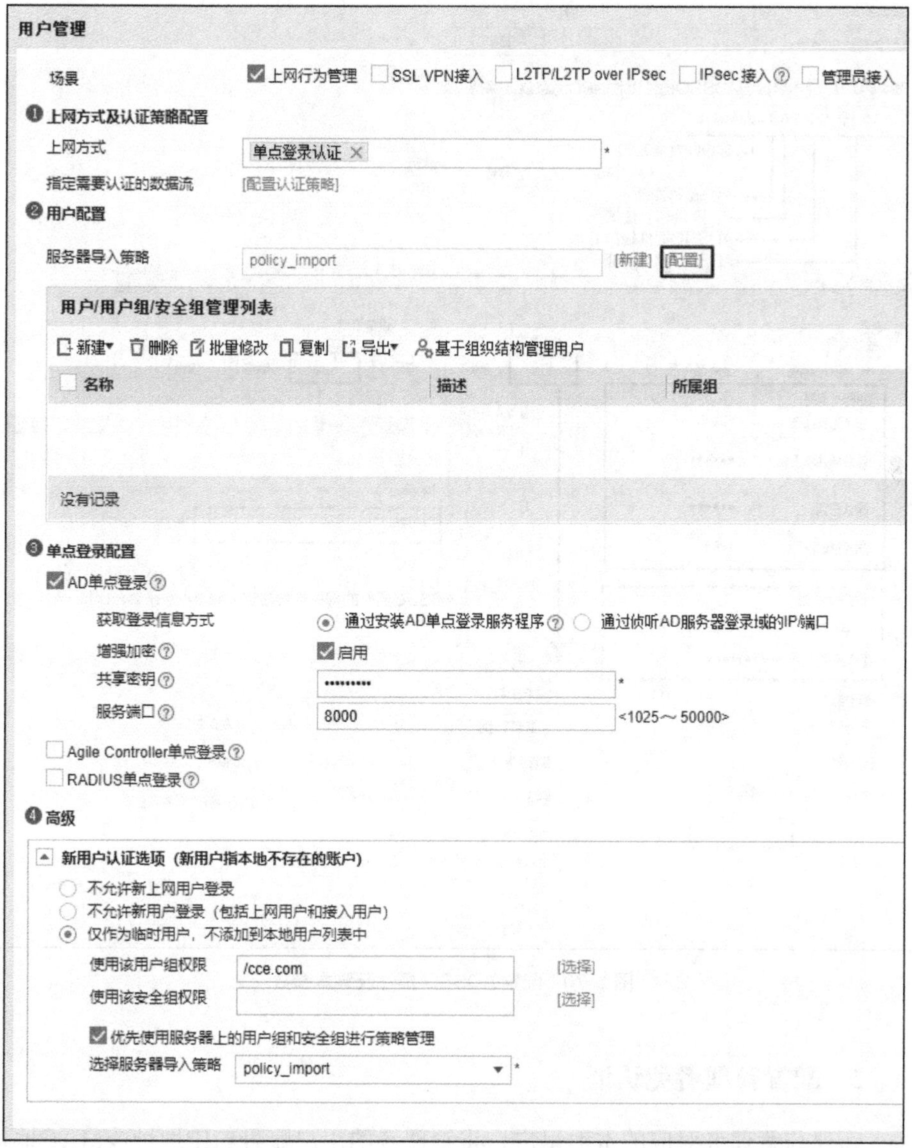

用户管理

场景　☑上网行为管理　☐SSL VPN接入　☐L2TP/L2TP over IPsec　☐IPsec接入⑦　☐管理员接入

❶ 上网方式及认证策略配置

上网方式　单点登录认证 ×　*

指定需要认证的数据流　[配置认证策略]

❷ 用户配置

服务器导入策略　policy_import　[新建] [配置]

用户/用户组/安全组管理列表

新建▾　删除　批量修改　复制　导出▾　基于组织结构管理用户

名称	描述	所属组

没有记录

❸ 单点登录配置

☑AD单点登录⑦

获取登录信息方式　◉ 通过安装AD单点登录服务程序⑦　○ 通过侦听AD服务器登录域的IP/端口

增强加密⑦　☑启用

共享密钥⑦　•••••••••　*

服务端口⑦　8000　<1025～50000>

☐Agile Controller单点登录⑦

☐RADIUS单点登录⑦

❹ 高级

新用户认证选项（新用户指本地不存在的账户）

○ 不允许新上网用户登录

○ 不允许新用户登录（包括上网用户和接入用户）

◉ 仅作为临时用户，不添加到本地用户列表中

使用该用户组权限　/cce.com　[选择]

使用该安全组权限　[选择]

☑优先使用服务器上的用户组和安全组进行策略管理

选择服务器导入策略　policy_import ▾　*

图 1-69　配置 AD 单点登录参数及新用户认证选项

⑤ 在AD服务器中安装ADSSO插件、部署登录/注销脚本。具体步骤不详述，参数配置如图1-70所示。

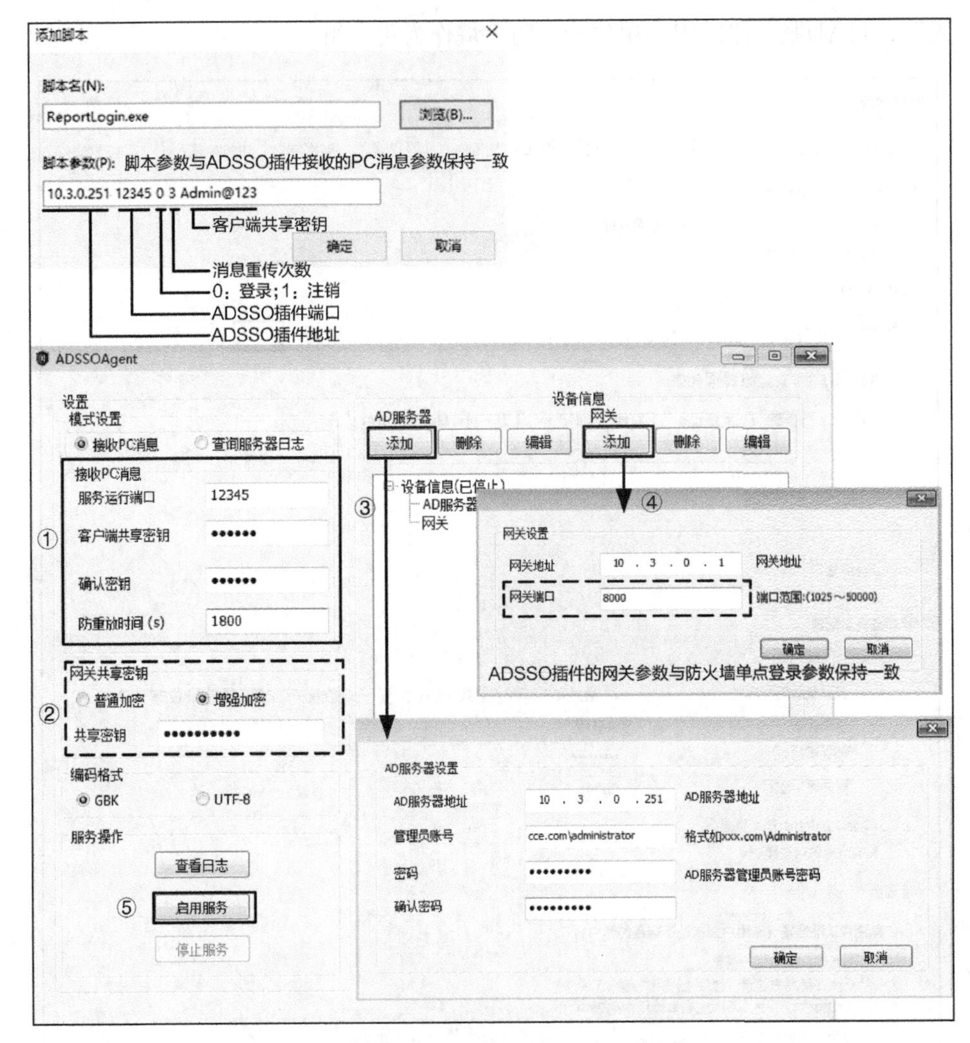

图 1-70　配置 ADSSO 插件及脚本参数

2. 配置管理者免认证

新建与管理者对应的本地用户，将管理者的用户账号与IP地址或MAC地址双向绑定，如图1-71所示。因为免认证无须输入密码，密码可以随意指定。

新建用户

登录名　user_0001 *

显示名　Supervisor

描述

所属用户组　/default　[选择]

所属安全组　[选择]

密码　•••••••••• *

密码不能和用户名相同，长度为6~16个字符，且密码必须包含数字、大写字母、小写字母、特殊字符中的至少3种，如：Password@或password8#等。

确认密码　•••••••••• *

用户属性

账号过期时间　◉ 永不过期　○ 在此时间之后过期

☐ 允许多人同时使用该账号登录

❗警告：禁用此功能将导致使用此用户账号登录的所有IP全部下线

IP/MAC地址绑定 ⓘ　○ 不绑定　○ 单向绑定（该用户只能使用指定的地址登录，同时该地址也可被其他用户使用。）　◉ 双向绑定（该用户只能使用指定的地址登录，该地址仅允许该用户使用。）

IP/MAC地址　10.1.0.2/00e0-fc12-1256 *

一行一个条目，且最多输入3个条目。请输入以下格式之一：

- IP 地址 如：10.10.1.2（输入的IPv4地址不能以0、127及224～255开头）
- MAC 地址 如：aaaa-aaaa-aaaa
- IP/MAC 地址 如：10.10.1.2/aaaa-aaaa-aaaa

图 1-71　新建用户（免认证）

3. 配置访客 Portal 认证

新建与访客对应的本地用户，允许多人同时登录，如图1-72所示。

4. 配置认证策略

分别为办公区和访客区配置认证策略，如图1-73所示。

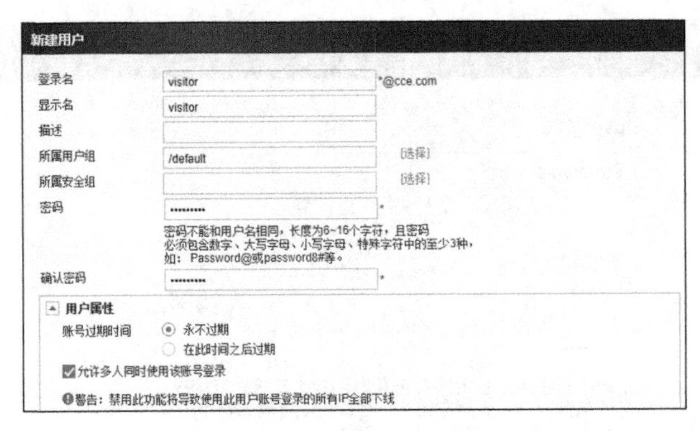

图 1-72　新建访客用户

名称	描述	标签	源安全区域	目的安全区域	源地址/地区	目的地址/地区	服务	认证动作
office			trust	Any	10.1.0.0/255.255.255.0	Any	Any	免认证
visitor			visitor	Any	10.2.0.0/255.255.255.0	Any	Any	Portal认证

图 1-73　配置认证策略

5. 配置在线用户超时时间

配置在线用户超时时间为1440 min（24 h），避免单点登录用户在防火墙过早下线，如图1-74所示。

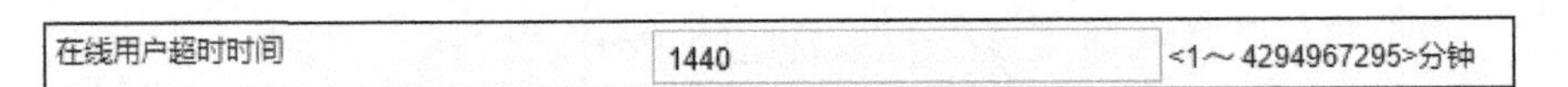

图 1-74　配置在线用户超时时间

完成上述认证配置后，即可在安全策略、带宽策略中引用用户组或用户，进行访问控制。

1.8　习题

第2章　加密流量检测技术

随着政策法规的健全与大众隐私保护意识的提高，使用SSL协议或TLS（Transport Layer Security，传输层安全协议）加密的互联网流量不断增长。大多数浏览器都会将未加密的访问标识为“不安全”，因此事实上加密成为一种带有强制意义的选择。然而，加密让网络中传输的数据变得不透明，在保护数据隐私的同时，也给网络安全带来了新的挑战。攻击者已经在借助加密技术来逃避安全检测，传播恶意软件。为了应对这个趋势，针对加密流量的检测技术应运而生。

2.1 加密技术基础

在开始介绍加密流量检测技术之前，让我们先来了解一下加密技术的发展历史。本节介绍常见加密技术的基本概念、原理和应用，为学习加密流量检测技术打下基础。

2.1.1 加密技术

在网络刚诞生的阶段，所有的数据都是明文传输的。当网络技术的应用不断推广，数据的安全性成为一个不得不考虑的问题。明文传输显然无法保证数据的安全性。为此，人们开始在网络技术中应用数据加密技术。

加密技术具有悠久的历史。古代的加密技术通常采用替换法和移位法，如著名的凯撒密码就采用了移位法。当需要发送消息时，明文中的每一个字母都使用字母表中向后偏移一个固定数目的字母来替代。如果偏移量为3，则使用字母d替代a、使用字母e替代b，以此类推。古典加密技术的核心是替换和移位的规则，或者说是密码字典，安全性不高。1949年，克劳德·埃尔伍德·香农（Claude Elwood Shannon）发表了《保密系统的通信理论》，将应用数学引入加密技术，推动了现代密码学的发展。可以说，现代密码学的本质是数学问题。

现代密码学的核心要素是算法和密钥。算法是解决一个数学问题所需的一组计算步骤，密钥则是这组计算步骤中的一个参数。加密就是向算法中输入明文数据和密钥，得到一段不可读的密文数据的过程和方法。对于数据发送方，数据被加密后变成密文发送出去。对于数据接收方，向相应的算法中输入密文数据和密钥，才能得到原始的明文数据，这个过程称为解密。数据发送方和接收方以外的任何第三方都无法了解加密后的密文传递的真实信息。图2-1展示了加密和解密的过程。

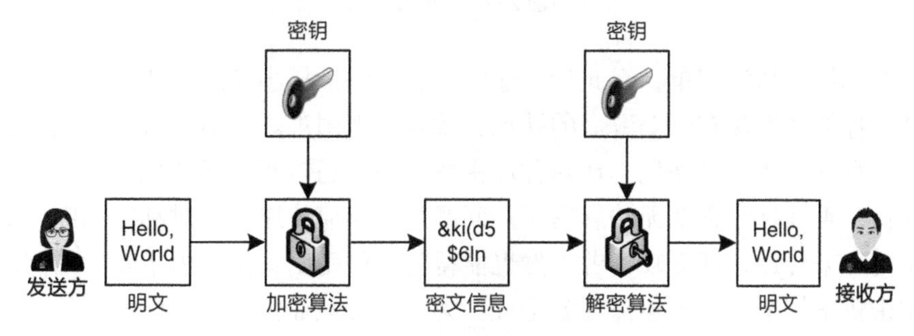

图 2-1　加密和解密的过程

现代密码学的算法通常是公开的，安全性由密钥来保证。在现代密码技术的发展过程中，先后出现了对称加密、非对称加密、数字信封和数字签名等技术。

1. 对称加密

对称加密又称为对称密钥加密或共享密钥加密。在采用对称加密的系统中，发送方和接收方使用同一个密钥对数据进行加密和解密，如图2-2所示。发送方和接收方首先协商好一个对称密钥。发送方使用对称密钥对明文数据加密，接收方收到密文信息后，再使用相同的密钥来解密。

对称加密算法是使用最广泛的加密算法之一。目前比较常用的对称加密算法有DES（Data Encryption Standard，数据加密标准）、3DES（Triple Data Encryption Standard，三重数据加密标准）、AES（Advance Encryption Standard，高级加密标准）、国产商用密码SM1和SM4（SM代表商密，即商用密码）。

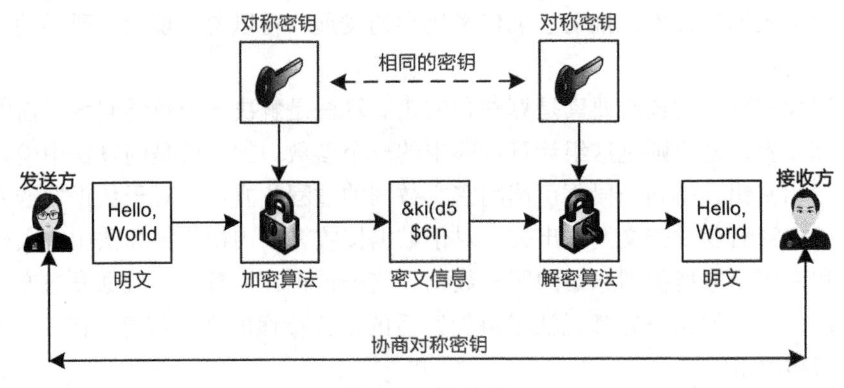

图 2-2 对称加密

对称加密算法简单，因此计算速度快、资源消耗小，适合加密大量数据。但是对称加密算法有一个致命的缺点，就是实现困难。如前文所述，现代密码学的安全性由密钥来保证。在对称加密系统中，通信双方必须先协商好一个对称密钥，否则接收方就无法解密了。问题是，如何传递这个对称密钥呢？如果通过网络来传递，那么攻击者当然也能得到一份密钥。使用由不安全的网络传递的密钥来加密，并不能保证安全性。为了安全地通信，需要以安全的方式传递密钥，这就陷入了“鸡生蛋还是蛋生鸡”的无限循环。此外，如果任意通信双方都要协商出一个密钥，n个用户的团体就需要协商$n(n-1)/2$个不同的密钥，其扩展性也比较差。

2. 非对称加密

非对称加密又称为公钥加密。相对于对称加密，非对称加密最大的特点之一是加密和解密使用不同的密钥。一个可以向任何人公开的密钥，称为公钥。一个由所有者保存的密钥，称为私钥。用公钥加密的信息，只能使用私钥解密。反之，用私钥加密的信息，只能用公钥解密。在典型的非对称加密系统中，接收方首先生成一对公钥A和私钥B，并将公钥A明文发送给发送方，如图2-3所示。然后，发送方使用公钥A来加密明文数据，接收方收到密文信息后，使用自己的私钥B来解密。

非对称加密解决了密钥的发布和管理问题。通信双方可以通过明文来传递公钥，然后用公钥加密信息，用私钥解密信息。并且，使用公钥加密后的信息只能使用私钥来解密。公钥和私钥是一对数学上相关但是不同的值。根据非对称加密的数学原理，根据公钥无法推算出配对的私钥。因此，只要妥善保管私钥，通信双方以外的第三方即便获得了公钥，也无法解密信息。任何人只要公开自己的公钥，并保管好自己的私钥，就可以和其他人安全地进行通信。

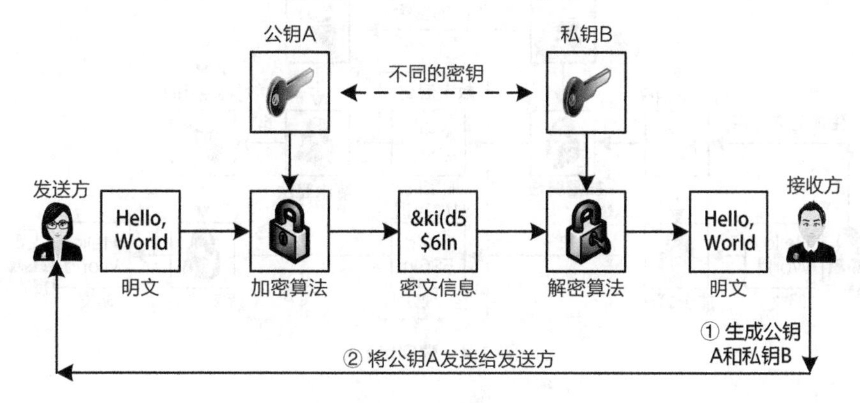

图 2-3　非对称加密

目前比较常用的非对称加密算法主要有DH（Diffie-Hellman）密钥交换算法、RSA（Rivest- Shamirh-Adleman）加密算法、DSA（Digital Signature Algorithm，数字签名算法）和国产商用密码SM2。

非对称加密算法的缺点是非常复杂，加密大量数据所用的时间较长，而且加密后的报文较长，不利于网络传输。非对称加密常用于对密钥或身份信息等敏感数据加密，从而在安全性上满足用户的需求。

3. 数字信封

对称加密速度快，但是密码管理复杂；非对称加密解决了密码管理的问题，但是加密速度慢。那么，有没有可能将对称加密和非对称加密结合，取长补短，得到一个更优的加密方案呢？当然可以，这就是数字信封技术。图2-4所示为数字信封结合对称加密和非对称加密的过程。

① 发送方随机生成一个对称密钥R。

② 发送方使用对称密钥R加密明文信息，得到密文数据。对称加密既安全又快。现在，我们又遇到了对称加密带来的问题，那就是如何将对称密钥传递给接收方。接下来，该非对称加密“上场”了。

③ 发送方使用接收方的公钥A加密步骤①中随机生成的对称密钥R，得到经过公钥加密的对称密钥。因为对称密钥的长度很小，公钥加密所需的时间和计算资源很少。再重复一遍：用公钥加密对称密钥，即密钥打包。

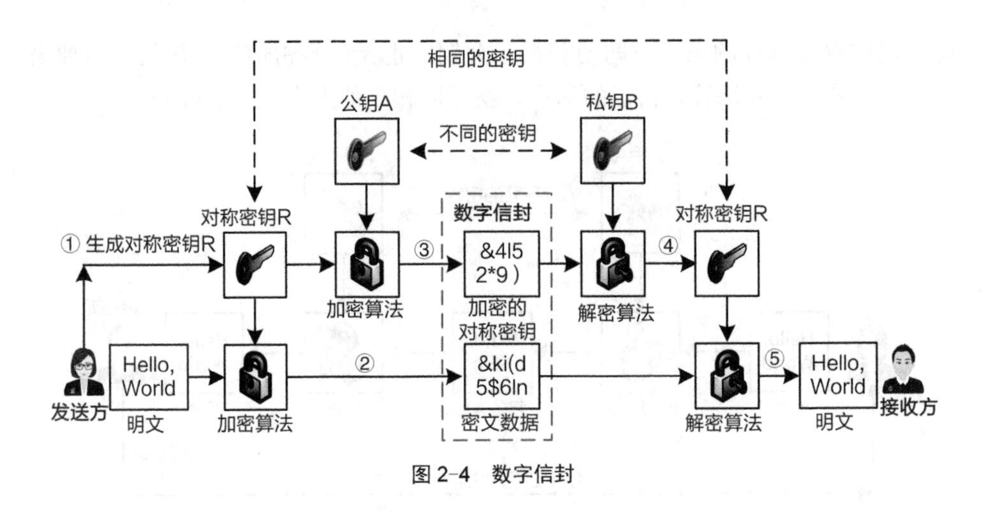

图 2-4　数字信封

将步骤②得到的密文数据和步骤③得到的打包密钥组合起来就是数字信封。发送方将数字信封通过网络发送给接收方。

④ 接收方收到数字信封以后，使用自己的私钥B解密打包密钥，得到对称密钥R。接收方安全地获得了对称密钥。

⑤ 接收方使用对称密钥R解密密文数据，恢复得到原始的明文信息。至此，对称密钥R的使命已经完成，通信双方丢弃对称密钥。

在这个过程中，明文信息被对称密钥R加密了，而对称密钥R被公钥A加密了。要想获得明文信息，就必须先使用私钥B解密得到对称密钥，再使用对称密钥解密得到明文信息。攻击者即使在网络中截获了这个数字信封，知道这个加密的过程，也无法得到明文信息。用对称加密技术来加密大量的数据，用非对称加密技术来加密对称密钥，对称加密和非对称加密的结合完美地解决了大量数据的安全传输问题，简洁而优雅。

不过，攻击者虽然不能获得明文信息，却可以获得接收方的公钥。聪明的攻击者可以伪装成发送方，使用同样的加密方法，向接收方发送信息。接收方使用私钥解密打包密钥，最终得到的却是虚假信息。

4. 数字签名

数字信封无法保证接收方收到的信息就是来自指定的发送方，数字签名可以解决这个问题。顾名思义，数字签名是普通签名的数字化。数字签名可以永久地与被签署信息（明文信息）结合，无法从信息上移除。

数字签名利用了哈希算法和非对称加密技术。哈希算法也叫散列算法，其作用是将任意长度的数据转换为固定长度的数据，即信息摘要。理论上，对于不同的输入信息，哈希算法会生成不同的信息摘要。信息摘要也就可以唯一代表信息。因此，信息摘要也被称为数字指纹。哈希算法是一种不可逆的单向算法，从信息摘要中无法恢复原始数据。因此，哈希算法不能用于数据加密传输，而用于验证数据是否被篡改。这是哈希算法和对称加密算法、非对称加密算法最大的区别。常见的哈希算法包含MD5（Message Digest Algorithm 5，消息摘要算法第5版）、SHA（Secure Hash Algorithm，安全哈希算法）、国产商用密码SM3等。其中，MD5和SHA-1已经被证明不再安全，所以，建议使用SHA-256、SHA-512、SM3等安全性高的算法。

数字签名的应用过程中包括签署和验证两个阶段。图2-5所示为数字签名的签署和验证过程。

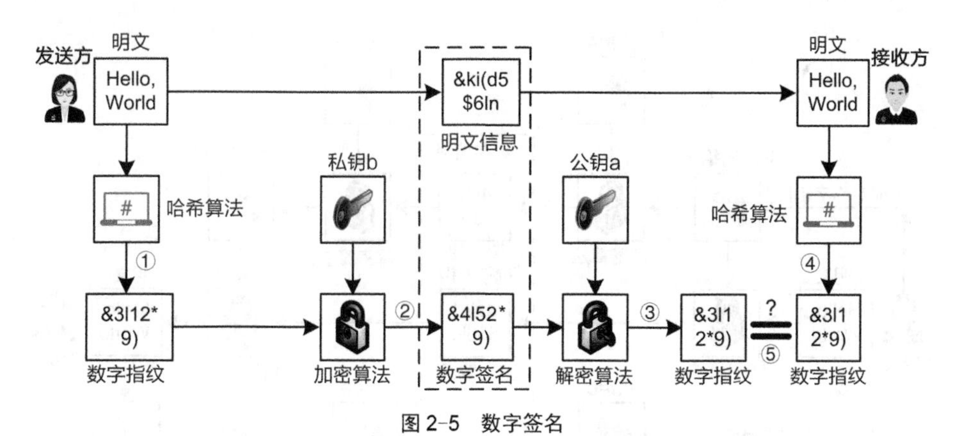

图 2-5　数字签名

在签署阶段，发送方首先使用哈希算法得到明文信息的数字指纹。然后使用自己的私钥加密数字指纹，得到数字签名。签署之后，发送方将数字签名和明文信息一起经网络发送给接收方。

在验证阶段，接收方收到信息之后，一方面使用发送方的公钥解密数字签名，得到数字指纹。另一方面，接收方使用相同的哈希算法计算明文信息，得到数字指纹。比较两个数字指纹，如果一致，则证明数据没有被篡改。

数字签名技术不但可以验证信息是否被篡改，还可以验证发送方的身份。确切地说，如果哈希计算所得的数字指纹与解密所得的数字指纹一致，不仅可以证明数据没有被篡改，还能证明数据来自指定的发送方。难以理解吗？回顾一下数字签名的过程：接收方使用发送方的公钥a来解密数字签名。那么，只要接收方恢复了正确的数字指纹，就能证明它是用和公钥a匹配的私钥b来加密的。拥有私钥b的人一定是指定的发送方。没错，发送方是私钥b的唯一持有人，私钥b可以证明发送方的身份。多么巧妙的设计!

数字签名是非对称加密算法在加密之外的另一种典型应用。与加密应用的不同在于，在数字签名的过程中，发送方使用自己的私钥加密数字指纹，接收方使用发送方的公钥来解密。虽然公钥是公开的，任何人都可以从数字签名中解密出数字指纹。但是，根据哈希算法的原理，任何人都不能从数字指纹中恢复原始数据。

为了突出数字签名的过程，图2-5所示的数字签名过程中传递的是明文信息。数字签名和数字信封技术结合使用，就可以在保证机密的同时防篡改。图2-6所示为数字签名和数字信封结合使用的处理过程。

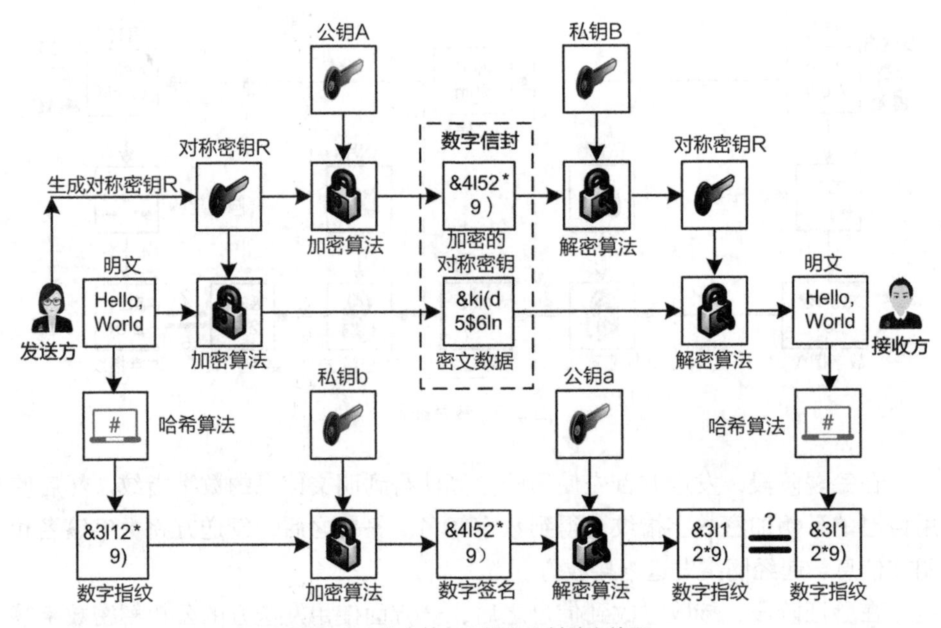

图 2-6　数字签名和数字信封结合使用

但是，数字签名技术也有个问题，即公钥的安全性。如果攻击者使用自己的公钥替换了发送方的公钥，他就可以伪装成发送方，向接收方发送信息。攻击者可以伪造一段信息，创建一份数字指纹，用他自己的私钥加密数字指纹，然后发送给接收方。因为接收方获得的是攻击者的公钥，接收方的解密、验证工作全部可以顺利完成。攻击者只要攻击了公钥，数字签名的精妙设计瞬间就瓦解了。我们需要一种方法来确保公钥的安全性，保证一个特定的公钥属于一个特定的人。这就是在第2.1.2节中要介绍的数字证书。

2.1.2　数字证书与PKI

第2.1.1节说到数字证书可以保证公钥和所有者的对应关系。本小节我们就来详细介绍数字证书和它背后的PKI（Public Key Infrastructure，公钥基础设施）。

1. 什么是数字证书

数字证书是证书的数字化形态，它是一个由权威机构颁发的文件。数字证书中包含公钥及公钥所有者的身份信息。权威机构验证所有者身份，根据所有者信息计算出数字证书的数字指纹，然后用自己的私钥加密数字指纹，就得到了数字证书的数字签名。权威机构在数字证书中附上数字签名，就完成了数字证书的签发，如图2-7所示。

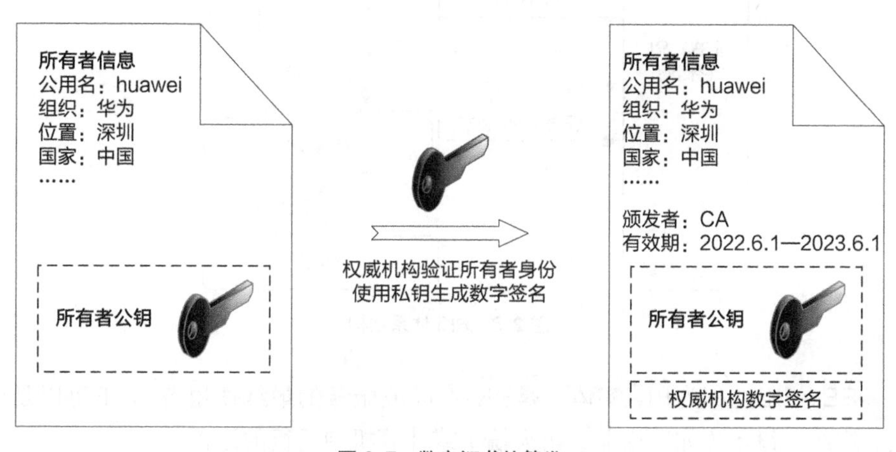

图2-7　数字证书的签发

要验证一个数字证书的有效性，只要使用签发数字证书的权威机构的公钥来验证该数字证书上的数字签名就可以了。只要数字签名验证通过，就能证明数字证书中的公钥属于该所有者。

等等，我们好像又看到了公钥。如果权威机构的公钥被攻击者替换了，岂不是这一切又瓦解了？所以，负责颁发证书的权威机构必须绝对安全、可信、公平。如果说，身份证是我们在现实世界的身份证明，数字证书就是我们在网络世界的身份证明。如果你信任颁发身份证的公安机关，你就应该信任颁发数字证书的权威机构。

2. PKI体系结构

数字证书把技术问题转换成了信任问题，而要解决这个信任问题，还是要回到技术上。PKI就是解决信任问题的一个技术体系。PKI体系结构包括EE（End Entity，终端实体）、CA（Certification Authority，认证机构）、RA（Registration Authority，注册机构）和证书/CRL（Certificate Revocation List，证书吊销列表）存储库，如图2-8所示。

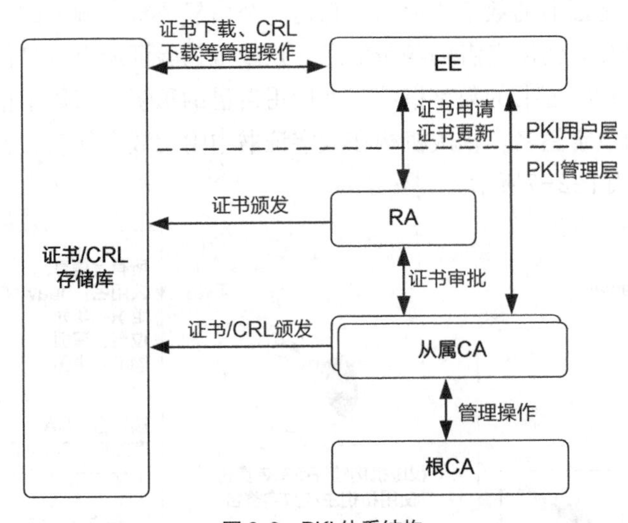

图2-8 PKI体系结构

EE： EE也称为PKI实体，是PKI产品或服务的最终使用者。EE可以是个人、组织、设备（如路由器、防火墙）或计算机中运行的进程。

CA： CA是用于颁发并管理数字证书的可信实体。CA是PKI信任的基础，通常由具备权威性、可信任性和公正性的第三方机构运营。CA通常采用分级结构，根据层次划分为根CA和从属CA。

RA： RA是CA面对用户的窗口，它负责接收用户的证书注册和撤销申请，对用户的身份信息进行审查，并决定是否向CA提交签发或撤销数字证书的申请。在实际应用中，RA通常与CA部署在一起。

证书/CRL存储库： 证书/CRL存储库用于存储和管理证书和CRL，并向用户提供查询功能。用户可以通过证书/CRL存储库验证一个数字证书是否有效，因此证书/CRL存储库也被称为VA（Validation Authority，验证机构）。

PKI体系结构中的上述组件共同支撑证书申请、颁发、存储、下载、安装、验证、更新和撤销的整个生命周期。以证书的申请与颁发为例，用户首先通过EE向RA提供身份信息，发出证书申请。EE会自动生成一对公钥和私钥，并将公钥和身份信息发送给RA。RA审核用户的申请材料并验证用户账号，审核通过后，提交给CA。CA为证书提供有效期、颁发者名称、序列号、签名算法等信息，然后使用CA的私钥生成数字签名，为用户生成数字证书。生成的数字证书保存到证书/CRL存储库中，供用户查询和下载。

在现实中，PKI管理层由权威的认证机构运营。CA是商业组织，向组织和个人提供付费数字证书服务。权威的CA有DigiCert、GeoTrust、GlobalSign、CFCA（China Financial Certification Authority，中国金融认证中心）等。

3. 数字证书的结构与格式

下面我们来深入了解一下数字证书。数字证书的结构遵循X.509标准（我国要求必须使用X.509标准的证书）。图2-9所示为数字证书的结构。

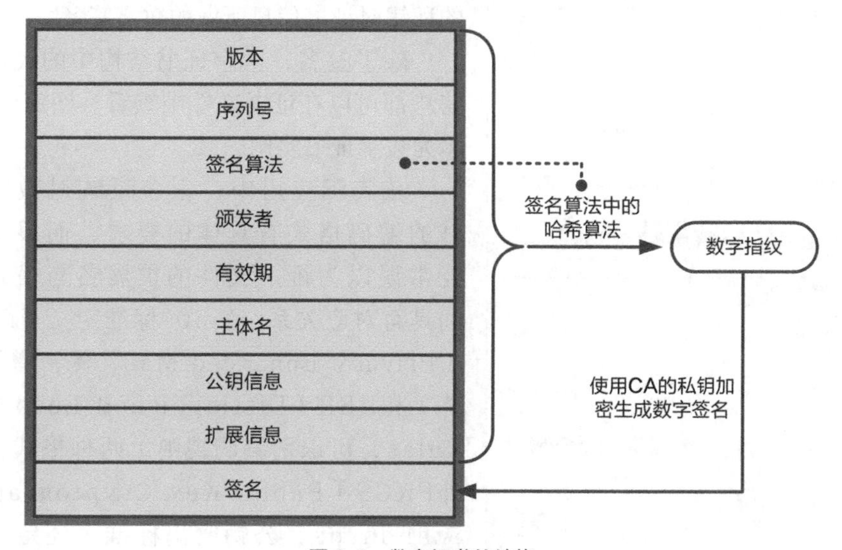

图 2-9　数字证书的结构

版本（Version）： 即遵循的X.509标准的版本，目前普遍使用的是v3版本。

序列号（Serial Number）： 颁发者分配给证书的一个正整数，同一颁发者颁发的证书序列号各不相同，可与颁发者名称一起作为证书的唯一标识。

签名算法（Signature Algorithm）： 颁发者颁发证书时使用的哈希算法和签名算法。

颁发者（Issuer）： 证书颁发者的可识别名称，必须与颁发者颁发证书中的主体名一致。通常为CA服务器的名称。

有效期（Validity）： 证书的有效时间段，包含有效的起止日期，不在有效期范围内的证书为无效证书。

主体名（Subject Name）： 证书使用者的可识别名称，通常包括CN、国家/地区、组织名称、地理位置等。如果主体名与颁发者的可识别名称相同，则该证书是一个自签名证书。

公钥信息（Subject Public Key Info）： 证书使用者的公钥以及公钥算法信息。

扩展信息（Extensions）： 可选的扩展字段，通常包含授权密钥标识符、CRL分发点、SAN（Subject Alternative Name，使用者可选名称）等。

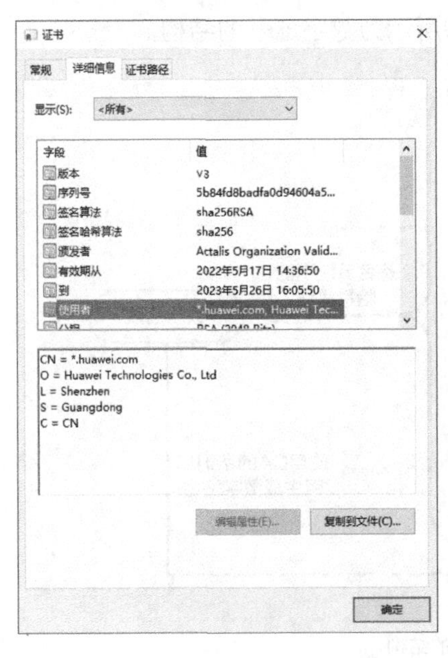

图 2-10　数字证书实例

签名（Signature）： 颁发者使用CA的私钥对证书信息所做的数字签名。

除了签名，数字证书结构中的大部分信息都可以在证书文件中查看。图2-10所示为数字证书实例。

在实际应用中，很多系统对数字证书的编码格式有具体的要求，而很多人经常误以为证书文件的扩展名与格式之间具有对应关系。X.509标准定义了PEM（Privacy Enhanced Mail，保密增强邮件）和DER（Distinguished Encoding Rules，可识别编码规则）两种格式，此外PKCS（Public Key Cryptography Standards，公钥密码标准）还定义了PKCS #7和PKCS #12两种格式。表2-1对比了数字证书4种格式的关键信息。

表 2-1 数字证书的格式

格式	标准组织	编码方式	扩展名	说明
PEM	X.509	Base64 编码	.pem、.crt 和 .cer	以 ASCII 格式保存证书，可以包含私钥，也可以不包含私钥
DER	X.509	二进制编码	.der、.crt 和 .cer	以二进制格式保存证书，不包含私钥
PKCS #7	PKCS	Base64 编码	.p7b 和 .p7c	以 ASCII 格式保存证书，不包含私钥
PKCS #12	PKCS	二进制编码	.pfx 和 .p12	以二进制格式保存证书，可以包含私钥，也可以不包含私钥

从表2-1中可以看出，PEM格式和DER格式的数字证书都可能会使用.crt和.cer扩展名。那么，如何判断扩展名为.crt或.cer的数字证书是什么格式呢？你可以使用记事本打开证书文件，如果文件内容显示的是可读的字符，则该证书为PEM格式。例如：

```
-----BEGIN CERTIFICATE-----
MIIHyzCCBbOgAwIBAgIQW4T9i636DZRgSlqL4K1cnzAN...... //Base64编码数据
-----END CERTIFICATE-----
```

该证书文件的开头为“-----BEGIN CERTIFICATE-----”，末尾为“-----END CERTIFICATE-----”，表示这是一个证书文件。

4. 数字证书的验证（证书链 / 信任链）

在了解了数字证书和PKI体系的基本信息以后，现在，让我们回到最初的问题。数字证书和PKI如何保证一个特定的公钥属于一个特定的人？

各CA都会为自己的根CA颁发一个CA证书，证书中包含自己的公钥信息。根CA是PKI体系中的第一个证书颁发机构，是信任的起源，因此这个CA证书也叫根证书。显然，根证书是自签名证书。

CA可以使用根证书来为用户签发证书，也可以使用从属CA来签发。现实中，CA通常都会部署多个从属CA，由根CA为从属CA签发中间证书，然后由从属CA为用户签发证书。

说明：CA部署多个从属CA来为用户签发证书，一方面是为了缓解根CA的压力，另一方面是为了提高自身的安全性。根CA是一切信任的起点，如果根证书出了问题，例如私钥泄露，则此根证书签发的所有证书都将失去信任，这对CA来说是灾难性的。因此，绝大多数CA都会部署多个从属CA，由从属CA来为用户签发证书。当某个从属CA出现问题时，只需要吊销此从属CA的中间证书即可。

根证书、中间证书和用户证书形成了证书链。你信任一个根CA的根证书，就可以信任它的从属CA和中间证书，进而信任末端的用户证书。因此，证书链也是信任链。在图2-10所示的数字证书实例中可以看到，在“详细信息”页签的右侧有一个“证书路径”页签，这个页签中包含该用户证书的证书链。图2-11所示为证书路径，并给出了根证书、中间证书和用户证书三者之间的签发和验证关系。

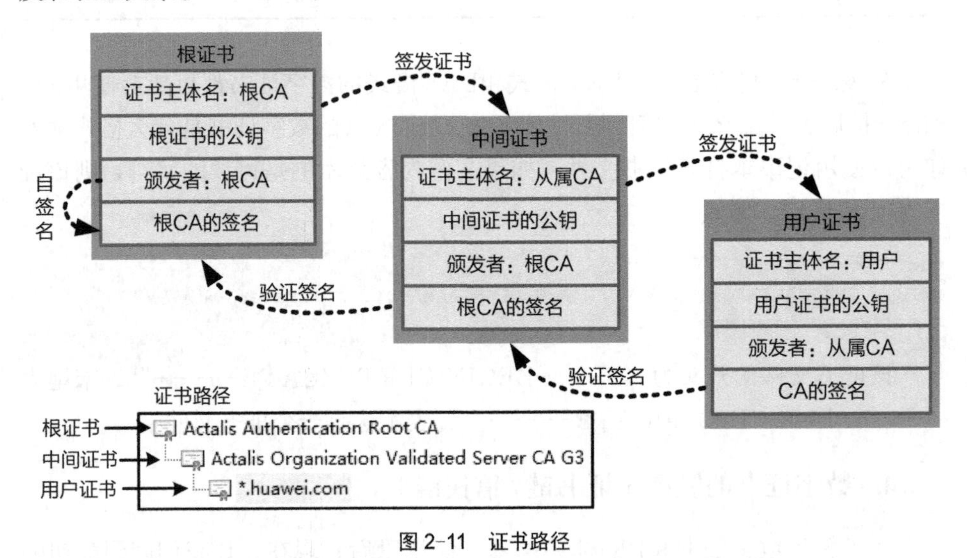

图 2-11　证书路径

在一个客户端-服务器的系统中，客户端如何验证服务器的证书呢？在客户端发起请求后，服务器会将自己的用户证书和中间证书发送给客户端。客户端解析证书的内容，识别出该证书的颁发者。然后，用该颁发者的CA证书的公钥来验证用户证书的签名，验证通过则信任该证书。如果该用户证书的颁发者是从属CA，则继续上述步骤，验证中间证书的签名，即用上级CA的公钥来验证中间证书的签名。重复这个过程，直到验证的CA证书是CA的根证书。

那么，客户端上的CA证书从哪里来，怎么保证根证书不被网络中的攻击者劫持呢？CA的做法是，把根证书和部分中间证书集成在浏览器和操作系统的发行包中。这样，任何客户端都内置了根证书，并不需要通过网络来获取。如果用户证书是由中间证书签发的，则要求服务器返回完整的证书链。如果服务器返回的证书链不完整，有些客户端还会从用户证书的“授权信息访问”字段提供的URL去自动下载中间证书，从而完成对整个证书链的验证。只要根CA是安全的，证书链验证的结果就是可信的，这就避免了针对根证书的中间人攻击。当然，如果客户端中的根CA被篡改，如使用了盗版的浏览器和操作系统，那么整个证书链就都不可信了。

现在，我们终于可以回答最初的问题了。第一，CA为自己签发根证书，用根证书构建了证书链和信任链；第二，CA把根证书和部分中间证书内置在浏览器和操作系统中，用于验证证书。

客户端在验证证书时，除了验证证书的签名，还要验证该证书有没有被证书颁发机构吊销、是否过期。某些浏览器会审核用户访问的域名是否与证书中的域名一致。

2.1.3 SSL 握手流程

在介绍完加密技术和数字证书的基础知识之后，本小节以SSL握手流程为例，介绍服务器的数字证书（又称服务器证书）在SSL加密流量中的应用细节。

SSL协议是由网景公司开发的一种安全协议，共有3个版本。SSL 3.0发布以后，SSL协议的主导权转移到了IETF（Internet Engineering Task Force，因特网工程任务组）。IETF以SSL为基础开发了TLS，目前已经有TLS 1.0、TLS 1.1、TLS 1.2和TLS 1.3等4个版本。习惯上，TLS通常与SSL一起统称为SSL协议。SSL协议是当今互联网上广泛使用的一种安全协议，我们常说的HTTPS就是采用SSL协议承载的HTTP，即HTTP over SSL。

在SSL通信过程中，客户端和服务器使用非对称加密算法交换认证信息和用于加密数据的对称密钥，然后使用该对称密钥加密和解密通信过程中的信息。图2-12所示为SSL握手流程。显然，在SSL握手流程中，客户端和服务器之间需要交互多次信息，以验证对方身份、交换和协商密钥。

SSL承载在TCP（Transmission Control Protocol，传输控制协议）之上，在客户端和服务器完成TCP三次握手后，即进入SSL握手流程。

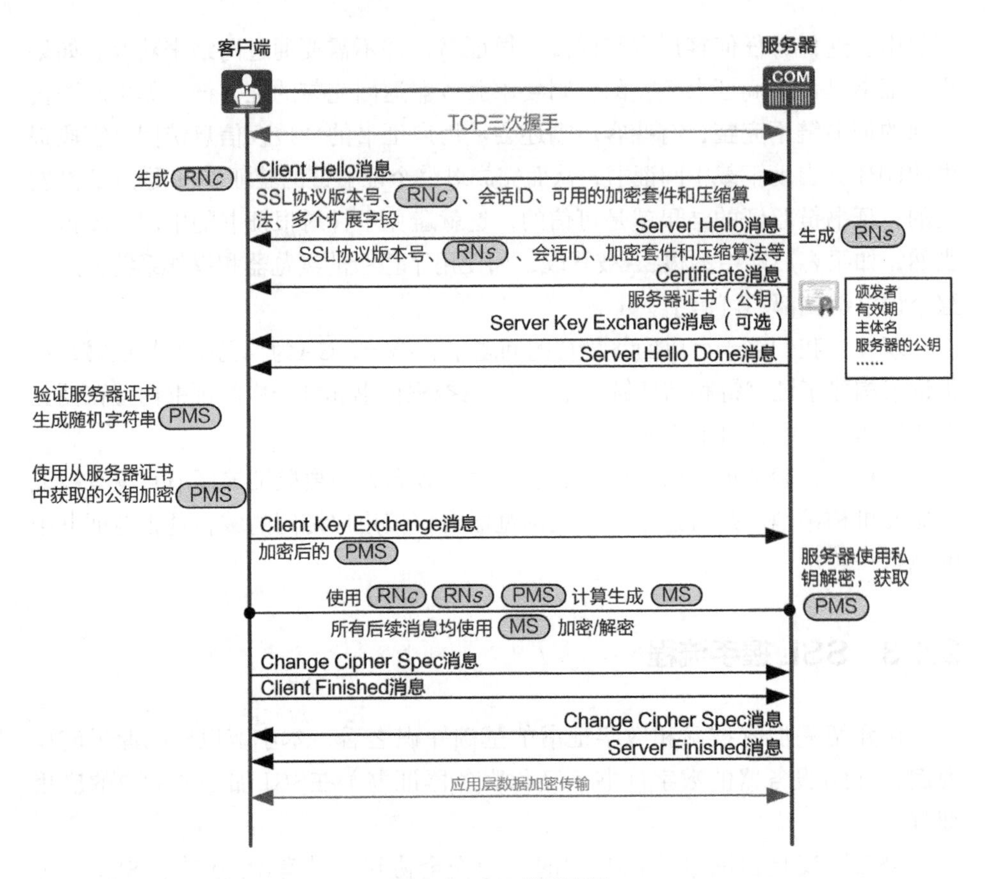

图 2-12　SSL 握手流程

注：PMS即Pre-Master Secret，预主密钥。
MS即Master Secret，主密钥。
RN即Random Number，随机数。

① 客户端生成一个稍后用于计算对称密钥的RNc，然后通过Client Hello消息向服务器发起SSL会话。Client Hello消息中除了RNc，还包括SSL协议版本号、会话ID、可用的加密套件和压缩算法、多个扩展字段，如图2-13所示。加密套件中包括SSL握手和数据交换阶段使用的各种算法：密钥交换算法、身份验证算法、加密算法和消息验证算法（即哈希算法）。扩展字段部分的SNI（Server Name Indication，服务器名称指示）字段是请求访问的域名信息。

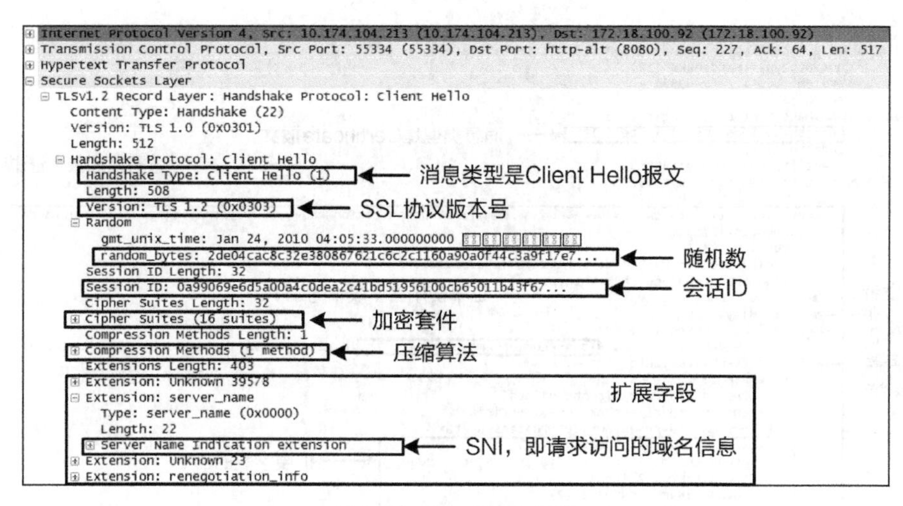

图 2-13 Client Hello 消息

② 同样地，服务器也生成一个稍后用于计算对称密钥的RNs，然后回复Server Hello消息，如图2-14所示。Server Hello消息中除了RNs，还包括服务器从客户端提供的选项中选择的SSL协议版本号、会话ID、加密套件和压缩算法等。

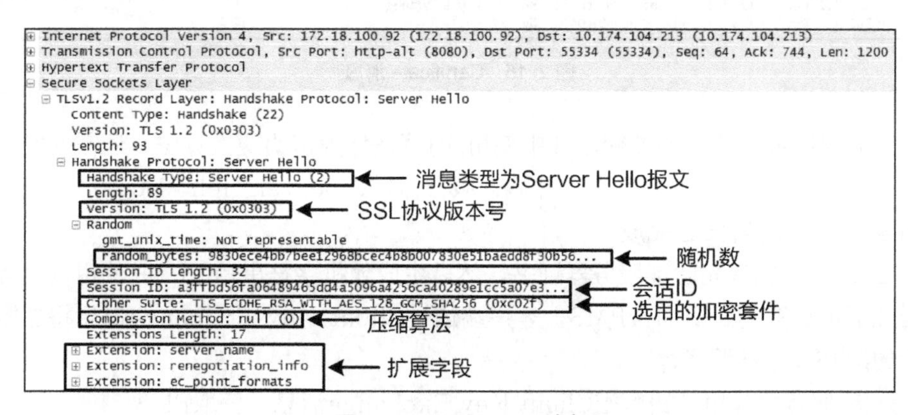

图 2-14 Server Hello 消息

③ 服务器根据Client Hello消息中的SNI字段选择对应该域名的数字证书（公钥），通过Certificate消息发送给客户端。从图2-15中可以看到证书的颁发者、有效期、主体名和服务器的公钥等信息。因为此服务器证书是由从属CA颁发的，因此服务器也通过Certificate消息发送了中间证书。

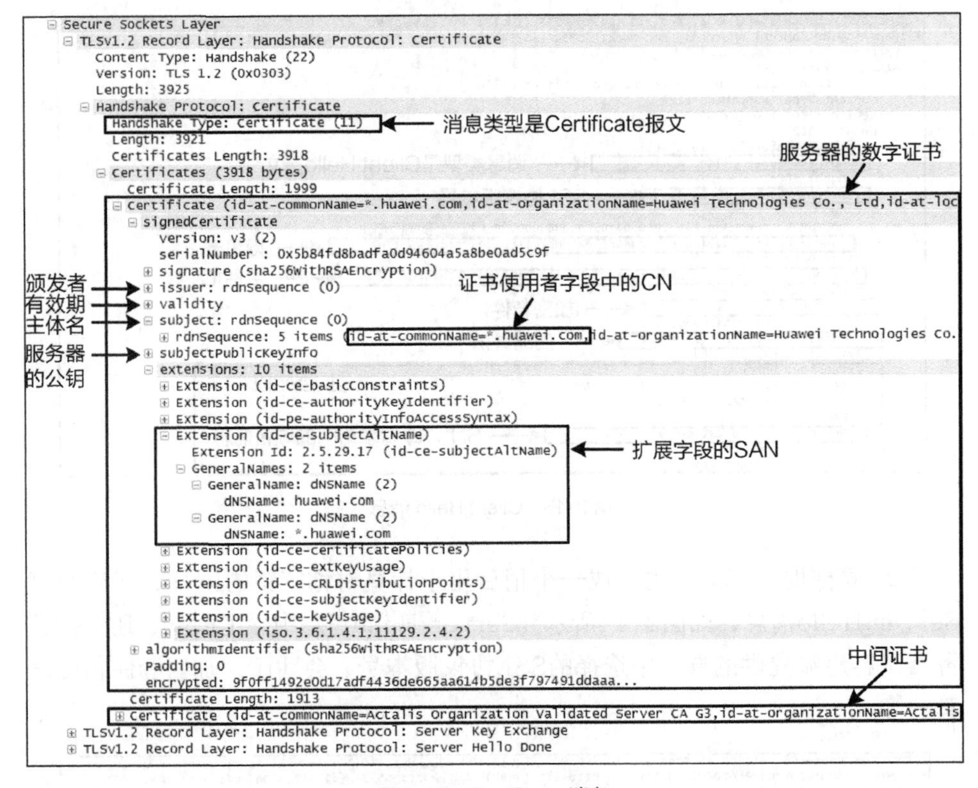

图 2-15 Certificate 消息

如果服务器选择的加密套件中使用DH算法作为密钥交换算法，还需要发送Server Key Exchange消息。然后，服务器发送Server Hello Done消息，通知客户端Hello阶段已完成。

④ 客户端首先验证服务器证书，然后生成随机字符串PMS，并使用从服务器证书中获取的公钥加密PMS。客户端通过Client Key Exchange消息将加密后的PMS发送给服务器。

⑤ 服务器使用私钥解密Client Key Exchange消息，获取PMS。

⑥ 服务器使用RN*c*、RN*s*、PMS计算生成MS，客户端也以相同的方式计算得到MS。MS就是服务器和客户端后续通信中用于加密和解密的对称密钥。

⑦ 客户端向服务器发送使用MS加密的Change Cipher Spec消息，通知服务器所有后续消息均使用MS加密/解密。客户端还向服务器发送Client Finished消息结束握手阶段。

⑧ 服务器尝试使用MS解密Change Cipher Spec消息，解密完成后，同样向客户端返回加密的Change Cipher Spec消息和Server Finished消息。

至此，SSL握手流程结束，双方开始使用MS加密传输的应用层数据。

上述SSL握手流程中，只有客户端验证服务器的身份，服务器并不验证客户端的身份。在一些对安全性要求较高的场景中，例如金融行业，服务器还会要求验证客户端的身份，这就需要启用双向认证。启用双向认证以后，服务器在发送Server Key Exchange消息之后向客户端发送Certificate Request消息，要求客户端提供自己的证书来进行验证。Certificate Request消息中含有服务器支持的证书类型和信任的CA列表，客户端据此筛选出合适的证书，发送给服务器验证。只有通过服务器验证的客户端才能继续进行通信。

2.2 加密流量检测技术的原理

过去几年，在众多因素的共同推动下，加密技术得到了广泛的应用。据估计，现在大约90%的网站都采用HTTPS。然而，技术是一柄双刃剑。SSL的广泛应用，一方面保护了个人隐私，另一方面也为攻击者的恶意行为提供了掩护。如今，大多数攻击者都使用SSL加密通道来传播恶意软件、非法外联、外发敏感数据。

由于加密技术的应用，网络中传输的内容"隐身"了。防火墙等安全设备就无法对进出网络的加密数据包实施安全检查，只能对恶意软件和敏感数据的流动视而不见。加密流量检测技术赋予了防火墙一双"慧眼"，让它"看见"隐藏在加密流量中的"威胁"。

加密流量检测技术的实现思路简单、直接。既然加密流量降低了网络的可视性，那么就用解密来化解。企业可以把防火墙部署在SSL连接的中间，使用一个新的数字证书来解密，得到明文数据。防火墙可以对解密后得到的明文数据执行各种安全检查，如反病毒、入侵防御、URL过滤、文件过滤、内容过滤等。当明文数据通过了上述安全检查，再重新加密、转发。加密流量检测的过程如图2-16所示。

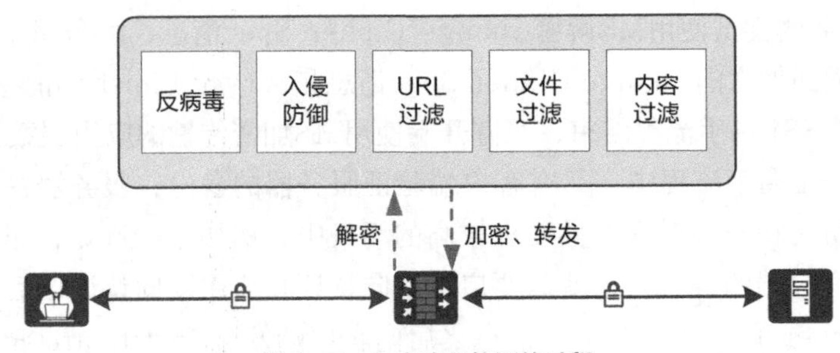

图 2-16　加密流量检测的过程

防火墙使用加密流量检测策略来选择需要解密的流量。你可以在加密流量检测策略中使用源/目的安全区域、源/目的IP地址、用户组/用户、服务和URL分类来筛选流量，并对筛选出来的流量实施解密、不解密动作，或者直接阻断。对于动作为解密和不解密的流量，防火墙还可以继续执行加密流量检测配置文件中约定的安全检查。加密流量检测配置文件可以检查通信双方使用的SSL协议版本、加密算法等，以防止使用不安全的协议和弱加密算法的流量进入网络，进一步提升安全性。

根据要保护的对象不同，防火墙加密流量检测包括出站检测和入站检测两种场景。

在出站检测场景中，防火墙部署在客户端所在的网络出口。当客户端的SSL请求经过防火墙时，防火墙作为代理，解密流量并实施安全检查，避免客户端在无意中访问恶意站点或下载恶意文件。出站检测的保护对象是客户端。

在入站检测场景中，防火墙部署在内网服务器的前面。当外部客户端访问内网服务器时，防火墙作为代理，解密流量并实施安全检查，保护服务器免受外部入侵。入站检测的保护对象是服务器。

此外，在上述两种场景中，防火墙还可以将解密后的明文数据通过镜像接口发送给第三方设备，即解密报文镜像。

目前，华为防火墙支持基于SSL协议的加密流量检测，包括HTTPS、SMTPS（Simple Mail Transfer Protocol over SSL，SSL加密的简单邮件传送协议）、POP3S（Post Office Protocol version 3 over SSL，SSL加密的邮局协议第3版）和IMAPS（Interactive Mail Access Protocol over SSL，SSL加密的交互邮件访问协议）。加密流量检测暂不支持QUIC（Quick UDP Internet Connection，快速UDP互联网连接）协议。如果浏览器默认使用

QUIC协议建立加密连接，可以在防火墙上配置安全策略，阻断QUIC协议，浏览器会自动改用SSL协议建立加密连接。

2.2.1 加密流量检测策略

加密流量检测策略的主要目的是筛选流量，并对筛选出来的流量实施不同的处理动作。加密流量检测策略由匹配条件和动作两部分组成，如图2-17所示。

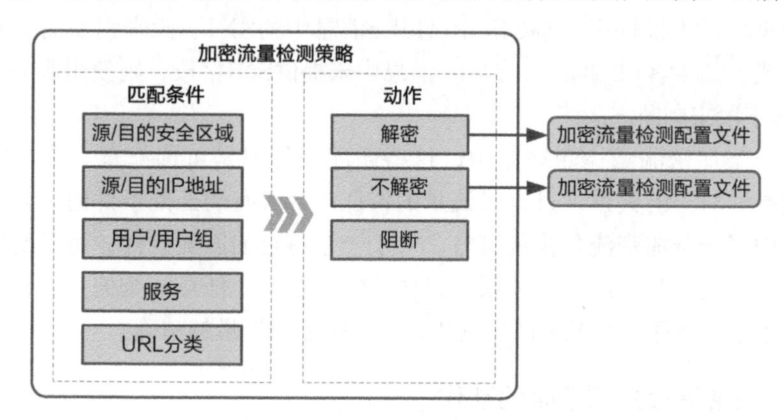

图2-17 加密流量检测策略的组成

1. 加密流量检测策略的匹配条件

匹配条件描述了流量的特征，用于筛选出符合条件的流量。加密流量检测策略的匹配条件包括以下要素。

① 流量的来源和目的，包括源/目的安全区域、源/目的IP地址。源/目的IP地址中可以指定地址或地址组，也支持配置例外地址/地址组。例外地址/地址组可以用于排除一个地址段中的个别例外地址。

② 谁发出的流量，即用户组/用户。用户组/用户是流量的发起者。使用用户组/用户设置检测策略，可以更准确地体现出策略的意图。在匹配条件中指定了用户组以后，该用户组中所有用户发起的流量都采用对应的检测策略。

③ 访问的服务，即待解密的协议类型。目前，防火墙支持解密HTTPS、SMTPS、POP3S和IMAPS。

④ 访问的URL分类。使用URL分类，可以更方便地控制流量的目的。例如，解密社交媒体类网站、阻断游戏类网站等。防火墙默认提供了预定义分

类，你也可以根据业务需求创建自定义分类。有关URL分类的详细介绍，请参阅本书第3章。

既然检测的对象是加密流量，防火墙如何判断流量所属的URL分类呢？在SSL握手阶段，客户端会通过Client Hello消息扩展字段中的SNI向服务器提交其请求的域名信息，如图2-13所示。在服务器返回的Certificate消息中，证书使用者（subject）字段中的CN通常是网站的域名，扩展字段SAN则记录着该证书可以保护的一个或多个域名，如图2-15所示。这3个字段都是明文传输的。防火墙优先根据客户端Client Hello消息中的SNI字段来判断流量所属的URL分类。如果客户端Client Hello消息中未提供SNI字段，则使用服务器证书中的CN字段来判断。

在一条加密流量检测策略中，这些匹配条件都是可选配置。多个匹配条件之间是“与”的关系。只有当流量的特征符合所有的匹配条件时，才认为该流量命中了一条加密流量检测策略。对于一个特定的匹配条件，可以配置多个值，多个值之间是“或”的关系。只要流量符合其中任意一个值，就认为该流量匹配了这个条件。匹配条件越具体，其所描述的流量越精确。

2. 加密流量检测策略的动作

加密流量检测策略为符合匹配条件的流量提供了解密、不解密和阻断3种处理动作。

解密：防火墙解密加密流量，为后续安全检查提供可能。

不解密：防火墙透传加密流量，允许客户端和服务器直接建立SSL连接。

阻断：防火墙直接丢弃该加密流量。

对于动作为解密和不解密的加密流量检测策略，你还可以指定对应的加密流量检测配置文件，对符合条件的流量实行深度安全检查。在第2.2.2节中将详细介绍加密流量检测配置文件的技术细节。

加密流量检测策略的配置界面如图2-18所示。

3. 加密流量检测策略的匹配原则

防火墙上默认提供了一条加密流量检测策略“default”，所有匹配条件均为Any，动作为不解密，且未指定加密流量检测配置文件。即防火墙默认对所有流量都不做加密流量检测。

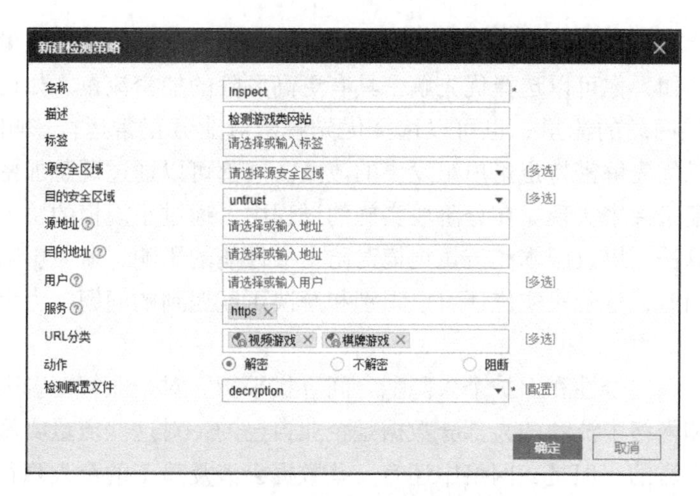

图 2-18　加密流量检测策略的配置界面

当你创建了加密流量检测策略以后，防火墙按照策略的创建顺序排列多条策略，而默认策略“default”始终位于策略列表的底部。加密流量到达防火墙后，按照策略列表从上向下依次匹配。一旦流量匹配了某一条加密流量检测策略，则停止匹配，并按照该策略的动作处理。如果所有配置的策略都未匹配，则按照默认策略“default”处理。在默认情况下，最先创建的策略，优先级最高。你可以在创建策略之后通过调整策略列表的顺序来调整优先级。

匹配条件、动作和匹配规则是加密流量检测策略的核心要素。你可以灵活利用加密流量检测策略的匹配原则，通过创建多条不同的策略来满足多样的解密需求。例如，创建一条策略Decryption_All，解密所有访问外网的HTTPS流量，然后为用户组group1创建一个例外策略，对该用户组发起的流量仅做少量安全检查。图2-19所示为对应匹配规则的应用示例。

名称	描述	标签	源安全区域	目的安全区域	源地址	目的地址	用户	服务	URL分类	动作	检测配置文件
Exceptions			Any	untrust	Any	Any	/default/group1	https	Any	不解密	Inspection_only
Decryption_All			Any	untrust	Any	Any	Any	https	Any	解密	decryption
default	This ...		Any	Any	Any	Any	Any	Any	Any	不解密	

图 2-19　对应匹配规则的应用示例

出于对安全的考虑，尽可能多地解密流量当然是最佳的，这样才可能发现并阻止隐藏在加密流量中的潜在威胁。不过，解密和加密会消耗防火墙的系统资源，因此，务必确认选择解密的流量未超过防火墙可处理的性能上限。在实际应用中，建议制订一个分阶段的实施计划，为不同类型的加密流量设置解密优先级。例如，你可以选择优先解密具有更高风险的加密流量，如访问游戏、社交媒体类网站的流量；也可以选择优先解密对业务正常运行影响最小的流量；还可以优先解密特定用户组发出的流量。这都可以通过调整加密流量检测策略的匹配条件来实现。在分阶段实施的过程中，通过小规模的验证测试来评估不同的算法、协议版本和流量规模对防火墙性能的影响，避免影响业务的正常运行。同时，分阶段实施还可以识别和解决可能遇到的问题，为大规模推行积累经验。

此外，在安全性和保护个人隐私之间寻找平衡。对企业管理者来说，网络技术设施和网络中流动的大部分数据是企业自己的，对这些流量实施解密和安全检查是合适的。但是，网络中还有一些数据会涉及员工的个人隐私，解密含有个人隐私的流量可能会触犯法律法规。例如，金融证券、医疗健康、社会保障等机构的流量中通常会含有个人隐私数据。对于这类流量，请使用不解密策略排除。

2.2.2 加密流量检测配置文件

对于动作为解密和不解密的流量，防火墙还可以继续执行加密流量检测配置文件中约定的安全检查。你可以通过加密流量检测配置文件定义需要检查的项目，进一步提升协议本身的安全性。

防火墙提供了3种类型的加密流量检测配置文件，分别应用于不解密、出站和入站3种场景。在不同类型的配置文件中，支持的配置选项略有不同，如表2-2所示。

表 2-2 加密流量检测配置文件

配置选项	是否支持		
	不解密	出站（保护客户端）	入站（保护服务器）
不可信的证书	支持	支持	不支持
不支持的版本	不支持	支持	支持
不支持的算法	不支持	支持	支持
SNI 与 SAN/CN 不匹配	支持	支持	不支持
客户端认证	不支持	支持	不支持

续表

配置选项		是否支持		
		不解密	出站（保护客户端）	入站（保护服务器）
高级选项	客户端使用的算法	不支持	支持	支持
	客户端使用的版本	不支持	支持	支持
	服务器侧使用的算法	不支持	支持	支持
	服务器侧使用的版本	不支持	支持	支持

如图2-20所示，以出站为例展示了加密流量检测配置文件的上述配置选项和可能的取值。

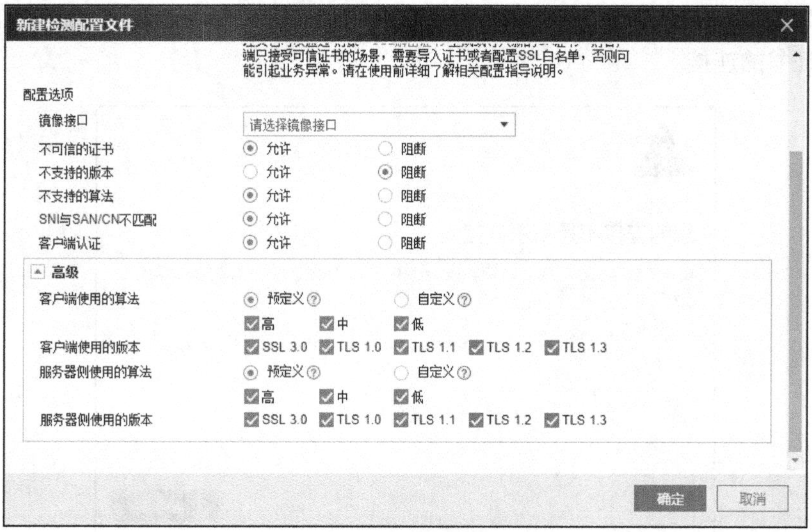

图2-20　加密流量检测配置文件

在不同的场景中，应选择不同类型的加密流量检测配置文件。值得特别注意的是不解密场景。选择不解密流量，并不意味着完全放任加密流量进出网络。建议为不解密流量应用加密流量检测配置文件，检查并阻断使用不可信的证书的流量和SNI与SAN/CN不匹配的流量。

1. 不可信的证书

在出站检测场景中，防火墙作为代理与服务器建立SSL连接。在SSL握手阶段，防火墙会验证服务器通过Certificate消息发送过来的数字证书。如果验证通过，则继续发送握手消息。如果防火墙验证后认为服务器证书不可信，防火墙可以根据配置文件的设置允许或者阻断此连接。

在默认情况下，不可信的证书的处理动作为允许。防火墙会透传证书信息给客户端，用户可以在客户端中看到服务器证书的验证状态。例如，图2-21中，NET::ERR_CERT_AUTHORITY_INVALID即表示证书不可信。用户可以选择中断访问，或继续访问。

很多攻击者会搭建酷似真实网站的仿冒网站，并通过钓鱼邮件诱骗用户输入用户账号、密码等关键信息。这些仿冒网站的证书都是不可信的，浏览器会提示如图2-21所示的告警。但是，网络中也有一些不规范的站点使用了不可信的证书。不少用户在面对此类告警时，可能会选择忽略告警，继续访问。为了避免企业用户因疏忽而陷入攻击者的陷阱，建议在防火墙上直接阻断来自不可信的证书的连接。

图 2-21　客户端验证不可信的证书

2. 不支持的版本

当前，防火墙支持的SSL协议版本有SSL 3.0、TLS 1.0、TLS 1.1、TLS 1.2和TLS 1.3。不支持的版本即不在此范围之内的协议版本，主要指早期协议版本SSL 1.0和SSL 2.0。SSL 1.0没有公开，SSL 2.0有很多设计缺陷，可能会导致数据泄露或被篡改。对于不支持的版本，防火墙无法代理，只能直接透传SSL消息，让客户端与服务器直接建立SSL连接。在这种情况下，防火墙无法解密。

综合以上两点，建议始终阻断采用不支持的版本的SSL连接。

3. 不支持的算法

防火墙采用的算法来源于OpenSSL库，目前使用的OpenSSL库版本为1.1.1。如果客户端与服务器协商使用了防火墙不支持的算法，防火墙无法解密、无法代理。在这种情况下，防火墙要么透传SSL消息，让客户端与服务器直接建立SSL连接，要么阻断连接。

在高级选项部分，你还可以选择防火墙与服务器和客户端建立SSL连接时使用的版本和算法。

4. SNI与SAN/CN不匹配

在第2.1.3节中曾经讲过，在SSL握手阶段，客户端会通过Client Hello消息中的SNI字段向服务器提交其请求的域名信息。服务器根据SNI字段选择对应该域名的数字证书，通过Certificate消息发送给客户端。通常，一台服务器可能会托管多个网站，每个网站都有对应的数字证书。这样，一台服务器上就可能会有多个数字证书。那么，服务器向客户端发送哪个数字证书，就成了一个问题。Client Hello消息中的SNI字段，就是为了解决这个问题而出现的。用户在浏览器中输入域名访问服务器时，客户端就会以用户输入的域名填充到Client Hello消息的SNI字段。

相应地，网站管理员在申请证书时，通常会将域名作为数字证书的SAN和CN字段。因此，数字证书使用者字段中的CN通常是网站的域名，扩展字段SAN则记录着该证书可以保护的一个或多个域名，通常包含CN字段的域名。浏览器在验证服务器的数字证书时，也会检查CN字段和SAN字段是否与请求的SNI字段匹配。在正常情况下，Client Hello消息中的SNI字段与Certificate消息中的CN字段和SAN字段必然具有匹配关系。如果不匹配，则验证失败。

防火墙可以从SSL握手阶段的消息中提取出SNI、SAN和CN，并检查SNI与SAN/CN是否匹配。如果SNI与SAN/CN不匹配，防火墙就认为该流量属于异常流量，并实施阻断动作。

那么，防火墙是按照什么规则来检查SNI与SAN/CN是否匹配的呢？这不是一个简单的一致性问题。以访问华为企业互动社区为例，该社区的域名为forum.huawei.com，浏览器发出的报文中，SNI字段也是forum.huawei.com。在服务器返回的数字证书中，CN字段和SAN字段如图2-22所示。可见，网站管理员在申请数字证书时，为华为技术支持网站（CN = support.huawei.com）申请了一个数字证书，这个证书可用于华为技术支持网站下属的多个子域名（即SAN字段部分的DNS Name），包括华为企业互动社区（forum.huawei.com）。

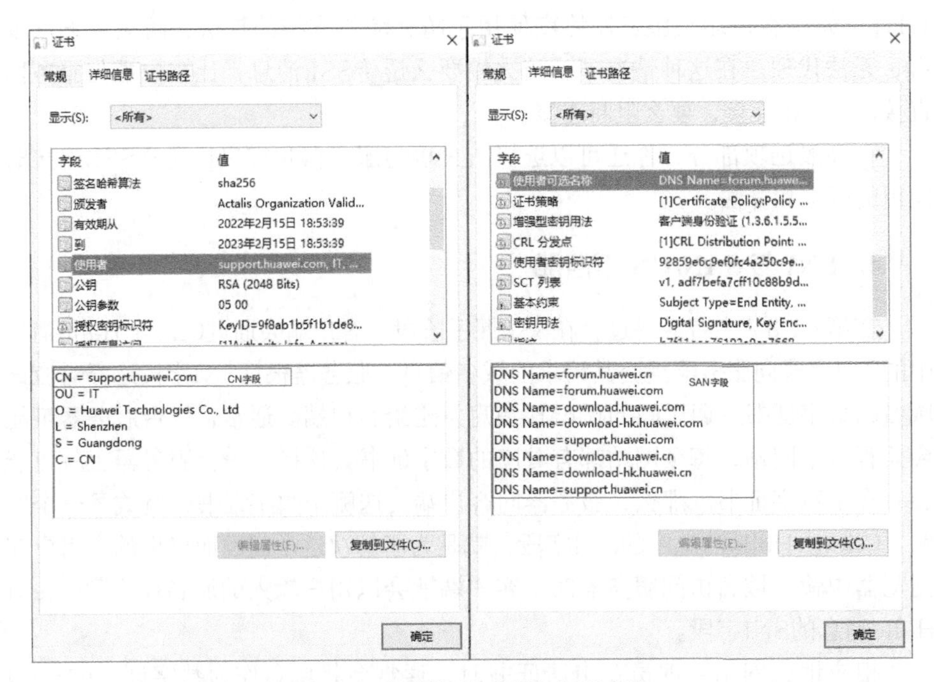

图 2-22 证书的 CN 字段和 SAN 字段

考虑到网站管理员在申请数字证书时的通行做法，防火墙在检查SNI与SAN/CN是否匹配时，优先检查SAN字段。

如果SAN字段不为空，只要SNI与SAN字段中的任意一条DNS Name匹配，就认为检查通过。如果SNI与SAN字段中的DNS Name都不匹配，则认为检查不通过。

如果SAN字段为空，则检查CN字段。如果SNI与CN字段匹配，则认为检查通过，否则检查不通过。CN字段是申请证书时的必要字段，不会为空。

当SAN或CN字段的域名信息中使用了通配符（*）时，所有的同级域名都可以通过检查。例如，华为官网的数字证书中，SAN字段包括两个DNS Name，分别为huawei.com和*.huawei.com，如图2-15所示。那么，www.huawei.com、support.huawei.com、forum.huawei.com都可以成功匹配SAN字段。

5. 客户端认证

在通常的网页浏览中，客户端验证服务器的数字证书，而服务器并不验证客户端的身份。但是，在一些对安全性要求较高的场景中，服务器会要求验证客户端的身份，这就是客户端认证。启用客户端认证，就意味着服务器和客户端要互相验证对方，因此也叫双向认证。

在客户端认证场景中，防火墙无法解密。

在一般情况下，普通的业务不需要客户端认证，你可以选择阻断客户端认证的流量。如果某些业务确实需要使用客户端认证，请创建单独的加密流量检测配置文件，设置客户端认证的动作为允许。此时，防火墙不再代理SSL会话，直接透传SSL消息，让客户端与服务器直接建立SSL连接。

6. 高级选项

启用加密流量检测后，防火墙作为SSL代理，分别与客户端和服务器建立连接。两侧的SSL连接可以使用不同的协议版本和加密算法。在高级选项部分，你可以进一步设置客户端和服务器侧连接使用的SSL协议版本和加密算法。

SSL会话协商以及应用层报文的加/解密都会消耗较多系统资源。安全性越高，资源消耗越大。因此，管理员可以根据自身网络的特点，综合考虑安全性和性能因素，对防火墙两侧的连接独立设置协议版本和加密算法。例如，对于受防火墙保护的内部网络，可以采用安全性较低的协议版本和加密算法；对于外部网络，建议选择安全性高的协议版本和加密算法。

从安全的角度出发，建议阻断使用安全性较低的加密算法和较低的协议版本的流量，它们已经被发现具有较高的安全风险。如果由于某种特殊需求，必须允许这些流量通过时，可以为这些流量单独创建一个加密流量检测配置文件，并由单独的加密流量检测策略来引用。

说明：不要为了满足某个业务的需求而降低加密流量检测配置文件中的安全性配置。在确有必要的前提下，为使用安全性较低的协议版本和加密算法的业务创建单独的加密流量检测配置文件，并在引用它的加密流量检测策略中设置精确的匹配条件，严格限制策略应用在特定业务内。

TLS 1.1及之前的版本已经被证明存在安全风险，微软、苹果、谷歌等知名公司已经陆续禁用这些不安全版本的协议。从安全角度考虑，建议仅使用TLS 1.2和TLS 1.3，它们都没有已知的安全问题。

安全性低的算法，如DES、3DES和RC4加密算法，密钥长度低于128位的算法，都很容易被破解。建议禁用安全性低的算法。

根据加密算法的密钥长度，防火墙预定义了高、中、低3种档次的算法，可以根据需要选用。

高：密钥长度大于128位的加密套件，以及部分密钥长度为128位的加密套件。

中：其余密钥长度为128位的加密套件。

低：密钥长度为56位或64位的加密套件。

防火墙采用的加密套件来源于OpenSSL库，目前使用的版本为1.1.1。如果你了解OpenSSL库，也可以自定义算法。自定义算法时，多个加密套件之间使用英文冒号（:）分隔，例如DHE-RSA-AES128-SHA:AES128-SHA:AES128-SHA256:DHE-RSA-AES128-SHA256。

2.2.3 加密流量检测的流程

防火墙收到加密流量后，首先检查安全策略，只有通过安全策略检查的加密流量才能进入加密流量检测环节。防火墙根据加密流量检测策略筛选出需要解密的流量，解密出明文数据后，还要重新检查安全策略，并根据该安全策略引用的内容安全配置文件来实施安全检查。加密流量检测的流程如图2-23所示。

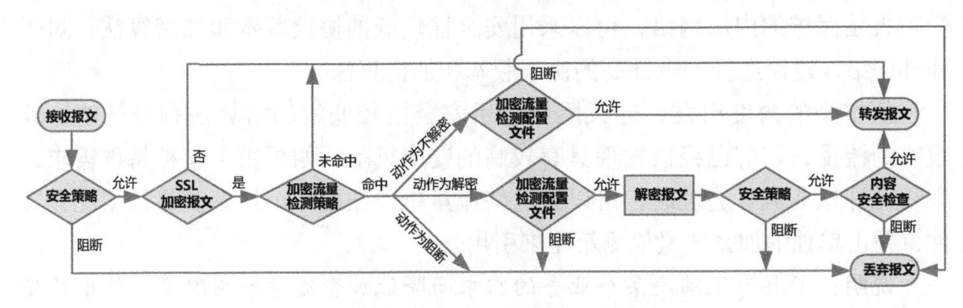

图 2-23　加密流量检测的流程

① 执行安全策略检查。防火墙接收报文以后，先做安全策略检查。如果未通过安全策略检查，防火墙将直接丢弃报文。通过安全策略检查的报文进入步骤②处理。如果安全策略中使用了应用或URL分类作为匹配条件，防火墙会先放行报文，待完成应用识别或URL分类查询后重新匹配安全策略。

② 判断是否为SSL加密报文。对于使用SSL协议知名端口的报文，防火墙会根据端口号判定其为SSL加密报文。对于使用非知名端口的报文，防火墙会将报文上送到ASE（Adaptive Security Engine，自适应安全引擎）模块做SSL协议报文识别。如果协议识别的结果是SSL加密报文，则将报文送往加密流量检测策略模块进行处理；如果识别出当前报文不是SSL加密报文，则直接转发报文。

③ 加密流量检测策略匹配。如果SSL加密报文命中了一条SSL加密流量检测策略，防火墙则根据该检测策略的动作处理报文。如果未命中任何加密流量检测策略，则直接转发报文。

动作为解密：SSL加密报文进入步骤④的加密流量检测配置文件检查。防火墙根据检查结果处理报文，只有通过检查的加密报文才会进入后续的解密和内容安全检查环节。

动作为不解密：SSL加密报文进入步骤④的加密流量检测配置文件检查。防火墙根据检查结果转发或丢弃报文。

动作为阻断：SSL加密报文被直接丢弃。

④ 加密流量检测配置文件检查。防火墙根据检测配置文件的设置，丢弃或转发报文。

⑤ 再次执行安全策略检查。对于需要解密的SSL加密报文，防火墙先解密报文，再执行安全策略检查。如果该安全策略中引用了内容安全配置文件，防火墙还会对解密后的报文执行内容安全检查，并根据内容安全检查结果处理报文。

按照上述流程，如果要解密指定的SSL加密报文，则在设置安全策略的匹配条件时，有以下两种方式。

方式1：在安全策略中指定服务为HTTPS、SMTPS、POP3S或IMAPS。

方式2：在安全策略中指定应用为HTTP、SMTP、POP3（Post Office Protocol 3，邮局协议第3版）或IMAP（Interactive Mail Access Protocol，交互邮件访问协议）。

2.3 加密流量检测的典型场景

根据要保护的对象不同，防火墙加密流量检测包括出站检测和入站检测两种场景。出站检测指的是检测上网用户访问互联网的流量，保护的对象是上网用户客户端，因此，这个场景也常被称为保护客户端。相应地，入站检测指的是检测访问内网服务器的流量，保护的对象是内网服务器，这个场景常被称为保护服务器。

2.3.1 出站检测：保护客户端

网络攻击无处不在。企业员工从内网访问互联网上的应用和服务时，可能会无意中访问恶意网站。一些高级攻击者还会在员工经常访问的网站上植入木马，来实施“水坑攻击”。在员工的正常访问活动中，恶意软件就悄悄地进入了内网。此外，“感染”了恶意软件的内网主机还会在用户不知情的情况下向外部服务器发送数据，造成数据泄露等问题。如图2-24所示，这些都可能隐藏在加密流量中。

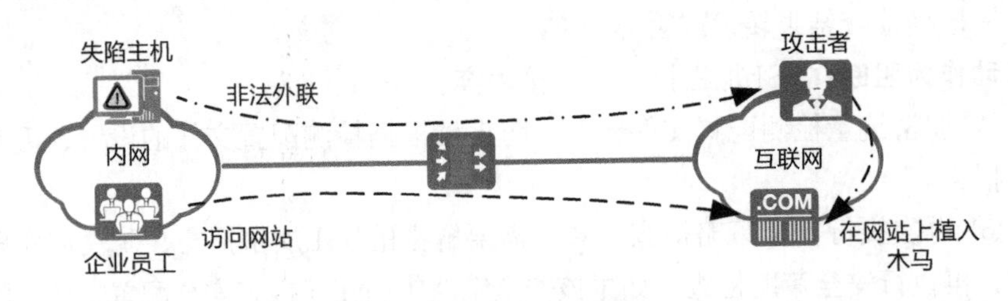

图 2-24 出站检测场景

为了保护上网用户和主机，避免恶意软件进入内网，造成数据泄露等问题，你可以在防火墙上配置出站方向的加密流量检测。防火墙作为客户端和服务器之间的“中间人”，解密双向流量，并根据安全策略实施安全检查，保护客户端的安全。

1. 出站检测的处理流程

在出站检测场景中，防火墙作为SSL代理，分别与客户端和服务器建立SSL连接。对客户端和服务器来说，防火墙是透明的。客户端认为它正在直接与服务器通信，服务器认为它正在直接与客户端通信。作为代理，防火墙把SSL握手变成了两个完全独立的过程。因此，防火墙可以完全获得客户端与服务器交互的内容，为安全检查打下了基础。

出站检测的前提是SSL解密证书。在出站检测流程中，防火墙会验证服务器证书，并根据验证结果，使用SSL解密证书重新签发一个服务器证书并发送给客户端。考虑到服务器证书可能会有可信、不可信两种验证结果，防火墙上需要两个SSL解密证书。一个可信的SSL解密证书，用于重新签发可信的服务器证书；一个不可信的SSL解密证书，当不可信证书的处理动作为允许时，用于重新签发不可信的服务器证书。

在出站检测场景中，防火墙与客户端、服务器建立SSL连接和安全检查的处理流程如图2-25所示。

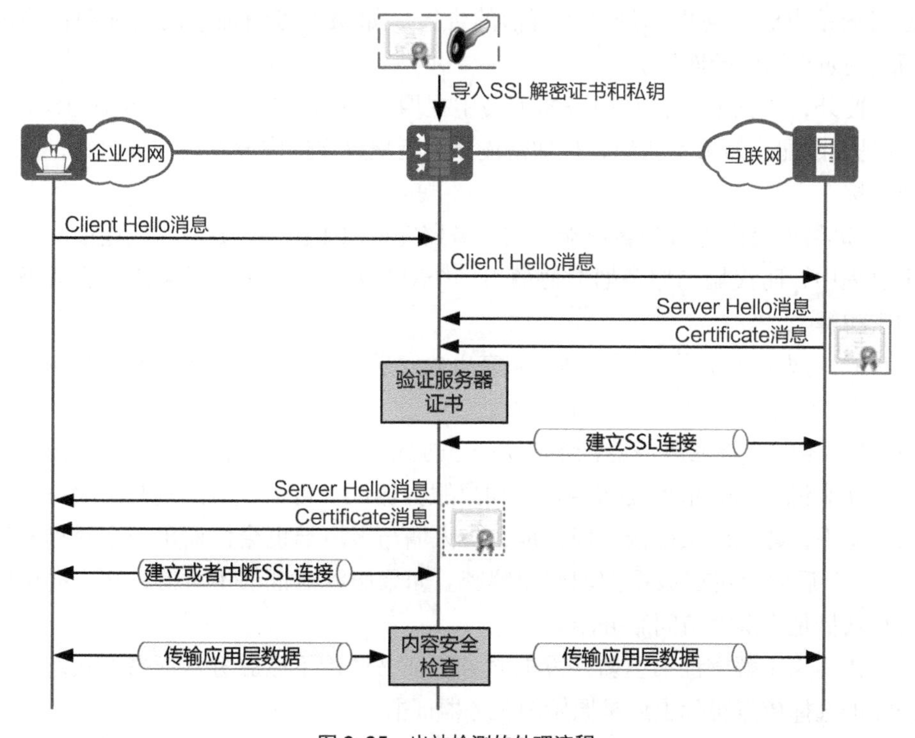

图 2-25　出站检测的处理流程

① 客户端向服务器发送Client Hello消息，发起一个新的SSL连接请求。

② 防火墙解析并缓存客户端发来的Client Hello消息，然后向服务器发送新的Client Hello消息。防火墙在解析Client Hello消息时，会提取SNI字段，

用于后续的SNI与SAN/CN匹配性检查。

③ 服务器收到Client Hello消息后，发送Server Hello消息和携带服务器证书的Certificate消息。对服务器来说，防火墙就是客户端。

④ 防火墙验证服务器证书是否可信（是否由可信的CA颁发、是否已吊销等），并根据验证结果重新签发服务器证书，或者中断连接。有关服务器证书和SSL解密证书的细节，我们随后介绍。

服务器证书可信：防火墙根据服务器证书的内容，使用可信的SSL解密证书重新签发一个服务器证书。

服务器证书不可信：防火墙根据不可信证书的处理动作来决定如何处理。如果不可信证书的处理动作为允许，则使用不可信的SSL解密证书重新签发一个服务器证书，将不信任的状态透传给客户端。客户端在尝试访问具有不可信证书的站点时，会提示证书不可信的告警。如果不可信证书的处理动作为阻断，则防火墙中断连接。

此外，防火墙还会从服务器证书中提取SAN/CN字段，检查SNI与SAN/CN是否匹配。如果不匹配，且加密流量检测配置文件中设置动作为阻断，则中断连接。

⑤ 防火墙作为代理客户端，与服务器完成SSL握手，建立SSL连接。在这个过程中，防火墙与服务器会协商出一个对称密钥A，用于后续应用层数据的加密和解密。

⑥ 防火墙作为代理服务器，向客户端发送Server Hello消息和步骤④中重新签发的服务器证书的Certificate消息。

⑦ 客户端验证服务器证书，并根据验证结果建立或者中断SSL连接。对客户端来说，防火墙就是服务器。如果服务器证书可信，客户端与防火墙完成SSL握手，建立SSL连接。同样地，防火墙与客户端也会协商出一个对称密钥B，用于后续应用层数据的加密和解密。如果服务器证书不可信，客户端可以自行选择是否继续访问服务器。

因为SSL解密证书重新签发的服务器证书透传了原服务器证书的状态，客户端的选择依据实际上还是原始的服务器证书。

⑧ 客户端使用对称密钥B加密应用层数据，并发送给防火墙。

⑨ 防火墙使用对称密钥B解密客户端发送来的加密数据，并对解密后的数据实施内容安全检查。

⑩ 防火墙根据内容安全检查的结果过滤掉非法流量，然后将合法流量使用

对称密钥A重新加密，发往服务器。服务器收到以后，再使用对称密钥A解密。

2. 出站检测场景中的证书

从图2-25所示的出站检测的处理流程中，我们知道，防火墙作为SSL代理，既要验证服务器的身份，还要向客户端表明自己的身份。这就必然要使用数字证书。接下来，让我们深入证书验证的细节中，详细了解出站检测场景中的两类证书：服务器CA证书和SSL解密证书。

（1）服务器CA证书

防火墙要代替客户端来验证服务器证书，就必须像客户端一样安装主流的CA证书。这些用于验证服务器证书的CA证书，简称为服务器CA证书。在防火墙与服务器建立SSL连接的过程中，防火墙使用服务器CA证书来验证服务器证书的可信性。防火墙出厂时已经预置了100多个常用的服务器CA证书，可以用来验证大多数的服务器证书。

如果服务器CA证书不在此范围内，防火墙验证服务器证书时会认为服务器证书不可信，然后根据不可信证书的处理动作，中断连接或者透传不可信状态给客户端。在这种情况下，为了避免影响正常业务，建议人工导入服务器CA证书。具体操作方法请参考第2.4.3节。

（2）SSL解密证书

在出站检测场景中，防火墙作为代理接收客户端的访问请求，就需要向客户端发送证书以表明自身的身份。防火墙并不是将服务器证书直接发送给客户端，也不是将自己的证书发送给客户端。防火墙根据服务器证书的内容，使用SSL解密证书重新签发一个新的“服务器证书”发送给客户端。很多人会有这样的疑问：为什么要使用SSL解密证书来重新签发一个服务器证书呢？

主要有以下原因。

如果防火墙将服务器证书直接发送给客户端，客户端将使用服务器证书中的公钥来加密数据。防火墙上没有与服务器证书公钥相对应的私钥，不能解密客户端发送过来的加密数据。这样，根据SSL握手流程，防火墙将无法获得客户端发送过来的PMS，防火墙与客户端就无法协商出对称密钥，SSL握手必将失败。

如果防火墙将自己的证书直接发送给客户端，客户端验证服务器证书时，会发现证书中标识证书所有者身份信息的字段与期望访问的站点不符。客户端验证证书失败，有些客户端会弹出安全告警，提示用户该证书与站点名称不匹配，有些客户端甚至会直接中断连接，影响用户体验和业务应用。

为此，防火墙必须使用SSL解密证书重新签发新的服务器证书，如图2-26所示。新证书的公钥是SSL解密证书的公钥，防火墙就可以具备相应的私钥，并与客户端顺利建立SSL连接。新证书的“主体名”字段则仍然与真实服务器证书保持一致。这样，客户端就不会出现安全证书与站点名称不匹配的安全告警。

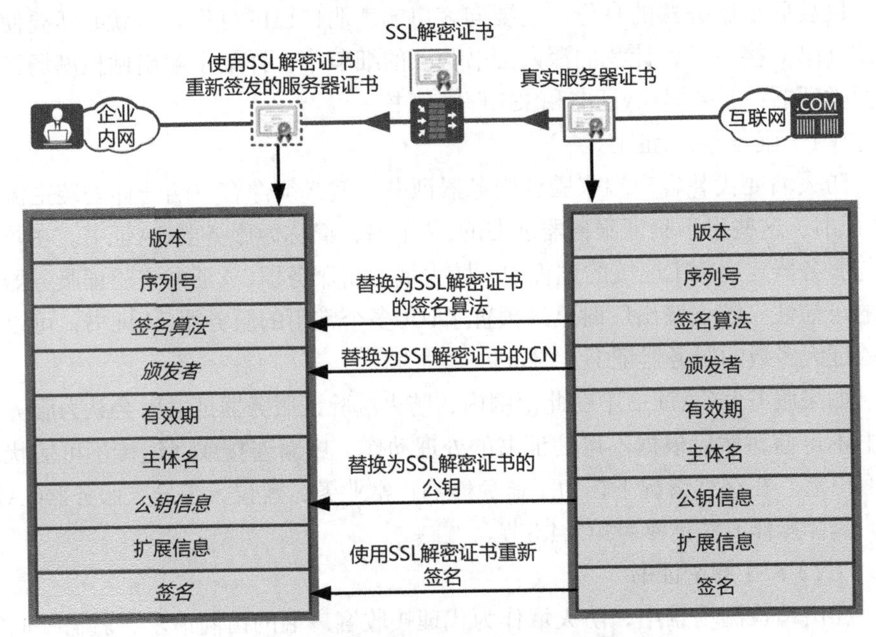

图 2-26 使用 SSL 解密证书重新签发新的服务器证书

那么，SSL解密证书从何而来呢？

防火墙在出厂时已经预置了一个不可信的SSL解密证书，是由防火墙自签名的根证书。你可以使用命令**display pki certificate default ca**查看此证书的详细信息。在部署阶段，你只需要导入一个CA证书（含私钥）作为可信的SSL解密证书。

SSL解密证书本质上是一个CA证书。你可以向权威CA申请一个CA证书作为SSL解密证书。如果企业部署了PKI系统，则使用企业根CA签发一个CA证书是推荐的做法。企业在部署PKI系统时，必然已经将企业根CA加入客户端的信任列表中。使用企业根CA签发的CA证书作为SSL解密证书，则该SSL解密证书重新签发的服务器证书必然可以通过客户端验证。这样，出站检测的证书部署将变得非常简单。你只需要向负责维护PKI系统的企业IT（Information Technology，信息技术）部门申请一个CA证书，然后将CA证书连同密钥文件一起导入防火墙即可。

在防火墙Web界面上，选择“对象 > 证书 > SSL解密证书”，进入“SSL解密证书”页签。单击“上传”，按照图2-27所示选择证书文件和密钥文件。防火墙默认将此证书作为可信的SSL解密证书使用。

图 2-27　上传 SSL 解密证书

如果没有部署企业根CA，也未向权威机构申请CA证书，你还可以使用防火墙的内置CA来签发一个自签名证书作为SSL解密证书。在防火墙Web界面上，选择“对象 > 证书 > SSL解密证书”，进入“SSL解密证书”页签。单击“新建”，参照图2-28设置证书名称和识别信息即可。

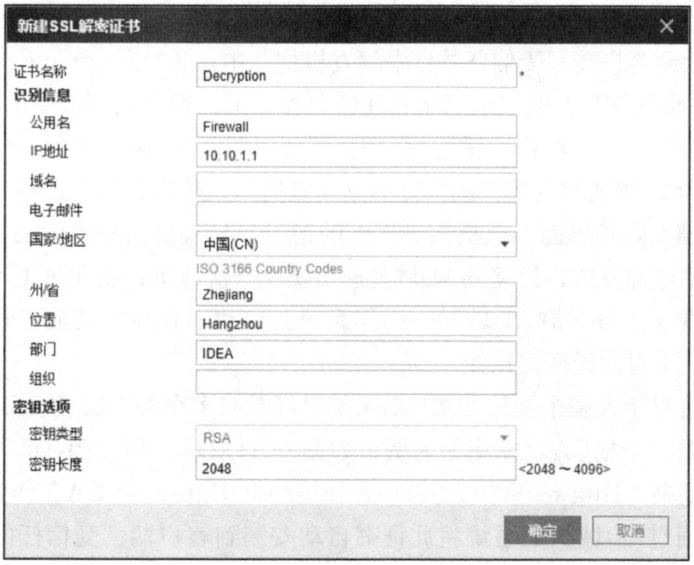

图 2-28　新建 SSL 解密证书

创建完成后，防火墙Web界面会出现一条证书记录，其名称为“decryption_builtinca.cer”，如图2-29所示。其中，“decryption”是前面设置的证书名称（不区分大小写），“builtinca”表示这是一个由内置CA签发的SSL解密证书。防火墙内置CA并不是权威CA，因此，你还需要从防火墙上导出这个SSL解密证书，安装到企业的所有客户端上，并要求客户端信任此证书。

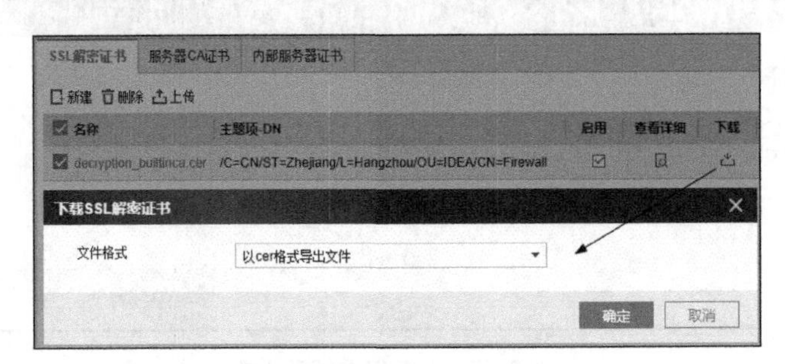

图 2-29　导出 SSL 解密证书

导出证书时，选择“以cer格式导出文件”即可，以这种方式导出的证书文件中不包含私钥信息。在客户端上安装并信任证书就比较复杂了。企业员工可能使用了多种操作系统，在不同操作系统上证书的操作方法不尽相同。让众多的企业员工在多种操作系统上完成安装和信任证书的操作，不是一件容易的事。幸运的是，如果企业部署了AD域认证系统，可以通过AD域将SSL解密证书自动安装到客户端“受信任的证书颁发机构”中。

在AD域服务器上的“组策略管理器”界面上，找到认证域中的“Default Domain Policy”，单击右键选择“编辑”，打开“组策略管理编辑器”。如图2-30所示，找到“受信任的根证书颁发机构”，单击右键，选择“导入”，打开证书导入向导界面。根据向导界面的指引，导入前面导出的SSL解密证书即可。采用这种方式，只需要AD域管理员操作一次即可，企业员工不需要任何操作。企业员工登录到AD域时，操作系统会自动下载并安装证书到指定的位置，企业员工对此无任何感知。

另外，对于大型企业，如果PKI系统已经具有多个根CA，也可以为SSL解密单独部署一个根CA。以华为为例，如图2-31所示，华为PKI系统单独部署了一个根证书“Huawei Web Secure Internet Gateway CA”作为SSL解密证书，并通过AD域认证系统将此证书自动安装到客户端“受信任的根证书颁发机构”中。当华为员工访问互联网上的服务时（以访问www.example.org为例），防火墙使用此证书为www.example.org重新签发服务器证书。

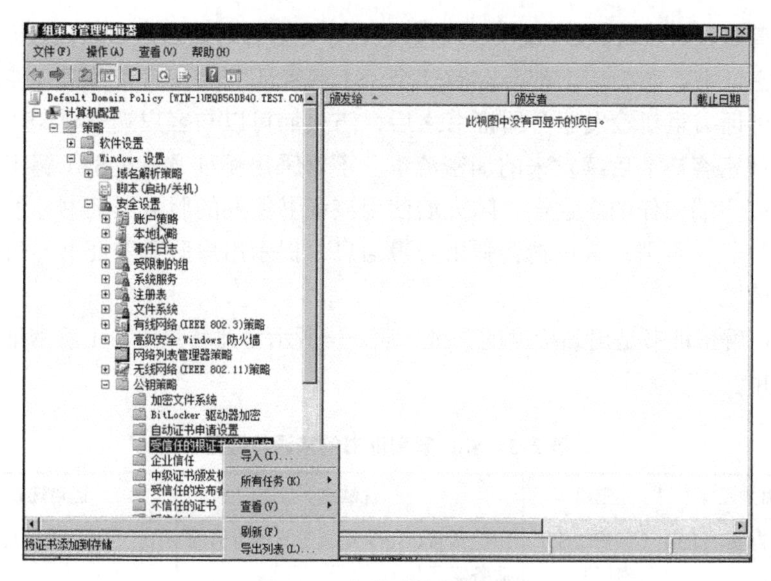

图 2-30　组策略管理编辑器

图 2-31　使用企业根 CA 作为 SSL 解密证书

不管是从外部导入CA证书，还是使用防火墙的内置CA生成的CA证书作为SSL解密证书，防火墙上都会存有这个SSL解密证书的公钥和私钥。使用这个SSL解密证书重新签发服务器证书之后，防火墙可以与客户端建立SSL连接，并顺利解密客户端后续发来的加密流量。不管采用哪种方式，SSL解密证书必须是被客户端信任的。这样，防火墙使用该证书签发的服务器证书才能通过客户端的校验。否则，客户端会弹出告警信息，提示用户服务器证书不可信，影响用户体验。

SSL解密证书是出站检测的关键，表2-3所示为此场景中SSL解密证书的来源与应用。

表 2-3　SSL 解密证书的来源与应用

证书来源	应用	优缺点	适用场景
防火墙自签名的根证书	不可信的 SSL 解密证书	出厂预置，用于重新签发不可信的服务器证书	适用于所有场景
向权威的 CA 申请用户证书	可信的 SSL 解密证书	客户端通常已经预置了权威机构的根证书，因此不需要在客户端做任何操作，但是需要向权威机构支付证书服务费用	经费充裕的大中型企业
使用企业根 CA 签发用户证书	可信的 SSL 解密证书	企业可自主管理证书，且不需要客户端做任何操作，适用于大型企业	已经部署 PKI 系统的大中型企业
使用防火墙内置 CA 签发用户证书	可信的 SSL 解密证书	不依赖权威机构或企业 PKI 系统，通常需要客户端安装并信任证书，或者使用 AD 域系统自动分发证书	适用于小型企业或小范围的 POC（Proof Of Concept，概念验证）测试

在实践应用中，可以根据企业是否已经部署了PKI系统来选择如何获取可信的SSL解密证书。

企业已部署PKI系统：建议使用企业根CA签发一个用户证书作为SSL解密证书。如果企业PKI系统具有多个根CA，也可以为SSL解密证书单独增加一个根CA。

企业未部署PKI系统：如果经费充足，可以向权威机构购买证书服务；否则可以使用防火墙内置CA签发用户证书作为SSL解密证书。

3. 配置出站检测

在解决了证书的问题之后，出站检测的配置就相对比较简单了。

① 创建加密流量检测配置文件，类型选择“出站”。

在加密流量检测配置文件中，应阻断使用不可信的证书、不支持的版本、不支持的算法的SSL会话，阻断SNI与SAN/CN不匹配、客户端认证的SSL会话。如果有重要的业务需要双向认证，请单独创建一个检测配置文件，并允许客户端认证。此外，在可能的情况下，服务器和客户端两侧都应使用安全性较高的算法和较新的协议版本。如果防火墙性能不足，至少应保证服务器侧使用安全性更高的算法和更新的协议版本，或者为使用安全性较低算法和较旧版本的业务创建单独的检测配置文件。图2-32所示为出站检测配置文件的示例。

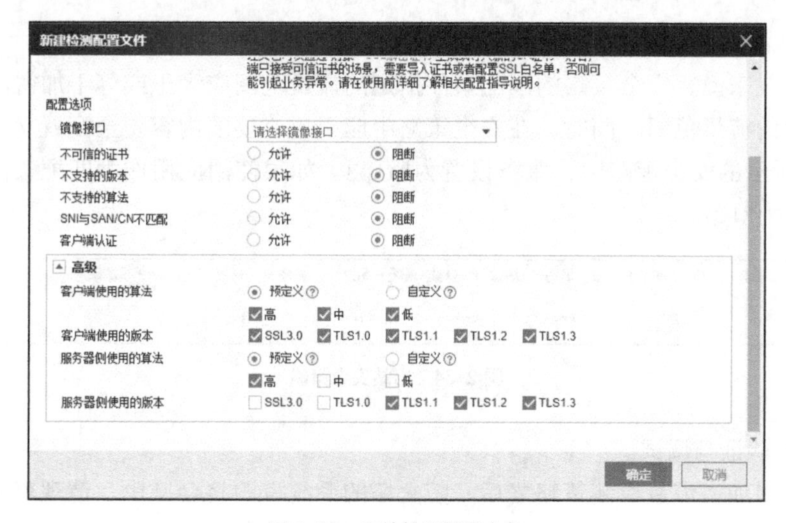

图 2-32 出站检测配置文件

② 创建加密流量检测策略，设置动作为“解密”，并引用步骤①创建的加密流量检测配置文件。

在全面推行加密流量检测之前，建议先选择部分业务开展POC测试，通过测试评估解密对防火墙性能的影响，并积累实施经验。例如，你可以优先解密安全风险较高的URL（如游戏、网络存储、电子邮箱、恶意网站等），或者优先解密业务影响较小的流量（如购物、生活类业务）。你也可以优先解密特定用户组的流量。在创建加密流量检测配置文件时，可以通过设置匹配条件（如源地址、用户、URL分类等）来限制出站检测的范围。

如果步骤①新建了多个检测配置文件，则需要创建多个加密流量检测策略。此时，请特别注意多条检测策略的顺序，条件越精确，位置应越靠前。图

2-33所示为出站检测策略示例。对于访问3种游戏网站的流量，应按照更严格的检测配置文件来检查，对于其他流量，按照通用的检测配置文件来检查。

名称	描述	标签	源安全区域	目的安全区域	源地址	目的地址	用户	服务	URL分类	动作	检测配置文件
Strict			Any	untrust	Any	Any	Any	https	视频游戏 棋牌游戏 其他游戏	解密	Strict
General			Any	untrust	Any	Any	Any	https	Any	解密	General
default	This i...		Any	Any	Any	Any	Any	Any	Any	不解密	

图 2-33　出站检测策略

③ 配置安全策略。

一般来说，安全策略的匹配条件指定的流量范围应大于或等于加密流量检测策略的流量范围。同时，在安全策略中应引用必要的内容安全配置文件。图2-34所示的安全策略中，服务设置为https。如果使用应用作为匹配条件，则应设置为http。

名称	源安全区域	目的安全区域	源地址/地区	目的地址/地区	用户	服务	应用	时间段	动作	内容安全
Surfing	Any	untrust	Any	Any	Any	https	Any	Any	允许	

图 2-34　出站安全策略

④ 验证与调试。

启用加密流量检测策略之后，防火墙的系统资源将会减少。请观察并记录加密流量检测策略对防火墙性能产生的影响，并根据影响程度调整检测策略的范围或检测配置文件中的算法配置。同时，关注试点用户的反馈，及时处理测试过程中发现的问题，并重新评估整个策略部署。

有关加密流量检测策略部署中可能出现的问题及处理方法，请参考第2.4节的内容。

2.3.2 入站检测：保护服务器

当企业在数据中心部署了服务器对外提供服务时，服务器本身的安全就变得格外重要了。攻击者可能会利用服务器中已知的漏洞来入侵，也可能会通过网站的留言板、文件上传功能来植入恶意脚本或木马。一些普通用户也可能在论坛上发表非法言论。如今，多数服务器都采用SSL加密技术，要保护服务器，避免上述安全风险，就需要解密数据。

如图2-35所示，为了保证服务器不受外部侵害，可以在防火墙上配置入站方向的加密流量检测，解密数据以后，再实施内容安全检查。这样，防火墙就可以发现隐藏在加密流量中的威胁，及时阻断该流量，保护企业内部服务器的安全。

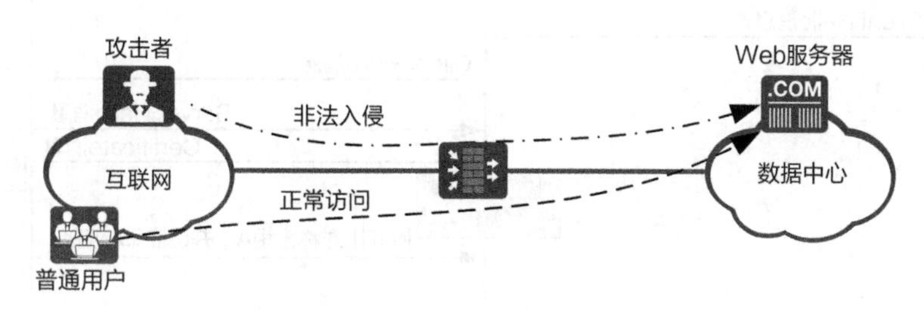

图 2-35　入站检测场景

1. 入站检测的处理流程

在入站检测场景中，防火墙是客户端和服务器的中间人。在收到客户端请求后，防火墙先作为代理客户端与服务器建立连接，然后作为代理服务器与客户端建立连接。防火墙把客户端与服务器之间的SSL握手变成了“防火墙—服务器”和“客户端—防火墙”两个独立的过程。

在这个过程中，防火墙作为服务器的代理，需要向客户端提供服务器证书，并且使用服务器证书私钥来解密客户端发来的加密数据。只有这样，防火墙才能完全获得客户端与服务器交互的内容。因此，在部署阶段，需要在防火墙上导入服务器证书及其私钥。入站检测场景中，防火墙与服务器、客户端建立SSL连接和安全检查的处理流程如图2-36所示。

① 客户端向服务器发送Client Hello消息，发起一个新的SSL连接请求。

② 防火墙解析并缓存客户端发来的Client Hello消息，然后向服务器发送新的Client Hello消息。

③ 服务器收到Client Hello消息后，发送Server Hello消息和携带服务器证书的Certificate消息。对服务器来说，防火墙就是客户端。

④ 防火墙作为代理客户端，验证服务器证书，并与服务器完成SSL握手，建立SSL连接。在这个过程中，防火墙与服务器会协商出一个对称密钥A，用于后续应用层数据的加密和解密。

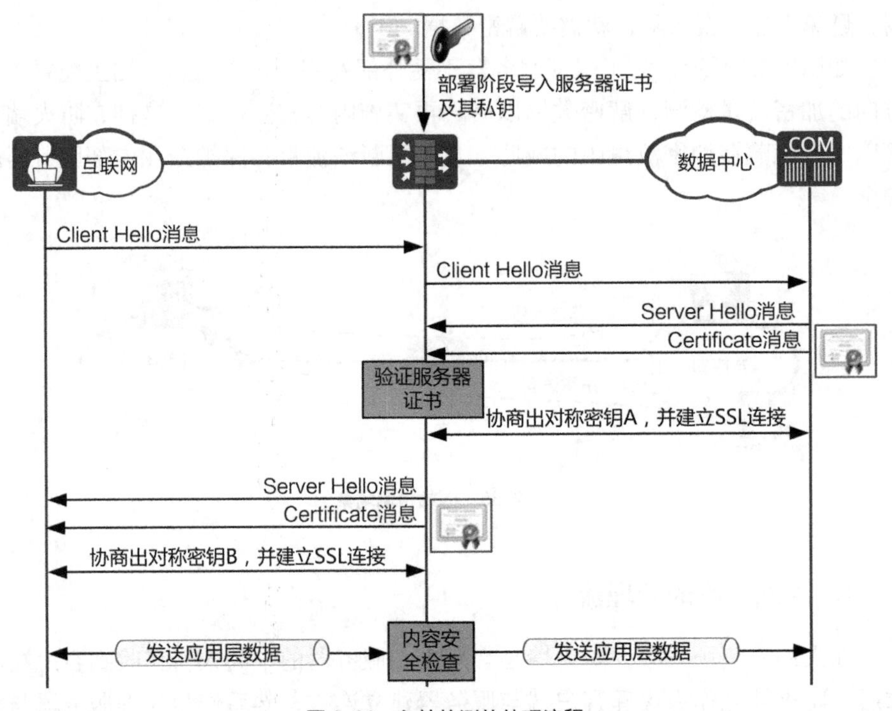

图 2-36　入站检测的处理流程

⑤ 防火墙作为代理服务器，向客户端发送Server Hello消息和部署阶段导入的服务器证书以及服务器发送过来的中间证书。

⑥ 客户端验证服务器证书，并根据验证结果建立或者中断SSL连接。对客户端来说，防火墙就是服务器。如果服务器证书可信，客户端与防火墙完成SSL握手，建立SSL连接。同样地，防火墙与客户端也会协商出一个对称密钥B，用于后续应用层数据的加密和解密。在协商的过程中，防火墙使用部署阶段导入的服务器证书私钥来解密客户端发送过来的加密消息。如果服务器证书不可信，客户端可以自行选择是否继续访问服务器。

⑦ 客户端使用对称密钥B加密应用层数据，并发送给防火墙。

⑧ 防火墙使用对称密钥B解密客户端发来的加密数据，并对解密后的数据实施内容安全检查。

⑨ 防火墙根据内容安全检查的结果过滤掉非法流量，然后将合法流量使用对称密钥A重新加密，发往服务器。服务器收到以后，再使用对称密钥A解密。

2. 入站检测场景中的证书

防火墙在和客户端建立SSL连接时，使用的是服务器证书及其私钥。在部署阶段，你需要从服务器管理员那里获取服务器证书及其私钥，导入防火墙。

服务器证书一般都是由中间证书签发的。客户端在验证服务器证书时，需要使用中间证书，才能完成整个证书链的验证。如果服务器侧提供的证书链不完整，有些客户端会从服务器证书的“授权信息访问”字段提取中间证书的URL，自动下载中间证书，完成证书链验证。有些客户端还会保存或缓存中间证书。但是，也有些客户端在证书链不完整时只会发出安全告警。为了保证客户端能顺利完成证书验证工作，服务器通常会同时提供服务器证书和中间证书（参见图2-15）。防火墙向客户端发送Certificate消息时，也会同时提供服务器证书和中间证书。

登录Web界面，选择“对象 > 证书 > 本地证书”。单击“上传”，将证书文件导入防火墙。注意，当私钥包含在证书文件中时，证书类型选择“PKCS12证书/内含密钥PEM证书”，如图2-37所示。

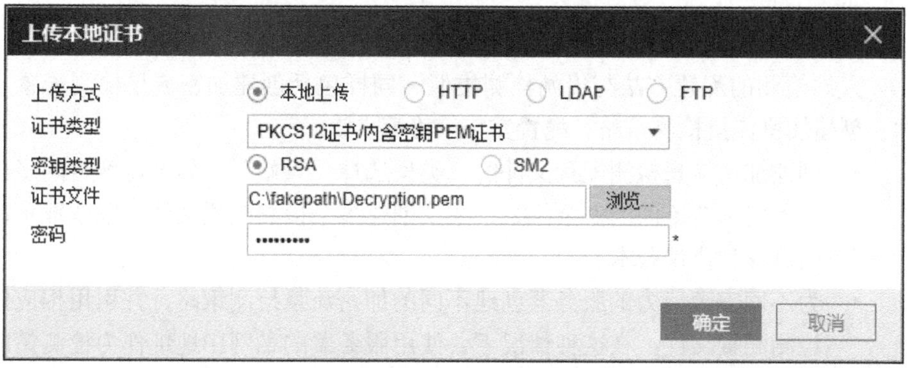

上传本地证书

上传方式	◉ 本地上传　○ HTTP　○ LDAP　○ FTP
证书类型	PKCS12证书/内含密钥PEM证书
密钥类型	◉ RSA　○ SM2
证书文件	C:\fakepath\Decryption.pem　浏览...
密码	•••••••••• *

确定　取消

图2-37　上传本地证书

证书文件导入后，证书名称全部变为小写字母，并自动增加“_local”字样，扩展名也将自动转换为.cer。图2-37中选择的证书文件为Decryption.pem，导入后变为decryption_local.cer。

接下来，切换到“对象 > 证书 > SSL解密证书”界面，选择“内部服务器证书”页签，单击“新建”，选择刚刚导入的本地证书作为服务器证书，如图2-38所示。

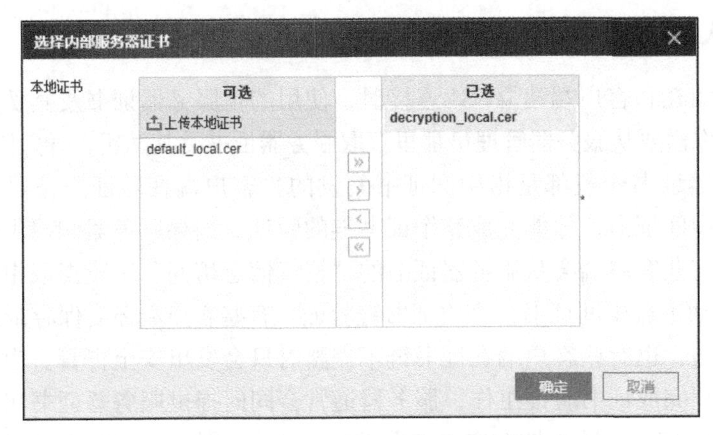

图 2-38　设置本地证书为服务器证书

如果有多个服务器，则重复上述步骤，将所有需要保护的服务器证书导入防火墙。防火墙在SSL握手流程中，根据服务器侧发送过来的服务器证书，选择对应的证书发送给客户端。

3. 配置入站检测

入站检测的配置方法与出站检测类似，同样包括创建加密流量检测配置文件、创建加密流量检测策略、配置安全策略等步骤。

- 创建加密流量检测配置文件时，类型选择“入站”。如果待解密的多个服务器具有不同的安全能力，建议创建多个检测配置文件，以匹配不同的算法和协议版本。
- 为不同安全能力的服务器创建不同的加密流量检测策略，并引用相应的检测配置文件。在这种情况下，使用服务器的私网IP地址作为检测策略的匹配条件。
- 在入站检测场景中，没有必要使用URL分类作为加密流量检测策略的匹配条件。即使设置了URL分类也不生效。
- 在配置安全策略时，引用入侵检测、反病毒、文件过滤、内容过滤、邮件过滤、APT（Advanced Persistent Threat，高级持续性威胁）防御等配置文件，以保护服务器的安全。

同样地，为了避免因加密流量检测影响服务器对外提供服务，你可以先选择少量服务器实施POC测试，把可能的影响控制在尽量小的范围内。关注用户反馈，确认服务器和防火墙工作正常，再逐步将加密流量检测应用到其他服务器上。

2.3.3 解密报文镜像

防火墙解密报文以后，获得明文数据，不仅可以用于自己的内容安全检查，还可以将明文数据通过镜像接口发送给第三方检测设备。第三方检测设备接收到防火墙镜像过来的明文数据，可以将其用于备份、审计和安全分析等。这样，只要防火墙解密一次，就可以供多个设备使用，让防火墙的解密工作得到最大化利用。

解密报文镜像场景如图2-39所示。第三方设备必须与防火墙直连，并且连接的接口工作在混杂模式。

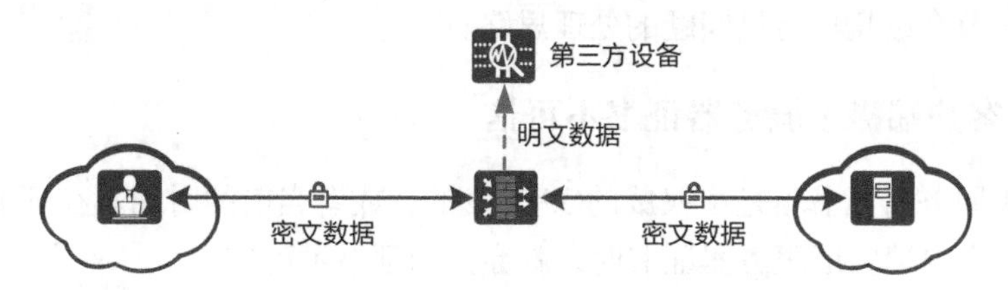

图 2-39　解密报文镜像场景

在出站检测场景和入站检测场景中，都可以启用解密报文镜像功能。在加密流量检测配置文件中设置镜像接口即可。以修改入站类型的检测配置文件为例，其配置界面如图2-40所示。

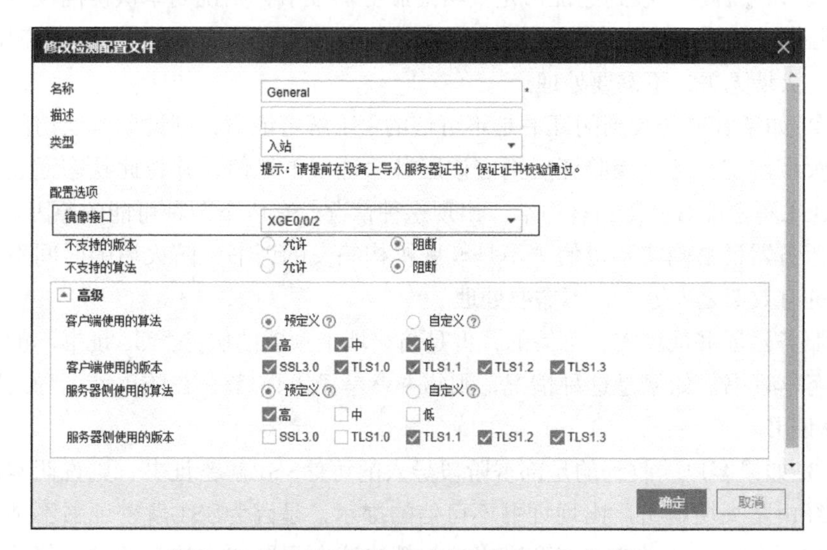

图 2-40　修改检测配置文件的配置界面　（入站类型）

| 2.4　加密流量检测的异常处理 |

加密流量检测的顺利运行依赖于客户端、服务器和防火墙的相互配合。启用加密流量检测后，要密切关注应用效果和用户反馈，及时处理可能发生的各种问题。

2.4.1　常见问题处理思路

本小节介绍几种常见问题的处理思路。

1. 客户端提示服务器证书不可信

如果服务器证书不是由权威的CA签发的，或者当前的时间不在证书的有效期之内，客户端验证服务器证书时，就会提示证书不可信。

当收到用户反馈的此类问题时，应首先查看客户端收到的证书是防火墙的SSL解密证书，还是真实的服务器证书。从浏览器窗口查看服务器证书及判断证书来源的方法请参考第2.4.2节。如果客户端不是浏览器，则需要在客户端抓包分析收到的Certificate消息。

① 如果客户端收到的证书是真实的服务器证书，则说明本次访问没有经过防火墙解密处理。并且，服务器使用了过期或者不规范的证书。这种情况的出现与防火墙无关，不需要处理。

② 如果客户端收到的证书是不可信的SSL解密证书，则说明本次访问已经由防火墙解密，防火墙验证后判定该服务器证书不可信，并将此状态通过不可信的SSL解密证书透传到客户端。出现这种情况，有以下两种可能的原因。

服务器证书确实不可信（不是权威机构签发的证书、防火墙的时间不在该证书的有效期之内等），不需要处理。

服务器证书是真实、可信的，但是防火墙上预置的服务器CA证书不能验证该服务器证书。如果是这种情况，则需要参考第2.4.3节，在防火墙上导入服务器CA证书。

③ 如果客户端收到的是部署阶段导入的可信SSL解密证书，则说明本次访问已经由防火墙解密。出现证书不可信的提示，是因为SSL解密证书不是由权威机构颁发的，且没有安装到客户端。解决这个问题的方法有两种：将防火墙

上的SSL解密证书更换为权威机构颁发的证书，或者将SSL解密证书安装到客户端上。

如果经过上述处理之后，仍然不能解决问题，请确认客户端信息。目前已知Firefox浏览器和安卓操作系统在验证证书时有不同的处理方法。

Firefox浏览器仅信任由Firefox浏览器导入的证书。即便已经通过其他浏览器或者AD域认证系统安装了SSL解密证书，使用Firefox浏览器时，仍然会提示证书不可信。在这种情况下，要么在Firefox浏览器中重新导入证书，要么弃用Firefox浏览器。

安卓操作系统版本高于6.0时，不信任用户安装的CA证书。安卓系统有两个证书存储系统，一个用于存储操作系统预安装的CA证书，另一个用于存储用户安装的CA证书。安卓6.0及以上版本默认不信任用户安装的CA证书。也就是说，对于安卓6.0及以上版本，此问题暂时无解。

2. 启用加密流量检测之后业务受损

启用加密流量检测之后，防火墙会根据加密流量检测策略和检测配置文件来检查和处理业务。如果曾经可以正常访问的业务出现了故障，很可能是由加密流量检测导致的。一些不满足要求的业务会被防火墙中断，这是正常的。如果确实需要继续访问，可以参照以下步骤定位故障根由和选择处理方案。

① 进入诊断视图，关闭加密流量检测功能。

```
<sysname> system-view
[sysname] diagnose
[sysname-diagnose] undo app-proxy enable
```

如果业务恢复正常，说明业务故障确实是由加密流量检测导致的。你可以根据业务影响范围，选择暂时关闭加密流量检测功能，或者继续定位故障根由。

② 在诊断视图执行**app-proxy enable**命令重新启用加密流量检测。

③ 从客户端重新发起业务请求，使用**display app-proxy statistics**命令来查看统计信息，根据统计数据确认业务中断的原因。

```
[sysname-diagnose] app-proxy enable          //重新启用加密流量检测
[sysname-diagnose] reset app-proxy statistics    //清除统计信息
# 重新发起业务请求
[sysname-diagnose] display app-proxy statistics
```

在回显信息中，重点关注以下统计信息。

ClientSide Handshark except：客户端侧握手失败次数。如果计数不为0，则说明客户端与防火墙握手失败。

ServerSide Handshark except：服务器侧握手失败次数。如果计数不为0，则说明防火墙与服务器握手失败。

Session blocked：被阻断的会话数。如果计数不为0，则说明有会话被防火墙阻断，需要进一步查看可能的原因，通常是不满足加密流量检测配置文件的设置。

Blocked sesss(cipher)：因加密套件而阻断的会话数。结合握手失败次数统计，可以判断是客户端侧加密套件问题，还是服务器侧加密套件问题。

Blocked sesss(ver)：因SSL协议版本而阻断的会话数。结合握手失败次数统计，可以判断是客户端侧协议版本问题，还是服务器侧协议版本问题。

Blocked due to SNI inconsistency：SNI与SAN/CN不匹配，会话被阻断。

Blocked due to untrusted cert：服务器证书不可信，会话被阻断。

Blocked due to client authenticate：服务器要求验证客户端证书，会话被阻断。

Policy blocked：命中了动作为阻断的加密流量检测策略。

④ 根据步骤③识别到的原因，选择处理方案。

- 业务中断的原因是会话被加密流量检测配置文件阻断，可以将业务访问的目的域名加入白名单。具体方法请参考第2.4.5节。
- 业务中断的原因是会话被加密流量检测策略阻断，可以调整加密流量检测策略的匹配条件，或者为此业务创建单独的检测策略。

⑤ 如果问题仍未解决，请联系华为工程师处理。

3. 未按预期解密，导致内容安全功能失效

URL过滤、反病毒、文件过滤、内容过滤等内容安全功能依赖加密流量检测功能。只有成功解密，防火墙才能实施内容安全检查。因此，当内容安全功能失效时，通常要检查加密流量检测功能是否按预期完成了解密。

① 确认没有使用**undo app-proxy enable**命令关闭加密流量检测功能。

```
<sysname> system-view
[sysname] diagnose
[sysname-diagnose] display app-proxy global-configuration
 Global Configuration Information Of Encrypted Traffic Detection :
 ------------------------------------------------------------------
 Encrypted Traffic Detection Global Switch : Enable
 ------------------------------------------------------------------
```

② 从客户端发起访问，并检查策略命中计数“HITS”是否增加。只有当防火墙上配置了加密流量检测策略，且流量命中加密流量检测策略，才会解密SSL流量。

```
<sysname> display decryption-policy rule all
Total:2
RULE ID  RULE NAME                      STATE     ACTION       HITS
-------------------------------------------------------------------------------
  3      Inspect_all                    enable    decrypt      123
  0      default                        enable    no-decrypt   0
-------------------------------------------------------------------------------
```

如果策略命中计数无变化，说明本次访问没有命中加密流量检测策略，请检查本次访问是否符合策略的匹配条件。否则请按照步骤③的指导继续进行问题排查。

一个值得注意的趋势是，越来越多的客户端和网络服务开始采用QUIC协议替代SSL协议。一些客户端如Chrome浏览器、Firefox浏览器默认使用QUIC协议建立加密连接。因此，当用户使用此类客户端访问支持QUIC协议的服务器时，防火墙无法解密，此时可在防火墙上禁用QUIC协议，具体方法请参考第2.4.4节的内容。

③ 查看应用代理模块的会话信息。会话信息中记录了SSL加密流量的处理方式，Inbound、Outbound表示解密成功，分别代表入站检测和出站检测，No-decrypt表示未解密。

```
<sysname> display app-proxy session table
 Current Total Sessions: 1
 Vsys:  0  Index:4  10.1.1.2:54925--->192.168.1.2:6443  Left:00:19:47  Type:
No-decrypt
 Age:16 down:0000  -->bytes: 123 <--bytes: 321
```

④ 检查客户端访问的服务是否加入了域名白名单。

在出站检测场景中，因为技术原因，防火墙无法正常解密某些服务的业务。为了避免中断业务，防火墙引入了域名白名单。域名白名单包括静态白名单和动态白名单两类，静态白名单包括防火墙预置的常见域名，也包括手动添加的域名。关于域名白名单的详细介绍，请参考第2.4.5节。

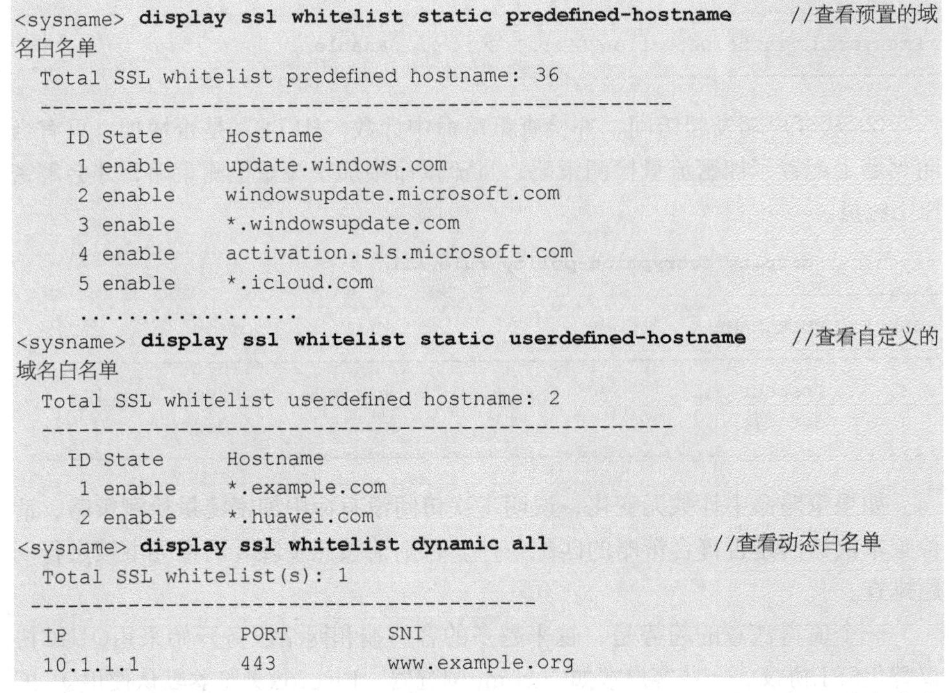

```
<sysname> display ssl whitelist static predefined-hostname      //查看预置的域名白名单
  Total SSL whitelist predefined hostname: 36
  -------------------------------------------------
    ID State      Hostname
     1 enable     update.windows.com
     2 enable     windowsupdate.microsoft.com
     3 enable     *.windowsupdate.com
     4 enable     activation.sls.microsoft.com
     5 enable     *.icloud.com
     ..................
<sysname> display ssl whitelist static userdefined-hostname     //查看自定义的域名白名单
  Total SSL whitelist userdefined hostname: 2
  -------------------------------------------------
    ID State      Hostname
     1 enable     *.example.com
     2 enable     *.huawei.com
<sysname> display ssl whitelist dynamic all                //查看动态白名单
  Total SSL whitelist(s): 1
 ----------------------------------------
  IP              PORT        SNI
  10.1.1.1        443         www.example.org
```

如果访问的域名在静态白名单内，通常不需要处理。如果域名在动态白名单内，则需要进一步定位。

⑤ 确认加入动态白名单的原因。

在入站检测场景下，通常是由于未正确导入服务器证书及其私钥，请重新导入。

在出站检测场景下，通常是由于技术原因无法解密（如不支持的协议版本或算法、客户端认证、固定证书等），可以通过抓包分析确认。如果解密的目的是URL过滤，可以使用基于SNI的URL过滤，或者使用DNS过滤替代。

⑥ 如果问题仍未解决，请联系华为工程师处理。

2.4.2 查看浏览器收到的服务器证书

在浏览器窗口中，可以快速查看客户端收到的服务器证书信息。

① 使用浏览器访问Web服务器，在浏览器地址栏中，单击锁形图标，并按

照图2-41所示操作，打开证书对话框。

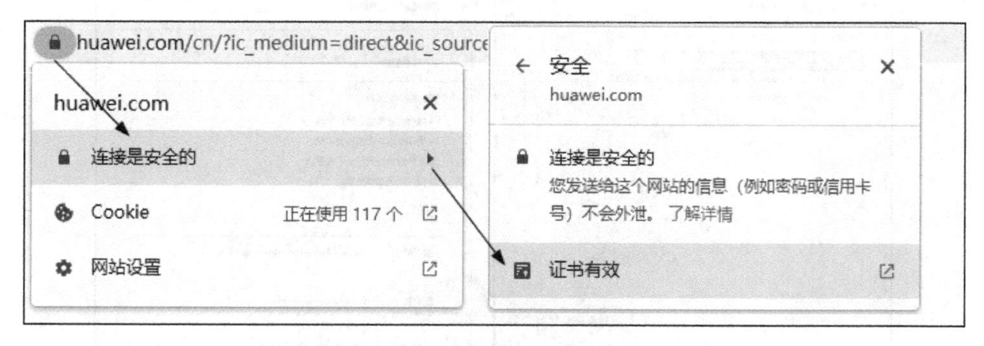

图 2-41　从浏览器查看服务器证书

② 在“常规”页签中，可以看到证书的颁发者和有效期。切换到“详细信息”页签，还可以看到更多内容。

一般来说，真实的服务器证书由权威机构签发。可信的SSL解密证书是你在部署阶段导入防火墙的CA证书，可能由权威机构、企业根CA或者防火墙内置CA签发。不可信的SSL解密证书则是防火墙自签名的根证书。不可信的SSL解密证书的颁发者是防火墙，通常体现为防火墙的ESN（Equipment Serial Number，设备序列号）编号，例如，Issuer:C=CN,ST=JS,L=NJ,O=HW,OU=VPN,CN=CA-210235G7FW0123456789。

2.4.3 导入服务器 CA 证书

在防火墙与服务器建立SSL连接的过程中，防火墙使用服务器CA证书来验证服务器证书的可信性。防火墙出厂时预置了100多个常用的服务器CA证书，可以用来验证大多数的服务器证书。如果服务器CA证书不在此范围内，需要在防火墙上导入服务器CA证书。

① 参考第2.4.2节，打开证书对话框。

② 在“证书路径”页签中，选中证书路径中的根证书，单击“查看证书(V)”，如图2-42所示。这个证书就是服务器CA证书。

③ 在证书的窗口中，切换到“详细信息”页签，单击“复制到文件(C)...”，进入证书导出向导界面。导出时选择要使用的格式为“Base64编码X.509(.CER)(S)”即可。如图2-43所示。

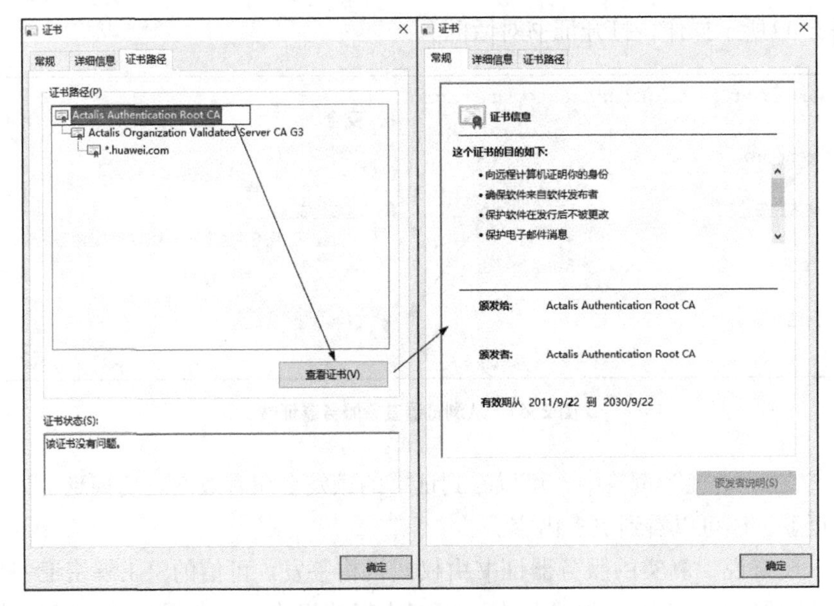

图 2-42　在证书路径中查看根证书

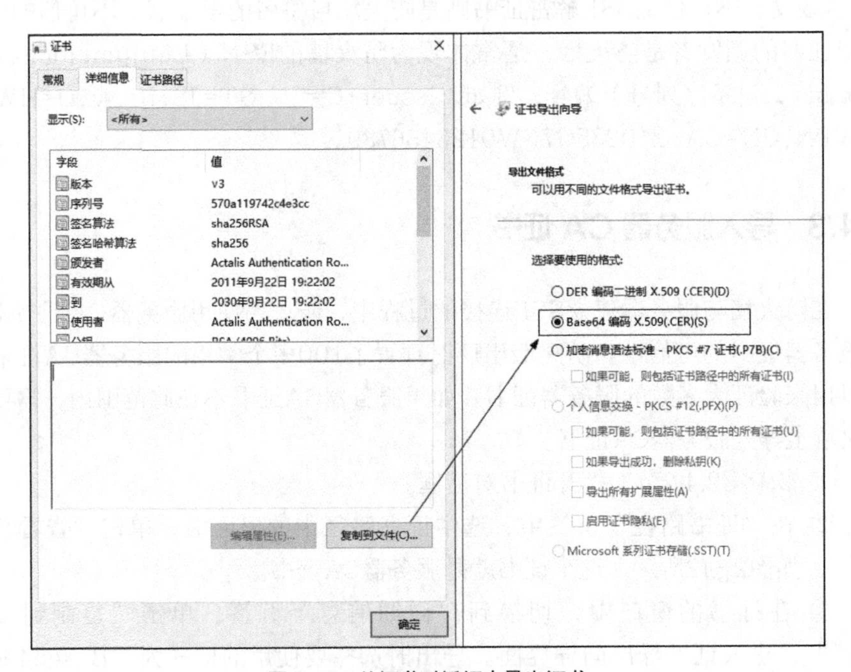

图 2-43　从证书对话框中导出证书

④ 在防火墙Web界面上，选择“对象 > 证书 > CA证书”。单击“上

传”，将刚刚保存下来的服务器CA证书导入防火墙。

⑤ 选择“对象 > 证书 > SSL解密证书”，选择“服务器CA证书”页签。

⑥ 单击“新建”。在“可选”中选择前面导入的CA证书加入“已选”。单击“确定”，将导入的CA证书指定为服务器CA证书。

2.4.4 禁用 QUIC 协议

Chrome、Firefox等浏览器默认使用QUIC协议而不是SSL协议建立会话。防火墙无法解密QUIC加密流量，潜在的威胁可能隐藏在QUIC加密流量中进入网络。因此，建议禁用QUIC协议。

（1）在Chrome浏览器中禁用QUIC协议

在Chrome浏览器的地址栏中输入chrome://flags/#enable-quic，查看是否启用了QUIC协议，如图2-44所示。将开关Enabled修改为Disabled，然后重新启动浏览器。

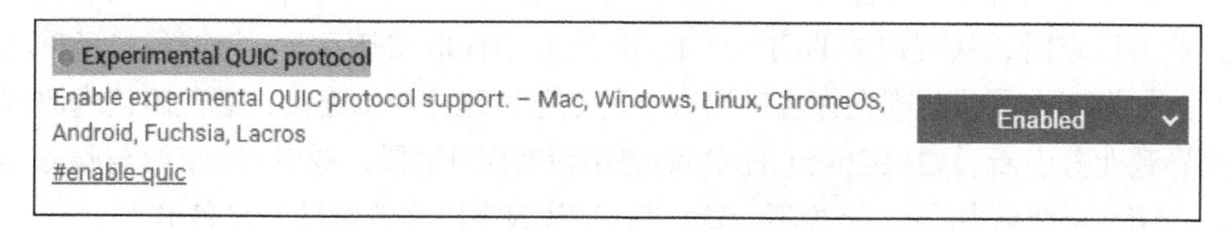

图 2-44　Chrome 浏览器中的 QUIC 协议的开关

（2）在Firefox浏览器中禁用QUIC协议

在Firefox浏览器的地址栏中输入about:config，进入配置界面。然后搜索http3，如图2-45所示，将network.http.http3.enabled的true修改为false，然后重新启动浏览器。

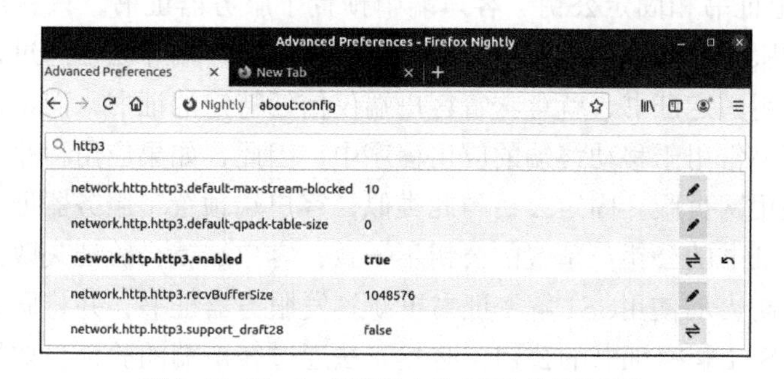

图 2-45　Firefox 浏览器中的 QUIC 协议的开关

（3）在防火墙上禁用QUIC协议

在浏览器中禁用QUIC协议后，如果防火墙顺利解密，则证明问题的根由就是QUIC协议。在浏览器中禁用QUIC协议需要在每个终端上操作，比较烦琐。你还可以在防火墙上配置安全策略，阻断所有QUIC应用。这样，浏览器会自动使用SSL协议来重新发起连接。

在防火墙上阻断QUIC应用的安全策略配置如图2-46所示。

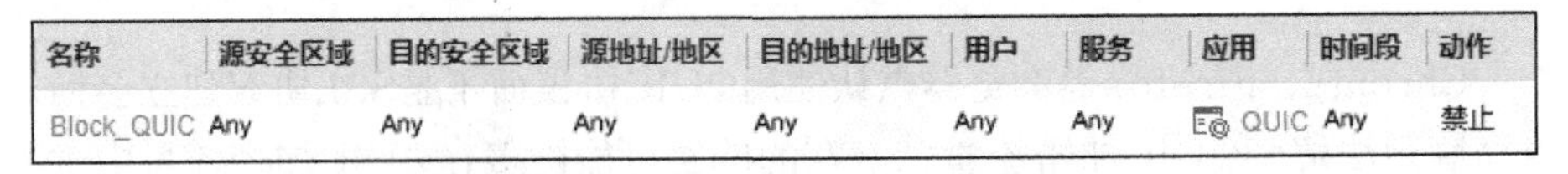

名称	源安全区域	目的安全区域	源地址/地区	目的地址/地区	用户	服务	应用	时间段	动作
Block_QUIC	Any	Any	Any	Any	Any	Any	QUIC	Any	禁止

图 2-46　在防火墙上阻断 QUIC 应用

2.4.5　配置域名白名单

当某些加密业务无法被防火墙解密时，可以将域名加入白名单。防火墙在收到业务请求时，从客户端的Client Hello消息中提取SNI字段，与域名白名单匹配。如果匹配成功，则允许客户端直接与服务器建立SSL连接，避免因技术原因而导致业务中断。如果Client Hello消息中没有SNI字段，或者SNI字段与服务器Certificate消息中的CN字段不一致，则使用CN字段来匹配域名白名单。

防火墙预置了一些域名白名单，涵盖一些常用的、无法解密的域名。当SSL加密流量命中了加密流量检测策略，而防火墙因技术原因无法解密时，为了避免影响业务，防火墙还会动态添加域名白名单。动态白名单中记录了服务器的IP地址、端口和域名（客户端访问的SNI字段信息）。

防火墙无法解密的常见原因如下。

① 固定证书和固定公钥。客户端中预置了服务器证书，只有当服务器侧发送过来的服务器证书与预置证书完全一致时，客户端才验证通过，这就是固定证书。采用固定证书，就意味着客户端仅信任特定的证书，而不依赖于证书链。固定证书常用于移动终端的应用程序中，因此，如果应用程序有网页版，建议优先使用网页版。固定公钥与此类似，客户端预置了服务器证书的公钥，如果服务器证书的公钥与预置的公钥不一致，客户端就会验证失败。在出站检测场景中，防火墙使用SSL解密证书重新签发服务器证书，并将服务器证书的公钥替换成SSL解密证书的公钥，必然无法通过客户端的验证。如果客户端采用固定证书或固定公钥，防火墙无法解密，需要添加域名白名单。

② 客户端认证。在双向认证场景下，服务器发送Certificate Request消息，要求验证客户端的证书。防火墙检测到此消息，就会加入动态白名单。有些服务器并未强制启用客户端认证，但是会发送Certificate Request消息。例如，Apache服务器的配置项中，可以选择友好地请求客户端认证，即便客户端发送了空的证书，或者客户端证书未通过验证，也会建立连接。在这种情况下，防火墙也会自动添加域名白名单，不再解密。

③ SSL协议上层的应用层协议不是防火墙支持的协议。防火墙的加密流量检测仅支持HTTPS、SMTPS、POP3S和IMAPS。对于其他应用层协议，防火墙无法解密，会自动加入动态白名单。

④ 在入站检测场景下，未在防火墙上导入服务器证书及其私钥。此时，防火墙无法解密客户端发来的消息，只能透传给服务器。

⑤ 不支持的SSL协议版本和算法。如果客户端或服务器采用了防火墙不支持的协议版本或算法，防火墙必然无法解密。

对于部分技术原因，防火墙可以自动添加域名白名单。但是，仍然有一些情况，防火墙无法自动处理，需要手动创建域名白名单。

防火墙使用SNI或CN来匹配域名白名单。因此，创建域名白名单之前，需要先获得SNI和CN。一般来说，SNI就是客户端访问的域名，CN则可以从服务器证书的使用者信息中获得。通常，服务器证书的CN字段为一级域名（如huawei.com）或者所有二级域名（如*.huawei.com）。你可以查看防火墙上缓存的证书信息来获取CN字段的内容，并将CN字段的内容添加到域名白名单。

```
<sysname> display app-proxy dynamic-cert cache
  current/total cache size: 1/512
  hit times: 25
Aproxy Issuer Certificate:
HitTime:25
Orignal Certificate:
    Data:
        Serial Number: 1 (0x1)
        Issuer: C=cn,ST=zj,L=hz,O=hw,OU=fw,CN=RootCA
        Validity
            Not Before: May 25 08:27:03 2016 GMT
            Not After : May 23 08:27:03 2026 GMT
        Subject: C=cn,ST=zj,L=hz,O=hw,OU=fw,CN=*.huawei.com
Aproxy Certificate:
```

```
Data:
   Serial Number: 1 (0x1)
   Issuer: C=CN,ST=JS,L=NJ,O=HW,OU=VPN,CN=CA-210235G7LN0123456789
   Validity
      Not Before: May 25 08:27:03 2016 GMT
      Not After : May 23 08:27:03 2026 GMT
   Subject: C=cn,ST=zj,L=hz,O=hw,OU=fw,CN=*.huawei.com
```

添加域名白名单的方法比较简单。

```
<sysname>  system-view
[sysname] ssl whitelist userdefined-hostname *.huawei.com
```

如果添加域名白名单后，仍然未解决问题，则需要抓包分析，从Client Hello消息和Certificate消息中确认SNI字段和CN字段，然后重新添加域名白名单。

需要注意的是，很多网站的网页中会嵌入其他网页或者图片资源，这些网页和图片资源可能来自不同的域名。客户端在访问这类网页时，会发起多个SSL会话。例如，华为公司官网的域名是www.huawei.com，而官网上的图片资源来自www-file.huawei.com。客户端访问华为官网首页时，要发起多个SSL会话。在添加白名单时，要同时添加www.huawei.com和www-file.huawei.com，或者使用通配符（*）。

域名白名单仅用于防火墙因技术原因而无法解密的场景。对于涉及个人隐私的敏感业务，如金融、医疗、社会保障等业务，建议使用动作为不解密的加密流量检测策略来排除。

2.5 ECA技术

加密流量检测技术可以用一句话简单总结：利用中间人技术解密流量，分析其中的内容和行为，再加密、转发。这种技术存在一定局限性。加密技术旨在保障数据的隐私性。利用中间人解密破坏了加密的完整性，并且存在侵犯用户隐私的风险，违背了加密的初衷。加密流量检测技术也无法应对固定证书、客户端认证等场景。此外，解密和加密还会消耗大量的计算资源，导致防火墙性能下降。

那么，有没有一种技术，可以在不解密的情况下，识别加密流量中的风险呢？这就是本节要介绍的ECA（Encrypted Communication Analytics，加密通信分析）技术。

2.5.1 ECA技术原理

通过对加密流量的分析和研究，安全研究人员发现，正常的加密流量和恶意的加密流量在很多方面存在着显著的差别。例如，正常的加密流量通常会采用比较新和比较强的加密算法，而恶意的加密流量通常会采用比较老和比较弱的加密算法。如果将这些有区分度的特征提取出来，就可以在不对加密流量进行解密的前提下，区分正常流量和恶意流量。

ECA技术从加密流量的握手信息、报文的时序关系、加密流量的统计信息和背景流量信息中抽取出关键特征，并基于这些关键特征，采用机器学习的方式建模，实现对正常加密流量和恶意加密流量的检测和识别。

1. 方案架构

ECA技术的方案架构分为加密流量采集和加密流量分析两个模块，如图2-47所示。加密流量采集模块是一个流量采集探针，它负责提取加密流量的特征，并以Metadata格式将其发送到加密流量分析模块。加密流量分析模块是HiSec Insight高级威胁检测平台的一个功能。HiSec Insight利用ECA检测分类模型来识别恶意加密流量，并将检测结果呈现在安全态势大屏中。

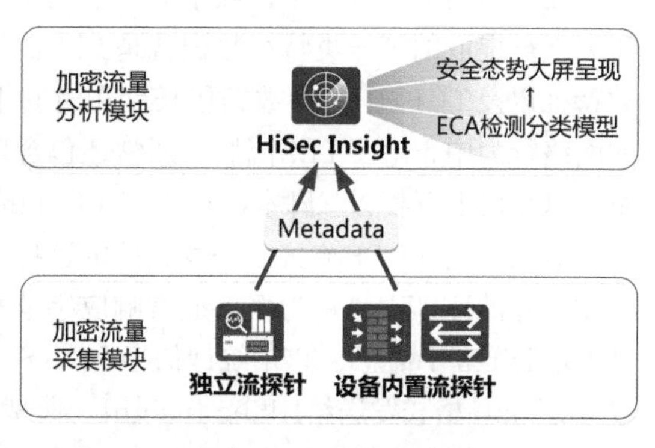

图2-47 ECA技术方案架构

当前，加密流量采集模块可以由防火墙/交换机产品的内置流探针来承担，也可以使用独立流探针。独立流探针包括HiSec Insight流探针和Probe流探针两种产品。

- **内置流探针：**加密流量经过防火墙或交换机时，内置流探针采集加密流量的Metadata数据，发送给HiSec Insight。

- **独立流探针：** 将关键网络节点的加密流量数据镜像发送给独立流探针，或直接将独立流探针部署到关键网络节点。独立流探针接收到加密流量后，采集加密流量的Metadata数据，发送给HiSec Insight。

2. 工作过程

ECA技术的工作过程主要分为3个阶段。

（1）利用机器学习技术生成ECA检测分类模型

机器学习技术需要采集大量的样本用于训练、学习。华为安全研究人员利用沙箱培植恶意样本（黑样本），并利用部署在现网的设备收集现网流量，获得海量白样本。然后，对这些样本进行了标记，区分出恶意流量样本和正常流量样本。安全研究人员分析了恶意流量和正常流量在SSL连接上的差异，并考虑到伴随这些SSL流量的背景流量（主要是DNS和HTTP流量），总结出了一系列流量特征。基于这些特征，安全研究人员使用样本数据进行“随机森林训练”，建立分类器模型，即ECA检测分类模型。

（2）使用流探针提取网络流量的特征数据

在加密通信的过程中，除了TLS的握手信息，其他信息都是加密的。安全研究人员提取的第一类特征数据就是TLS流量本身，包括TLS协商过程中的参数特征以及TCP/IP流量数据包长度和时间相关统计特征。另外，在恶意软件的网络行为中，除了TLS流量，通常还包含用于地址解析和数据泄露的DNS流量，以及用于下载恶意脚本、与C&C（Command and Control，命令与控制）服务器通信的HTTP流量。恶意软件的这些背景流量也具有一些特征。以下载恶意软件的HTTP流量为例，通常响应字节数与请求字节数的比例较大。流探针提取SSL握手信息、TCP统计信息、DNS/HTTP背景流量信息的特征数据，以Metadata格式发送给HiSec Insight。典型的特征数据如下。

- **TCP流量相关的统计特征：** TCP流量的持续时间、最大报文长度、最小报文长度、报文长度的平均值和标准差等。
- **TLS流量的握手信息特征：** 客户端支持的加密套件列表、服务器选择的加密套件、扩展字段、服务器证书的有效期和证书链长度等。
- **TLS流量目的IP地址关联的DNS信息特征：** 域名长度、域名中数字和符号的个数、域名在Alex中的排名等。
- **TLS流量源IP地址关联的HTTP信息特征：** HTTP Request消息中的User-Agent字段和Content-Type字段，HTTP Response消息中的

Server字段和Content-Type字段。

（3）特征数据匹配ECA检测分类模型

HiSec Insight利用大数据关联分析技术，对流探针上发送的各类特征数据进行处理，利用ECA检测分类模型识别加密流量中的异常流量，从而发现“僵尸”主机或者高级持续性威胁攻击在命令控制阶段的异常行为。

3. 典型组网

ECA技术最核心的功能之一是检测隐藏在加密流量中的C&C行为，及时发现被感染的内部主机。ECA检测主要针对网络出口的南、北向流量，因此，通常将流探针部署在企业总部或数据中心的出口。HiSec Insight作为高级威胁检测平台，部署在安全管理区。ECA业务典型组网如图2-48所示。

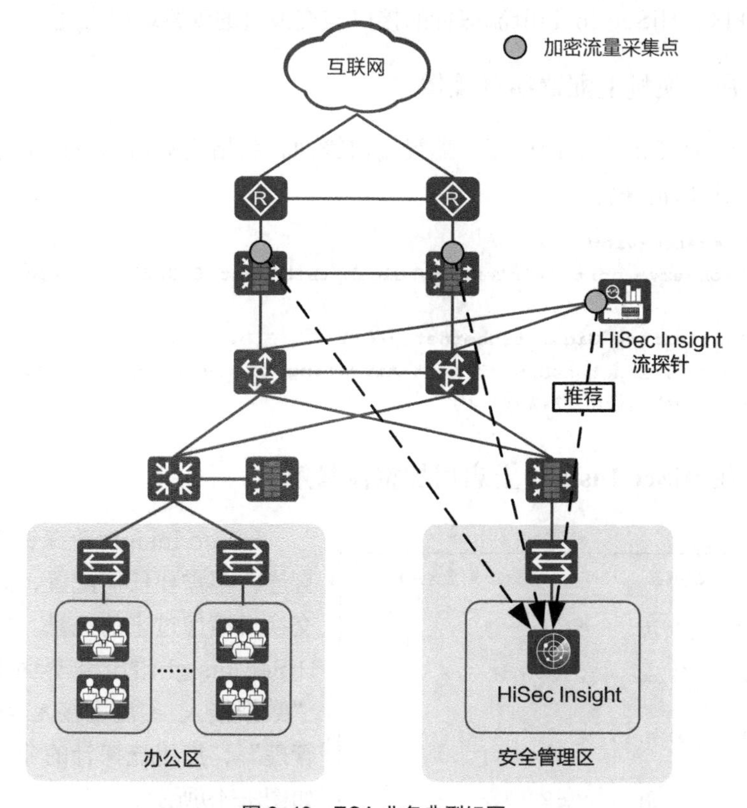

图2-48　ECA业务典型组网

在图2-48所示的场景中，可以在网络出口的防火墙上启用内置流探针，也可以将网络出口的核心交换机上的流量镜像给旁路部署的HiSec Insight流探针。由于HiSec Insight是加密流量检测业务的必需组件，而HiSec Insight流探针通常会与HiSec Insight一同部署，因此，推荐采用HiSec Insight流探针采集交换机镜像的加密流量。流探针提取加密流量的特性数据，发送给HiSec Insight进行检测分析，检测结果以威胁事件的形式呈现在HiSec Insight的安全态势大屏上。

2.5.2 ECA部署方法

本小节以使用HiSec Insight流探针采集交换机镜像的流量特征为例，介绍ECA部署方法。在部署ECA之前，网络已经组建完毕，HiSec Insight已部署在安全管理区，HiSec Insight流探针的接口与交换机的观察端口直连。

1. 在交换机上配置端口镜像

登录交换机的命令行界面，配置端口镜像，将指定端口的流量全部镜像给HiSec Insight流探针。

```
<HUAWEI> system-view
[HUAWEI] observe-port 1 interface GigabitEthernet 0/0/2      //指定GE0/0/2为观察端口
[HUAWEI] interface GigabitEthernet 0/0/1
[HUAWEI-GigabitEthernet0/0/1] port-mirroring to observe-port 1 both    //将GE0/0/1的双向流量镜像至观察端口
```

2. 在HiSec Insight上启用加密流量解析

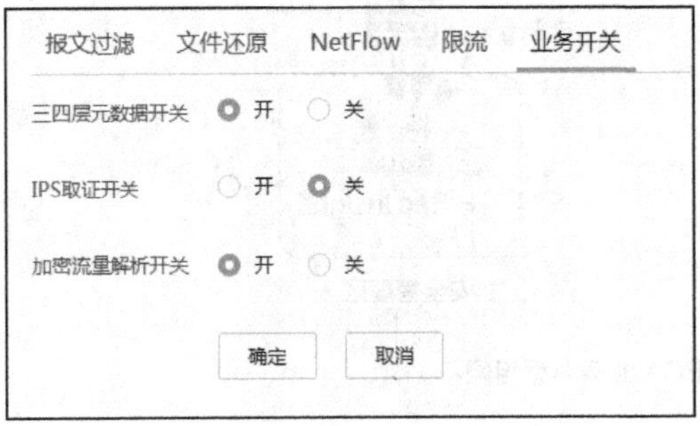

HiSec Insight流探针与交换机直连，不需要任何配置，即可接收交换机镜像过来的流量。然后，在HiSec Insight的运维界面上，选择“数据接入 > 流量接入 > 流探针管理”，启用流探针的业务开关，如图2-49所示。

图2-49 流探针的业务开关

注意，加密流量解析需要同时启用“三四层元数据开关”和“加密流量解析开关”。启用之后，HiSec Insight流探针会从交换机镜像流量中提取Metadata数据，并发送给HiSec Insight。

3. 在 HiSec Insight 上查看分析结果

登录HiSec Insight的运维界面，选择“检索 > 智能检索”，检索模式选择“高级检索”，检索事件类型选择“原始流量”，设置好检索的时间段（例如“最近24小时”）和流量属性（例如：sourceIPAddress:10.1.1.*），如图2-50所示。单击检索框右侧的搜索按钮，如果可以搜索到预期的结果（流量是采用加密协议传输的），则表明HiSec Insight流探针已经收到了交换机的镜像加密流量。

图 2-50　检索

当HiSec Insight检测到恶意流量时，上报威胁事件。安全运营人员可以根据威胁事件的详细信息和取证详情，结合威胁情报等信息，综合评估威胁事件的性质。图2-51所示为某大学上报的一起威胁事件的取证信息。根据取证信息，内网主机主动发起访问，TLS版本号为TLS 1.0，版本较低。客户端使用的加密套件均为不推荐使用的加密套件，且服务器证书未经过自签名。综合以上信息，安全运营人员判断这是一起“恶意加密C&C流”触发的威胁事件，并定位到失陷主机。

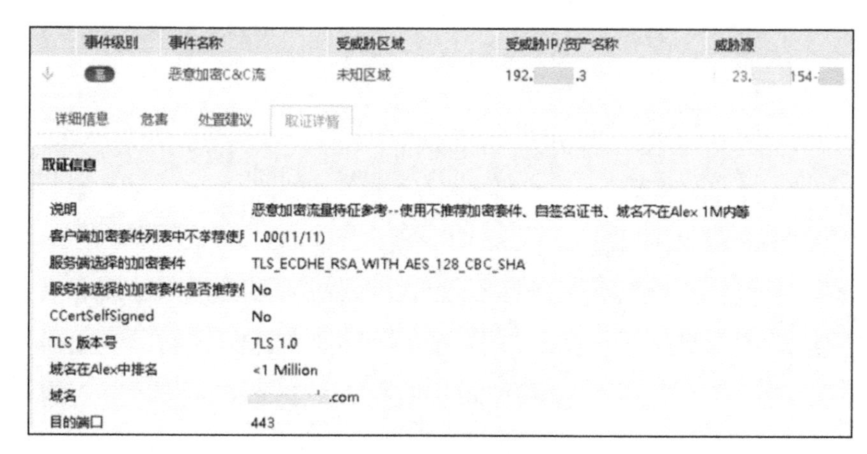

图 2-51　威胁事件的取证信息

| 2.6 习题 |

第3章　内容过滤技术

众所周知，安全策略是防火墙提供的基础的安全机制。防火墙根据安全策略控制不同网络之间的访问行为，为网络安全提供基本的保障。然而，在网络业务日益复杂的今天，允许/禁止这样“非黑即白”的安全策略管控动作已经不能满足业务需求了。防火墙需要精确识别合法流量，更要严格控制合法流量的范围。这就需要用到本章介绍的内容过滤技术。

3.1 URL过滤

互联网提供了丰富的资源。互联网的迅速发展，使得信息的获取、共享和传播更加方便，它已经成为数字化生存的必需品。我们通过互联网搜索信息、浏览新闻、观看视频等，这些资源在互联网上都有唯一的标识，就是URL，俗称网址。URL是通向互联网资源的直接通道，有了URL就可以快速访问相应的资源。

然而，互联网带来便捷的同时，也给企业带来了前所未有的威胁。企业员工如果在工作时间随意地访问与工作无关的网站，会严重影响工作效率。员工可能无意间访问非法或恶意的网站，造成企业机密信息泄露，甚至会使企业面临病毒等威胁的攻击。解决上述问题最有效的方法之一就是阻断那些有害的URL。为此，防火墙提供了多种URL过滤功能，限制用户可访问的网站或网页资源，达到规范上网行为的目的。

3.1.1 基于URL分类的URL过滤

互联网上存在海量的网站，URL更是不可胜数。那么，如何精确定义这些

URL并按需过滤呢？防火墙采用了分门别类的思想，依托华为安全中心提供的网址分类服务，将海量的网址归属到不同的类型中，实现基于URL分类的URL过滤。

1. 预定义分类

华为网址分类服务基于网络爬虫和大数据分析技术完成海量网址的分类工作。目前，华为网址分类服务已经收录了45个父类137个子类的URL，总条目超过1亿条，且仍在不断扩充中。

华为网址分类服务预先对大量URL进行了分类，所以这些分类也叫作预定义分类。防火墙收到用户访问网站的请求时，在预定义分类中查询用户所访问的URL，找到后就能够确定该条URL属于哪一个分类。那么，防火墙是如何完成URL分类查询工作的呢？

2. URL 分类查询过程

预定义分类中包含的URL条目数量巨大，逐条全量查找会影响效率。为此，防火墙在使用预定义分类时采用了“两步走”的方式。第一步，在防火墙的URL分类缓存中查询。华为安全中心把常用的40万条URL条目提取出来，以URL预置库文件的形式存储在防火墙的存储空间中。防火墙上电时，会自动将URL预置库文件加载到缓存中，形成URL分类缓存。URL分类查询的第一步就是在这个分类缓存中查询。如果第一步查询不到URL的分类，则进入第二步，在华为安全中心的网址分类服务器上查询，并把查询到的URL分类信息保存到URL分类缓存中，以便下次可以快速查询。“两步走”方式的URL分类查询过程如图3-1所示。

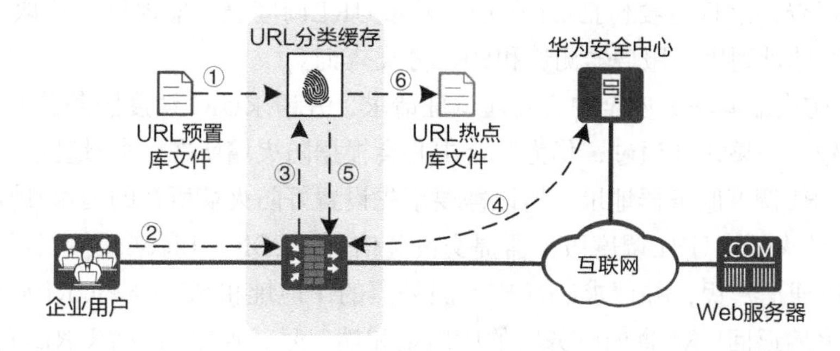

图 3-1　URL 分类查询过程

① 防火墙上电，加载URL预置库文件到URL分类缓存中。URL预置库文件是出厂预置的，上电即自动加载。如果设备出现异常，也可以登录华为安全中心网站下载后手动加载。

② 企业用户在浏览器中输入URL，访问互联网上的网站。

③ 防火墙从企业用户的访问请求中提取出URL，并在URL分类缓存中查询，这就是本地查询。如果查询到URL所属分类，则执行该分类的处理动作；如果未查询到，则进入步骤④。

④ 防火墙向华为安全中心发起远程查询，并根据查询结果执行相应的处理动作。华为安全中心从表面上看是一个网站，实际却是一套系统。防火墙与该网站对接后，在该网站的指挥下进行远程查询，具体过程我们在下面详细介绍。

⑤ 防火墙将远程查询的结果添加到URL分类缓存中，后续在URL分类缓存中就可以查询到该条URL所属的分类。此外，当缓存达到规格限制时，新的URL会取代最少被访问的URL，完成URL分类缓存的“新陈代谢”。经过不断的“学习”，URL分类缓存就具备了国家/地区特色和企业业务特征。这就可以减少远程查询次数，加快URL过滤的处理速度。

⑥ 为了保证防火墙异常断电或者重启后学习的结果不丢失，防火墙会定期将缓存中的URL分类缓存保存到URL热点库文件中。防火墙每次启动后都会自动加载该文件。

下面我们展开介绍一下远程查询。远程查询时，华为安全中心只充当“接口人”的角色，这一过程还需要其他几个服务器参与，包括URL调度服务器和URL查询服务器。所以远程查询过程是防火墙、华为安全中心、URL调度服务器和URL查询服务器四方的“会谈”，如图3-2所示。

远程查询过程主要包括4个阶段：获取URL调度服务器地址、获取URL查询服务器地址列表、服务器测速和URL分类查询。

① 防火墙向华为安全中心发起认证请求，并请求URL调度服务器的IP地址和端口号。如果认证通过，华为安全中心会根据防火墙所在国家/地区，向防火墙返回URL调度服务器地址。所以需要事先设置好防火墙所在的国家/地区。

② 防火墙向URL调度服务器提交设备信息（ESN、License授权码等），协商SSL通信密钥，并请求URL查询服务器的IP地址和端口号。URL调度服务器向防火墙返回URL查询服务器的IP地址和端口号，通常为多个URL查询服务器。同时，URL调度服务器向URL查询服务器同步SSL通信密钥。

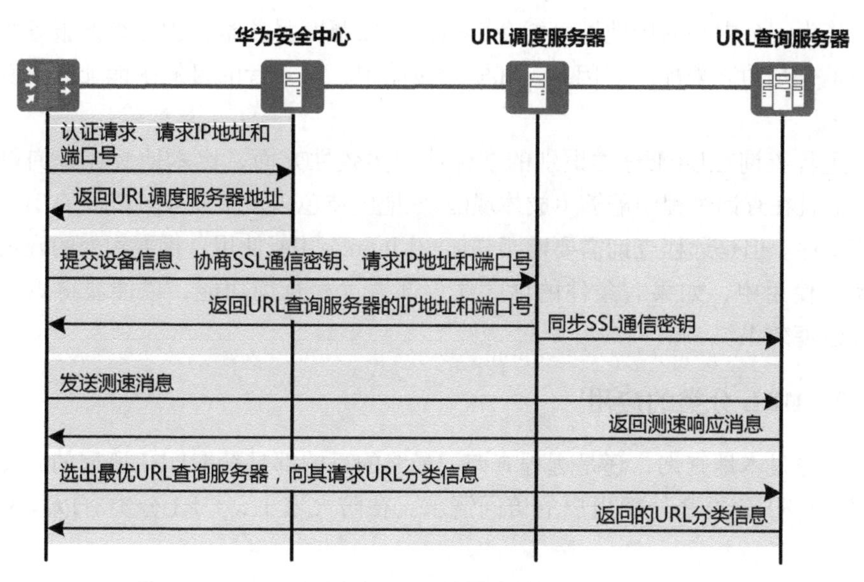

图 3-2　远程查询过程

③ 防火墙向所有URL查询服务器发送测速消息，并根据其返回测速响应消息选出最优URL查询服务器。

④ 防火墙向最优URL查询服务器请求URL分类信息，并接收URL查询服务器返回的URL分类信息。有些URL可能同时归属于多个分类，此时，URL查询服务器将返回多个URL分类信息。

在远程查询过程中，防火墙要与华为安全中心、URL调度服务器和URL查询服务器通信，并且要解析华为安全中心的IP地址，安全策略的配置必不可少，表3-1所示为远程查询的通信矩阵，请据此在防火墙上开启安全策略。

表 3-1　远程查询的通信矩阵

编号	源设备	源 IP 地址	源端口	目的设备	目的 IP 地址	目的端口	协议
1	防火墙	Any	Any	DNS 服务器	防火墙上指定的 DNS 服务器地址	53	TCP、UDP
2	防火墙	Any	Any	华为安全中心	Any	443	TCP
3	防火墙	Any	Any	URL 调度服务器	Any	12612	TCP
4	防火墙	Any	Any	URL 查询服务器	Any	12600	UDP

华为安全中心的IP地址可能会变动，URL调度服务器、URL查询服务器的IP地址也是动态分配的。因此，在安全策略中，这三者的目的IP地址需要设置为Any。

远程查询在URL分类识别的准确性和实效性方面，比本地缓存查询更强大，而且在查询过程中能够生成体现国家/地区特色以及企业业务特征的URL热点库文件。但是远程查询需要购买并加载License才能使用，需要额外的开销。在实际使用中，如果有条件的话，建议部署远程查询功能，以便获得更好的URL过滤效果。

3. URL 分类的应用

无论是本地查询，还是远程查询，最终的目的都是获取URL所属的分类，并根据URL分类来处理用户的访问请求。在防火墙上，URL分类有以下两个用法。

其一，使用URL分类作为安全策略的匹配条件，防火墙根据安全策略的动作来处理匹配指定URL分类的访问请求。在安全策略中使用URL分类作为匹配条件，可以进一步基于URL分类来指定内容安全配置文件。例如，只针对访问高风险URL分类的流量执行反病毒检查和文件过滤功能。在安全策略中使用URL分类作为匹配条件的方法很简单，本书不赘述。

其二，在URL过滤配置文件中设置好每个URL分类的处理动作，并在安全策略中引用。在URL过滤配置文件中，除了按URL分类处理访问请求，还可以采取更多、更精细的管控技术。我们在后续章节中会陆续介绍。

在URL过滤配置文件中，URL分类的处理动作包括以下3种。

允许：允许用户访问请求的URL。对于允许动作，还可以“重标记报文优先级”，便于其他网络设备根据修改后的DSCP（Differentiated Services Code Point，区分服务码点）优先级对不同分类的URL流量采取差异化处理。

告警：允许用户访问请求的URL，同时记录日志。

阻断：禁止用户访问请求的URL，同时记录日志。防火墙会阻断用户访问请求，并向用户推送一个网页说明无法访问的原因。推送网页的内容可以定制。

这里还要考虑一种特殊情况。本地查询或者远程查询时，URL分类查询的结果可能是一条URL属于多个不同的分类。如果这些分类的动作不一样，应该以哪个分类的动作为准呢？防火墙提供了以下两种动作模式，默认为严格模式，你可以根据管理的需求来选择。

严格模式：最终动作以动作最严格的URL分类为准。例如URL属于两个分类，动作分别为“告警”和“阻断”，此时执行“阻断”。

松散模式：最终动作以动作最松散的URL分类为准。例如URL属于两个分类，动作分别为“告警”和“阻断”，此时执行“告警”。

基于URL分类的URL过滤配置方法非常简单。首先，新建URL过滤配置文件，设置好每个URL分类的处理动作，如图3-3所示。为了简化操作，防火墙提供了3种默认的URL过滤级别，你可以使用URL过滤级别快速设置好所有URL分类的处理动作，也可以先选定URL过滤级别，再微调某个URL分类（父类、子类均可）的处理动作。

图 3-3　新建 URL 过滤配置文件

需要注意的是，虽然URL有父类和子类的区别，但是处理动作的应用始终以子类为基准。你可以设置父类的处理动作，让所有子类都继承；你也可以继续调整某个子类的处理动作，实现差异化的管控需求。URL过滤配置文件配置完成后，需要提交编译，使配置生效。

然后，在用户访问互联网方向的安全策略中引用前面创建的URL过滤配置文件，如图3-4所示。

名称	源安全区域	目的安全区域	源地址/地区	目的地址/地区	用户	服务	应用	动作	内容安全
研发区上网	trust	untrust	Any	Any	/default/resear...	http https	Any	允许	

图 3-4　在安全策略中引用 URL 过滤配置文件

4. 自定义分类

互联网上每天都有大量的新网址产生，华为网址分类服务收录这些新网址的速度可能满足不了个别企业的需求。有些URL的预定义分类结果可能与企业的认知不同，企业管理员希望更改一部分URL分类。另外，有些企业对URL过滤的需求比较简单，仅需要针对少量特定的URL来过滤，不想购买远程查询服务。为了满足上述需求，防火墙提供了自定义分类的功能。

自定义分类在防火墙上有以下两种应用方法。

其一，自定义分类以单独的URL分类形式存在。你可以在防火墙上创建新的URL分类，并向其中添加相关的URL条目。然后，在URL过滤配置文件中指定该自定义分类的动作。在图3-3中，URL分类的第一个就是自定义分类。防火墙对自定义分类的处理，与预定义分类一样。

其二，自定义分类以URL条目的形式存在于预定义分类中。在预定义分类中添加新的URL条目，这些URL条目就归属于此预定义分类。防火墙在进行URL过滤时，对匹配该URL条目的请求执行该预定义分类的动作。通过这种方式，你就可以更改某些URL所属的分类。例如，www.huawei.com在预定义分类中属于网络/通信子类，你可以在硬件/电子子类中增加该条目，将其分类修改为硬件/电子子类。

那么，如何创建自定义分类呢？在介绍具体的操作方法之前，我们先来了解一下URL格式，看看URL中都包含什么内容。从本质上说，URL是一串长或短的字符串，由4个字段组成，图3-5所示为典型的URL格式。

图 3-5　典型的 URL 格式

其中各个字段的含义如下。

- 协议字段表示通信协议，通常为HTTP或HTTPS。防火墙支持对这两种协议进行URL过滤。当协议为HTTPS时，需要额外的SSL解密配置，本章不做介绍。

- 域名字段表示Web服务器的域名或IP地址。如果Web服务器使用非标准端口，则域名字段还应包含端口号，如www.example.com:8080。
- 路径字段表示Web服务器上的目录或文件名，以斜线“/”隔开。
- 参数字段表示传递给Web服务器的参数，通常用于从数据库中动态查询数据。参数字段并不是必需的。

防火墙在对URL进行过滤时，针对这一字符串中的域名、路径和参数字段进行检查和匹配，不包括协议字段。通常情况下，参数字段的取值情况比较复杂，针对该字段进行过滤的管理成本很高，所以一般主要针对域名和路径字段来进行过滤。

URL格式规范中，域名字段不区分大小写，路径字段和参数字段是否区分大小写取决于Web服务器上的设置。对防火墙来说，对URL进行过滤时，这些字段都是不区分大小写的，这一点在后续配置的时候需要注意。

在自定义分类时，添加的URL条目可以细分为URL规则和Host规则两类。其中，URL规则的匹配范围是“域名+路径+参数”字段，防火墙检查用户访问的完整URL是否命中URL规则。Host规则的匹配范围则只有域名字段，防火墙只检查用户访问的URL的域名字段，只要域名字段命中了Host规则，就按照该Host规则处理。那么，在实际应用中，URL规则和Host规则的URL条目有什么区别呢？显然，如果URL条目带有路径和参数，则只能配置成URL规则，不能配置成Host规则。例如，如果只允许用户访问www.example.com/news，就只能添加URL规则。

那么，除此以外，还有什么不同吗？我们先来看一下URL规则的匹配方式。

在添加URL条目时，可以直接输入URL字符串，实现精确的匹配；也可以使用通配符（*），实现后缀匹配、前缀匹配、关键字匹配等灵活的匹配效果。注意，添加URL条目时不需要输入http://或者https://。表3-2所示为URL条目的配置方式和匹配效果。

如表3-2所示，URL规则和Host规则的匹配效果在某些场景下相同，在另外一些场景下则明显不同。简单总结如下。

如果希望匹配某个网站的所有网页，可以使用前缀匹配，以网站的域名作为关键字，形如www.example.com*。在这种场景下，URL规则和Host规则的匹配效果相同。

表 3-2 URL 条目的配置方式和匹配效果

配置方式	优先级	URL 条目示例	URL 规则的匹配效果	Host 规则的匹配效果	效果对比
精确匹配：字符串	1（最高）	www.example.com	首先判断 URL 和指定字符串是否匹配，如果未匹配，则依次去除 URL 的参数、路径部分，再和指定字符串进行匹配，直到用该 URL 的域名部分去匹配指定的字符串。 匹配如下 URL： • www.example.com • www.example.com/news • www.example.com/news/en/ 不能匹配如下 URL： • www.example.com.cn • www.example.org/news/www.example.com	匹配域名为 www.example.com 的所有 URL，例如： • www.example.com • www.example.com/news • www.example.com/news/en/ 不能匹配如下 URL： • www.example.com.cn • www.example.org/news/www.example.com	URL 规则与 Host 规则的匹配效果完全相同。 在这种情况下，推荐使用 Host 规则
后缀匹配：通配符 + 字符串	2	*.example.com	匹配所有以 .example.com 结尾的 URL，例如： • www.example.com • news.example.com • news.sports.example.com 不能匹配如下 URL： www.example.com/index.html	匹配域名部分以 .example.com 结尾的所有 URL，例如： • www.example.com • news.example.com • news.sports.example.com • www.example.com/index.html	URL 规则只能匹配该域名的主页，Host 规则可以匹配该域名的所有网页。Host 规则的匹配范围更大
前缀匹配：字符串 + 通配符	3	www.example.*	匹配所有以 www.example. 开头的 URL，例如： • www.example.com • www.example.org • www.example.com.cn • www.example.com/news.html	匹配所有以 www.example. 开头的 URL，例如： • www.example.com • www.example.org • www.example.com.cn • www.example.com/news.html	URL 规则与 Host 规则的匹配效果完全相同

续表

配置方式	优先级	URL 条目示例	URL 规则的匹配效果	Host 规则的匹配效果	效果对比
关键字匹配：字符串 + 通配符 + 字符串	4	forum.*.com	匹配所有以 forum. 开头、以 .com 结尾的 URL，例如： • forum.example.com • forum.huawei.com 不能匹配如下 URL： • forum.example.com/index.html • forum.huawei.com/enterprise/zh	匹配域名部分以 forum. 开头、以 .com 结尾的所有 URL，例如： • forum.example.com • forum.example.com/index.html • forum.huawei.com • forum.huawei.com/enterprise/zh	URL 规则只能匹配该域名的主页，Host 规则可以匹配该域名的所有网页。Host 规则的匹配范围更大
关键字匹配：通配符 + 字符串 + 通配符	5（最低）	*example*	匹配所有带有 example 字符串的 URL，例如： • news.example.com • www.example.com/news • www.huawei-example.com • www.huawei.com/example.html	匹配所有域名部分带有 example 字符串的 URL，例如： • news.example.com • www.example.com/news • www.huawei-example.com	URL 规则可以匹配任意位置带有指定关键字的 URL，包括路径和参数部分。Host 规则可以匹配域名部分带有指定关键字的所有 URL。URL 规则的匹配范围更大。 这种配置方式很可能命中意料之外的 URL，URL 规则的效果尤其不可控，请谨慎使用

如果希望匹配某个网站的多个二级域名的所有网页，如www.example.com、news.example.com，可以使用后缀匹配的Host规则，形如*.example.com。在这种场景下，也可以使用关键字匹配，形如*.example.com*的URL规则或者Host规则，或者形如*.example.com的Host规则。

如果希望匹配某个网站上特定路径下的网页，如www.example.com\zh路径下的所有网页，可以使用前缀匹配或者精确匹配的URL规则，形如www.example.com\zh*或者www.example.com\zh。

如果希望匹配使用搜索引擎搜索特定的关键词，如example，可以使用关键字匹配。为了避免命中预期外的URL，建议在配置时加上各搜索引擎的参数名，如谷歌和必应为“*q=example*”、百度为“*wd=example*”。

另外，在添加URL条目时还需要考虑不同配置方式的优先级问题。例如，用户访问的URL“www.example.com/news”可以匹配“www.example.com/news”（精确匹配）、“www.example.com/*”（前缀匹配）、“www.example.*/news”（关键字匹配）等多个条目，防火墙认为该URL匹配“www.example.com/news”（精确匹配）所属的URL分类。

在同一种匹配方式下，URL条目字符串的长度越长，优先级越高。例如，“www.example.com/news/*”和“www.example.com/*”都采用前缀匹配，用户访问的URL“www.example.com/news/index.html”可以匹配上述两个条目。防火墙认为该URL匹配长度较长的“www.example.com/news/*”所属的URL分类。如果URL条目的长度相同，则认为该URL属于两个分类，此时根据动作模式处理。动作模式我们在URL分类的应用部分已经介绍过，这里就不赘述了。

理解了这些规则，自定义分类的配置就很容易了。在一台防火墙上创建的自定义分类，也可以导出为文件，并导入另外的防火墙上。在安全策略和URL配置文件中应用自定义分类的方法与预定义分类一样，这里不赘述。

3.1.2 基于黑白名单的URL过滤

基于URL分类的URL过滤，最重要的就是获得URL所属的分类。无论是预定义分类的本地查询和远程查询，还是自定义分类的各种匹配方式，确定URL所属分类的过程都比较烦琐。如果只是想简单粗暴地允许或阻断少量的URL，使用URL分类就有点大材小用了。在这种情况下，可以采用基于黑白名单的URL过滤。

1. 配置基于黑白名单的URL过滤

黑白名单是非常简单、高效的安全管控机制，同样也适用于URL过滤。当用户请求访问URL时，防火墙从HTTP请求中提取出URL信息，与黑白名单进行匹配，匹配白名单则放行，匹配黑名单则阻断。

黑白名单中的URL条目同样分为URL规则和Host规则两类，其配置方式也和自定义分类一样。URL黑白名单与自定义分类的不同在于：自定义分类是防火墙上的公共对象，可以供多个URL过滤配置文件使用，URL黑白名单只能在单个URL过滤配置文件中添加和应用；自定义分类的处理动作由管理员在URL过滤配置文件中指定，无须指定URL黑白名单的处理动作。

URL黑白名单需要结合URL过滤的默认动作来应用。假设某公司仅允许员工访问www.example.com及其下层网页，则需要在URL过滤配置文件中配置如下两项，如图3-6所示。

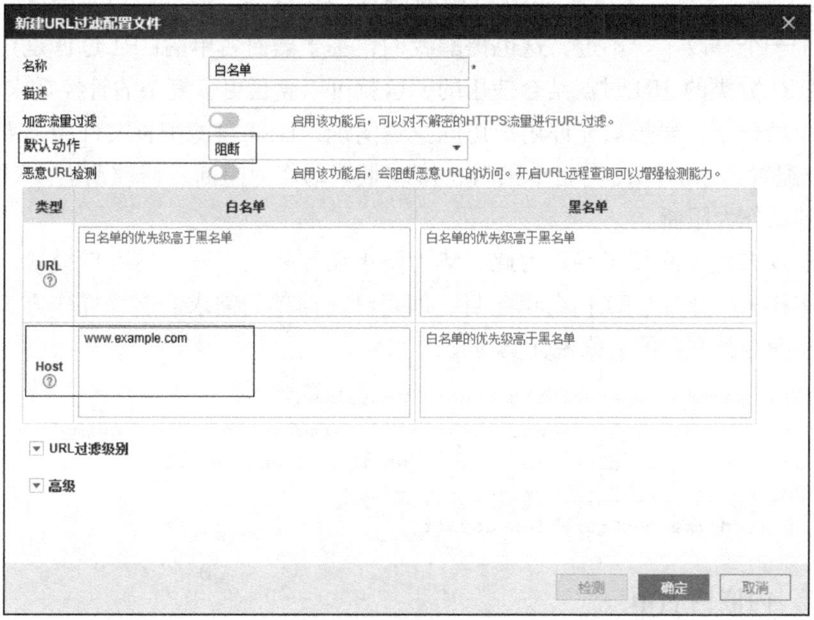

图3-6　配置白名单

- 添加URL白名单，形如www.example.com的Host规则。当用户访问的URL匹配白名单时，放行。
- 设置URL过滤配置文件的默认动作为阻断。如果用户访问的URL未匹配白名单，则命中默认动作，被阻断。

如果要使用黑名单，则需要添加URL黑名单，并设置默认动作为允许。

配置完成后，提交编译，使配置生效，然后在用户访问互联网方向的安全策略中引用前面创建的URL过滤配置文件。操作到这里，是不是万事大吉了呢？我们来验证一下。首先，访问www.example.com及其下层网页是正常的。但是，访问www.huawei.com等网站也是畅通的。问题出在哪里呢？

在第3.1.1节我们讲过，防火墙出厂时已经预置了URL预置库文件，上电即自动加载。当我们访问www.huawei.com时，没有命中白名单，防火墙会继续到URL分类缓存中去查找，并根据所属分类的动作来处理。恰好，www.huawei.com默认属于网络/通信子类，而该子类在URL过滤配置文件中默认的处理动作是允许。因此，要想只允许白名单中的少量网址，只配置白名单是不够的，还必须阻断所有URL分类。我们可以在新建URL过滤配置文件（见图3-3）中通过选中"阻断"一次性阻断所有URL分类。如果使用命令行，就只能一个一个修改了。不过，这也提醒我们，基于黑白名单的URL过滤是可以和基于URL分类的URL过滤结合使用的，这就可以满足更多复杂的管控需求。

总结一下，要想只允许用户访问少量网址，URL过滤配置文件中需要做以下3个配置：添加URL白名单条目；修改默认动作为阻断；修改所有URL分类的处理动作为阻断。

这就未免太麻烦了些。为此，华为防火墙还提供了一个白名单模式。开启白名单模式，添加URL白名单条目，即可满足简单的需求。这种操作方式对习惯使用命令行配置的人来说尤其方便。

```
[sysname] profile type url-filter name Whitelist
[sysname-profile-url-filter-Whitelist] add whitelist host www.example.com
[sysname-profile-url-filter-Whitelist] whitelist-only enable
[sysname-profile-url-filter-Whitelist] quit
[sysname] engine configuration commit
```

2. 内嵌白名单

互联网资源最大的特征就是网页上的链接。正是通过海量的链接，无数的网页才得以形成一个网状的互联网。在使用URL过滤的时候，我们就不得不考虑一个问题：我们允许一个用户访问网页A，那么，要不要允许用户访问网页A链接的网页B呢？这些内嵌链接的URL，很可能并不在已经配置的白名单中。例如，白名单中添加了Host规则，允许用户访问www.example.com。该网站中有部分链接指向了www.example.org下属的网页。很多时候，允许这种链接访问是有必要的。要解决这个问题，我们可以把网页中内嵌链接的URL也加入白名单。但是，内嵌链接的目的是不确定的，我们很难提前预知，在现实中也就很难通过添加白名单来解决这个问题。

为此，我们把目光转向了URL请求的Referer字段。根据HTTP规范约定，HTTP请求报文中，使用Referer字段记录了访问的来源信息。用户在网页A上点击目标为网页B的链接后，浏览器会将网页A的URL自动填充到HTTP请求报文的Referer字段，发送给Web服务器。那么，防火墙只要检查一下HTTP请求的Referer字段，根据这个字段的内容去匹配已经配置的白名单就可以了。如果Referer字段记录的URL匹配白名单，就证明这个访问请求来自一个已经被允许的网页，该网页中内嵌的网页也可以放行。

防火墙上设置了一个匹配白名单的开关，默认启用。这样，只要配置了白名单，不管是URL命中白名单，还是HTTP请求的Referer字段命中白名单，这些请求都将被放行。

此外，你还可以单独添加Referer Host白名单。如果HTTP请求报文的Referer字段命中Referer Host，则允许该访问请求。这样，只要在Referer Host白名单中添加网站的域名，此网站中的所有链接就都可以访问了。例如，www.example.com归属于域名/IDC（Internet Data Center，互联网数据中心）服务子类，该子类的处理动作为允许。此时，用户可以访问www.example.com。但是如果该网站中有链接到其他站点的URL，且该URL属于某个被阻断的子类，用户将无法访问链接。此时，就可以将www.example.com加入Referer Host白名单。

内嵌白名单是URL过滤配置文件中的高级配置，配置方法非常简单，如图3-7所示。

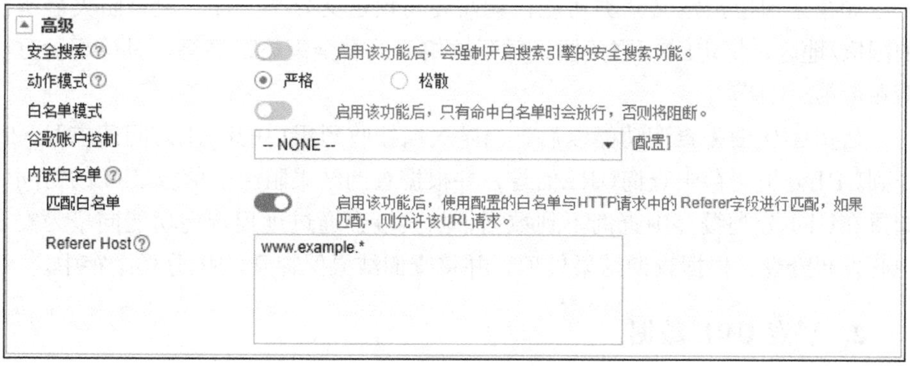

图3-7 内嵌白名单

3.1.3 基于URL信誉的URL过滤

基于URL信誉的URL过滤，即根据URL信誉来阻断访问恶意URL的请求，是防范恶意URL入侵的常用手段。攻击者经常通过邮件、浏览器弹出窗口、页面广告等传递URL链接。用户一旦点击这些链接，就会被导向不可靠的网站，或者无意中下载恶意软件，造成经济财产损失。URL信誉是对URL安全性评估的结果，是URL是否值得信赖的标志。

根据URL信誉的来源，基于URL信誉的URL过滤可以分为3类，下面简单介绍一下。

1. 华为URL信誉库

华为URL信誉库由华为安全中心发布，是华为基于全网安全事件分析获得的权威数据。启用URL信誉热点升级功能后，防火墙定期从华为安全中心获取最新的URL信誉，并加载到URL分类缓存中。

华为URL信誉库的升级和查询流程采用了预定义分类的机制。如果已经启用预定义分类功能，则只需要启用URL信誉热点升级功能和URL信誉查询功能。URL信誉的配置命令如下。

```
<sysname> system-view
[sysname] url-filter reputation update enable     //启用URL信誉热点升级功能
[sysname] url-filter reputation update interval interval-time     //设置升级频率，默认为5 min
[sysname] update online hot-url-reputation     //立即升级URL信誉热点
[sysname] malicious url-filter enable     //启用URL信誉查询功能
```

如果未启用预定义分类功能，就需要与预定义分类一样，设置防火墙所在的国家/地区，指定DNS服务器，并开放相应的安全策略，等等。具体配置方法请参考第3.1.1节。

启用URL信誉查询功能以后，当防火墙接收到用户的URL访问请求时，首先到URL分类缓存中查询URL信誉，并根据查询结果阻断低信誉URL的访问。如果在URL分类缓存中查询不到数据，防火墙会通过远程查询功能向华为安全中心发起查询，根据查询结果处理，并将查询结果保存到URL分类缓存中。

2. 恶意URL数据

恶意URL数据是防火墙从本地部署环境中获得的数据，其来源有以下3种。

- 防火墙的反病毒功能反馈的恶意URL数据。
- 防火墙与沙箱联动场景下，沙箱反馈的恶意URL数据。
- 防火墙从HiSec Insight获取的本地信誉。

前两种恶意URL数据由反病毒功能和沙箱提供，不需要额外配置。本地信誉是HiSec Insight根据沙箱的检测结果生成的，其中包含恶意URL数据和文件信誉。本地信誉适用于网络中同时部署多台防火墙和沙箱的场景，多台沙箱的检测结果可以通过HiSec Insight共享给网络中的多台防火墙。防火墙从HiSec Insight获取本地信誉，需要在防火墙上指定HiSec Insight的地址、端口、用户名和密码等信息，并设置定时升级时间，如图3-8所示。

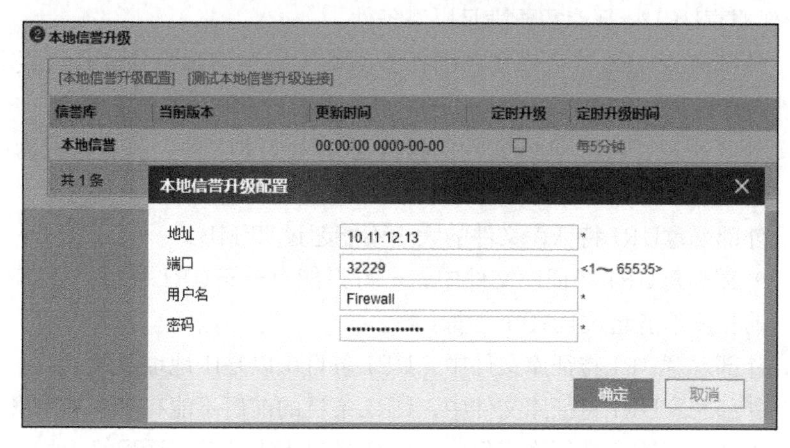

图 3-8　URL 信誉升级配置

所有恶意URL数据都保存在防火墙的恶意URL缓存中。恶意URL数据具有超时时间，达到超时时间的恶意URL数据将被自动删除。防火墙重启后，恶意URL缓存将被清空。

启用恶意URL检测功能后，防火墙提取用户访问请求中的URL，在恶意URL缓存中查询。如果用户请求匹配到恶意URL则阻断。恶意URL检测功能和URL信誉查询功能一样，都是由**malicious url-filter enable**命令控制的，两个功能同步生效。

3. 外部恶意 URL 特征库

外部恶意URL特征库是由第三方组织提供和维护的恶意URL数据，通常是托管在Web服务器上的文本文件（TXT格式）。当此文件更新时，防火墙可以定期从第三方组织获取更新后的恶意URL数据。防火墙上不需要做任何修改，也不需要提交配置编译，就能使用最新的恶意URL数据来阻断相关的访问请求。

要使用外部恶意URL特征库，需要完成以下准备工作。

① 选择外部恶意URL特征库的来源。你可以选择一个信任的外部恶意URL特征库，也可以自己收集和维护URL特征库，并托管到Web服务器上。例如，你可以使用外部恶意URL特征库功能来管理URL黑名单。当URL黑名单需要更新时，你只需要更新文本文件，就可以将其应用到多台防火墙上，而不需要修改防火墙配置和提交编译。

外部恶意URL特征库需要满足以下条件。

- 外部恶意URL特征库文件的托管网站（以下简称为外部升级服务器）必须使用HTTPS。
- 外部恶意URL特征库文件的格式必须为文本文件，编码格式为UTF-8，换行符为“\r\n”或“\n”。
- 外部恶意URL特征库文件的大小不能超过15 MB。
- 外部恶意URL特征库文件中，一行只能有一条URL条目，且URL条目的长度不能超过1279个字符。
- 外部恶意URL特征库文件中，URL条目可以是IP地址形式。
- 外部恶意URL特征库文件中，URL条目的前后不能有多余的空格。
- 外部恶意URL特征库文件中，URL条目不支持使用通配符（*）。

② 准备外部升级服务器的URL和PEM格式的CA证书。CA证书用于防火墙验证外部升级服务器的身份，可以从浏览器界面获取。

首先，使用浏览器访问外部升级服务器的URL，在浏览器地址栏中，单击锁形图标，查看网站信息，并按照如图3-9所示操作，打开证书对话框。

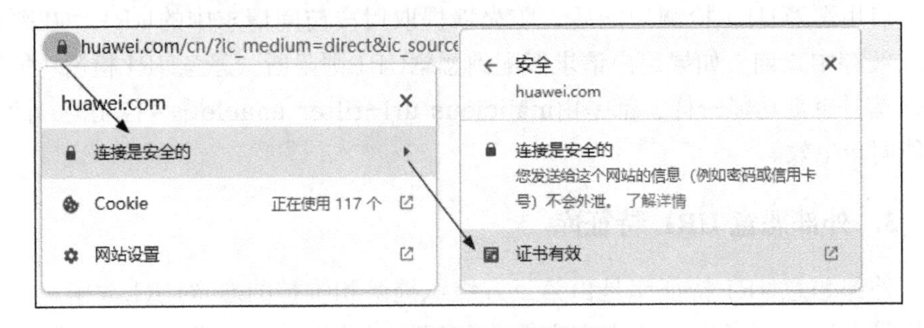

图 3-9　从浏览器查看网站证书

然后，在“详细信息”页签，单击“复制到文件(C)...”，进入证书导出向导界面。导出时选择要使用的格式为“Base64编码 X.509(.CER)(S)”即可，如图3-10所示。

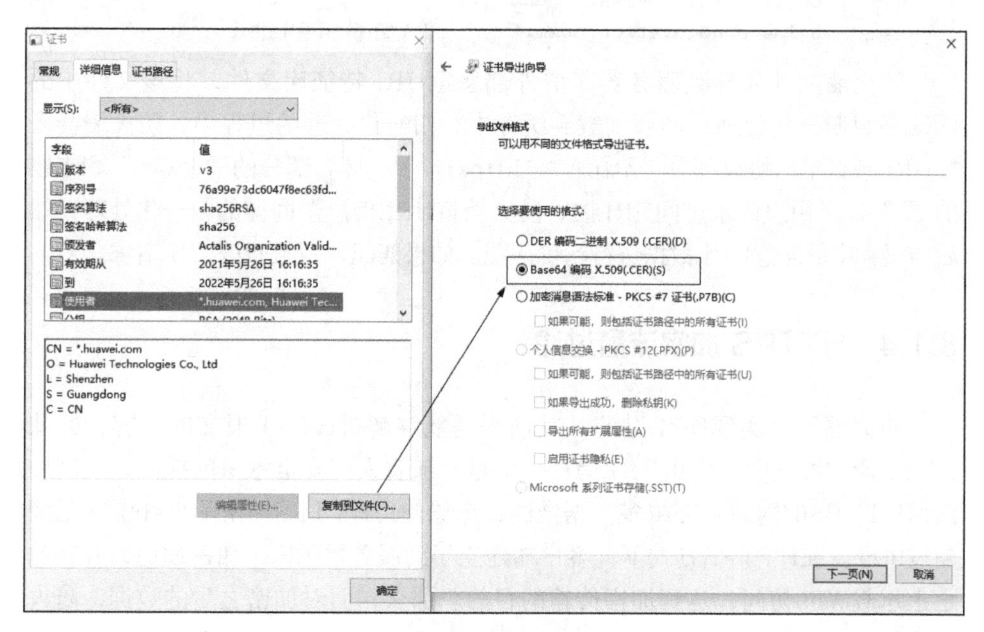

图 3-10　导出证书

③ 在防火墙上导入外部升级服务器的CA证书，操作方法请参考第2章。

④ 指定外部升级服务器的URL和CA证书，并设置定时升级。其中，uri参数为外部升级服务器的URL，ca-certificate参数为前面导入的CA证书。华为防火墙只支持一个外部恶意URL特征库，多次配置时，最后一次配置生效。

```
[sysname] update ext-server ext-url-sdb uri https://www.example.com/ext-url.txt ca-certificate ext.cer
[sysname] update schedule ext-url-sdb enable          //启用定时升级功能
[sysname] update schedule ext-url-sdb daily 2:00  //设置定时升级的具体时间
```

外部恶意URL特征库的定时升级周期可以设置为每小时、每天、每周，并可指定具体的升级时间点。

⑤ 配置DNS服务器和安全策略，使防火墙可以正常访问外部升级服务器。

⑥ 在URL过滤配置文件中，启用外部恶意URL过滤功能，并在安全策略中引用该配置文件。

```
[sysname] profile type url-filter name Test
[sysname-profile-url-filter-Test] url-filter ext-url enable        //启用外部恶意URL过滤功能
[sysname-profile-url-filter-Test] quit
[sysname] engine configuration commit      //提交编译，使配置生效
```

防火墙从外部升级服务器获取外部恶意URL特征库文件，将该文件中的URL条目归一化处理，然后加载到缓存中。归一化处理的过程中，防火墙会去掉URL条目中的协议部分（http://、https://）、域名部分的“www.”和末尾的“/”。当用户请求访问URL时，防火墙将URL信息做同样的归一化处理，然后与缓存中的恶意URL数据进行精确匹配。如果匹配，则阻断该URL请求。

3.1.4 HTTPS加密流量过滤

防火墙能够实现URL过滤，其前提是能够解析HTTP报文的内容，并从HTTP请求报文中提取出URL信息。但是，随着人们安全意识的提高，现网中使用HTTPS的网站越来越多。据推测，全球使用HTTPS加密的Web流量已经超过90%。在HTTPS方式下，客户端建立了到服务器的SSL加密通道，并在此之上承载Web访问，达到加密传输的目的。那么，面对加密之后的数据，防火墙该如何实现URL过滤呢？

1. SSL解密

大家知道，HTTPS基于SSL加密。因此，在SSL会话的协商过程中，部署在客户端与服务器之间的防火墙就有机会介入，成为“中间人”。通过替换证书，防火墙可以建立与客户端、服务器的两个SSL连接，成为SSL代理。这样，防火墙就能将客户端和服务器之间交互的内容解密成明文，并从明文中提取出URL信息。这就是第2章介绍的加密流量检测技术。

但是，SSL解密需要防火墙执行大量的解密和加密计算，会降低防火墙的处理性能。在双向认证场景中，“中间人”的介入也会破坏客户端与服务器之间的信任关系，导致业务异常。

特别需要注意的是，防火墙替换的证书有两种来源。一种来源于防火墙自签名的“伪证书”，一种来源于真实服务器证书。对于“伪证书”，由于其并非由权威CA签发，因此客户端验证后会产生告警，用户只有接受该告警才能继续访问，严重影响用户体验。对于真实服务器证书，如何获取就成了一个现

实问题。防火墙部署在网络的出口处，对上网用户可能访问的Web服务器是无法预知的。虽然防火墙已经预置了常用网站的CA证书，相对于海量的网站，仍然是远远不够的。这种情况下，要么接受“伪证书”带来的告警并降低用户体验，要么另寻出路。

2. 加密流量过滤

既然SSL解密有这么多的问题，那么，如果不解密，有没有办法来实现URL过滤呢？我们来看一下SSL握手的通信过程。在建立TCP连接后，客户端向服务器发送Client Hello消息，开始SSL握手，如图3-11所示。因为尚处于握手阶段，客户端与服务器的握手消息还是明文。

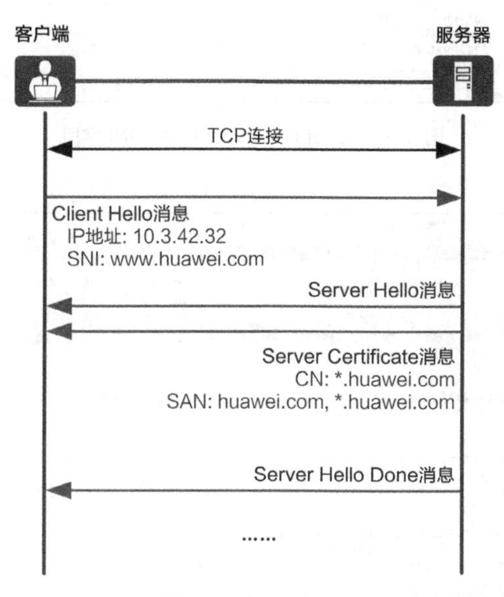

图 3-11 SSL 握手

在Client Hello消息中，客户端可以通过扩展字段SNI向服务器提交其请求的域名信息，如图3-12所示。

在Server Certificate消息中，服务器根据客户端提供的SNI返回对应域名的证书。证书中，使用者字段记录着证书持有者的信息。其中，CN通常是网站的域名。扩展字段SAN则记录着该证书可以保护的一个或多个域名，如图3-13所示。在浏览器中直接查看服务器证书，也可以看到CN和SAN信息，图3-10展示了证书中的CN信息。

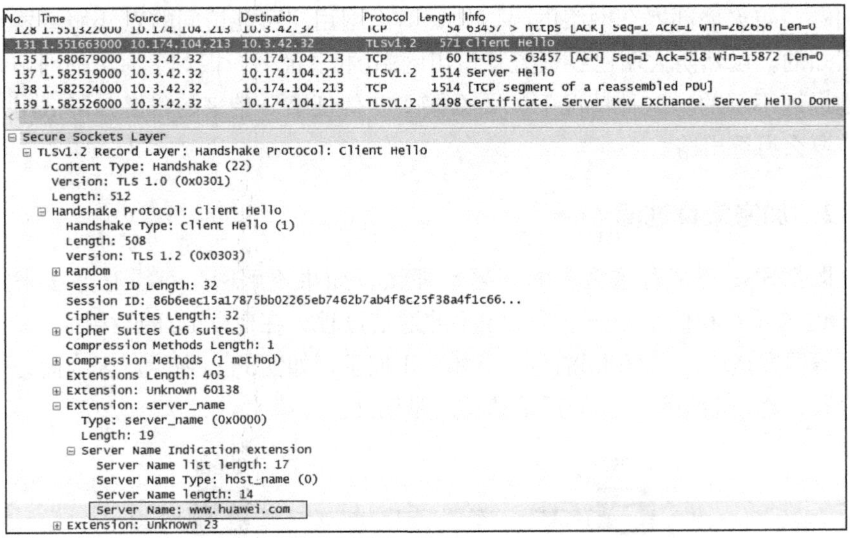

```
No. Time          Source          Destination     Protocol Length Info
128 1.551322000 10.174.104.213 10.3.42.32      TCP        54 63457 > https [ACK] Seq=1 Ack=1 Win=262656 Len=0
131 1.551663000 10.174.104.213 10.3.42.32      TLSv1.2   571 Client Hello
135 1.580679000 10.3.42.32     10.174.104.213  TCP        60 https > 63457 [ACK] Seq=1 Ack=518 Win=15872 Len=0
137 1.582519000 10.3.42.32     10.174.104.213  TLSv1.2  1514 Server Hello
138 1.582524000 10.3.42.32     10.174.104.213  TCP      1514 [TCP segment of a reassembled PDU]
139 1.582526000 10.3.42.32     10.174.104.213  TLSv1.2  1498 Certificate. Server Kev Exchange. Server Hello Done

⊟ Secure Sockets Layer
  ⊟ TLSv1.2 Record Layer: Handshake Protocol: Client Hello
      Content Type: Handshake (22)
      Version: TLS 1.0 (0x0301)
      Length: 512
    ⊟ Handshake Protocol: Client Hello
        Handshake Type: Client Hello (1)
        Length: 508
        Version: TLS 1.2 (0x0303)
      ⊞ Random
        Session ID Length: 32
        Session ID: 86b6eec15a17875bb02265eb7462b7ab4f8c25f38a4f1c66...
        Cipher Suites Length: 32
      ⊞ Cipher Suites (16 suites)
        Compression Methods Length: 1
      ⊞ Compression Methods (1 method)
        Extensions Length: 403
      ⊞ Extension: Unknown 60138
      ⊟ Extension: server_name
          Type: server_name (0x0000)
          Length: 19
        ⊟ Server Name Indication extension
            Server Name list length: 17
            Server Name Type: host_name (0)
            Server Name length: 14
            Server Name: www.huawei.com
      ⊞ Extension: Unknown 23
```

图 3-12　Client Hello 消息中的 SNI 字段

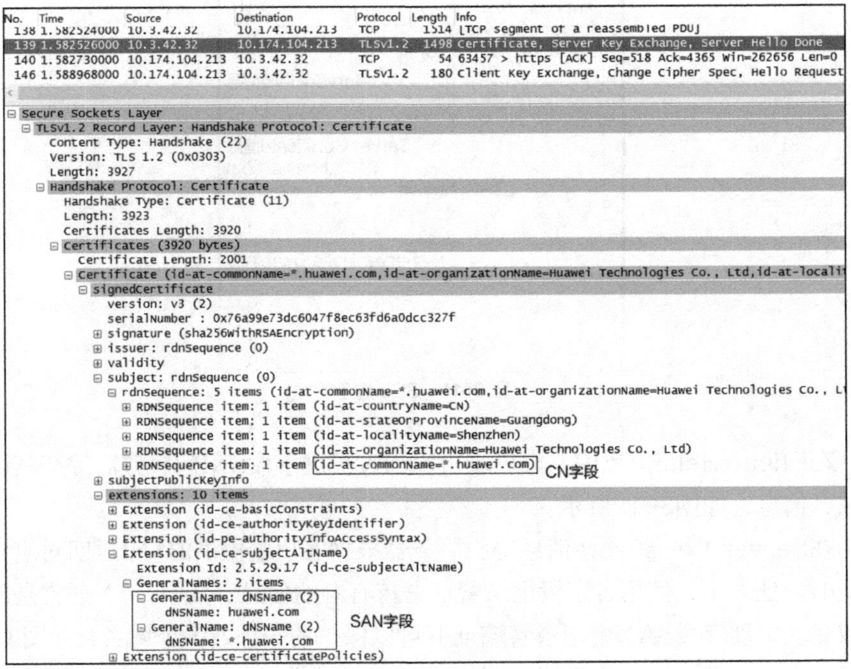

```
No. Time          Source          Destination     Protocol Length Info
138 1.582524000 10.3.42.32     10.174.104.213  TCP      1514 [TCP segment of a reassembled PDU]
139 1.582526000 10.3.42.32     10.174.104.213  TLSv1.2  1498 Certificate, Server Key Exchange, Server Hello Done
140 1.582730000 10.174.104.213 10.3.42.32      TCP        54 63457 > https [ACK] Seq=518 Ack=4365 Win=262656 Len=0
146 1.588968000 10.174.104.213 10.3.42.32      TLSv1.2   180 Client Key Exchange, Change Cipher Spec, Hello Request

⊟ Secure Sockets Layer
  ⊟ TLSv1.2 Record Layer: Handshake Protocol: Certificate
      Content Type: Handshake (22)
      Version: TLS 1.2 (0x0303)
      Length: 3927
    ⊟ Handshake Protocol: Certificate
        Handshake Type: Certificate (11)
        Length: 3923
        Certificates Length: 3920
      ⊟ Certificates (3920 bytes)
          Certificate Length: 2001
        ⊟ Certificate (id-at-commonName=*.huawei.com,id-at-organizationName=Huawei Technologies Co., Ltd,id-at-locali
          ⊟ signedCertificate
              version: v3 (2)
              serialNumber : 0x76a99e73dc6047f8ec63fd6a0dcc327f
            ⊞ signature (sha256WithRSAEncryption)
            ⊞ issuer: rdnSequence (0)
            ⊞ validity
            ⊟ subject: rdnSequence (0)
              ⊟ rdnSequence: 5 items (id-at-commonName=*.huawei.com,id-at-organizationName=Huawei Technologies Co., L
                ⊞ RDNSequence item: 1 item (id-at-countryName=CN)
                ⊞ RDNSequence item: 1 item (id-at-stateOrProvinceName=Guangdong)
                ⊞ RDNSequence item: 1 item (id-at-localityName=Shenzhen)
                ⊞ RDNSequence item: 1 item (id-at-organizationName=Huawei Technologies Co., Ltd)
                ⊞ RDNSequence item: 1 item (id-at-commonName=*.huawei.com)   CN字段
            ⊞ subjectPublicKeyInfo
            ⊟ extensions: 10 items
              ⊞ Extension (id-ce-basicConstraints)
              ⊞ Extension (id-ce-authorityKeyIdentifier)
              ⊞ Extension (id-pe-authorityInfoAccessSyntax)
              ⊟ Extension (id-ce-subjectAltName)
                  Extension Id: 2.5.29.17 (id-ce-subjectAltName)
                ⊟ GeneralNames: 2 items
                  ⊟ GeneralName: dNSName (2)
                      dNSName: huawei.com
                  ⊟ GeneralName: dNSName (2)                 SAN字段
                      dNSName: *.huawei.com
              ⊞ Extension (id-ce-certificatePolicies)
```

图 3-13　Server Certificate 消息中的 CN 和 SAN 字段

好了，既然SSL握手阶段的SNI、CN和SAN都记录着域名的明文信息，防火墙只要提取出这些域名，就可以据此实现域名级别的过滤了。

那么，防火墙根据哪个字段记录的域名来实现域名级别的过滤呢？默认情况下，防火墙优先使用客户端发送的SNI字段信息，如果客户端Client Hello消息中未提供SNI字段，则依次使用服务器证书中的CN字段信息和SAN字段信息。因为SNI字段记录的是客户端请求的域名，最为精准；而服务器证书中的CN字段信息未必是客户端请求的域名，甚至不一定是域名格式，SAN字段信息则可能包含其他域名。也就是说，SNI、CN和SAN字段这三者的可信度和优先级依次降低。

此外，如果启用加密流量的一致性校验功能，防火墙还会根据是否从SNI、CN和SAN字段中成功提取域名，校验域名信息的一致性，并根据校验结果执行过滤。启用一致性校验功能后的过滤方法如表3-3所示。

表 3-3 启用一致性校验功能后的过滤方法

从 SNI 字段成功提取域名	从 CN 字段成功提取域名	从 SAN 字段成功提取域名	一致性校验	校验成功	校验失败
是	是	是	校验 SNI 字段和 SAN 字段的一致性	根据 SNI 字段信息过滤	根据 CN 字段信息过滤
是	否	是	校验 SNI 字段和 SAN 字段的一致性	根据 SNI 字段信息过滤	阻断
是	是	否	校验 SNI 字段和 CN 字段的一致性	根据 SNI 字段信息过滤	阻断
否	是	是 / 否	不做校验，根据 CN 字段信息过滤	—	—
否	否	是 / 否	不做校验，直接阻断	—	—

从前文可见，SAN字段中可能有多个域名，且SAN和CN字段中的域名可能带有通配符（*）。在做一致性校验时，通配符可以匹配任意二级域名。例如，SNI为www.huawei.com，SAN为*.huawei.com和huawei.com，则认为一致性校验通过。如果参与校验的域名中不含通配符，则必须精确匹配，才能通过一致性校验。

加密流量过滤是URL过滤配置文件中的可选功能。只需要在URL过滤配置文件中启用加密流量过滤功能，就可以使用SSL握手阶段提取的域名信息去匹配黑白名单、URL分类了。

```
[sysname] profile type url-filter name Test
[sysname-profile-url-filter-Test] https-filter enable    //启用加密流量过滤功能
[sysname-profile-url-filter-Test] quit
[sysname] url-filter https-filter consistency-check enable //启用一致性校验功能
[sysname] engine configuration commit                   //提交编译，使配置生效
```

加密流量过滤实现简单，但是也有不少缺点。

加密流量过滤仅能实现域名级别的URL过滤，管控粒度比较粗。当然，你也可以配置两条安全策略，对HTTP流量实行URL级过滤，对HTTPS流量实行域名级过滤。

当用户的访问被加密流量过滤功能阻断时，防火墙无法向客户端推送信息，影响用户体验。

SNI、CN和SAN字段中的域名具有很大的不确定性。要想达到理想的效果，需要抓包分析SSL握手阶段的报文，根据上述字段中的具体情况配置黑白名单和URL分类，并调试验证。

事实上，如果你能够接受域名级别的过滤，还有一种替代手段，就是DNS过滤。

3. DNS过滤

大家知道，用户访问网站时，输入的域名要解析为IP地址。如果防火墙从DNS请求中获取用户访问的域名，就可以根据域名来过滤用户请求。这就是DNS过滤的核心思想。在获取用户访问的域名之后，DNS过滤采用了与URL过滤类似的实现机制，支持基于DNS分类的DNS过滤和基于黑白名单的DNS过滤。DNS分类查询的机制也与URL分类查询一样。因此，DNS过滤的配置方法也就毋庸赘言了。

URL过滤、加密流量过滤、DNS过滤这3种过滤机制的对比如表3-4所示。

表3-4　3种过滤机制的对比

对比项	URL过滤	加密流量过滤	DNS过滤
控制的访问阶段	HTTP请求阶段	SSL握手阶段	域名解析阶段
控制粒度	URL级，可以控制到目录和文件	域名级，可以控制到子域名	域名级，可以控制到子域名

续表

对比项	URL 过滤	加密流量过滤	DNS 过滤
控制范围	仅 HTTP 和 HTTPS 访问	仅 HTTPS 访问	所有使用域名的服务
性能影响	对于 HTTPS 访问的 URL 过滤需要解密，性能影响大	性能影响小	性能影响小
主要劣势	在加密流量占比日益增加的情况下，URL 过滤所需的解密处理影响防火墙的处理性能	• 无法向用户推送信息，影响用户体验。 • 域名提取存在不确定性，影响过滤效果	• 无法向用户推送信息，影响用户体验。 • DNS 请求结果缓存在主机上，缓存过期前不会触发 DNS 请求报文，因此无法立即生效

DNS过滤发生在域名解析阶段，本质上是对域名和DNS流量的管控。这使其不仅可以用于控制用户访问网站的行为，还可以用于防范失陷主机通过DNS流量非法外联。那么，在应用DNS过滤时，就需要考虑一个问题：如何识别出哪些主机在试图访问恶意域名？

DNS过滤的前提是防火墙从DNS请求中提取出域名。这就要求防火墙必须部署在DNS请求的必经之路上，比如网络的出口。如果主机使用部署在互联网上的运营商DNS服务器，主机发起的DNS请求必然经过防火墙，如图3-14所示场景1的DNS流量。防火墙从DNS请求中提取出域名，查询黑白名单和DNS分类，实施阻断动作。在这种情况下，防火墙可以根据DNS报文的源IP地址识别出失陷主机。

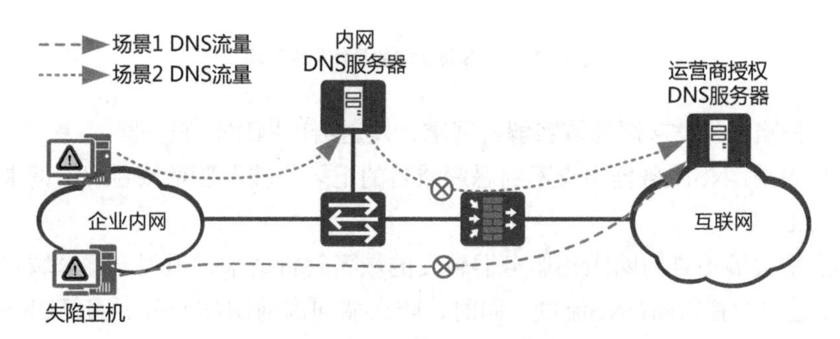

图 3-14　DNS 过滤的两种场景

如果企业内网部署了DNS服务器，主机通常会使用内网DNS服务器。主机的DNS请求会发往内网DNS服务器，再由内网DNS服务器转发到互联网上的授权DNS

服务器，如图3-15所示场景2的DNS流量。在这种情况下，部署在网络出口的防火墙仍然可以阻断恶意域名的解析请求。但是，因为DNS请求是由内网DNS服务器转发的，防火墙只能识别内网DNS服务器，而无法定位失陷主机了。内网DNS服务器每天都要处理大量的DNS请求。内网主机越多，业务量越大，DNS请求越多。即便内网DNS服务器记录了日志，也难以从海量的日志中定位失陷主机。

为此，防火墙上提供了DNS重定向功能。启用DNS重定向功能后，防火墙将访问恶意域名的DNS请求重定向到指定的IP地址。那么DNS重定向是如何识别失陷主机的呢？图3-15所示为DNS重定向的具体处理流程。

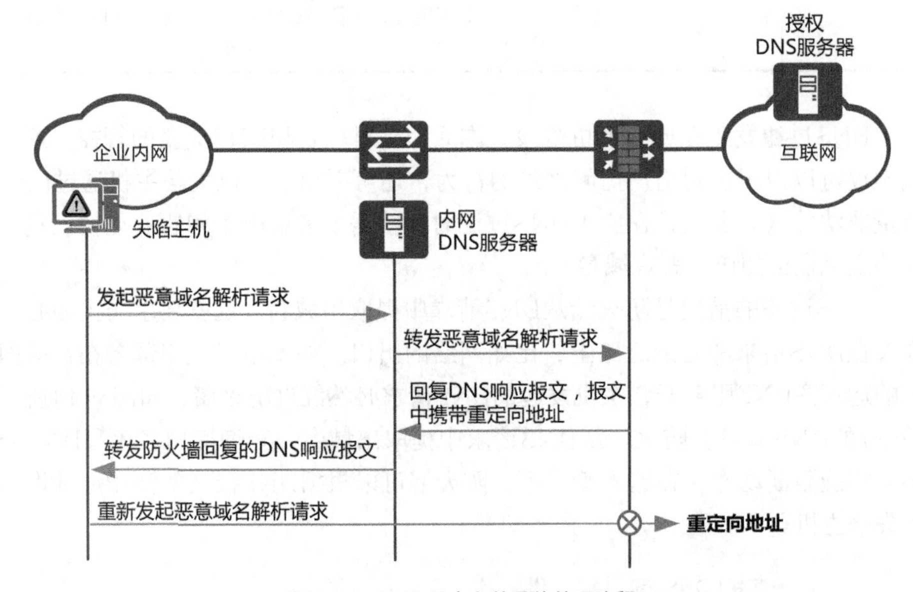

图 3-15　DNS 重定向的具体处理流程

① 失陷主机发起恶意域名解析请求，发送给内网DNS服务器。

② 内网DNS服务器中查不到恶意域名的记录，转发恶意域名解析请求给授权DNS服务器。

③ 防火墙检查内网DNS服务器转发的域名解析请求，识别出恶意域名并根据DNS过滤配置阻断DNS流量。同时，防火墙向内网DNS服务器回复DNS响应报文，报文中携带重定向地址。

④ 内网DNS服务器转发防火墙回复的DNS响应报文。

⑤ 失陷主机向重定向地址重新发起恶意域名解析请求，被防火墙安全策略阻断。

在上面介绍的流程中，防火墙在检测到恶意域名解析请求后，伪造了一个DNS响应报文，“诱骗”失陷主机向重定向地址发送恶意域名解析请求。显然，所有向重定向地址发送恶意域名解析请求的都是失陷主机。在防火墙上配置一条目的地址为重定向地址、协议为DNS、动作为阻断的安全策略，并记录策略命中日志，我们就可以从该日志中定位出失陷主机。

重定向地址必须是一个路由可达的地址，且不能承载正常的DNS服务。

3.1.5 安全搜索

安全搜索是搜索引擎提供的一项功能，用于从搜索结果中过滤掉色情、暴力、血腥的内容。任何搜索引擎的安全搜索功能都无法做到绝对准确，但是安全搜索功能确实有助于减少搜索结果中含有上述敏感内容的网站、图片和视频。这对教育、医疗、金融等企业与机构来说尤其重要。为了规范上网行为，你可以在防火墙上启用安全搜索功能。这样，即使上网用户未在浏览器上启用安全搜索，他们的搜索请求经过防火墙，都将得到安全搜索过滤后的结果。

当然，一些国家和地区的法规要求搜索引擎必须提供安全搜索结果。在这种情况下，无须在防火墙上启用安全搜索功能。

防火墙的安全搜索功能有以下两种实现方式。

1. 安全搜索参数

安全搜索参数是搜索引擎提供的一种机制。当HTTP请求报文中带有安全搜索参数时，搜索引擎会向客户端返回安全搜索结果。

在防火墙上启用安全搜索功能非常简单，只用在URL过滤配置文件的高级配置部分选中“安全搜索”即可。如果使用命令行，只需要一条命令。

```
[sysname] profile type url-filter name Test
[sysname-profile-url-filter-Test] safe-search enable    //启用安全搜索功能
[sysname-profile-url-filter-Test] quit
[sysname] engine configuration commit                    //提交编译，使配置生效
```

安全搜索是在完成URL过滤检查之后执行的。当用户使用必应、谷歌、雅虎、Yandex搜索引擎时，防火墙首先执行URL过滤检查。只有那些没有命中白名单、通过了URL过滤的URL才会进行安全搜索处理。防火墙的安全搜索功能会在搜索请求的URL中增加安全搜索参数。YouTube略有不同，它的安全搜索参数是添加在HTTP报文头部的。上述搜索引擎都使用HTTPS，为了使安全搜

索功能生效，必须在防火墙上启用SSL解密。

不同搜索引擎的默认安全搜索参数可以通过命令行查看。

```
[sysname] display safe-search configuration
--------------------------------------------------------------------------
  search engine                            safe-search tag
--------------------------------------------------------------------------
  google                                  : safe=active
  bing                                    : adlt=strict
  yahoo                                   : vm=r
  yandex                                  : family=yes
  youtube                                 : youtube-restrict:strict
--------------------------------------------------------------------------
```

如果搜索引擎的安全搜索参数发生了变化，或者希望调整安全搜索的级别，也可以修改安全搜索参数。例如，假设必应搜索引擎的安全搜索参数变更为“adlt=moderate”，则配置方法如下。

```
<sysname> system-view
[sysname] safe-search tag bing adlt=moderate
```

2. 安全搜索域名

安全搜索域名即搜索引擎为安全搜索功能单独设置的域名，用户访问安全搜索域名，搜索引擎就会返回安全搜索结果。那么，如何让用户访问安全搜索域名呢？一种方式是修改DNS服务器的数据，给搜索引擎域名添加CNAME（Canonical Name，规范名称）记录，指向安全搜索域名，其示例如下。

```
www.google.com                IN      CNAME    forcesafesearch.google.com
forcesafesearch.google.com    IN      A              216.239.38.120
```

这样，当用户访问搜索引擎时，客户端软件（如浏览器）会自动发送DNS解析请求，请求搜索引擎域名的IP地址。DNS服务器就会返回安全搜索域名的IP地址，用户看到的搜索结果就是剔除了敏感内容的安全搜索结果了。

另一种方式就是由防火墙来“偷梁换柱”。防火墙默认支持必应、谷歌和YouTube的安全搜索功能，预置了它们的安全搜索域名。在DNS过滤配置文件中启用安全搜索后，防火墙向DNS服务器请求这些安全搜索域名的IP地址，并缓存下来。当用户使用搜索引擎时，客户端发送的DNS解析请求到达防火墙。防火墙识别出搜索引擎的域名后，构造DNS响应报文，将安全搜索域名的IP地址发送给客户端。用户的搜索请求就被发往安全搜索引擎，得到的就是安全搜索结果了。

如果用户常用的搜索引擎不在这个范围之内，你也可以自己配置。例如，某公司员工常用的搜索引擎是DuckDuckGo。通过查阅搜索引擎的官方网站，了解到DuckDuckGo的安全搜索域名是safe.duckduckgo.com。你就可以在DNS过滤配置文件中添加一条自定义配置。

```
[sysname] profile type dns-filter name SafeSearch
[sysname-profile-dns-filter-SafeSearch] add query-name duckduckgo.com answer cname safe.duckduckgo.com
[sysname-profile-dns-filter-SafeSearch] quit
[sysname] engine configuration commit
```

清除客户端的DNS缓存，并发起DNS查询，可以看到DNS解析结果是安全搜索域名和相应的IP地址。

```
C:\Users\100246226>ipconfig/flushdns      //清除客户端的DNS缓存

Windows IP 配置

已成功刷新 DNS 解析缓存。

C:\Users\100246226>nslookup duckduckgo.com   //请求解析duckduckgo.com的IP地址
服务器:  UnKnown
Address:  10.129.2.34

非权威应答:
名称:    safe.duckduckgo.com              //返回safe.duckduckgo.com的IP地址
Address:  104.244.46.71
Aliases:  duckduckgo.com
```

在添加自定义配置时，也可以使用IP地址。例如，查阅官方网站得知，Yandex提供了basic、safe和family这3种级别的安全搜索，每种级别都提供了相应的IP地址，而不是CNAME。在这种情况下，可以添加IP地址形式的自定义配置。

```
[sysname-profile-dns-filter-SafeSearch] add query-name yandex.com answer ip 77.88.8.88
```

3.1.6 URL过滤小结

URL过滤的核心配置都由URL过滤配置文件承载。在安全策略中引用URL过滤配置文件，就可以对符合条件的流量执行URL过滤了。如果要针对

HTTPS加密流量实行URL级别的过滤，还需要配置SSL解密策略。

URL过滤配置文件的主体是3种不同的过滤方式，你可以根据需要选择基于URL分类的URL过滤、基于黑白名单的URL过滤或基于URL信誉的URL过滤。URL过滤配置文件中的很多功能需要通过升级或者查询来获取数据，因此，配置URL过滤还需要完成多种前置任务。图3-16所示为URL过滤的关键配置和重要的前置任务。

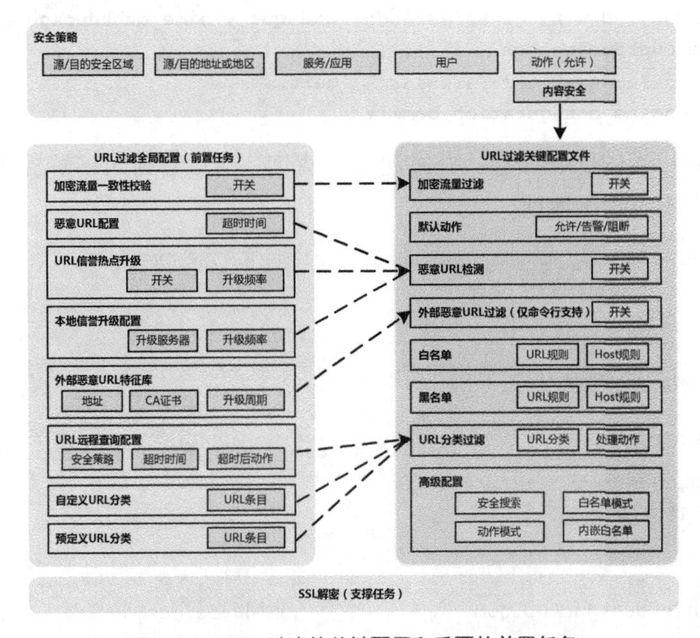

图3-16 URL过滤的关键配置和重要的前置任务

3种过滤方式也可以组合使用，实现多样的配置效果。一般情况下，建议以华为提供的URL分类为基础，利用基于URL分类的URL过滤来实现基本的业务管控。当URL分类无法满足特定的业务需求时，可以创建自定义分类，或者创建黑白名单，来改变特定URL的处理结果。自定义分类与预定义分类一样，可以被多个URL过滤配置文件使用，而黑白名单只能应用于特定的URL过滤配置文件。为了防范恶意URL入侵，你还可以启用基于URL信誉的URL过滤，利用信誉技术阻断恶意URL。

防火墙按照图3-17所示的URL过滤的处理流程来检测提取的URL或域名。这个流程代表了URL过滤各个功能的优先级，在综合运用这些功能时，如果某个URL的处理结果不符合预期，很可能是因为该URL命中了更高优先级的功能。

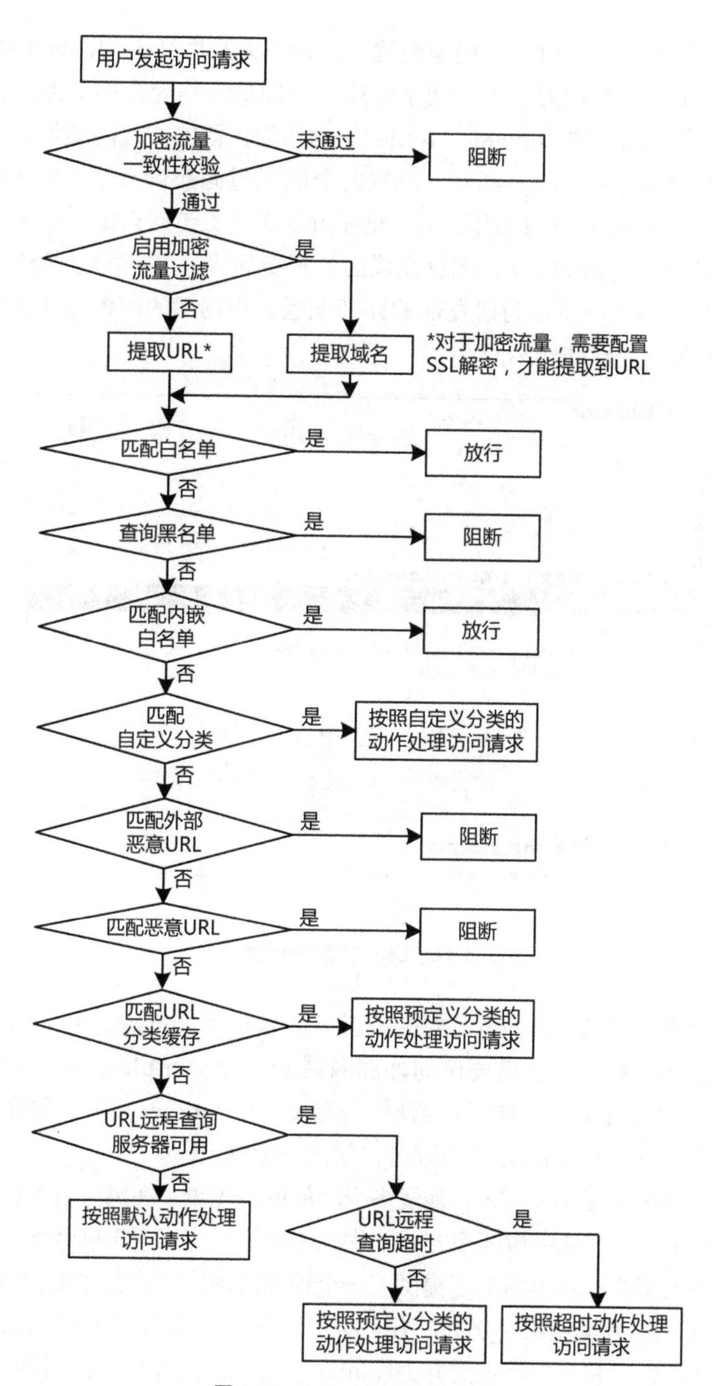

图 3-17　URL 过滤的处理流程

下面来看一个URL过滤的典型配置。假设华为采用基于URL分类的URL过滤来管控员工的上网行为。为了便于管理，管理员为华为合作伙伴的官方网站创建了一个自定义分类Huawei_partner，为华为自己的官方网站创建了一个自定义分类Huawei_official。然后，配置两个URL过滤配置文件，允许研发部员工访问自定义分类Huawei_official，允许市场部员工访问自定义分类Huawei_official和Huawei_partner。配置完成后，提交编译，并在安全策略中引用这些配置文件。图3-18所示为研发部的详细配置，市场部的配置与其类似，只是某些URL分类的处理动作不同。

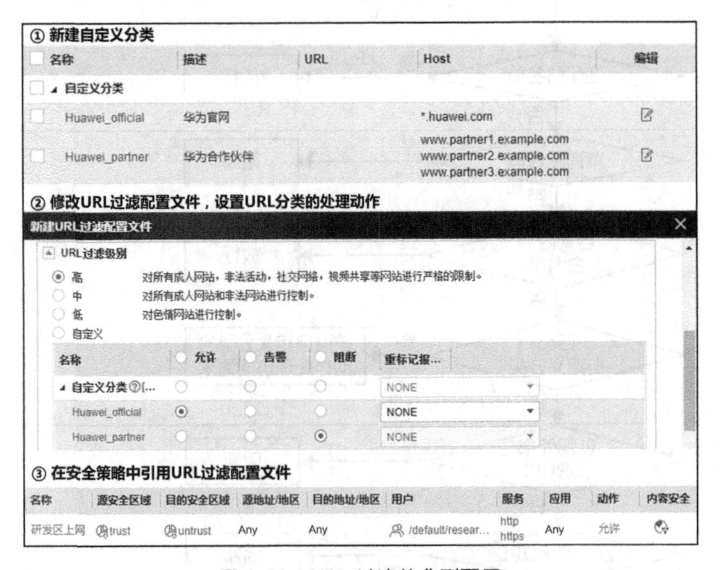

图 3-18　URL 过滤的典型配置

上述配置上线以后，研发部员工反馈，无法访问Huawei_official分类网页中的内嵌链接。另外，还需要访问外部网站www.example.com。为此，管理员在URL过滤配置文件增加了白名单（www.example.com），并在内嵌白名单中增加Huawei_official分类的域名，如图3-19所示。

URL过滤的流程比较复杂，涉及多个功能的优先级。在黑白名单和URL分类的匹配过程中，还需要考虑匹配方式的优先级顺序。为了便于确认配置效果和问题定位，防火墙的Web界面上还提供了一个检测功能。在提交了配置编译以后，可以测试URL的匹配结果。例如，在URL部分输入华为技术支持网站的URL，可以检测到该URL将命中自定义分类Huawei_official，如图3-20所示。

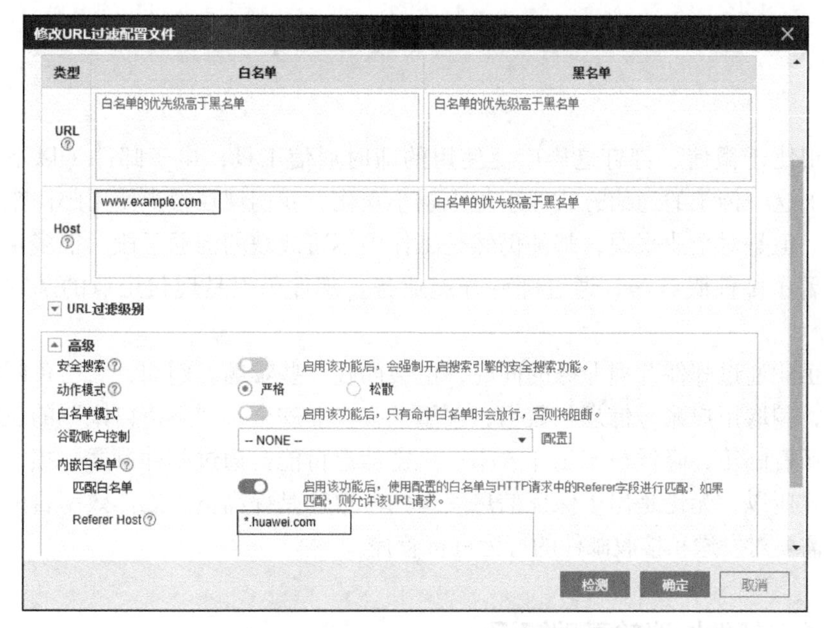

图 3-19　修改 URL 过滤配置文件

URL过滤检测

[功能介绍]

URL　https://support.huawei.com/ *

检测结束，结果如下：
动作：允许
过滤类型：自定义分类
命中规则：*.huawei.com
URL分类：自定义分类/Huawei_official　[隐藏详情]

检测项	检测项功能描述	检测结果
白名单过滤	若被检测的URL命中白名单，则检测结果为放行。	未命中白名单
黑名单过滤	若被检测的URL命中黑名单，则检测结果为阻断。	未配置黑名单
白名单模式	若开启白名单模式，被检测的URL若未命中白名单，则检测结果为阻断。	白名单模式未开启
自定义URL分类过滤	若被检测的URL命中自定义URL分类，则检测结果为用户配置的动作。	命中自定义分类

建议：如果检测结果与实际访问结果不符，请检查是否为HTTPS加密流量，并排查解密策略是否生效。

重新检测　关闭

图 3-20　URL 过滤检测

|3.2 邮件过滤|

相比于微信、钉钉这样广泛使用的即时通信工具，电子邮件（以下简称邮件）这一传统的通信方式似乎越来越小众化，我们现在很少使用邮件来传递消息。但是对企业来说，邮件仍然是工作中不可或缺的沟通手段。很多企业也都部署了邮件服务器，通过邮件开展业务。邮件仍然是现代企业的基本办公应用。

企业通过邮件开展业务的同时，也会面临一些难题。例如，“钓鱼邮件”泛滥，骗取用户账号信息和数据，严重危害企业安全；“不请自来”的垃圾邮件充斥着邮箱，降低员工工作效率；机密信息可能会通过邮件泄露，损害企业利益。所以，无论是出于保证信息安全的考虑还是提高员工工作效率目的，企业都需要对发送和接收邮件的行为进行管控。

3.2.1 邮件协议的基础知识

在介绍防火墙的邮件过滤功能之前，我们先来回顾一下邮件协议的基础知识。

1. 邮件系统的组成

邮件系统主要由用户代理和发送方/接收方邮件服务器组成，如图3-21所示。用户代理就是用户收发邮件时使用的客户端软件，例如我们常用的Outlook就是微软开发的一种邮件用户代理软件。邮件服务器的主要功能就是发送和接收邮件。邮件服务器按照客户端-服务器模式工作，并且，邮件服务器需要同时担任客户端和服务器的角色。

图3-21所示为发送方发送邮件、接收方读取邮件的过程，下面对其进行简单解释。

① 发送方在客户端软件（用户代理）中编写邮件，单击“发送”按钮。

② 客户端软件作为用户代理，通过SMTP将邮件发送给发送方邮件服务器。在这个过程中，发送方用户代理作为SMTP客户端，发送方邮件服务器作为SMTP服务器。

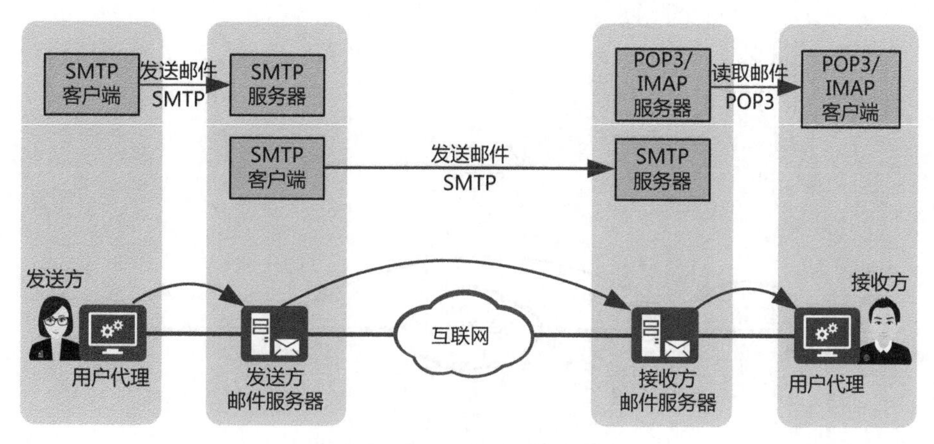

图 3-21　邮件系统的组成

③ 发送方邮件服务器收到用户代理发来的邮件后，将邮件临时存放在缓存队列中，等待发送。

④ 发送方邮件服务器与接收方邮件服务器建立TCP连接，将缓存队列中的邮件逐封发送出去。在这个过程中，发送方邮件服务器作为SMTP客户端，接收方邮件服务器作为SMTP服务器。

⑤ 接收方邮件服务器收到邮件后，将邮件放入POP3服务器上接收方的用户邮箱中，等待接收方读取。

⑥ 接件方打开客户端软件，使用POP3或IMAP读取邮件。

从前面的过程中可以看到，邮件传输过程需要使用两种不同的协议：用于发送邮件的SMTP、用于读取邮件的POP3（或IMAP）。它们都是基于TCP传输的。

在传统的邮件系统中，用户收发邮件必须在计算机中安装用户代理，并配置好邮件系统。如果没有随身携带自己的计算机，借用他人的计算机收发邮件就很不方便。互联网兴起之后，邮件服务商推出了基于万维网的邮件服务，即Webmail。Webmail不依赖于传统的用户代理，只要有一台可以上网的计算机，打开浏览器即可方便地收发邮件。

发送方在浏览器中编写邮件，单击“发送”，浏览器与发送方邮件服务器之间通过HTTP通信。在浏览器中阅读和下载邮件同样使用HTTP。但是，发送方邮件服务器和接收方邮件服务器之间仍然使用SMTP。Webmail邮件系统组成如图3-22所示。

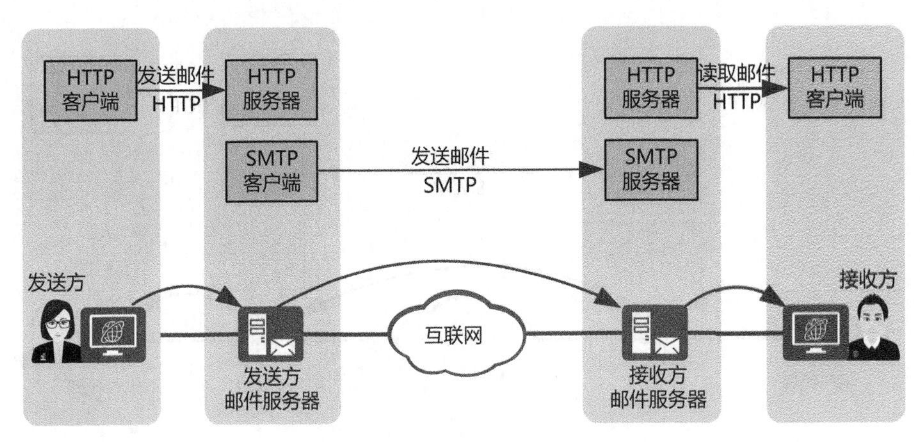

图 3-22　Webmail 邮件系统

2. SMTP

SMTP是一个基于TCP/IP协议族的应用层协议。SMTP利用TCP提供的可靠传输服务，将邮件发送到接收方邮件服务器。SMTP描述了邮件报文的格式及传输邮件报文时的处理方法，它使用命令和应答在SMTP客户端与SMTP服务器之间传输报文。SMTP客户端发出一个命令，SMTP服务器返回一个应答。

SMTP的工作过程可分为如下3个阶段。

① 建立连接：SMTP客户端定期扫描缓存队列，当发现有待发送的邮件时，SMTP客户端与SMTP服务器建立一个TCP连接。TCP连接建立后，SMTP客户端与SMTP服务器互相通告自己的域名，同时确认对方的域名。

② 邮件传送：SMTP客户端将发送方的邮件地址、接收方的邮件地址、邮件的具体内容依次发送给SMTP服务器，SMTP服务器一一响应确认，并接收邮件。

③ 连接释放：当缓存队列中的邮件全部发送完毕时，SMTP客户端发出退出命令，SMTP服务器确认后关闭TCP连接。

我们通过以下实例来看一下这个工作过程。在本例中，发送方邮箱为somebody@my-domain.net，接收方邮箱为yourname@your-company.com。C表示SMTP客户端，S表示SMTP服务器。

```
C: Telnet smtp.your-company.com 25                /以Telnet方式连接邮件服务器
S: 220 your-company.com Microsoft ESMTP MAIL Service ready         //连接成功
C: HELO my-domain                                                  //发送方域
名，但服务器并不校验，可以为空
S: 250 your-company.com Hello [10.173.63.241]                     //握手成功，
10.173.63.241是客户端的IP地址
C: MAIL FROM: somebody@my-domain.net                               //声称的发送
方邮箱，但是SMTP服务器并不校验
S: 250 Sender OK
C: RCPT TO: yourname@your-company.com                          //指定接收方邮箱
S: 250 Recipient OK
C: DATA                                                         //请求发送数据
S: 354 Enter mail, end with "." on a line by itself      //SMTP服务器接受请求
C: From: nobody@my-domain.net                       //可选，SMTP客户端显示的发送方
C: To: yourname@your-company.com                    //可选，SMTP客户端显示的接收方
C: Subject: a simple mail                                   //可选，邮件主题
C: Test                                                          //邮件正文
C: .                                                       //邮件正文结束标志
S: 250 OK                                                        //发送成功
C: QUIT                                                          //退出
S: 221 your-company.com BYE                                     //关闭TCP连接
```

从这个过程，我们可以看到，在邮件的发送过程中，SMTP服务器并不校验发送方使用**MAIL FROM**命令声称的发送方邮箱。在发送数据时，发送方可以在**From:**后面提供不同于**MAIL FROM**命令的发送方邮箱，也可以不提供发送方邮箱。换句话说，发送方可以伪造发送方邮箱，也可以匿名。你从邮件客户端上看到的发送方信息是不可靠的。

SMTP是一种“推”协议，发送方发起请求，并将邮件推送到接收方。这个推送的终点是接收方邮件服务器，而不是接收方的用户代理。因为接收方并不会始终坐在计算机旁，SMTP的工作到此就结束了。接下来的任务，需要接收方把邮件从邮件服务器“拉”到用户代理上，这就需要使用POP3或者IMAP了。

3. POP3和IMAP

POP3是一个功能简单的邮件读取协议。与SMTP一样，POP3也是基于TCP/IP协议族的应用层协议，也是按照客户端-服务器模式工作的。用户代理利用POP3将邮件从POP3服务器下载下来。

POP3的工作同样可以分为3个阶段：特许、事务处理以及更新。

① 特许阶段：用户代理发送用户名和密码，获得权限。

② 事务处理阶段：用户代理读取邮件。同时，用户代理还可以对邮件做删除标记。

③ 更新阶段：结束该POP3会话，邮件服务器删除那些带有删除标记的邮件。

早期的POP3只有删除模式。用户代理从POP3服务器读取了邮件之后，POP3服务器就删除该邮件。这给多终端办公带来了不便。为了解决这个问题，POP3进行了扩展，允许邮件继续保存在邮件服务器中。使用POP3读取邮件的过程如下。

```
C: Telnet pop3.your-company.com 110                //以Telnet方式连接邮件服务器
C: Trying mail.test.com...
C: Connected to mail.test.com.
S: +OK Winmail Mail Server POP3 ready                        //连接服务器成功
C: USER yourname                                   //输入用户名，yourname为用户名
S: +OK
C: PASS password                                             //输入用户名对应的密码
S: +OK 2 messages                                            //密码验证通过
C: LIST                                                      //列出新邮件信息
S: +OK 1 messages (134 octets)                               //返回邮件数量和大小
S: 1 134
C: RETR 1                                                    //读取第一封邮件
S: +OK 134 octets                                  //接收成功，开始返回邮件内容
S: Return-Path: <somebody@my-domain.net>
S: Delivered-To: yourname@your-company.com
S: Received: (mail server invoked for smtp delivery); Mon, 25 Apr 2022
14:24:27 +0800
S: From: nobody@my-domain.net
S: To: yourname@your-company.com
S: Date: Mon, 25 Apr 2022 14:24:27 +0800
S: Subject: a simple mail
S: This is a simple mail
S: .                                                         //邮件正文结束标志
C: QUIT                                                      //退出
S: +OK POP3 Server signing off                               //关闭TCP连接
```

POP3的问题在于，用户只能在用户代理中管理邮件，而不能直接对POP3服务器上的邮件进行操作。用户在用户代理的操作也不能同步到邮件服务器。此外，POP3也不允许用户在下载邮件之前读取邮件的部分内容。IMAP解决了这样的问题。

在使用IMAP时，用户代理与IMAP服务器建立TCP连接，用户在本地所进

行的操作可以同步到IMAP服务器上。换言之，用户可以在本地管理邮件服务器上的邮件。使用IMAP，用户可以在下载邮件之前查看邮件的首部，只有当用户查看邮件内容时才开始下载，也可以在需要读取附件时才下载附件。用户也可以在用户代理中创建文件夹来管理邮件，就像在操作系统中管理文件一样方便。

4. MIME协议

SMTP定义的邮件格式只适合传输纯文本的邮件内容，而无法传递图片、附件等二进制数据。甚至，因为SMTP规定字符“.”是邮件内容结束的标志，当邮件正文中恰好出现仅有字符“.”的行时，SMTP服务器将会丢弃“.”后面的内容，导致邮件信息丢失。为了解决这个问题，人们定义了MIME（Multipurpose Internet Mail Extensions，多用途互联网邮件扩展）协议。如今，绝大多数邮件客户端都采用了MIME协议，用户在这类邮件客户端中编写并发出的邮件都是MIME邮件。

MIME协议扩展了邮件头，提供了组织邮件内容的方法。支持MIME协议的邮件客户端会根据MIME协议头中定义的信息调用相应的解析程序来处理邮件中的数据。

MIME邮件的基本信息、格式信息、编码方式等都记录在MIME协议头各种“域”中，域的基本格式为“域名:域的内容信息”。一个域在MIME协议头中占据一行或者多行。域的首行左侧不能有空白字符，比如空格或者制表符；占据多行的域，其后续行则必须以空白字符开头。域的内容信息中可以包含多个属性，属性之间以“;”分隔。

图3-23所示为MIME协议的格式。其中，MIME-Version是MIME协议版本信息，为必选内容。Content-Type表示邮件的内容类型。一封邮件中可以有多种内容类型，不同类型的内容是分段存储的，Content-Type中的boundary属性就是该段的位置标识。以“X”开头的域是由邮件服务器添加的自定义域，每个自定义域都有其特定的用途。

防火墙的邮件过滤技术主要有两个方向。其一是基于发送方邮件服务器IP地址的检查，以RBL（Realtime Black List，实时黑名单）技术为主，以本地黑白名单为辅。其二是基于邮件内容的检查和过滤（简称邮件内容过滤），包括邮件地址检查、MIME标题检查和邮件附件控制。在接下来的小节中，我们将依次介绍这些内容。

```
MIME-Version: 1.0                                                        MIME协议版本信息，必选内容
Received: from 119.3.119.21 (EHLO localhost) ([119.3.119.21])
        by petal-mail (Petal SMTP Server ) with ESMTPA ID fa16d1-00542323-ab3f8ea7bb52-e148596d
        for <myname@huawei.com>;
        Tue, 26 Apr 2022 16:09:27 +0800 (GMT+08:00)
Date: Tue, 26 Apr 2022 16:09:25 +0800 (GMT+08:00)
From: <yourname@petalmail.com>
To: Recipient <myname@huawei.com>
Message-ID: <97901993.1.1650960566794@localhost>
Subject: =?utf-8?B?57uZ5L2g5o6o6I2Q5LiA5pys5aW95Lmm?=
Content-Type: multipart/related;                                         邮件的内容类型
        boundary="----=_Part_0_13009364.1650960566626"
Return-Path: yourname@petalmail.com
X-Xmail-Spam: No
X-Xmail-PhishIng: No
X-MS-Exchange-Organization-Network-Message-Id: c9f682-ef6f-4c28-8bae-08da275c1da1
X-MS-Exchange-Organization-AuthSource: chm.china.huawei.com
X-MS-Exchange-Organization-AuthAs: Anonymous
X-MS-Exchange-Transport-EndToEndLatency: 00:00:00.1838373                由邮件服务器添加的自定义域
```

图 3-23　MIME 协议格式

此外，防火墙还提供了基于关键字的邮件内容过滤功能，可以根据邮件主题、正文、附件名和附件内容中出现的关键字来过滤邮件。详情请参考第3.5节。

3.2.2　RBL 技术

垃圾邮件是指未经用户许可强行发送的电子邮件，通常含有商业广告，甚至钓鱼网站、病毒木马等恶性内容。垃圾邮件不仅影响用户使用邮件的体验，还消耗网络带宽和邮件服务器的资源，降低网络运行效率。有些恶意垃圾邮件发送者还通过邮件传递木马、蠕虫等病毒，或者使用钓鱼邮件窃取用户信息和资产。反垃圾邮件也因此成为邮件服务提供商和用户共同的难题。RBL技术正是一种比较成熟的反垃圾邮件技术。

1. RBL 的实现原理

RBL本质上是一个包含大量IP地址的列表，由RBL服务商负责维护和运营。RBL列表中的IP地址被认为隶属于发送或转发了大量垃圾邮件的邮件服务器。当用户代理收到来自发送方邮件服务器的SMTP连接请求时，向指定的RBL服务商查询此邮件服务器的IP地址。RBL服务商返回一个消息，告知邮件代理此邮件服务器是否属于垃圾邮件服务器。

因此，RBL的实现原理同样分为两个阶段，这也是RBL必须回答的两个关键问题：RBL收录哪些IP地址？用户代理向RBL查询的过程是怎样的？

我们先来看第一个问题。既然RBL的主要设计目的是反垃圾邮件，RBL收录的IP地址自然是具有相关特征的IP地址。不同的RBL服务商有不同的收录标准，有些RBL服务商还会提供多个不同标准的RBL列表。比较常见的IP地址包括以下4种。

① 动态地址。按照互联网的惯例，动态分配的地址，包括ADSL（Asymmetric Digital Subscriber Line，非对称数字用户线）拨号、PPPoE（Point-to-Point Protocol over Ethernet，以太网上的点到点协议）拨号等通常只用于为用户提供互联网接入功能，并不作为邮件服务器。但是，这种方式成本低，能较好地避免“封杀”和追查，很多垃圾邮件发送者采用动态地址拨入的方式来发送垃圾邮件。因此，多数RBL把动态地址列入。

② 开放式代理服务器地址。开放式代理（Open Proxy）服务器接受来自任何网络地址的连接，这种开放性使得追查垃圾邮件发送源变得非常困难，因而此类服务器地址被列入多数RBL。

③ 开放式中继服务器地址。开放式中继（Open Relay）服务器会为任何第三方邮件服务器转发邮件，而不做任何验证。这本是早期互联网精神的结果，但是后来被垃圾邮件发送者滥用，许多垃圾邮件都借助了服务器的开放转发特性，因此整个网络已经不欢迎开放转发了。

④ 确认发送过垃圾邮件的地址，并且从未申请或成功从RBL中移除。

RBL查询过程利用了DNS查询的机制。首先，RBL服务商搭建一个DNS服务器，每个RBL列表是一个区域。假设，有一个名为spam.example.org的RBL列表，IP地址11.22.33.44是一个确认的垃圾邮件发送源，则DNS区域文件中相关的记录大致如下。

```
44.33.22.11.spam.example.org  IN  A   127.0.0.2
44.33.22.11.spam.example.org  IN  TXT "Spam Source"
```

其中，44.33.22.11.spam.example.org 是“域名”，由IP地址的反转形式和RBL列表名称拼接而成。每一个“域名”通常都有一个A记录，一个TXT记录。A记录是一个127.0.0.0/8网段的IP地址，称为应答码；应答码用于表示此IP地址被列入了此RBL列表。TXT记录则是此IP地址被收录的原因。

为了便于测试，RFC 5782规定，所有RBL都应该包含127.0.0.2。图3-24所示为RBL查询过程，以向SBL（Spamhaus Block List，Spamhaus黑名单），即域名为sbl.spamhaus.org的网址查询127.0.0.2为例，展示了查询的过程。RBL查询过程就是用户代理作为DNS客户端，用标准的DNS查询报文，向DNS服务器发起A类查询的过程。不同之处在于，当DNS服务器向RBL服务商的域名服务器发起查询时，RBL服务商的域名服务器指引DNS服务器去RBL区域查询。在本例中，a.gns.spamhaus.org即SBL区域的域名服务器。SBL区域中记录着垃圾邮件发送方邮件服务器的IP地址列表。由于RBL技术采用DNS查询的方式来查询一个IP地址是否被列入，因此RBL也被称作DNSBL（DNS-based Blockhole List，基于DNS的黑名单）。

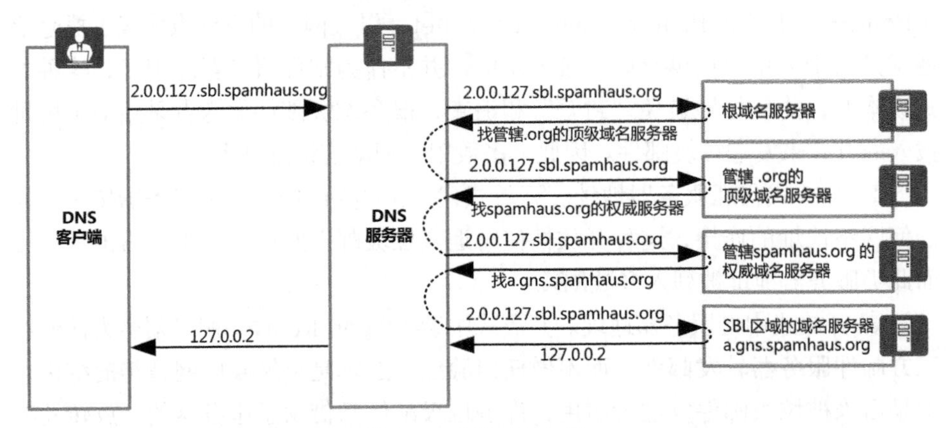

图 3-24 RBL 查询过程

根据DNS查询过程，如果DNS客户端查询的IP地址未被RBL列表收录，DNS查询无结果，将返回“NXDOMAIN”。

2. 防火墙如何集成 RBL 技术

RBL技术本身并不能实现反垃圾邮件功能，RBL技术仅提供基于DNS协议的查询服务。要想在防火墙上实现基于RBL技术的反垃圾邮件功能，必须由防火墙、DNS服务器和RBL服务商三方紧密配合。

我们以图3-25所示的RBL技术在防火墙上的应用为例，来讲解一下防火墙采用RBL技术实现反垃圾邮件功能的工作流程。

① 发送方通过发送方邮件服务器向企业邮件服务器发起SMTP连接。

② 防火墙从SMTP请求中解析出发送方邮件服务器的IP地址，将此IP地址反转后与RBL组合成一个“域名”，向企业DNS服务器发起DNS查询。例如，发送方邮件服务器的IP地址为1.2.3.4，RBL为sbl.spamhaus.org，则防火墙将“4.3.2.1.sbl.spamhaus.org”填充在DNS查询报文的Query Name字段。

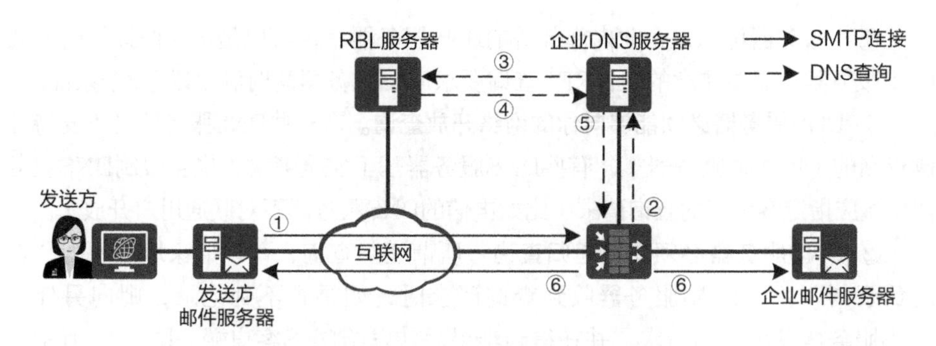

图 3-25　RBL 技术在防火墙上的应用

③ 企业DNS服务器经过迭代查询，将查询请求转发给RBL服务器。

④ RBL服务器在指定的区域中查询IP地址（1.2.3.4），并将查询结果返回企业DNS服务器。如果此IP地址在RBL中，则返回应答码；否则返回NXDOMAIN。

⑤ 企业DNS服务器转发查询结果给防火墙。

⑥ 防火墙根据查询结果处理SMTP请求。如果RBL服务器返回应答码，则该邮件被视为垃圾邮件。防火墙根据管理员预先设置的响应动作，阻断SMTP连接或者转发SMTP连接请求，并记录日志。如果RBL服务器返回NXDOMAIN，或者RBL查询超时，防火墙转发SMTP连接请求。

在这个过程中，防火墙作为DNS客户端，向企业DNS服务器发起DNS查询。为了提高效率，减少查询流量，防火墙会缓存RBL查询的结果。防火墙解析出发送方邮件服务器的IP地址后，首先在缓存中查询，查询不到再发起RBL查询。

3. 配置基于 RBL 的垃圾邮件过滤

要实现基于RBL的垃圾邮件过滤功能，首先需要启用RBL功能，并设置RBL查询请求使用的首选和备用DNS服务器，如图3-26所示。

邮件内容过滤　垃圾邮件过滤

垃圾邮件过滤功能	（开启）
首选DNS服务器	10.10.10.10
备用DNS服务器	10.10.10.11

图 3-26　垃圾邮件过滤

DNS服务器可以是企业内部部署的DNS服务器，也可以是运营商提供的公共DNS服务器。需要注意的是，RBL查询要求DNS服务器同时满足以下3个条件。

① **DNS服务器必须能够向你的网络开放查询。**有一些DNS服务器是不支持开放查询的（比如根服务器），有些DNS服务器基于安全考虑，也会限制DNS服务器仅响应指定客户端的查询请求（比如电信的DNS服务器不对联通用户开放）。

② **DNS服务器必须支持递归查询。**所谓递归查询，可以形象地理解为“首问负责制”。当DNS服务器收到查询请求时，如果查不到记录，则向另外的DNS服务器发出查询请求，并在得到结果后转发给DNS客户端。图3-25所示的RBL查询过程就是递归查询，这也是RBL查询过程对DNS服务器的要求。

③ **DNS服务器必须未被劫持。**一些运营商为了引导用户访问其增值服务，对其DNS服务器做了特殊配置。当DNS查询的域名不存在时，运营商的DNS服务器使用其增值服务网站的IP地址替代应该返回的NXDOMAIN信息。这样，DNS客户端收到的查询结果就变成了DNS服务器被劫持后的IP地址，这就改变了RBL查询的结果。

既然对DNS服务器有这么多要求，那么，如何判断一个DNS服务器是否符合要求呢？很简单，使用Windows系统的nslookup工具测试两次即可。

第一次，在RBL中查询测试地址127.0.0.2。为了便于测试，RFC 5782规定，所有RBL都应该包含127.0.0.2。使用127.0.0.2测试，可以验证DNS服务器是否开放查询、DNS服务器是否支持递归查询。如果测试时出现异常，请联系RBL服务商确认测试地址。

第二次，在RBL中查询一个确认未被收录的IP地址，用于验证DNS劫持。IP地址可以选择企业自己的邮件服务器的IP地址，也可以选择测试地址以外的私网地址。邮件服务器要转发邮件，必须具有公网IP地址，因此，除了测试地址以外的私网地址，通常都不会被RBL收录。

我们还是来看个例子吧。我们仍然以sbl.spamhaus.org为例，测试DNS服务器地址10.11.12.53。

```
C:\Users\100246226>nslookup
默认服务器:  UnKnown
Address:  10.11.12.34

> server 10.11.12.53                         //输入要测试的DNS服务器地址
默认服务器:  [10.11.12.53]
Address:  10.11.12.53
```

```
> 2.0.0.127.sbl.spamhaus.org          //将测试地址反转，与RBL拼成域名
服务器:  [10.11.12.53]
Address:  10.11.12.53

非权威应答:
名称:    2.0.0.127.sbl.spamhaus.org
Address:  127.0.0.2               //返回的应答码与sbl.spamhaus.org提供的应答码一致

> 1.1.168.192.sbl.spamhaus.org         //使用192.168.1.1再次测试
服务器:  [10.11.12.53]
Address:  10.11.12.53

*** [10.11.12.53] 找不到 1.1.168.192.sbl.spamhaus.org: Non-existent domain
//查询结果为Non-existent domain，表示DNS服务器没有被劫持。如果查询结果为IP地址，则表示该DNS服务器被劫持
```

指定DNS服务器后，还要在防火墙上开放安全策略，允许DNS查询报文通过防火墙。

然后，新建一个垃圾邮件配置文件，指定服务器查询集合（即RBL）、动作和应答码，如图3-27所示。

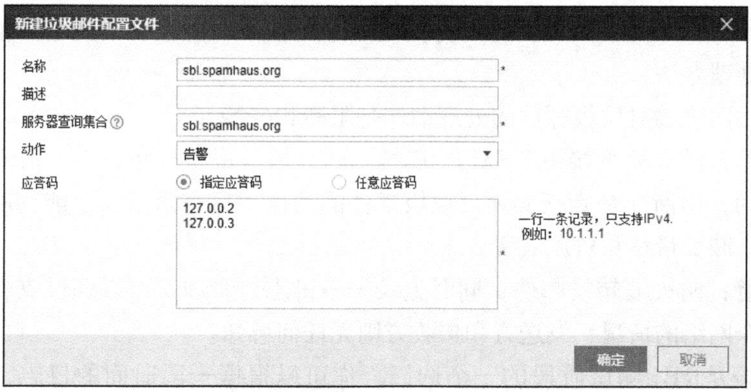

图 3-27　新建垃圾邮件配置文件

服务器查询集合和应答码是由RBL服务商提供的，通常具有严格的映射关系。在防火墙上设置与RBL对应的正确应答码，这封邮件才会被防火墙当作垃圾邮件处理。如果应答码设置错误，与RBL服务器返回的应答码不一致，防火墙将视此邮件为正常邮件，并正常转发SMTP连接请求。

那么，如何设置应答码呢？

方法1：在RBL服务商的网站上查询RBL对应的应答码，并一一填写。例如，我们使用Spamhaus.org提供的SBL，那么就要选择“指定应答码”，并在下面填写所有相应的应答码。Spamhaus.org的SBL有两个应答码（127.0.0.2、127.0.0.3），那么这里就要全部填写上去。只有这样，才能保证所有SBL认可的垃圾邮件都被过滤掉。一个RBL有多个应答码，意味着这个RBL内部还有更详细的分类，多个应答码就是用来与多个分类相对应的。因此，如果你对RBL有更深入的了解，也可以选择只填写一部分应答码，即表示只有返回这些应答码的查询，才应被当作垃圾邮件处理。

方法2：使用任意应答码。如果管理员不清楚RBL对应的应答码具体是什么，或者某个RBL的应答码很多，懒得一一填写，也可以选择“任意应答码”。在这种情况下，防火墙会把所有查询结果为IP地址的邮件服务器判定为垃圾邮件发送源。注意，在这种情况下，如果DNS服务器被劫持，就会出现误报。

RBL服务器返回应答码，只是表明IP地址被RBL收录，说明RBL服务商认为相应的邮件服务器经常转发垃圾邮件。要想使得基于RBL的垃圾邮件过滤功能生效，管理员除了指定应答码，还需要设置RBL响应的动作。这个动作，既表示了你对RBL服务商的垃圾邮件判定结果的信任，更重要的是选择了对垃圾邮件的处理办法。

华为防火墙对垃圾邮件的处理动作是阻断和告警。

阻断：防火墙直接中断SMTP连接。防火墙会记录一条日志。很多RBL服务商认为，阻断才是真正实现反垃圾邮件的动作。只有阻断，才能彻底拒绝垃圾邮件，减少带宽和资源浪费。

告警：防火墙转发邮件，同时记录一条日志。管理员可以通过查看日志来了解整个网络的情况，发送方和接收方则无任何感知。

告警是RBL测试阶段的一个选择。你可以根据一段时间的日志，来判断RBL应用的效果，看看有多少误报和漏报，然后根据应用效果来调整策略。你也可以测试多个RBL，选择最合适的一个。在RBL的反垃圾邮件效果可接受的情况下，更改动作为阻断。毕竟，只有阻断才能真正地过滤垃圾邮件。

接下来，新建一个邮件内容过滤配置文件，启用垃圾邮件过滤功能（即RBL功能），如图3-28所示。提交编译，使配置生效。

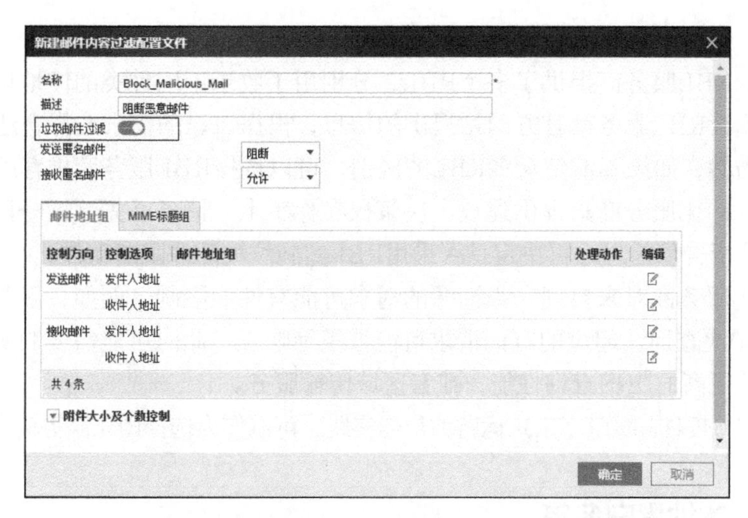

图 3-28　启用垃圾邮件过滤功能的邮件内容过滤配置文件

最后，在对外开放邮件服务器的安全策略中，引用新建的邮件内容过滤配置文件，对符合条件的流量执行邮件地址检查，如图3-29所示。

图 3-29　对外开放邮件服务器的安全策略

4. 选择 RBL 服务商

RBL服务商有哪些，该怎么选择呢？在网络上搜索“DNSBL”，可以看到很多RBL服务商信息。企业管理员应根据自己所在国家/地区、经常收到的垃圾邮件发送源来选择合适的RBL服务商和RBL。

RBL本质上是一种IP信誉服务，RBL服务商本身的实力是评估其服务是否可信的重要基础。RBL服务商很多，要选择历史悠久、应用广泛的服务商，如Spamhaus、SpamRATS、SORBS（Spam and Open-Relay Blocking System，垃圾邮件和开放中继阻塞系统）。一个信誉良好的RBL服务商，不仅会在其官方网站上提供RBL列表的介绍信息和使用指导，还会说明其收录与移除政策。

不同RBL服务商提供的RBL，侧重点和严格程度不尽相同。比如，有些RBL会因为一个IP地址“屡教不改”，而把整个“C段”全部封杀。选择这样的RBL，很可能会导致误报。

不少RBL服务商提供了多个RBL，分别用于收录不同种类的IP地址，你需要仔细阅读RBL服务商官方网站提供的信息，根据自己的需求选择合适的RBL列表。当然，如果不清楚众多RBL的区别，可以选择RBL服务商推荐的RBL。请记住：RBL服务商只提供建议，决策权在你手上。请务必先测试一段时间，监控和分析告警信息，再决定是否采用RBL实施垃圾邮件阻断动作。

RBL服务商对来自同一查询源的请求可能有性能限制，例如，限制每秒最多允许50次查询。超过的查询请求可能被拒绝响应。此时可能需要购买高级服务以开放更高的DNS查询性能，或者区域传输服务。

RFC 6471提供了DNSBL运营的最佳实践，可以作为选择RBL服务商的参考。

3.2.3 本地黑白名单

前文中我们介绍了RBL，综合考量RBL服务商收录IP地址的原则和技术方案，以及防火墙集成RBL的方法，通过RBL技术实现垃圾邮件过滤，不可避免地带来了误报和漏报。那么，如何解决误报和漏报问题呢？一个简单的方法是在防火墙上手动建立本地白名单和本地黑名单。

本地白名单，用于解决误报问题；本地黑名单，用于解决漏报问题。我们通过图3-30所示的组网来简单介绍一下本地黑白名单的基本原理。

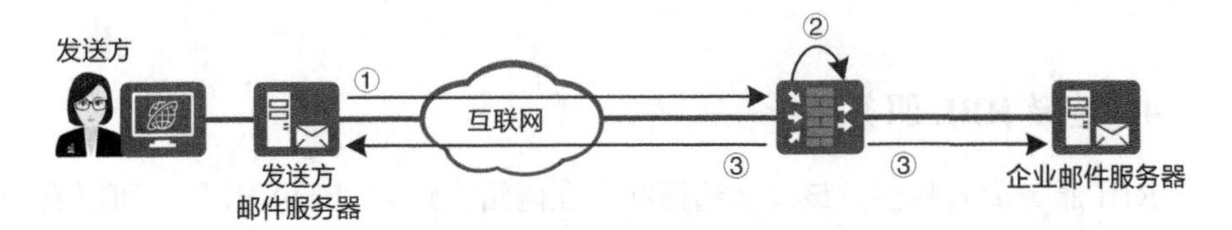

图 3-30　本地黑白名单

① 发送方通过发送方邮件服务器向企业邮件服务器发起SMTP连接。

② 防火墙从SMTP请求中解析出发送方邮件服务器的IP地址，并依次查询本地白名单和本地黑名单。

③ 防火墙根据查询结果处理SMTP请求。

- 如果发送方邮件服务器的IP地址命中本地白名单，则放行此邮件，并记录日志，不再进行其他检查。如果未命中，则继续本地黑名单检查。
- 如果发送方邮件服务器的IP地址命中本地黑名单，则阻断此邮件，并记录日志。如果未命中，则继续RBL查询。

本地黑白名单的配置方法非常简单，如图3-31所示。

邮件内容过滤	垃圾邮件过滤	
垃圾邮件过滤功能	(开)	
首选DNS服务器	10.10.10.10	
备用DNS服务器	10.10.10.11	
白名单	1.2.3.4 2.3.4.5	一行一条记录，只支持IPv4。 例如： 10.10.1.2 10.10.1.2/23 10.10.1.2/255.255.255.0
黑名单	4.3.2.1 5.4.3.2	
	应用	

图 3-31 配置本地黑白名单

问题是，本地黑白名单的IP地址从哪里来？

前文中我们说，本地白名单用于解决RBL的误报问题。那么，我们就可以根据RBL的阻断日志来设置本地白名单。如下面示例所示，**SrcIp=1.2.3.4**表示被阻断的邮件来自IP地址为1.2.3.4的邮件服务器。

```
2022-05-06 11:21:26 sysname %%01RBL/5/REMOTE(l): An email was detected by RBL filtering and the block action was executed on the email. (SyslogId=100, VSys="public",Policy="test_policy",SrcIp=1.2.3.4,DstIp=4.3.2.1,SrcPort=2312,DstPort=25,SrcZone=Trust,DstZone=Untrust,User="test_user",Protocol=TCP,Application="SMTP",Profile="test_profile")
```

如果企业信任某些知名的邮件服务商，也可以把他们的邮件服务器全部加入本地白名单。

本地黑名单主要用于解决RBL的漏报问题，那么，我们就从没有被过滤掉的垃圾邮件入手。我们知道，邮件在发送过程中，有可能需要经过多次中转，负责中转的设备就是邮件服务器。每一次中转，邮件服务器都会在邮件头的最前面添加一个Received域，Received域的基本表达格式是：Received:from [Server A] by [Server B]，其中，Server A为发送方邮件服务器，Server B为接收方邮件服务器。

多个邮件服务器添加的Received域就形成了一个列表，表明了邮件经过的所有邮件服务器。我们可以从邮件头中看到邮件的转发路径。考虑到本地黑名单过滤的工作原理，我们需要查找的是向企业邮件服务器发起SMTP连接的那个外部邮件服务器。因此，我们只需要在邮件头中找到企业邮件服务器是从哪个邮件服务器接收的邮件就可以了。

下面我们来看一个实际的例子。从邮件头可见，这封邮件经过5个邮件服务器转发。企业邮件服务器**canpmsg-in**从名为**ocn-116-135.mail.petalmail.com**、IP地址为**124.70.116.135**的邮件服务器接收了这封邮件。那么，如果要防火墙阻止这封邮件，只需把**124.70.116.135**加入本地黑名单就可以了。

```
Received: from dggpemm100002.china.huawei.com (7.185.36.179) by
 dggpemm500004.china.huawei.com (7.185.36.219) with Microsoft SMTP Server
 (version=TLS1_2,cipher=TLS_ECDHE_RSA_WITH_AES_128_GCM_SHA256) id
 15.1.2375.24 via Mailbox Transport; Tue,26 Apr 2022 16:09:41 +0800
Received: from dggems703-chm.china.huawei.com (10.3.19.180) by
 dggpemm100002.china.huawei.com (7.185.36.179) with Microsoft SMTP Server
 (version=TLS1_2,cipher=TLS_ECDHE_RSA_WITH_AES_128_GCM_SHA256) id
 15.1.2375.24; Tue,26 Apr 2022 16:09:41 +0800
Received: from canpmsg-in (172.19.92.168) by dggems703-chm.china.huawei.com
 (10.3.19.180) with Microsoft SMTP Server id 15.1.2375.24 via Frontend
 Transport; Tue,26 Apr 2022 16:09:41 +0800
Received: from localhost (ocn-116-135.mail.petalmail.com [124.70.116.135])
    by canpmsg-in (SkyGuard) with ESMTPS id 4KnZJR0fJKzB2LsX
    for <lixuezhao@huawei.com>; Tue,26 Apr 2022 16:08:21 +0800 (CST)
MIME-Version: 1.0
DKIM-Signature: a=rsa-sha256;
b=OmyqCAyY0fMnVBtRy61Nj3gisss1pM7GYpNQPZf+DvSXDwHKmFn1s0zV+0Xd504/
XyaSPExm5DJrg/9tZP5pajlnv+neDeD/Wjzp8y7ANl1QqFY+Y5YqtODAQcS1mdApU07G2zT
ZZt4sVWI4YJ48+yw6/4Osg1eCMTHBnPpBNE4=; c=relaxed/relaxed; s=cn20210615;
d=petalmail.com; v=1;
bh=OJHkKKxpW6zWpGEdnA4RGkjn3bPULEFURDNPCtImLZw=; h=From:To:Subject:Mime-
Version:Date:Message-ID;
Received: from 119.3.119.21 (EHLO localhost) ([119.3.119.21])
      by petal-mail (Petal SMTP Server ) with ESMTPA ID fa163efffe8809cf-
00310dd1-00542323-ab3f80fdeea7bb52-e148596d
      for <lixuezhao@huawei.com>;
      Tue,26 Apr 2022 16:09:27 +0800 (GMT+08:00)
Date: Tue,26 Apr 2022 16:09:25 +0800 (GMT+08:00)
From: <lixuezhao@petalmail.com>
To: Lixuezhao <lixuezhao@huawei.com>
Message-ID: <97901993.1.1650960566794@localhost>
Subject: This is a test mail
Content-Type: multipart/related;
    boundary="----=_Part_0_13009364.1650960566626"
Return-Path: lixuezhao@petalmail.com
```

3.2.4 邮件地址检查

邮件地址代表着邮件的发送方和接收方，邮件地址检查就是根据邮件的发送方和接收方地址来过滤邮件。

1. 邮件地址检查的原理

防火墙从邮件消息中提取发送方和接收方的邮件地址，根据邮件地址对邮件采取相应的动作。我们知道，SMTP用于发送邮件，POP3和IMAP用于接收邮件。与此相对应，防火墙也可以根据邮件的发送和接收两个方向来对邮件地址进行检查，这就是控制方向。控制方向的本质就是邮件协议。

防火墙对邮件地址检查支持的动作包括允许和阻断两种。

- **允许：**允许邮件通过。
- **阻断：**阻断邮件通过。对于IMAP，目前仅支持告警处理，即允许邮件通过并记录日志，无法阻断。

2. 邮件地址检查的场景

邮件地址检查功能主要用于控制哪些人（邮件地址）可以发送邮件、可以向哪些人发送邮件。下面来看两个典型的应用场景。

① 场景1，企业内网部署了邮件服务器。企业用户通过该服务器发送邮件，外网的邮件服务器也会向该邮件服务器发送邮件，如图3-32所示。

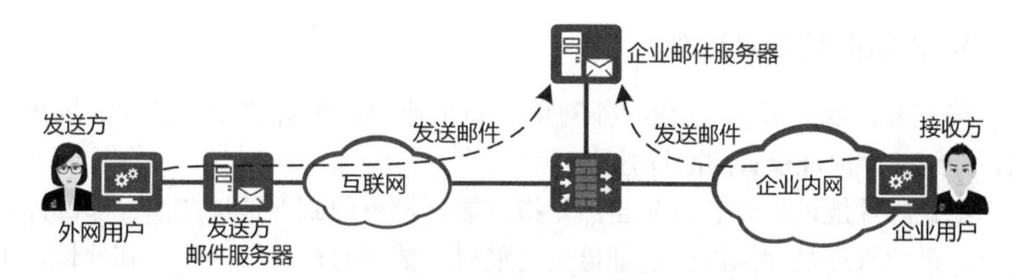

图3-32　邮件地址检查场景1

在这个场景中，通过邮件地址检查，可以针对邮件发送方向，控制发送方的范围。这既可以阻止外网的恶意用户向企业内网发送邮件，也可以阻止特定的企业用户向外发送邮件。在检查发送方邮件地址的基础上，还可以同时针对接收方的邮件地址进行检查，满足更精确的过滤需求。如果一封邮件同时命中发送方邮件地址和接收方邮件地址的检查，而两者的动作不一致，则防火墙执行严格的阻断动作，该邮件将被阻断。

② 场景2，企业内网没有部署自己的邮件服务器，而是使用某知名邮件服务器来收发邮件，如图3-33所示。

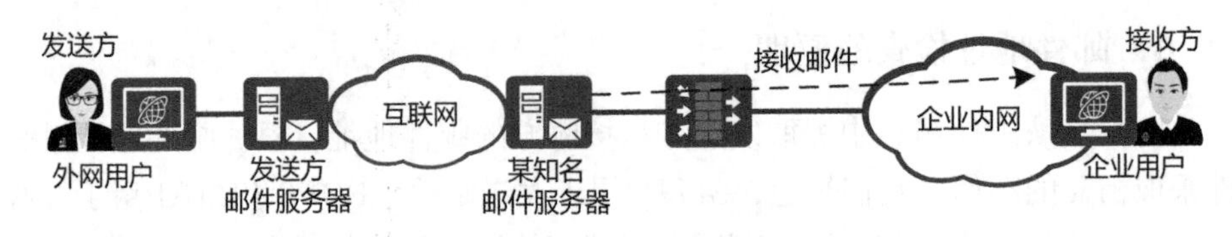

图 3-33 邮件地址检查场景 2

该场景中，通过邮件地址检查来满足接收邮件方向（POP3/IMAP）的邮件过滤需求。例如，防火墙可以对发送方的邮件地址进行检查，将恶意用户发送的邮件隔离在外网。

邮件地址检查还有一个特殊的场景，即匿名邮件检测。匿名邮件指的是没有发送方邮件地址的邮件。前文中我们讲过，SMTP服务器并不校验发送方的邮箱，发送方不仅可以伪造邮件地址，也可以不提供邮件地址，这就产生了匿名邮件。通常情况下，使用匿名方式发送邮件的动机都是可疑的，邮件中可能包含无用或有害的信息。对企业来说，匿名邮件一般都和业务无关，应直接阻断。防火墙的匿名邮件检测功能在检查到发送方邮件地址为空时，执行匿名邮件检测的动作，包括允许、阻断和告警。

3. 配置邮件地址检查

接下来，我们以图3-32中外网用户向企业邮件服务器发送邮件的场景为例，介绍邮件地址检查的配置方法。

配置邮件地址检查，首先当然是指定需要检查的邮件地址范围，即邮件地址组。企业管理员使用邮件地址检查功能时，请务必明确哪些人（邮件地址）能发送邮件或者接收邮件、能向哪些人发送邮件，准确定义邮件地址。邮件地址检查功能的关键在于邮件地址，邮件地址是否准确决定着过滤效果。新建邮件地址组界面如图3-34所示。

邮件地址本质上是一串长或短的字符串，针对邮件地址，防火墙支持使用通配符（*），实现前缀匹配、后缀匹配、精确匹配和关键字匹配，如表3-5所示。

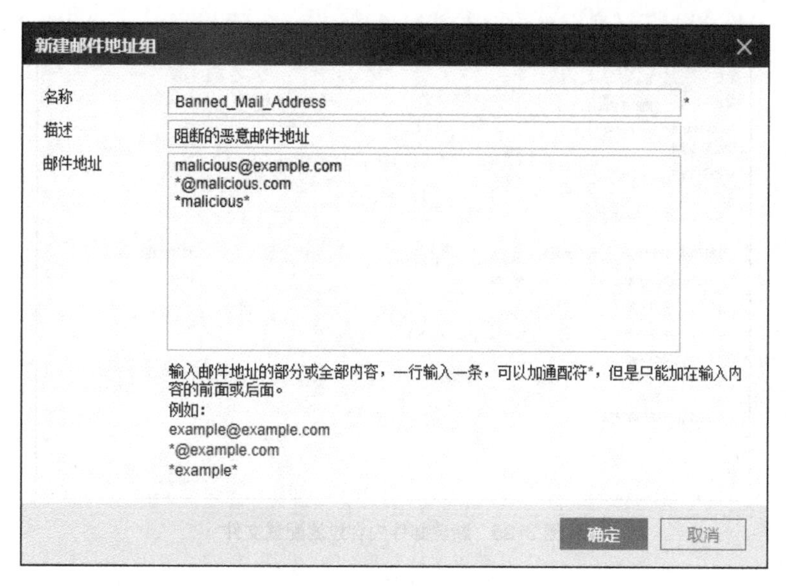

图 3-34　新建邮件地址组界面

表 3-5　邮件地址匹配

匹配方式	效果	典型应用
前缀匹配	匹配所有以指定字符串开头的邮件地址	用“username@*”匹配来自 username 的所有邮件地址，包括 username@example.net、username@example.com 等
后缀匹配	匹配所有以指定字符串结尾的邮件地址	用“*@example.com”匹配所有邮箱。 后缀匹配可以轻松实现针对域名的邮件过滤，十分适合用于过滤来自指定公司的邮件
精确匹配	匹配指定邮件地址	用“username@example.com”匹配 username@example.com
关键字匹配	匹配包含指定字符串的邮件地址	用“username@example*”匹配所有包含“username@example”的邮件地址，如 username@example.com、username@example.net 等

然后，新建邮件内容过滤配置文件，如图3-35所示。为了提高安全性，我们阻断邮件地址组“Banned_Mail_Address”发送的邮件，同时阻断发送匿名邮件。完成后提交编译，使配置生效。

在对外开放邮件服务器的安全策略中，引用新建的邮件内容过滤配置文件，对符合条件的流量执行邮件地址检查。

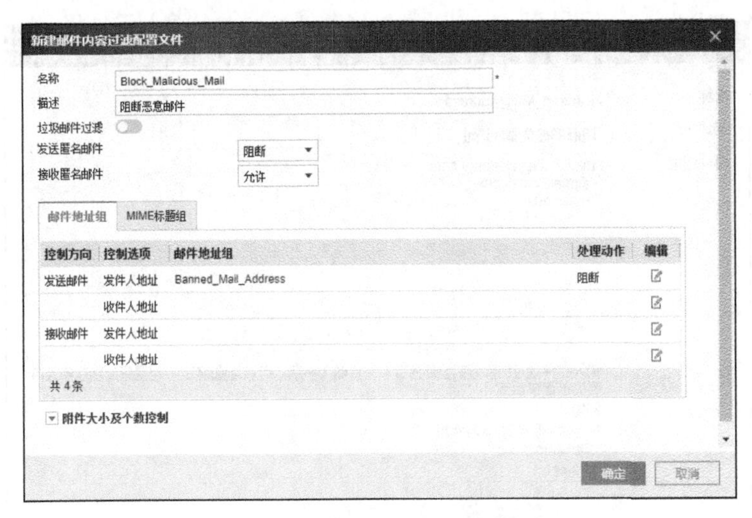

图 3-35　新建邮件内容过滤配置文件

我们已经知道，SMTP邮件服务器在转发邮件时并不会校验发送方的邮件地址，邮件中的发送方邮件地址是不可靠的，所以邮件地址检查存在一定的误报，这是SMTP本身的缺陷。

3.2.5　MIME 标题检查

邮件的MIME协议头中保存着丰富的信息，我们可以按照业务需要，根据MIME中的特定域及其内容取值来过滤指定的邮件。

1. MIME 标题检查的原理

在邮件的MIME协议头中，以“域名:域的内容信息”的格式保存着邮件的基本信息、格式信息、编码方式等信息。防火墙解析MIME协议头中的这些信息，与管理员配置的邮件标题组进行匹配。当MIME协议头中的域名和域的内容信息匹配指定的MIME标题组时，防火墙就执行指定的处理动作。

MIME标题检查支持SMTP、POP3和IMAP，处理动作包括告警、宣告和阻断3种。

- **告警**：允许邮件通过，并记录日志。
- **宣告**：允许邮件通过，在邮件正文中添加宣告信息，并记录日志。
- **阻断**：阻断邮件通过，并记录日志。

2. MIME标题检查的典型场景

MIME标题检查的场景由MIME协议头中包含的字段决定。在邮件的MIME协议头中，通常存有邮件的收件人、发件人、主题等信息，你可以利用这些字段来限制邮件的收件人、发件人或邮件的主题信息。利用MIME标题检查功能来限制邮件的收件人和发件人，可以实现类似邮件地址检查的功能。MIME协议头中的通用域信息如表3-6所示。

表3-6 MIME头中的通用域信息

域名（字段）	域的示例	应用场景
From	From:Sender <youname@example.com>	检查邮件的发件人别名及其邮件地址，即邮件客户端展示的发件人信息
To	To:Recipient <myname@huawei.com>	检查邮件的收件人别名及其邮件地址，即邮件客户端展示的收件人信息
CC（Carbon Copy，复写）	CC:somebody <somebody@example.com>	检查邮件的抄送人别名及其邮件地址，即邮件客户端展示的抄送人信息
Return-Path	Return-Path:yourname@example.com	检查邮件的返回路径（即回信地址）。Return-Path由最初接收该邮件的SMTP服务器填写，其值为原始发件人在MAIL FROM命令中提供的发件人地址。回信地址与From字段的发件人地址可能不同
Reply-To	Reply-To:nobody@example.com	检查邮件的回信地址。回信地址通常由发件人的邮件客户端添加
Subject	Subject:=?gb2312?B?tPq/qreixrE=?=	检查邮件主题中的关键字

可见，相对邮件地址检查来说，MIME标题检查不仅可以检查发件人和收件人的邮件地址，还可以检测发件人和收件人的别名，可以根据Return-Path、Reply-To和Subject等字段过滤邮件。

大家可能已经注意到，Subject的示例好像是一段乱码。其实，这个字符串前面的“=?”和后面的“?=”表示这中间是编码后字符串，其中包含字符串的原始格式、原始编码格式与编码后的字符串3个信息。这3个信息使用“?”分隔。在表3-6所示的Subject取值的字符串中，“gb2312”表示邮件主题的原始编码格式为GB2312，“B”表示采用Base64编码，“tPq/qreixrE=”是编码后的“代开发票”。对于MIME协议头中的Subject域，当其值为中文时，防火墙支持的编码格式为GB2312和UTF-8。From、To和CC域的值都可以同时体现收发件人的别名和邮件地址。这里的别名如果是中文，同样也会使用类似的编码方式处理。不过，防火墙不支持这几个域的中文别名过滤。

此外，一些邮件服务器、邮件安全网关在转发和分析邮件时，会在邮件的MIME协议头中添加自定义的域信息。如果你信任这些产品与服务，理解它们添加的自定义域是什么含义，也可以针对这些自定义的域来过滤邮件。例如，Apache软件基金会开发的SpamAssassin是一款开源的邮件过滤软件。SpamAssassin对邮件执行各种分析和测试，以发现和识别垃圾邮件。评估完成后，SpamAssassin在邮件的MIME协议头中添加一段标记。例如：

```
X-Spam-Flag: YES
X-Spam-Status: Yes, score=16.4, hits=16.4, required=5.0,
autolearn=noautolearn_force=no, shortcircuit=no
X-Spam-Level: ****************
X-Spam-Checker-Version: SpamAssassin 3.4.2 on Example.Server
```

下面简要介绍一下这4个域。

- **X-Spam-Flag**：表示垃圾邮件的最终评估结果，当评估结果认为该邮件为垃圾邮件时，该字段的取值为YES，否则为空。如果信任SpamAssassin的评估结果，则可以在防火墙上直接根据这个标记来阻断垃圾邮件。
- **X-Spam-Status**：表示垃圾邮件评估的状态，包括最终评估结果、分数、触发的测试项目等。
- **X-Spam-Level**：表示垃圾邮件评级。该评级由X-Spam-Status中的分数取整得到，并以“*”标识。如评估分数是16.4，则评级为16个“*”。你也可以根据X-Spam-Level灵活地设置阻断阈值。
- **X-Spam-Checker-Version**：表示SpamAssassin的版本和服务器的名称。

3. 配置 MIME 标题检查

首先，新建MIME标题组，如图3-36所示。此处以SpamAssassin为例，假设当邮件的X-Spam-Level大于等于8时，就阻断该邮件。为此，当MIME头中精确匹配到字段“X-Spam-Level”时，检查其取值。当取值匹配到8个“*”时，则阻断该邮件。在MIME标题组中，可以添加多个规则，多个规则之间是“或”的关系。为了避免误报，建议字段匹配方式选择精确匹配，值匹配方式根据字段的具体情况选择精确匹配或者任意匹配、前缀匹配或后缀匹配。

图 3-36　新建 MIME 标题组

然后，在邮件内容过滤配置文件中选择上面新建的MIME标题组，指定适用的协议和动作。这里我们以第3.2.4节中创建的邮件内容过滤配置文件为基础，在其上添加MIME标题组，如图3-37所示。之后提交编译，使配置生效。

图 3-37　添加 MIME 标题组

3.2.6 邮件附件控制

邮件中可以携带附件，如果不对附件进行限制，大量的附件不但消耗网络带宽，还会占用存储空间。企业用户发送邮件时携带附件还存在信息泄露的风险。为此，防火墙提供了邮件附件控制功能，可以控制每封邮件中携带附件的数量和每个附件的大小，从而控制带宽占用，并在一定程度上避免大量信息通过邮件泄露出去。企业管理员可以针对发送方向和接收方向分别设置附件个数上限和附件大小限制。

我们仍以图3-32中外网用户向企业邮件服务器发送邮件的场景为例，限制外网用户发送邮件中的附件个数上限为2，附件大小上限为4 MB（即4096 KB）。为了达到这个目的，我们修改第3.2.4节中创建的邮件内容过滤配置文件，如图3-38所示。修改后需要提交编译，使配置生效。

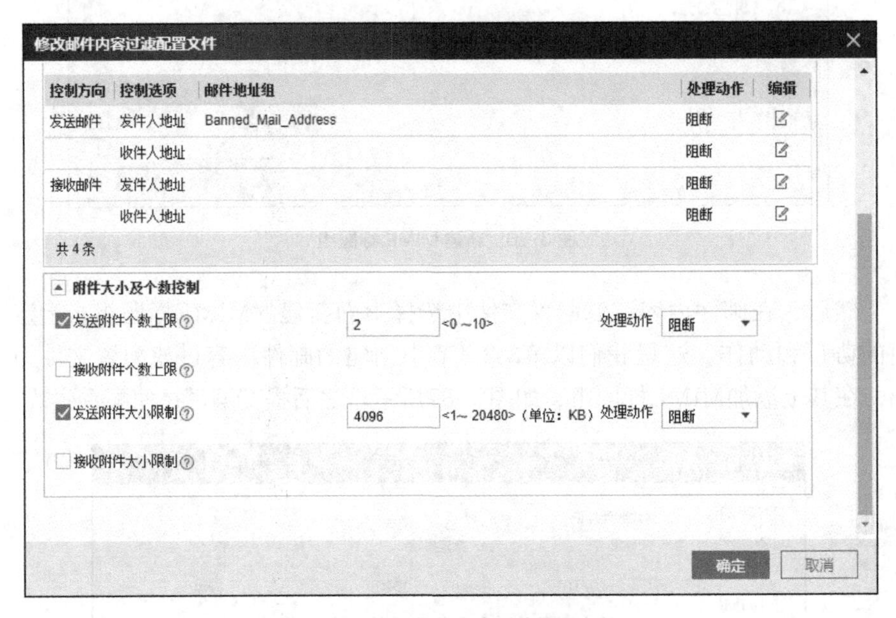

图 3-38 修改邮件内容过滤配置文件

其中，附件大小限制是针对邮件中的每一个附件而言的。只要有一个附件的大小超过阈值，此邮件就按照指定的处理动作处理。邮件附件控制的处理动作有告警和阻断。对于通过IMAP接收的邮件，目前仅支持告警，无法阻断。

3.2.7　邮件过滤小结

为了解决垃圾邮件泛滥的问题，我们在防火墙上集成了RBL技术；为了解决RBL带来的误报和漏报问题，我们又引入了本地黑名单和本地白名单。RBL、本地黑名单和本地白名单都是基于邮件服务器IP地址的邮件过滤技术，邮件过滤动作发生在建立TCP连接之前，因而也就只适用于SMTP。

为了满足更多样化的邮件管控需求，我们在防火墙上实现了邮箱地址检查、MIME标题检查、匿名邮件检测和邮件附件控制。这是基于SMTP/POP3/IMAP的邮件过滤技术，邮件过滤动作发生在TCP连接之中。其中，匿名邮件检测可以在一定程度上屏蔽恶意邮件，MIME标题检查也可以用于防范垃圾邮件。

图3-39所示为邮件过滤的配置逻辑，并标识了各种邮件过滤功能的处理顺序。基于邮件协议的内容安全功能，还有AV（Antivirus，反病毒）、文件过滤、内容过滤等，在后文中会继续介绍。

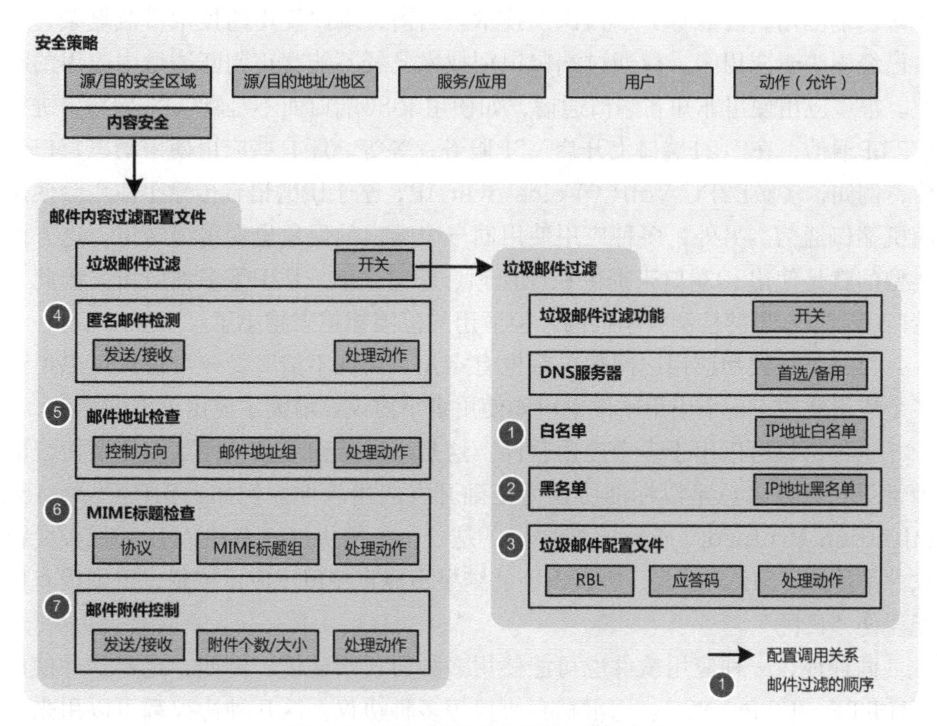

图 3-39　邮件过滤的配置逻辑和处理顺序

3.3 应用识别与控制

经过多年的发展，互联网已经渗透到当今社会的方方面面，互联网上承载的应用也在发生着深刻的变化。从最初的网页浏览、e-mail、FTP下载，到目前的P2P、游戏、视频、直播等，丰富多彩的应用成为互联网的主流。互联网应用的发展，不仅丰富了人们的沟通和生活，也提升了工作效率。不过，互联网应用也是一柄“双刃剑”。如果说，员工在上班时间玩游戏、看视频，还只是影响工作效率的话，隐藏在应用背后的安全风险就更加不容忽视了。

面对各种层出不穷的新兴应用，如何对其进行管控成为管理员面临的最大问题之一。管控的前提是必须识别出各类应用的流量，而传统的协议识别技术对此无能为力。

第一，传统的协议识别技术仅检查报文的五元组信息，根据报文的端口号来识别应用，因此称为端口识别技术。当前，端口使用的技术日益复杂，端口已经不等于应用了，仅通过端口识别技术已经不能真正判断流量中应用的类型。很多应用使用非知名端口通信，如使用8080端口而不是默认的80端口进行HTTP通信，在2121端口上开启FTP服务，等等。还有些应用使用动态端口通信，例如，多数P2P、VoIP（Voice over IP，基于IP的语音传输）应用会使用随机端口通信。另外，多种应用使用同一个端口的现象也变得很常见。这方面典型的就是使用80端口来提供在线视频、即时通信、P2P等多种应用。因此，端口识别技术虽然检测效率很高，但适用的范围却越来越小了。

第二，协议和应用之间的关系也有点儿“纠缠不清”。一个协议可以用于多个应用软件，一个应用软件也可能使用多个协议，增大了应用识别的难度。

一种协议可以用于多个应用软件，这是一种普遍现象，尤其以标准协议最为常见：开发者总是以标准协议为基础开发应用软件。例如，SIP（Session Initiation Protocol，会话起始协议）是一个标准协议，多种VoIP和视频会议软件都使用了SIP。因此，协议识别的结果不能直接用于应用控制，否则极有可能误伤“良民”。

同样地，一种应用软件也可能使用多种协议来通信。例如，迅雷软件使用了HTTP、FTP、P2P、迅雷私有协议等多种协议。这几种协议都可以用来下载文件，分别用于下载不同类型的资源。这就要求应用识别一定要包括所有关联协议的流量，否则难免有“漏网之鱼”。

3.3.1 应用识别技术

基于应用识别的现状和面临的问题，华为防火墙产品提供了SA（Service Awareness，业务感知）技术，能够解决当今复杂的应用识别问题，精确识别各类应用。下面我们就来了解SA技术的实现原理。

面对网络中扑朔迷离的流量，SA技术如何识别出各类应用呢？其实说起来也简单，既然传统的协议识别技术只检测报文五元组信息而不能识别应用，那SA技术就“费点儿力”，继续检测报文的应用层数据。业务感知技术常用的手段有3种，下面对其简单介绍。

1. 特征识别技术

不同的应用软件通常会采用不同的协议，而不同协议自有其特征，这些特征可能是特定的端口、特定的命令字或者特定的比特序列。这些特征构成一个应用软件的“指纹”，只要提取出各种应用软件的指纹，建立一个指纹库，就可以用来与流经防火墙的业务报文进行比对。这就是SA技术的“第一招”——**特征识别技术**，该技术通过识别数据报文中的特征信息来确定业务所承载的应用。

对于已知协议，如FTP、HTTP、DNS、SMTP等，协议的标准规定了特有的消息和命令字以及状态迁移机制，通过分析应用层内的这些专有字段和状态，就可以精确、可靠地识别这些协议。例如，HTTP中规定了GET、POST等请求方法，HTTP报文中也需要明确HTTP的版本，报文中的这些字段，就可以作为应用特征的一部分来利用。图3-40所示的HTTP报文的特征示例中显示了HTTP报文中的POST命令和HTTP版本号。

还有很多应用，采用了私有协议，或者在标准协议的基础上做了修改。开发应用的服务商通常并不会公开其协议细节。这时就要通过逆向工程分析协议机制，获取报文流的特征字段。此外，如果协议报文的特征是分布在多个报文中的，还需要对多个报文进行采集、分析。例如，某协议的关键字也会被其他协议使用，这些关键字不能作为该协议的独立特征，还要根据后续协议报文的其他特殊关键字来确认，这就是多报文特征识别技术。

2. 关联识别技术

有些应用协议通过多条通道进行通信，如FTP、SIP、H.323等，称为多通

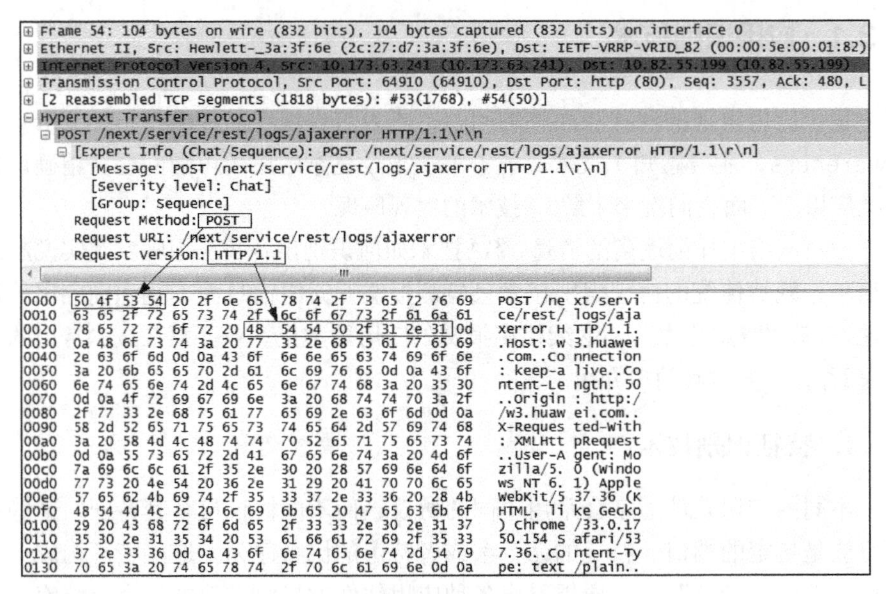

图 3-40 HTTP 报文的特征示例

道协议。多通道协议通过控制通道来协商通信参数，通过动态协商的数据通道传输具体的数据。当前，采用多通道协议传输语音、视频和文件的应用越来越多，特别是VoIP、P2P应用，动态协商多个端口来传输数据，给应用识别带来极大的困难。

如前文所述，通过特征识别技术，我们可以识别出控制通道，但是对数据通道就无能为力了，因为数据通道是动态协商出来的，而且没有任何可供利用的特征。但是，既然数据通道是协商出来的，那么控制通道中自然记录了这个协商的过程，也必然包含数据通道的详细信息。通过解析控制通道中的协商报文，提取出数据通道的IP地址和端口号，就可以知道通信双方将在哪个数据通道上传输数据。这就是业务感知的“第二招”——**关联识别技术。**

下面以十分常见的FTP来详细说明关联识别技术，其他应用比FTP复杂，但思路和方法是类似的。FTP客户端和FTP服务端首先通过三次握手建立控制通道，这个控制通道是可以通过特征识别技术（如USER、PASS命令字）检测出来的。在传输文件的时候，两端协商建立一个临时的数据通道，数据通道就没有特征可以识别了。

① FTP客户端使用被动模式下载文件，首先要使用PASV命令字通知FTP服务端。目的端口号（21）和PASV命令字可以用作特征识别，如图3-41所示。

```
No.  Time          Source          Destination     Protocol  Length Info
 491 14.9884420 10.177.31.123   10.177.19.220     FTP        74 Response: 200 Type set to I.
 492 14.9919000 10.177.19.220   10.177.31.123     FTP        60 Request: PASV

⊞ Frame 492: 60 bytes on wire (480 bits), 60 bytes captured (480 bits) on interface 0
⊞ Ethernet II, Src: IETF-VRRP-VRID_01 (00:00:5e:00:01:01), Dst: HuaweiTe_88:fa:36 (28:6e:d4:88:fa:36)
⊞ Internet Protocol Version 4, Src: 10.177.19.220 (10.177.19.220), Dst: 10.177.31.123 (10.177.31.123)
⊟ Transmission Control Protocol, Src Port: 51885 (51885), Dst Port: ftp (21), Seq: 68, Ack: 225, Len: 6
    Source port: 51885 (51885)
    Destination port: ftp (21)
    [Stream index: 5]
    Sequence number: 68    (relative sequence number)
    [Next sequence number: 74    (relative sequence number)]
    Acknowledgment number: 225    (relative ack number)
    Header length: 20 bytes
  ⊞ Flags: 0x018 (PSH, ACK)
    Window size value: 255
    [Calculated window size: 65280]
    [Window size scaling factor: 256]
  ⊞ Checksum: 0xa172 [validation disabled]
  ⊟ [SEQ/ACK analysis]
      [This is an ACK to the segment in frame: 491]
      [The RTT to ACK the segment was: 0.003458000 seconds]
      [Bytes in flight: 6]
⊟ File Transfer Protocol (FTP)
  ⊟ PASV\r\n
      Request command: PASV

0000  28 6e d4 88 fa 36 00 00  5e 00 01 01 08 00 45 00   (n...6.. ^.....E.
0010  00 2e 27 cf 40 00 7f 06  8b 42 0a b1 13 dc 0a b1   ..'.@... .B......
0020  1f 7b ca ad 00 15 2a 77  6d 25 35 da 7b c1 50 18   .{....*w m%5.{.P.
0030  00 ff a1 72 00 00 50 41  53 56 0d 0a               ...r..PA SV..
```

图3-41　FTP报文之一

② FTP服务端进入被动模式，并告诉FTP客户端连接的数据通道端口号。如图3-42所示，FTP服务端响应报文的参数中，(10,177,31,123,211,195)即表示服务端的IP地址和端口号，其中，前4位是IP地址，后两位经计算得出端口号为54211（211×256+195=54211）。

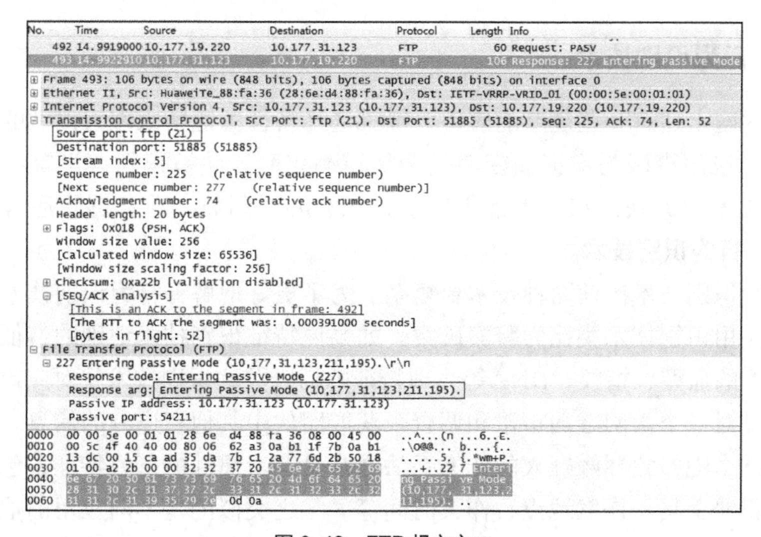

图3-42　FTP报文之二

③ FTP客户端通过控制通道向FTP服务端请求一个文件，FTP服务端开放端口。接下来，FTP客户端和FTP服务端经过三次握手，建立一个新的TCP连

接。如图3-43所示，右上角上面的方框内是控制通道内的请求和响应，右上角下面的方框内是新建数据通道的三次握手。其下的499号报文就是FTP数据传输的报文，FTP服务端使用的正是前面开放的54211端口。通过三元组，就识别出了FTP数据通道。

```
No.  Time       Source          Destination     Protocol  Length Info
 492 14.9919000 10.177.19.220   10.177.31.123   FTP         60 Request: PASV
 493 14.9922910 10.177.31.123   10.177.19.220   FTP        106 Response: 227 Entering Passive Mode (10,177,31,123
 494 14.9957930 10.177.19.220   10.177.31.123   FTP         89 Request: RETR Storm2011-3.11.03.02_595.exe
 495 14.9961880 10.177.31.123   10.177.19.220   FTP         96 Response: 150 Opening BINARY mode data connection.
 496 14.9972980 10.177.19.220   10.177.31.123   TCP         66 51886 > 54211 [SYN] Seq=0 Win=65535 Len=0 MSS=1460
 497 14.9974390 10.177.31.123   10.177.19.220   TCP         66 54211 > 51886 [SYN, ACK] Seq=0 Ack=1 Win=8192 Len=
 498 14.9982100 10.177.19.220   10.177.31.123   TCP         54 51886 > 54211 [ACK] Seq=1 Ack=1 Win=4194304 Len=0
 499 14.9987860 10.177.31.123   10.177.19.220   FTP-DATA  1514 FTP Data: 1460 bytes
⊞ Frame 499: 1514 bytes on wire (12112 bits), 1514 bytes captured (12112 bits) on interface 0
⊞ Ethernet II, Src: HuaweiTe_88:fa:36 (28:6e:d4:88:fa:36), Dst: IETF-VRRP-VRID_01 (00:00:5e:00:01:01)
⊞ Internet Protocol Version 4, Src: 10.177.31.123 (10.177.31.123), Dst: 10.177.19.220 (10.177.19.220)
⊟ Transmission Control Protocol, Src Port: 54211 (54211), Dst Port: 51886 (51886), Seq: 1, Ack: 1, Len: 1460
    Source port: 54211 (54211)
    Destination port: 51886 (51886)
    [Stream index: 6]
    Sequence number: 1    (relative sequence number)
    [Next sequence number: 1461    (relative sequence number)]
    Acknowledgment number: 1    (relative ack number)
    Header length: 20 bytes
  ⊞ Flags: 0x010 (ACK)
    Window size value: 256
    [Calculated window size: 65536]
    [Window size scaling factor: 256]
  ⊞ Checksum: 0x41e2 [validation disabled]
  ⊟ [SEQ/ACK analysis]
      [Bytes in flight: 1460]
⊟ FTP Data
    [truncated] FTP Data: MZ\220\000\003\000\000\000\004\000\000\000\377\377\000\000\270\000\000\000\000\000\000\000@\000\00
```

图 3-43　FTP 报文之三

3. 行为识别技术

互联网上还有一些复杂的应用，很难选择特征关键字来作为识别的特征；很多加密应用也因为数据加密使其特征模糊化而无法被识别。没有特征，特征识别技术和关联识别技术都失效了，怎么办？别急，业务感知还有“第三招”——**行为识别技术。**

行为识别技术比前两种技术更复杂。为了更好地解释行为识别技术，我们可以把应用识别技术类比为警察破案。如果说特征识别技术识别的特征对应犯罪嫌疑人的血型、指纹、DNA等生理特征的话，关联识别技术就对应审讯和调查：通过对一个落网者的审讯和调查来获取团伙中其他在逃者的信息。那么行为识别技术呢？犯罪嫌疑人的作案手法通常具有习惯性的行为特征，包括侵害对象、犯罪工具、作案地点、作案时间等。与之类似的是不同应用的报文收发行为也具有其行为特征，例如，VoIP应用的语音数据报文长度通常比较稳定，发送频率比较固定；P2P应用的单IP地址的连接数多，多个UDP连接很可能使用相同的端口，报文长度长且稳定。应用识别技术的类比如表3-7所示。

表3-7 应用识别技术的类比

应用识别技术	识别犯罪嫌疑人	识别应用
特征识别	血型、指纹、DNA	命令字、特殊字符串、知名端口
关联识别	落网者→（审讯和调查）→在逃者	控制通道→（协商报文）→数据通道
行为识别	侵害对象、犯罪工具、作案地点、作案时间	上下行流量比例、报文发送频率、报文长度变化规律

针对不同的应用，可利用的行为特征不尽相同。要准确地识别一个应用，必须抓取海量的流量样本，分析、提取出独特的行为特征，这才是行为识别最困难的地方。通常，上下行流量比例、报文发送频率、报文长度变化规律等，都是可以利用的行为特征指标。行为识别技术通过综合考查和选择多种行为特征指标来实现精准的应用识别。

上面非常简单地说明了业务感知所采用的3种主流的应用识别技术。这3种应用识别技术分别适用于不同类型的应用，无法相互替代。很多情况下，综合运用多种技术才能达到较好的识别效果。应用识别的过程是非常复杂的，好在，我们只要简单了解实现方法就足够了，因为安全研究人员已经做完了主流应用的识别工作，并把这项工作的成果以特征库的形式提供给防火墙。

3.3.2 预定义应用与端口映射

华为安全中心从海量的互联网应用中，分析并提取了6000多个应用的特征，形成了应用识别特征库，并以预定义应用的形式加载到防火墙上。

1. 预定义应用

在防火墙的Web界面可以查看应用的情况，应用的界面如图3-44所示。

为了便于管理和使用，防火墙把应用按照属性划分为5个类别50多个子类别，并给每个应用设置了标签，标识了应用的数据传输方式和风险级别。风险级别数值越大，表示使用该应用带来的风险越高。你可以根据这些属性来设置管控策略。例如，在创建安全策略时，选择“造成数据泄露”和“承载恶意软件”，设置动作为“禁止”，就可以禁止访问所有带有上述标签的应用。你也可以根据需要创建应用组，并使用应用组作为安全策略的匹配条件。

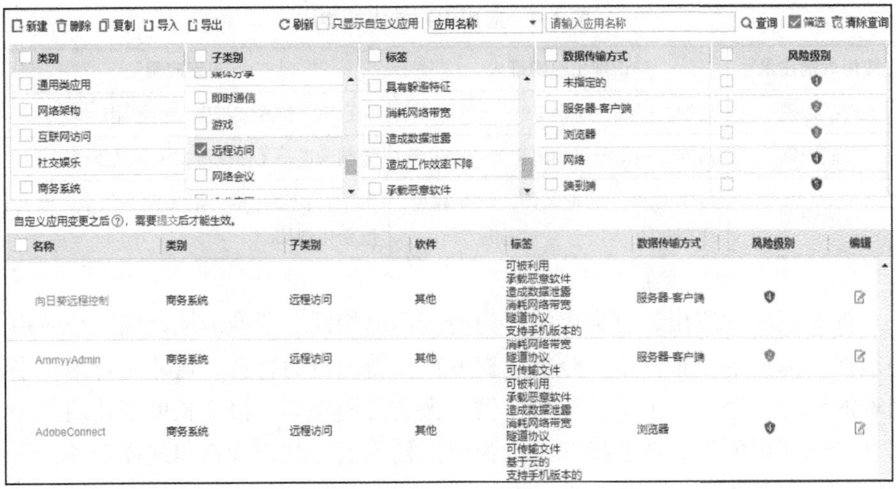

图 3-44　应用的界面

如果要做到精细的管控，则需要你对应用识别特征库做一些简单的调查。众所周知，多数互联网应用使用一个应用程序提供多种功能，而业务需求可能并不是封禁整个应用，而是封禁其中的某一项功能。举例来说，大家常用的微信有多种功能，在防火墙的应用识别特征库中体现为多个应用。常用的聊天功能叫“微信即时通信”，语音通话叫“微信多媒体聊天”，在线传文件的功能叫“微信文件传输”。此外还有“企业微信”“企业微信文件传输”等。所以，要保证应用控制的效果符合预期，首先要了解应用本身、了解应用识别特征库，然后根据业务需求来确定控制哪个或者哪几个应用。

应用识别技术虽然复杂，但是基于应用的管控却很简单。不过，互联网上新的应用层出不穷，已有应用的特征也会随着版本的更新而发生变化。所以，必须定期更新应用识别特征库，才能够保证更好的识别效果。

2. 端口映射

介绍完预定义应用，我们再来看一下端口映射。端口映射并不是一个新功能。在传统防火墙上，端口映射主要用于识别非知名端口上提供的知名服务。打个比方，端口映射相当于告诉防火墙：这个端口上“跑”的是某协议，它只不过是换了一个“马甲”，请防火墙明察。

现在，端口映射主要还是聚焦于非知名端口，但是作用范围扩大了。以前端口映射只支持FTP、SMTP、HTTP、RTSP（Real-Time Streaming Protocol,

实时流协议）、H.323、SIP等协议，现在端口映射和业务感知两者“联手”，端口映射可以支持几乎所有的应用了。端口映射能够帮助业务感知快速识别应用，而不必等待数据包交互后才识别出应用，还能节省防火墙的系统资源。

下面我们通过一个例子来看端口映射的效果。如图3-45所示，防火墙部署在PC和FTP服务器之间，FTP服务器使用非知名端口2121提供服务。管理员要在防火墙上配置安全策略，阻断PC访问FTP服务器的报文。

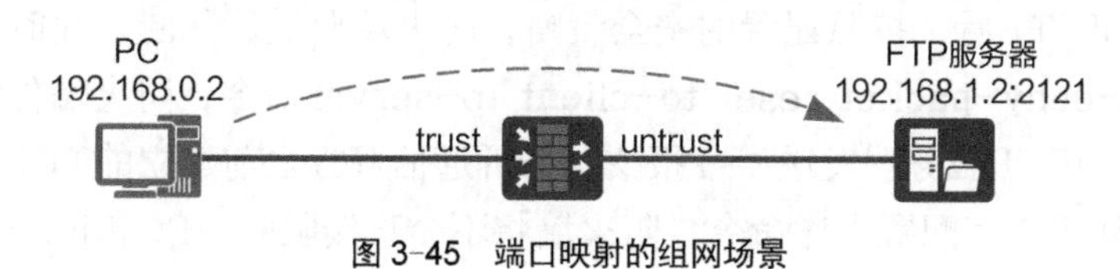

图3-45 端口映射的组网场景

首先，我们使用预定义应用来满足此需求。配置如下所示安全策略，阻断PC访问FTP服务器的报文。

```
#
security-policy
 rule name policy1
  source-zone trust
  destination-zone untrust
  source-address 192.168.0.2 mask 255.255.255.255
  application app FTP                          //在安全策略中使用预定义应用FTP
  send-deny-packet reset to-client to-serve //阻断时，向客户端和服务器发送RST报文
  action deny
#
```

配置完成后，PC访问FTP服务器，输入用户名后连接被阻断。同时我们分别在PC和FTP服务器上抓包，获取的FTP通信报文信息（未配置端口映射）如图3-46所示。

PC端获取的报文：

No.	Time	Source	Destination	Protocol	Length	Info	
1	0.000000	192.168.0.2	192.168.1.2	TCP	62	49337 > scientia-ssdb [SYN] Seq=0 Win=8192 Len=0 MSS=1460 SACK_PERM=1	
2	0.001651	192.168.1.2	192.168.0.2	TCP	62	scientia-ssdb > 49337 [SYN, ACK] Seq=0 Ack=1 Win=8192 Len=0 MSS=1460 SACK_PERM=1	
3	0.001873	192.168.0.2	192.168.1.2	TCP	54	49337 > scientia-ssdb [ACK] Seq=1 Ack=1 Win=8192 Len=0	TCP三次握手，建立FTP控制通道
4	0.018819	192.168.1.2	192.168.0.2	TCP	77	scientia-ssdb > 49337 [PSH, ACK] Seq=1 Ack=1 Win=64240 Len=23	
5	0.225526	192.168.0.2	192.168.1.2	TCP	54	49337 > scientia-ssdb [ACK] Seq=1 Ack=24 Win=8169 Len=0	
6	1.892711	192.168.0.2	192.168.1.2	TCP	64	49337 > scientia-ssdb [PSH, ACK] Seq=1 Ack=24 Win=8169 Len=10	PC使用USER命令
7	1.895941	192.168.1.2	192.168.0.2	TCP	60	scientia-ssdb > 49337 [RST] Seq=24 Win=0 Len=0	防火墙代替FTP服务器发送RST报文

服务器端获取的报文：

No.	Time	Source	Destination	Protocol	Length	Info	
1	0.000000	192.168.0.2	192.168.1.2	TCP	62	49337 > scientia-ssdb [SYN] Seq=0 Win=8192 Len=0 MSS=1460 SACK_PERM=1	
2	0.000950	192.168.1.2	192.168.0.2	TCP	62	scientia-ssdb > 49337 [SYN, ACK] Seq=0 Ack=1 Win=8192 Len=0 MSS=1460 SACK_PERM=1	
3	0.001732	192.168.0.2	192.168.1.2	TCP	60	49337 > scientia-ssdb [ACK] Seq=1 Ack=1 Win=8192 Len=0	TCP三次握手，建立FTP控制通道
4	0.017282	192.168.1.2	192.168.0.2	TCP	77	scientia-ssdb > 49337 [PSH, ACK] Seq=1 Ack=1 Win=64240 Len=23	
5	0.225451	192.168.0.2	192.168.1.2	TCP	60	49337 > scientia-ssdb [ACK] Seq=1 Ack=24 Win=8169 Len=0	
6	1.893141	192.168.0.2	192.168.1.2	TCP	64	49337 > scientia-ssdb [PSH, ACK] Seq=1 Ack=24 Win=8169 Len=10	PC使用USER命令
7	1.894883	192.168.1.2	192.168.0.2	TCP	86	scientia-ssdb > 49337 [PSH, ACK] Seq=24 Ack=11 Win=64230 Len=32	FTP服务器请求PC提供密码
8	1.895560	192.168.0.2	192.168.1.2	TCP	60	49337 > scientia-ssdb [RST] Seq=11 Win=0 Len=0	防火墙代替PC发送RST报文

图3-46 FTP通信报文信息 （未配置端口映射）

分析上述报文信息可知，由于PC访问的是非知名端口2121，防火墙一开始没有识别出这就是FTP，所以PC和FTP服务器之间进行了TCP三次握手，建立了FTP控制通道。在随后的交互过程中，PC使用USER命令向FTP服务器发送用户名，FTP服务器返回应答码331，要求PC提供该用户的密码。防火墙上的业务感知功能通过特征识别技术检测到了USER命令字和应答码331，识别出该流量就是FTP。

识别出FTP后，按照配置的安全策略，防火墙要进行阻断。此时，因为配置了**send-deny-packet reset to-client to-server**命令，防火墙伪装身份，分别向PC和FTP服务器发送RST报文，告诉通信双方之前建立的TCP连接可以终止了。如果没有配置上述命令，防火墙将不会直接阻断，PC和FTP服务器都将等待对端的响应报文，直到会话“老化”。

接下来，我们配置FTP端口映射，再通过抓包分析报文交互过程。先在Web界面找到FTP应用，在FTP详细信息界面，配置FTP端口映射，如图3-47所示。

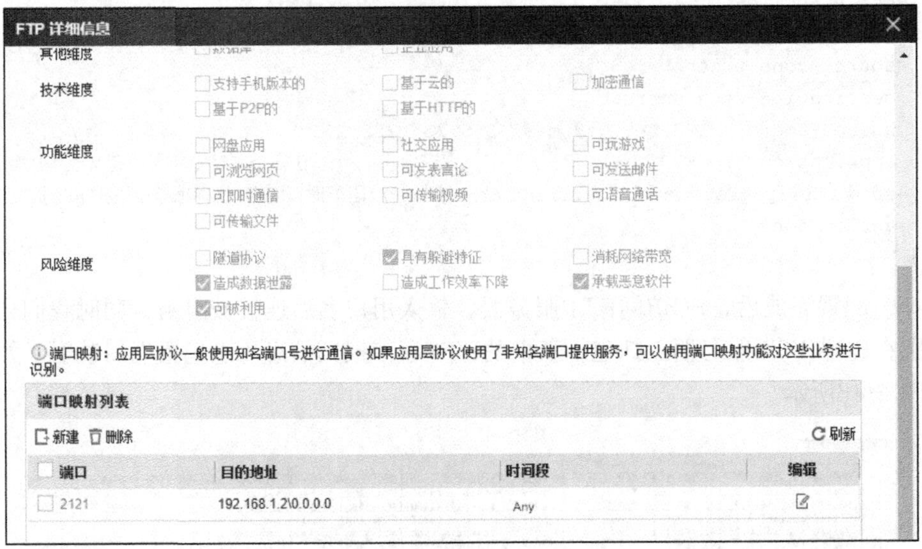

FTP 详细信息

其他维度			
技术维度	支持手机版本的	基于云的	加密通信
	基于P2P的	基于HTTP的	
功能维度	网盘应用	社交应用	可玩游戏
	可浏览网页	可发表言论	可发送邮件
	可即时通信	可传输视频	可语音通话
	可传输文件		
风险维度	隧道协议	具有躲避特征	消耗网络带宽
	造成数据泄露	造成工作效率下降	承载恶意软件
	可被利用		

端口映射：应用层协议一般使用知名端口号进行通信。如果应用层协议使用了非知名端口提供服务，可以使用端口映射功能对这些业务进行识别。

端口映射列表

新建 删除 刷新

端口	目的地址	时间段	编辑
2121	192.168.1.2\0.0.0.0	Any	

图 3-47 配置 FTP 端口映射

配置完成后，我们在PC上访问FTP服务器，同时分别在PC和FTP服务器上抓包，在PC上获取的FTP通信报文信息（已配置端口映射）如图3-48所示，而在FTP服务器上没有获取任何报文信息。

No.	Time	Source	Destination	Protocol	Length	Info
1	0.000000	192.168.0.2	192.168.1.2	TCP	66	49417 > scientia-ssdb [SYN] Seq=0 Win=8192 Len=0 MSS=1460 WS=1 SACK_PERM=1
2	2.998216	192.168.0.2	192.168.1.2	TCP	66	49417 > scientia-ssdb [SYN] Seq=0 Win=8192 Len=0 MSS=1460 WS=1 SACK_PERM=1
3	8.998483	192.168.0.2	192.168.1.2	TCP	62	49417 > scientia-ssdb [SYN] Seq=0 Win=8192 Len=0 MSS=1460 SACK_PERM=1

图3-48　FTP通信报文信息　（已配置端口映射）

因为我们配置了FTP端口映射，防火墙直接将访问2121端口的流量识别为FTP应用，所以防火墙立即阻断了PC发送的建立TCP连接的SYN（Synchronization Segment，同步段）报文。PC发送了3次SYN报文，试图建立FTP控制通道，都被防火墙阻断了。这就证明，配置端口映射能够帮助业务感知快速识别出FTP应用，而不必等待FTP报文交互后才识别出应用。

理解了端口映射的作用，我们也就理解了，为什么基于应用阻断的安全策略总是会先放行少量报文。因为防火墙一定要先放行几个报文，才能识别出这些报文是由什么应用发出的。这是应用识别的必要过程。

3.3.3　自定义应用

防火墙的应用识别特征库中包含丰富的应用类型，能够涵盖绝大部分互联网应用。不过，真实网络环境中的业务流量非常复杂，新的应用层出不穷，肯定会有一些特殊的应用没有包含在应用识别特征库中。企业也可能会部署自己独特的内部应用，需要实施基于应用的管控。为此，防火墙提供了自定义应用功能，弥补预定义应用无法覆盖特殊应用的不足。

1. 自定义应用的配置项

自定义应用的配置过程比较复杂，需要配置的内容比较多，其配置项如图3-49所示。其中，基本属性用于描述该应用的特征，可以方便后续管理。基本属性的取值与预定义应用一样，根据应用的特征选择即可。

规则是自定义应用的核心。每个自定义应用可以配置多条规则，规则之间是“或”（OR）的关系。只要报文命中其中一条规则，即认为报文属于该应用。规则由三元组和应用特征关键字组成，你可以根据需要配置，当报文符合规则中的所有配置时，认为报文命中了该规则。表3-8所示为自定义应用规则的配置项。

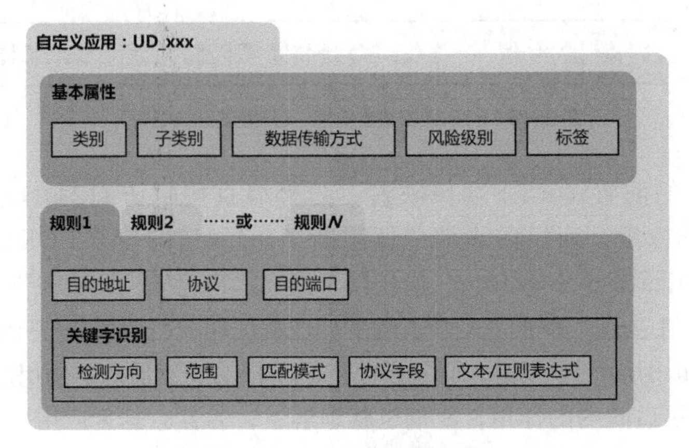

图 3-49　自定义应用的配置项

表 3-8　自定义应用规则的配置项

配置项	配置指导
目的地址	应用访问的目的地址，通常是服务器的地址
协议	承载该应用的底层协议，包括 TCP、UDP，也可以不指定协议
目的端口	应用访问的目的端口
检测方向	根据报文的方向来识别应用。 “请求数据”表示检测去往服务器的数据，“响应数据”表示检测服务器响应的数据，“任意”表示既检测请求数据又检测响应数据
范围	根据应用的特点选择按“流”或“包”的方式进行关键字的匹配。当关键字出现在单个数据包内时，可以选择按包匹配；当关键字跨包出现时，请选择按流匹配
匹配模式	即关键字的匹配模式。当关键字是固定字符串时，可以选择“文本”；当关键字中存在模糊字符时，请选择“正则表达式”
协议字段	表示防火墙在应用识别时查找关键字的范围，默认为 General-payload。 当协议类型为“UDP”，或者协议类型为“TCP”且匹配模式为“文本”时，协议字段只能为 General-payload。当协议类型为“TCP”且匹配模式为“正则表达式”时，可以选择的字段包括：**General-payload、HTTP.Body、HTTP.Content-Type、HTTP.Cookie、HTTP.Host、HTTP.Method、HTTP.URI 和 HTTP.User-Agent**
文本 / 正则表达式	以文本或正则表达式方式输入可以标识应用特征的关键字。在正则表达式中，可以使用元字符，有较多限制，具体请参考产品文档。特别说明如下。 • **HTTP.Method：**只支持（、）、| 这 3 种元字符，且不支持匹配除英文字母以外的其他字符。 • **HTTP.Content-Type、HTTP.Cookie、HTTP.Host、HTTP.URI 和 HTTP.User-Agent：**只支持 *、（、）、| 这 4 种元字符。其中，* 表示任意长度的任意非换行字符

2. 自定义应用的分析过程和配置方法示例

如前文所述，自定义应用的核心是规则，规则的核心是关键字。关键字是应用对应数据包或数据流所具有的特征，既然叫特征，就必须可以唯一标识该应用。自定义应用中的规则必须准确无误。如果定义得过于宽泛，很可能会命中其他应用的流量；反之，如果定义得过于严格，可能该应用的有些流量就匹配不上了。这就要求管理员对应用的特征非常了解，对管理员提出了较高的要求。了解应用特征的常用方法是抓包，通过抓包分析报文交互过程和报文的内容，提取出应用的关键特征。

下面通过一个实例，简单展示一下自定义应用的分析过程和配置方法。

某企业内网通过防火墙连接互联网，企业员工日常办公需要使用Windows操作系统访问互联网。由于微软公司已经停止对Windows XP、Windows 7、Windows 8等操作系统的支持服务，这些操作系统将不会接收到微软的安全更新（补丁）。使用上述操作系统访问互联网更容易受到攻击，带来严重的安全风险。该企业下达了限期升级通知，并希望在到期后可以禁止未升级的操作系统访问互联网。在这个场景中，我们就可以使用防火墙的自定义应用功能，阻断员工使用不安全的操作系统访问互联网的HTTP流量。

首先，我们要分析Windows XP等不安全操作系统发出的HTTP报文的特征。

在HTTP报文头中，有一个User-Agent字段，该字段标识了终端使用的浏览器内核类型和版本、操作系统内核及版本等信息。正常情况下，通过User-Agent字段，即可判断出终端的操作系统类型。例如，图3-50所示的“Windows NT 6.1”即表示终端操作系统为Windows 7。

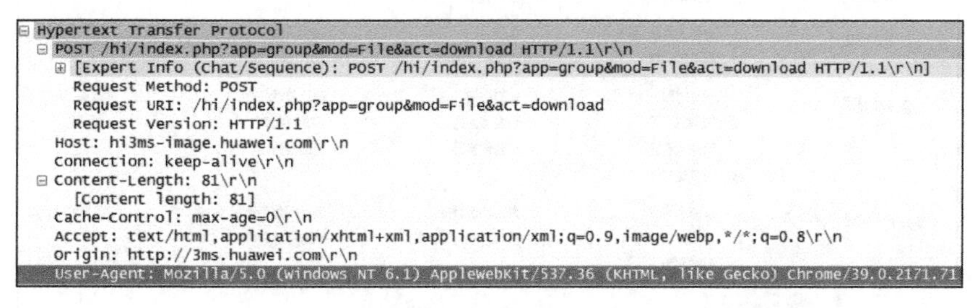

图3-50 Windows 7操作系统HTTP报文的User-Agent字段

查阅微软的官方网站，可以获得各种Windows操作系统的平台标识，如表3-9所示。

表 3-9　Windows 操作系统的平台标识

操作系统版本	平台标识
Windows XP	Windows NT 5.1
Windows XP x64 Edition	Windows NT 5.2
Windows Server 2003	Windows NT 5.2
Windows Vista	Windows NT 6.0
Windows 7	Windows NT 6.1
Windows 8	Windows NT 6.2
Windows 8.1	Windows NT 6.3

经过抓包分析，结合官方网站提供的信息，可以确认自定义应用的特征，就是表3-9中平台标识列的字符串。

然后，我们在防火墙产品的Web界面上新建一个自定义应用。

在“新建自定义应用”界面，设置名称为“UD_Illegal_Windows”，添加描述，并选择其基本属性，如图3-51所示。这一步很简单。

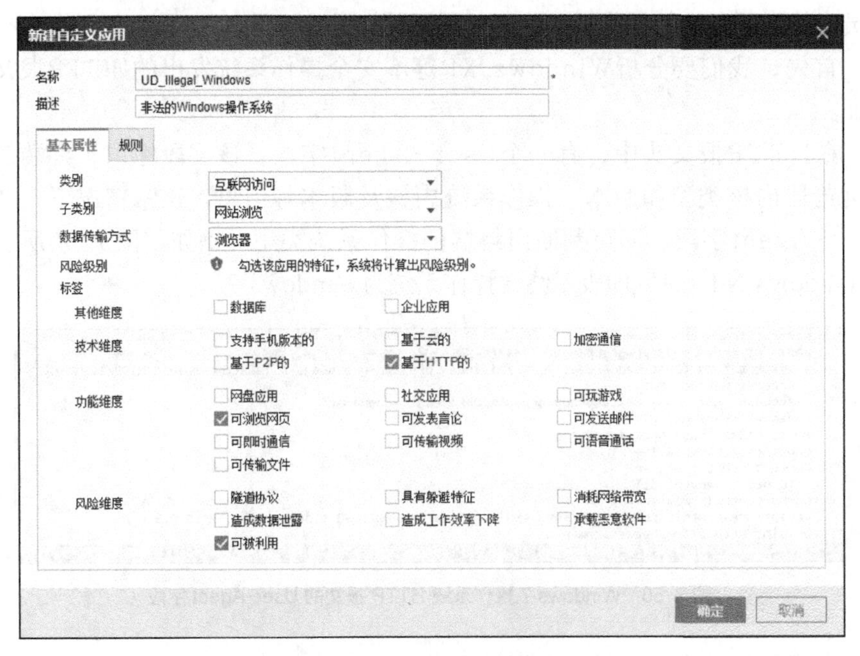

图 3-51　新建自定义应用界面

在“规则”页签中，新建一条规则“Windows_NT_5”，如图3-52所示。在前面的分析阶段，我们已经识别出自定义应用“UD_Illegal_Windows”的特征，即HTTP.User-Agent字段中包含“Windows NT 5.1”“Windows NT 5.2”或“Windows NT 6.0”等字符串。正则表达式“Windows\x20NT\x205\x2e(1|2)”即可表示Windows NT 5.1和Windows NT 5.2两个版本。按照规则，空格“ ”和“.”两个字符需要使用十六进制转义为“\x20”和“\x2e”。

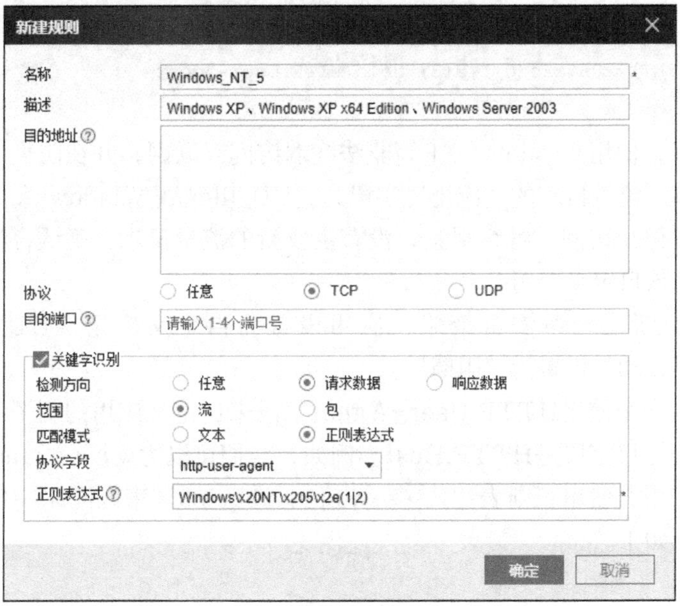

图 3-52　新建自定义应用规则

正则表达式“Windows\x20NT\x206\x2e(0|1|2|3)”可以表示Windows NT 6.0～Windows NT 6.3这4个版本。参照图3-52配置规则“Windows_NT_6”后，提交编译，使配置生效。上述配置的命令行脚本如下。

```
#
sa
 user-defined-application name UD_Illegal_Windows
  category General_Internet sub-category Web_Browsing
  data-model browser-based
  label Exploitable Browses-Web HTTP-Based
```

```
  description 非法的Windows操作系统
  rule name Windows_NT_5
   protocol tcp
   description Windows XP、Windows XP x64 Edition、Windows Server 2003
   signature context flow direction request regular-expression
Windows\x20NT\x205\x2e(1|2) field HTTP.User-Agent
  rule name Windows_NT_6
   protocol tcp
   description Windows 7、Windows 8、Windows 8.1
   signature context flow direction request regular-expression
Windows\x20NT\x206\x2e(0|1|2|3) field HTTP.User-Agent
 #
```

接下来，使用Windows XP等非法终端访问互联网，并在防火墙界面上查看流量日志。流量日志的“应用”字段为“UD_Illegal_Windows”，证明应用识别成功。停止访问并继续观察，没有生成新的流量日志，确认合法终端的访问没有匹配该自定义应用。

最后，新建一条安全策略，应用设置为自定义应用“UD_Illegal_Windows”，动作设置为“阻断”。

以上是一个使用**HTTP.User-Agent**字段来自定义应用的例子。另外一个经常使用的协议字段是**HTTP.Host**。例如，我们可以为www.example.com自定义一个应用，使用正则表达式“example\x2ecom”来匹配Host字段的值。自定义规则如下。

```
 #
  rule name example.com
   protocol tcp
   port 80
   description example.com
   signature context flow direction request regular-expression example\
x2ecom field HTTP.Host
 #
```

在一般情况下，不建议配置自定义应用。如果是互联网应用，建议反馈需求给华为安全中心，由专业的安全研究人员来分析应用特征，更新应用识别特征库。如果确实需要使用自定义应用，例如企业内部应用，请在充分了解应用特征的前提下，谨慎配置，全面验证，以免影响业务的正常运行。

3.4 文件过滤

文件过滤是一种根据文件类型对传输的文件进行过滤的安全技术。防火墙能够识别出承载文件的应用、文件的传输方向、文件类型和文件扩展名，并按照管理员配置的规则来过滤指定类型的文件。这不仅可以降低内部网络执行恶意代码和感染病毒的风险，还可以防止公司机密信息泄露到互联网。

3.4.1 文件过滤的应用场景

病毒、木马、Webshell等恶意文件是攻击者用于实施入侵和攻击的重要媒介。攻击者可以通过多种方式来投递恶意文件。大部分网站和应用系统都提供了上传功能，用户可以更新个人头像、提交文档等。攻击者可以利用这个途径向Web服务器上传恶意脚本并远程执行。攻击者还会在外部网站上植入木马，然后伪造邮件，诱导企业员工点击邮件中的链接。一旦员工访问了该网站，木马就会在后台自动下载，在不知不觉中潜入企业内部网络。在伪造的电子邮件中以附件的形式投递恶意文件也很常见。此外，社交媒体、文件共享应用和即时通信软件也是恶意文件投递的重要途径。恶意文件的常用投递方式如图3-53所示。

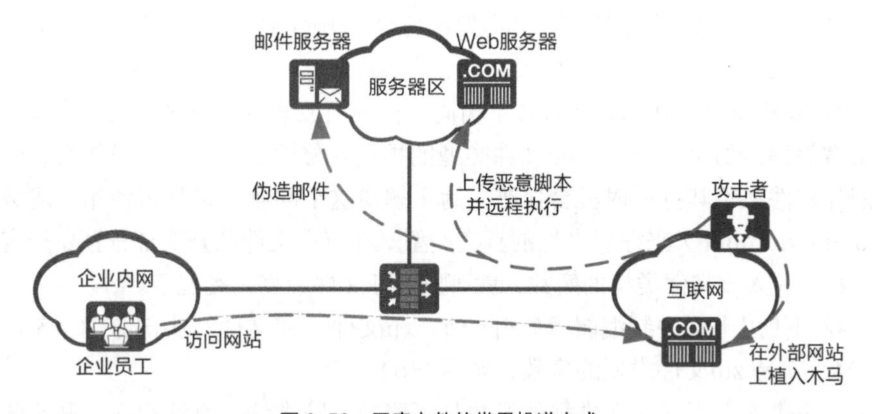

图3-53　恶意文件的常用投递方式

根据安全研究人员的分析和统计，攻击者经常使用的恶意文件类型是比较集中的。按照文件类型直接阻断高风险的文件传播，可以大幅降低恶意文件进入企业内网的风险，缩小攻击面。文件过滤与AV功能配合，还能大幅减轻AV检查的工作量，提升防火墙性能。

文件过滤功能也是降低机密数据泄露风险的重要手段之一。因为机密信息一般保存在文档中，而且文档还可以被压缩成压缩文件或被加密。企业员工上传包含机密的文档到外网，或者攻击者从企业内网服务器窃取机密文档外发，都会导致企业机密信息的泄露。通过文件过滤功能，阻止从企业内网向外网传递文档文件和压缩文件，可以大大降低机密信息泄露的风险。

3.4.2 文件类型的识别

文件过滤的前提是防火墙能够正确识别文件类型。

我们知道，文件扩展名是用来标志文件类型的常用机制。例如，文件名“example.docx”中，example是文件主名，.docx是文件扩展名，表示这个文件是一个微软Word文件。但是，根据文件的扩展名来识别文件类型是非常不可靠的。文件名、文件扩展名，都是可以随意修改的。一些攻击者会修改文件的扩展名来逃避安全检查。例如，把恶意软件伪装成文本文件，诱使用户执行。一些上网用户也可能会把机密文件伪装成图片来逃避审查。因此，防火墙必须要识别出文件的真实类型，并根据文件的真实类型来对文件进行过滤。那么，防火墙如何识别文件的真实类型呢？

其实，防火墙识别文件真实类型的方法与操作系统和应用软件识别文件类型的方法是一样的。比如视频文件，有.avi、.flv、.mp4、.mov、.mpg、.wmv等多种类型，其编码格式各不相同。视频播放器也需要区分文件类型，才能正常解码。如果把一个.doc文件类型的扩展名修改为.jpg，用操作系统默认的图片软件在将其打开时就会报错。为了解决这个问题，设计者使用“魔数”（magic number）来标识文件的真实类型。在每个文件的开头部分预留一定的字节数，写入该文件类型的魔数，就可以表征文件的真实类型了。

我们使用十六进制编辑器打开一个.zip文件，在文件开头部分的“50 4B 03 04”就是.zip文件类型的魔数，如图3-54所示。

一般来说，不同文件类型的魔数是不同的，防火墙只需读取文件开头的少数几个字节，与魔数字典匹配，就可以识别出文件的真实类型。因为不用读取整个文件，识别文件类型的处理速度也比较快。

```
这是一个.zip文件 ×
            0  1  2  3  4  5  6  7  8  9  a  b  c  d  e  f
00000000h: 50 4B 03 04 14 00 00 00 08 00 2A 7E 8B 54 A7 0F ; PK........*~婽?
00000010h: 21 0E 20 00 00 00 1B 00 00 00 0B 00 00 00 4D 79 ; !. ...........My
00000020h: 4E 6F 74 65 73 2E 74 78 74 01 1B 00 E4 FF E8 BF ; Notes.txt...?杩
00000030h: 99 E6 98 AF E4 B8 80 E4 B8 AA E7 A4 BA E4 BE 8B ; 欐槸涓€涓  ず渚?
00000040h: E6 96 87 E4 BB B6 E3 80 82 50 4B 01 02 1F 00 14 ; 鏂囦欢銆傁K.....
00000050h: 00 00 00 08 00 2A 7E 8B 54 A7 0F 21 0E 20 00 00 ; .....*~婽?!. ..
00000060h: 00 1B 00 00 00 0B 00 24 00 00 00 00 00 00 00 20 ; .......$.......
00000070h: 00 00 00 00 00 00 00 4D 79 4E 6F 74 65 73 2E 74 ; .......MyNotes.t
00000080h: 78 74 0A 00 20 00 00 00 00 00 01 00 18 00 8C 49 ; xt.. .........孖
00000090h: 8F A7 78 4D D8 01 8C 49 8F A7 78 4D D8 01 C8 B2 ; 彧xM?孖彧xM?炔
```

图 3-54 .zip 文件类型的魔数

不过，凡事总有例外。比如微软Office 2007编写的各种文件，包括.docx、.docm、.dotx、.dotm、.pptx、.pptm、.potx、.potm、.ppsx、.ppsm、.xlsx、.xlsm、.xltx、.xltm等，都是基于OPC（Open Packaging Convention，开放打包约定）的文件。此类文件中的所有内容按不同的数据类型保存在不同的.xml文件中，然后打包成.zip文件类型。也就是说，这些文件类型的文件，本质上是一个.zip文件类型的压缩包。我们用十六进制编辑器打开一个.docx文件类型的文件，如图3-55所示。可见，.docx文件类型的魔数也是“50 4B 03 04”。

```
Word 2007文件.docx ×
            0  1  2  3  4  5  6  7  8  9  a  b  c  d  e  f
00000000h: 50 4B 03 04 14 00 02 00 08 00 E4 81 8B 54 11 17 ; PK........鋪婽..
00000010h: A0 D9 06 01 00 00 39 04 00 00 1C 00 11 00 77 6F ; 犢....9.......wo
00000020h: 72 64 2F 5F 72 65 6C 73 2F 64 6F 63 75 6D 65 6E ; rd/_rels/documen
00000030h: 74 2E 78 6D 6C 2E 72 65 6C 73 55 54 0D 00 07 26 ; t.xml.relsUT...&
00000040h: 54 54 62 26 54 54 62 26 54 54 62 AD 93 CD 4E C3 ; TTb&TTb&TTb瓝蚇?
00000050h: 30 10 84 EF 48 BC 83 B5 77 E2 A4 40 41 A8 4E 2F ; 0.匃H純祑猤@AL/
00000060h: 08 A9 57 08 0F E0 26 9B 1F E1 AC 23 7B F9 C9 DB ; .¦..??岈#{  ?
00000070h: 63 15 B5 A4 50 45 3D F8 B8 63 ED CC E7 B1 BC 5A ; c.丹PE=  c碘绫糧
00000080h: 7F F5 46 7C A0 F3 9D 25 05 59 92 82 40 2A 6D D5 ; 鮂|昊?.Y拏@*m?
00000090h: 51 A3 E0 B5 78 BA BA 07 E1 59 53 A5 8D 25 54 30 ; Q 'ǜ汉.酙S  %T0
```

图 3-55 .docx 文件类型的魔数

在这种情况下，防火墙就不能仅依靠魔数，还需要继续寻找可以区分文件类型的文件特征。类似的情况还有微软Office 2003编写的各种文件，其魔数都是“D0 CF 11 E0 A1 B1 1A E1”，也需要进行文件类型分析，找到可以区分的特征。

主流文件类型的魔数和特征已经识别完毕，并集成在防火墙中。通过文件本身的内容（而不是扩展名）来判断文件类型是最可靠的方法之一。当然，文件过滤也能够识别出文件扩展名。当无法识别文件的真实类型时，防火墙还可以根据文件扩展名来对文件进行过滤。

3.4.3 文件过滤的流程

当通过防火墙的流量匹配了一条动作为允许的安全策略，且该安全策略引用了文件过滤配置文件时，进入文件过滤流程。文件过滤流程如图3-56所示。

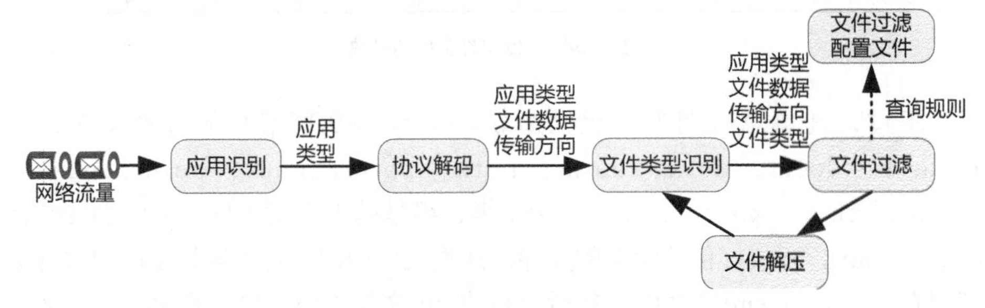

图 3-56 文件过滤流程

1. 应用识别模块

应用识别模块用于识别出承载文件的应用类型。表3-10列出了文件过滤支持的应用类型。

表 3-10 文件过滤支持的应用类型

应用类型分类	应用类型
常用协议	• HTTP • FTP • SMTP • POP3 • NFS（Network File System，网络文件系统）协议 • SMB（Server Message Block，服务器消息块）协议 • IMAP • RTMPT（Real Time Messaging Protocol Tunneled，实时消息传输协议的HTTP 封装）协议 • Flash 格式的流媒体协议
典型文件共享软件和网盘服务	国内外典型文件共享软件和网盘服务，如迅雷、Aimini、Hotfile、126 网盘、115 网盘、360 软件管家、360 云盘、139 邮箱硬盘、139 网络硬盘等。详见产品文档

2. 协议解码模块

协议解码模块负责对编码的协议报文数据进行解码，解析出数据流中的文件数据，并判断文件的传输方向（上传或下载）。

3. 文件类型识别模块

文件类型识别模块负责根据文件内容识别出文件的真实类型和文件的扩展名，并进行文件类型异常检测。文件类型识别流程如图3-57所示。

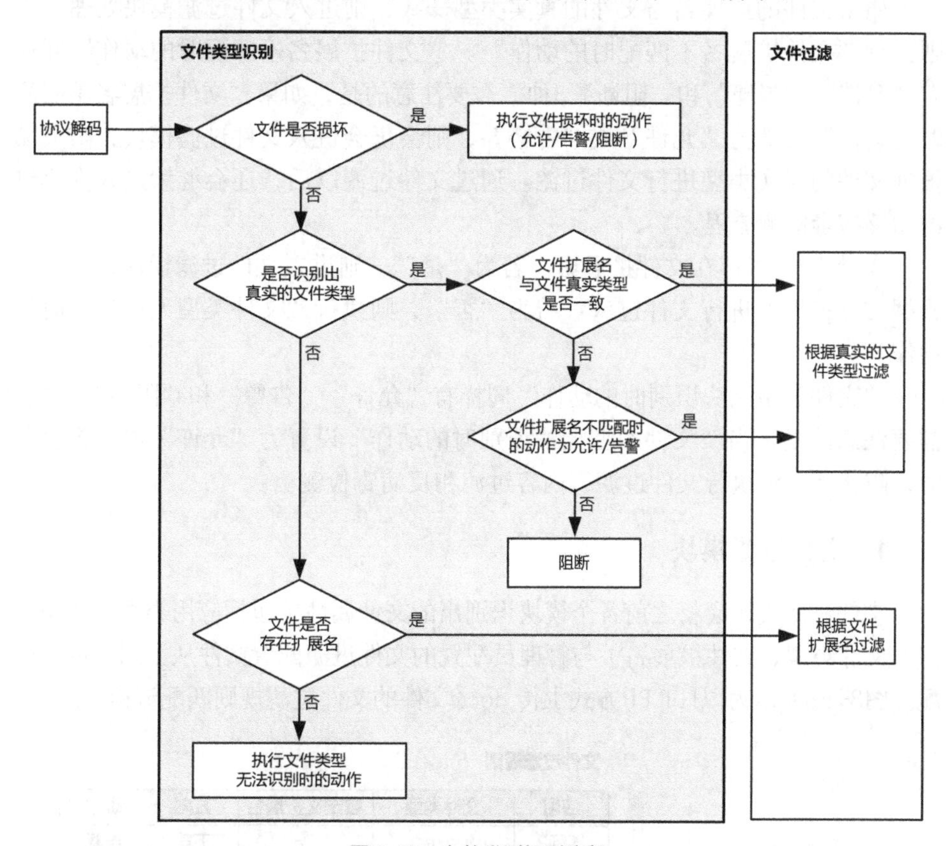

图 3-57　文件类型识别流程

文件类型识别的结果不只用于文件过滤，还可用于后续的内容过滤和反病毒检测。文件类型识别流程的说明如下。

① 判断是否文件损坏。若为“是”，则执行“文件损坏时的动作”；若为“否”，则进入下一步。

“文件损坏时的动作”有以下3种。对于损坏的文件，无论动作如何，都不进行文件过滤，也不进行内容过滤和反病毒检测。

- 允许：不做任何处理，允许文件通过。
- 告警：记录文件异常日志，允许文件通过。
- 阻断：记录文件异常日志，阻断文件通过。

② 判断是否识别出文件真实类型。若为“是”，则继续检查文件的扩展名与文件的真实类型是否一致。若为“否”，则进入下一步。

如果文件的扩展名与文件的真实类型一致，则进入文件过滤模块处理，否则执行“文件扩展名不匹配时的动作”。“文件扩展名不匹配时的动作”同样有“允许”“告警”和“阻断”3种。需要注意的是，如果“文件扩展名不匹配时的动作”设置为“允许”或“告警”，则会仍会进入文件过滤模块，防火墙根据文件的真实类型进行文件过滤。通过文件过滤以后，还会继续进入内容过滤和反病毒检测流程。

③ 判断是否存在文件扩展名。若为“是”，则进入文件过滤模块，防火墙根据文件扩展名进行文件过滤。若为“否”，则执行“文件类型无法识别时的动作”。

“文件类型无法识别时的动作”同样有“允许”“告警”和“阻断”3种。需要注意的是，当“文件类型无法识别时的动作”设置为“允许”或“告警”时，防火墙无法执行文件过滤、内容过滤和反病毒检测。

4. 文件过滤模块

文件过滤模块会将之前各个模块识别出的文件属性（包括应用类型、传输方向、文件类型、文件扩展名）与管理员配置的文件过滤配置文件从上到下依次匹配。图3-58所示为以HTTP方式上传.docx文件的文件过滤规则匹配流程。

应用类型：HTTP
传输方向：上传
文件类型：.docx

文件过滤规则

应用	文件类型	自定义扩展名	方向	动作
HTTP	.exe	无	下载	告警
HTTP	音视频文件	无	下载	阻断
HTTP	.doc、.docx	无	上传	告警
文件共享	代码文件	.xml	双向	阻断
全部	全部	无	上传	告警

图 3-58 文件过滤规则匹配流程

当文件的所有属性都能够匹配某一条文件过滤规则时，防火墙执行此文件过滤规则的动作。如果该文件未能匹配任何一条文件过滤规则，那么文件过滤模块会允许此文件通过。如果文件类型识别模块未能识别出文件的真实类型（通常是防火墙不支持的文件类型），则文件过滤模块使用文件扩展名与管理员配置的“自定义扩展名”进行匹配。

文件过滤的动作同样有“允许”“告警”和“阻断”3种。如果动作设置为“允许”或“告警”，则还会根据需要执行后续的其他安全检查。

5. 文件解压模块

如果文件类型是压缩文件，那么在进行文件过滤后，文件将会被送到文件解压模块进行解压缩，解压出原始文件。解压后的文件将会被再次送到文件类型识别模块，进行文件类型识别和文件类型异常检测。也就是说，文件过滤配置对隐藏在压缩文件中的文件同样有效。例如，假设某文件过滤配置文件要求阻断.exe文件，那么，即使该.exe文件隐藏在.zip的压缩包中，也会被阻断。

在解压过程中，文件解压模块还会判断压缩文件是否超出最大解压层数或最大解压文件大小。如果超出，则文件解压模块将停止解压，并分别执行“超出最大解压层数时的动作”或“超出最大解压文件大小时的动作”。这两种动作也有“允许”“告警”和“阻断”3种。无论设置为何种动作，都不会再对文件进行文件过滤。

6. 补充说明

对于断点续传的文件，防火墙无法获得文件头部的魔数信息，因此无法识别文件类型，也无法获得文件的扩展名。因此，防火墙不支持对断点续传的文件执行文件过滤。

对于文件中嵌套的文件（如Word文件中以对象形式插入的Excel文件），防火墙无法识别嵌套文件的类型。因此，防火墙不支持对文件中嵌套的文件执行文件过滤。

对于NFS应用承载的文件，防火墙不支持阻断。当文件过滤规则的动作为“阻断”时，防火墙将执行“告警”动作。类似的情况还有对于IMAP和POP3承载的文件，当动作为“阻断”时，防火墙将删除邮件附件。

对于图片类文件，防火墙仅支持在上传方向执行文件过滤。

3.4.4 配置文件过滤

了解了文件过滤的流程以后，文件过滤的配置就很好理解了。配置文件过滤可以分为以下3个部分。

1. 创建文件过滤配置文件并在安全策略中引用

文件过滤的配置由配置文件承载，每个文件过滤配置文件中可以添加多条文件过滤规则。防火墙提供了一个默认的文件过滤配置文件default，承载在所有应用上的所有类型文件的动作都是“告警”。默认的文件过滤配置文件不可修改、不可删除。

创建一个新的文件过滤配置文件。

```
<sysname> system-view
[sysname] profile type file-block name Block_PE
[sysname-profile-file-block-Block_PE] description Block_All_PE_Files
```

创建一个文件过滤规则，禁止通过HTTP下载.exe文件、.cpl文件和.hlp文件。

```
[sysname-profile-file-block-Block_PE] rule name Block_PE
[sysname-profile-file-block-Block_PE-rule-Block_EXE] application type HTTP
[sysname-profile-file-block-Block_PE-rule-Block_EXE] file-type pre-defined
name EXE
[sysname-profile-file-block-Block_PE-rule-Block_EXE] file-type user-defined
name CPL HLP
//因为防火墙不支持识别.cpl文件和.hlp文件，此处使用自定义扩展名。自定义扩展名不区分大小写
[sysname-profile-file-block-Block_PE-rule-Block_EXE] direction download
[sysname-profile-file-block-Block_PE-rule-Block_EXE] action block
```

退回系统视图，提交文件过滤配置文件进行编译。文件过滤配置文件必须经过编译才能生效，编译过程需要几分钟，请耐心等待。

```
[sysname-profile-file-block-Block_PE-rule-Block_EXE] quit
[sysname-profile-file-block-Block_PE] quit
[sysname] engine configuration commit
Info: The operation may last several minutes, please wait.
Info: FILE submitted configurations successfully.
Info: Finish committing engine compiling.
```

完成上述命令行配置以后，在Web界面查看配置结果，如图3-59所示。在Web界面中配置的过程更加简单，此处不赘述。

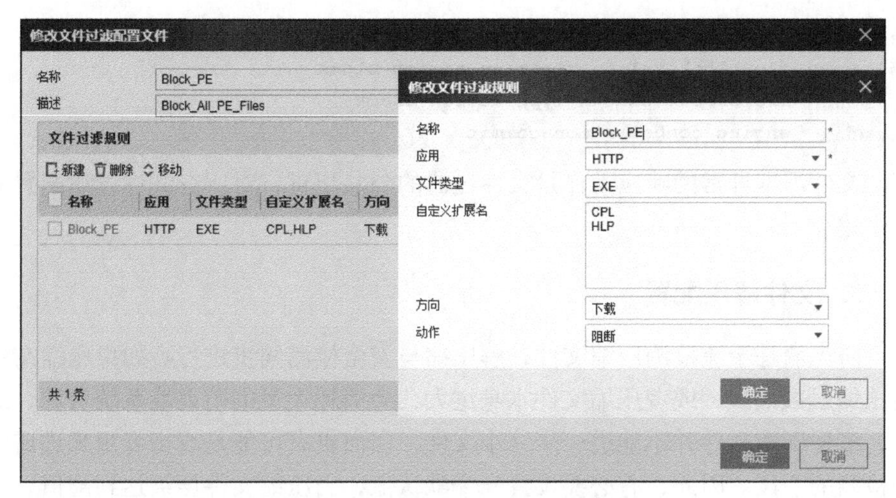

图 3-59　文件过滤配置文件和文件过滤规则

在安全策略中引用文件过滤配置文件。

```
[sysname] security-policy
[sysname-policy-security] rule name Test
[sysname-policy-security-rule-Test] source-zone trust
[sysname-policy-security-rule-Test] destination-zone untrust
[sysname-policy-security-rule-Test] service http
[sysname-policy-security-rule-Test] action permit    //只有动作为允许时，引用的文件过滤配置文件才有效
[sysname-policy-security-rule-Test] profile file-block Block_PE    //引用前面创建的文件过滤配置文件
[sysname-policy-security-rule-Test] quit
```

2. 指定文件识别异常的响应动作

文件识别异常包括文件损坏、文件扩展名不匹配和文件类型无法识别3种。3种文件识别异常的默认处理动作都是“允许”。

当网络中传输文件的真实类型与文件扩展名不匹配，或者文件没有扩展名且无法识别文件的真实类型时，一般认为这些文件是恶意文件的可能性很大，放行存在风险。因此，建议设置“文件扩展名不匹配时的动作”和“文件类型无法识别时的动作”为“阻断”。

设置“文件损坏时的动作”为“告警”，设置“文件扩展名不匹配时的动作”和“文件类型无法识别时的动作”为“阻断”。

```
[sysname] file-block malformed action alert
[sysname] file-block false-extension action block
[sysname] file-block unknown-type action block
[sysname] engine configuration commit    //提交编译，使配置生效
```

文件识别异常的响应动作是文件过滤的公共配置，对所有文件过滤配置文件生效。

3. 文件解压配置

防火墙基于流检测压缩文件，解压缩与安全检测同步进行。如果压缩文件的压缩层数太多，或者压缩文件本身过大，会消耗大量的防火墙系统资源。此外，多层压缩文件并不能进一步缩小文件，因而更有可能是攻击者用来逃避安全检测的手段。因此，有必要设置一个默认值，当压缩文件层级达到阈值，或者压缩文件超大时，不再对其进行解压缩。

默认情况下，防火墙的最大解压层数为3层，最大解压文件大小是100 MB，超过最大解压层数或者最大解压文件大小时，防火墙都将允许文件传输。此外也可由用户自行设定。

说明：防火墙支持的压缩文件类型包括.rar、.tar、.zip、.gzip、.cab、.bz2、.z、.7zip和.jar。对于.7zip和.rar类型的压缩文件，最大解压文件大小为1 MB或10 MB，具体由防火墙设备规格决定。

设置最大解压层数为4层，超过4层时的响应动作为阻断。

```
[sysname] file-frame decompress depth 4
[sysname] file-frame decompress depth action block
```

设置最大解压文件大小为50 MB，超过50 MB时的响应动作为告警。

```
[sysname] file-frame decompress size 50
[sysname] file-frame decompress size action alert
```

文件解压配置是全局配置，不只适用于文件过滤，还适用于内容过滤、反病毒等功能。文件解压配置也需要提交编译才能生效。

3.4.5 文件过滤的配置建议

文件过滤的配置比较简单，但是，如何配置才能更好地防御恶意文件，而不影响业务正常运行呢？

首先，在所有动作为“允许”的安全策略中引用文件过滤配置文件。对于允

许上网的流量，用户无意中下载恶意文件的可能性变大，建议配置严格的文件过滤。在安全策略中引用文件过滤配置文件，是阻止恶意软件传播的重要手段。

在文件过滤配置文件中，阻止那些在攻击活动中经常被使用，且没有实际业务需求的文件类型，以缩小攻击面。一些文件类型与恶意软件强相关，且不太可能出现在正常的流量中。恶意软件常用的文件类型如下。

- Windows平台的PE（Portable Executable，可移植可执行）文件，在华为防火墙产品中指定PE文件包括.exe、.dll、.ocx、.sys、.com、.scr、.cpl文件。
- UNIX平台的ELF（Executable and Linkable Format，可执行可链接文件格式）文件，包括.so、.out、.elf文件。
- 可执行文件，除了PE文件和ELF文件，常见的还有.msi文件。
- 其余文件，包括批处理文件（.bat和.cmd）、脚本文件（.vbs和.wsf）、Java类文件（.jar和.java）、帮助文件（.hlp）、Windows快捷方式（.lnk）、Flash文件（.swf）。

重复一遍，这些类型的文件本身并不危险，只是攻击者经常使用这些类型的文件实施攻击。如果企业在正常工作中不需要传输这些文件，阻断它们是合理的。如果确实有业务需要，则可以为此业务单独设置一个新的文件过滤配置文件，严格限定传输方向、承载应用。此外，还可以在安全策略的匹配条件中限定用户和URL分类。例如，仅当技术部门的员工访问可信的软件下载类网站时，允许下载PE文件。同时，建议启用反病毒和高级持续性威胁防御功能，对文件进行更深入的安全检测。

3.5 内容过滤

内容过滤是一种根据关键字对文件和应用中的内容进行过滤的安全机制。内容过滤主要用于防止机密信息泄露。

3.5.1 内容过滤的应用场景

如今，企业员工在办公时越来越多地需要访问互联网。例如，员工需要通过互联网浏览网页、搜索信息、收发邮件等。在这个过程中，员工可能会有意或无意中上传或发布公司的机密信息到互联网，导致公司机密泄露。员工访问、发布、传播违规信息，也会影响公司声誉，甚至带来法律风险。

内容过滤是根据关键字对员工上网行为进行管控的技术。如图3-60所示，通过防火墙的内容过滤功能，公司可以对上网用户对外发送的文档或邮件内容进行过滤，阻止上网用户发送包含公司机密信息的文档或邮件；另外，还可以对外网用户从内网服务器下载的文件内容进行过滤，防止攻击者窃取包含公司机密信息的文件。

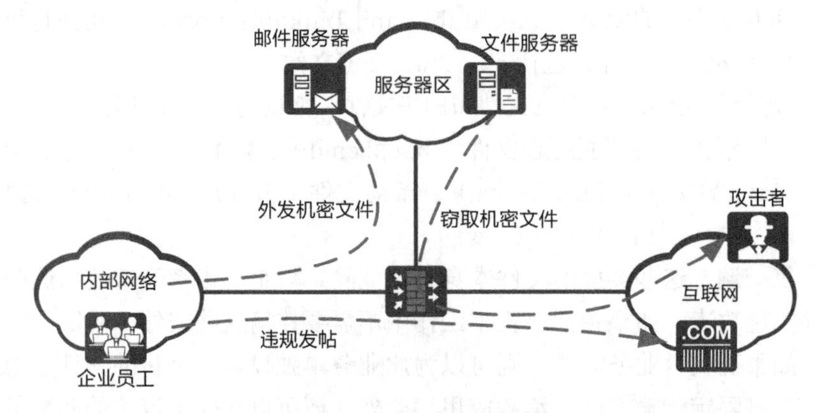

图 3-60　内容过滤的应用场景

在上网用户的下载方向及服务器的上传方向过滤掉包含敏感信息等违规内容的文件，可以降低因员工浏览、发布、传播违规信息而给公司带来的法律风险。

内容过滤与文件过滤一样，都可以用于防范数据泄露。不同点在于，内容过滤比文件过滤的管控粒度更精细，管控范围更大。学习第3.4节以后，我们知道，文件过滤是针对文件类型的过滤，符合条件的所有该类型的文件都将被阻断传输。按文件类型过滤掉一类文件，虽然可以降低数据泄露风险，但也可能会妨碍正常的工作。这时，我们就可以配合使用内容过滤。内容过滤的依据是文件中的关键字，这就可以更精细地控制文件传输。例如，对于PE文件，使用文件过滤将全部阻断传输。对于文档文件，使用内容过滤，将过滤带有关键字“机密文档”的文件。内容过滤比文件过滤的管控范围更大，体现在内容过滤还能够对应用协议中包含的关键字进行过滤，即应用内容过滤。例如，内容过滤可以检测用户发帖的内容中是否包含关键字，用户传输的文件名称中是否包含关键字。对于不同的应用，防火墙支持过滤的内容不同。

防火墙内容过滤分为文件内容过滤和应用内容过滤两部分，内容过滤支持范围如表3-11所示。

表 3-11　内容过滤支持范围

<table>
<tr><th colspan="2">应用</th><th>文件内容过滤</th><th>应用内容过滤</th></tr>
<tr><td rowspan="7">常用协议</td><td>HTTP</td><td rowspan="5">文件内容过滤支持的文件类型：
• Office 文件（DOC、PPT、XLS、DOCX、PPTX、XLSX）；
• 网页文件（HTML）；
• 代码文件（C、CPP、CXX、H、HPP、JAVA）；
• 文本文件（TXT）。
文件内容过滤支持的传输方向与协议有关：
• HTTP、FTP、NFS、SMB 和 IMAP 支持上传和下载文件内容过滤；
• SMTP 支持上传文件内容过滤；
• POP3 支持下载文件内容过滤</td><td>上传方向：
• 用户在网页版微博上发布的内容；
• 用户发帖的内容；
• 用户在搜索引擎输入的关键字（支持百度、必应、谷歌、360 等）；
• 用户在网页搜索框中输入的关键字
• 用户提交信息的内容（例如网络注册用户时提交的申请）；
• 上传文件的名称。
下载方向：
• 用户浏览网页的内容；
• 使用 HTTP 下载文件的名称</td></tr>
<tr><td>FTP</td><td>上传、下载和修改文件名称</td></tr>
<tr><td>SMTP</td><td>发送邮件的标题、正文和附件名称</td></tr>
<tr><td>POP3、IMAP</td><td>接收邮件的标题、正文和附件名称</td></tr>
<tr><td>NFS 协议、SMB 协议</td><td>上传和下载的文件名称</td></tr>
<tr><td>RTMPT</td><td>—</td><td>传输文件的名称</td></tr>
<tr><td>Flash 格式的流媒体协议</td><td>—</td><td>Flash 文件的名称</td></tr>
<tr><td colspan="2">文件共享（如迅雷、各种网盘）</td><td>—</td><td>共享文件的名称</td></tr>
</table>

3.5.2 内容过滤的原理

如前文所述，内容过滤包括文件内容过滤和应用内容过滤，内容过滤流程也有两个分支，如图3-61所示。

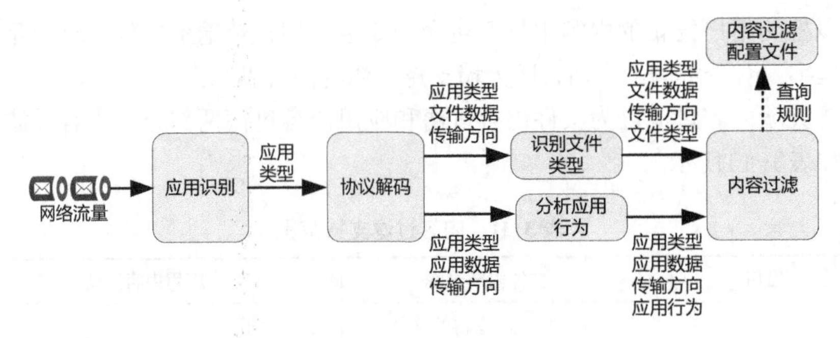

图 3-61　内容过滤流程

如果是文件内容过滤，防火墙首先要识别文件类型，并从数据流中提取出文件中的文本数据。如果是应用内容过滤，防火墙需要分析应用行为。防火墙只对特定应用行为执行内容过滤。完成这些准备工作以后，流量进入内容过滤模块。

在内容过滤模块中，防火墙将流量的属性（应用类型、传输方向、文件类型）与管理员配置的内容过滤配置文件从上到下依次进行匹配，如图3-62所示。如果流量的所有属性都能够匹配某一条内容过滤规则，防火墙对照设定的关键字组，检查后续流量中是否出现相应的关键字，并记录每个关键字的匹配次数，然后根据此规则指定的动作处理。

应用类型：HTTP
传输方向：上传
文件类型：.docx

内容过滤规则

应用	文件类型	方向	关键字组	动作
FTP	全部文件	双向	A	告警
FTP	.doc	双向	B	阻断
HTTP	.doc、.docx	上传	C	按权重操作
HTTP	.html	下载	D	按权重操作
全部	全部	上传	default	告警

图 3-62　内容过滤规则匹配流程

内容过滤规则有以下3种动作。

（1）告警：如果内容过滤模块在流量中检测到关键字，则记录日志，并允许文件通过。

（2）阻断：如果内容过滤模块在流量中检测到关键字，则记录日志，并阻断文件传输。

（3）按权重操作：如果内容过滤模块在流量中检测到关键字，则根据每个关键字的权重和出现次数累加求和，然后将权重值的总和与内容过滤规则中的“告警阈值”和“阻断阈值”进行比较。

- 当权重值的总和小于“告警阈值”时，允许流量通过。
- 当权重值的总和大于等于“告警阈值”而小于“阻断阈值”时，则执行“告警”动作。
- 当权重值的总和大于等于“阻断阈值”时，执行“阻断”动作。

防火墙每检测到一个关键字都会立即刷新权重值的总和，并据此与“告警阈值”和“阻断阈值”比较。为了提高检测效率，内容过滤是一个基于流的检测过程，防火墙随时检测，随时处理。显然，随着关键字的不断检出，权重值的总和将不断增加，先达到“告警阈值”，随后达到“阻断阈值”。相应地，防火墙将先执行告警动作，再执行阻断动作。

举例来说，如图3-63所示，假设关键字组C对应的动作为按权重操作，且“告警阈值”为4，“阻断阈值”为10。关键字组C中，4个关键字“防火墙”“检测”“关键字”“阈值”的权重分别为1、2、3、4。如果防火墙在一个文件中依次检测到了4个关键字，则权重值的总和将依次累加。当检测到“关键字”时，权重值的总和为6，超过“告警阈值”，防火墙会立即执行“告警”动作。当防火墙继续检测到“阈值”时，权重值的总和达到了“阻断阈值”，防火墙立即阻断文件传输。虽然数据流中还有关键字，但是此时文件传输已经中断了，防火墙也不需要再计算权重值的总和了。

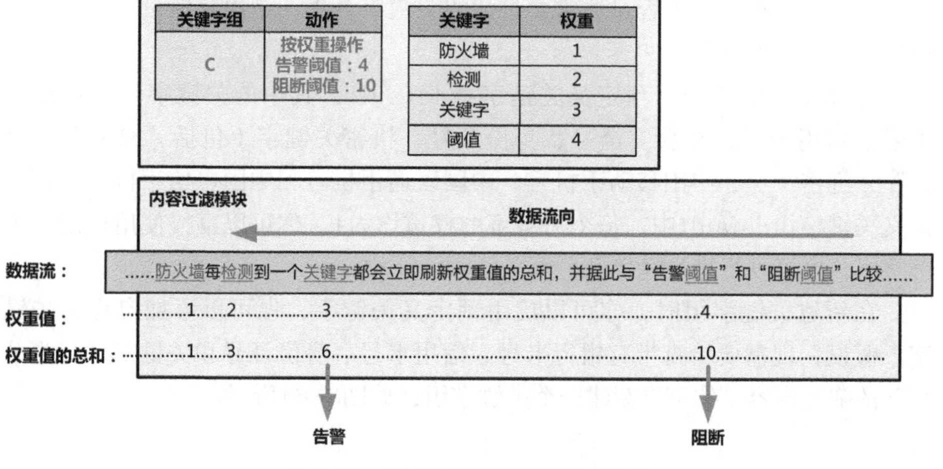

图 3-63　按权重操作的检测与处理流程

对于NFS应用承载的数据流，防火墙不支持阻断。当内容过滤规则的动作为“阻断”，或者权重值的总和大于“阻断阈值”时，防火墙将执行“告警”动作。

对于IMAP和POP3承载的数据流，当内容过滤规则的动作为“阻断”，或者权重值的总和大于“阻断阈值”时，防火墙的处理方式略有不同。

- 若邮件附件命中关键字，防火墙将删除邮件正文和附件。
- 若邮件正文命中关键字，防火墙将删除邮件正文和附件。
- 若邮件主题命中关键字，防火墙将删除邮件主题、正文和附件。

如果内容过滤模块没有检测到关键字，或者权重值的总和未达到设定的阈值，则会允许流量通过。

对于断点续传的文件、文件中嵌套的文件（如Word文件中以对象形式插入的Excel文件）、Office文件的文件属性部分、加密文件，防火墙不支持内容过滤。

3.5.3 配置关键字组

内容过滤即关键字过滤，配置内容过滤的第一步就是指定关键字的范围。关键字是内容过滤时防火墙需要识别的内容。当防火墙在文件或应用中识别出关键字时，防火墙会对此文件或应用执行规定的动作。关键字通常为机密信息（公司商业机密、用户个人信息）或违规信息（敏感或公司规定的违规信息等）。关键字组就是内容过滤需要过滤的关键字合集，是由管理员配置的希望检测出并过滤的内容。

防火墙提供了一个预定义关键字组default，其中的关键字包括：银行卡号、信用卡号、社会安全号、身份证号、机密关键字（包括“秘密”“机密”“绝密”）、中国移动手机号、中国联通手机号和中国电信手机号。在预定义关键字组default中，每个关键字的权重均为1。你可以直接使用预定义关键字组，也可以新建关键字组。

在新建关键字组时，你可以启用预定义关键字，也可以添加自定义关键字。假设，现需要检查带有银行卡号、信用卡号、身份证号和关键字“华为公司”的敏感内容，你可以新建一个关键字组，如图3-64所示。

新建关键字组

名称 敏感内容 *

描述

关键字列表

新建 删除

名称	描述	匹配模式	文本/正则表达式	区分大小写	权重<1-255>	编辑
自定义						
预定义						
银行卡号	匹配银行卡号	正则表达式	银行卡号		1	
信用卡号	匹配信用卡号	正则表达式	信用卡号		1	
社会安全号	匹配社会安全号	正则表达式	社会安全号			
身份证号	匹配身份证号	正则表达式	身份证号		1	

共 8 条

确定 取消

图 3-64　新建关键字组

默认情况下，新建关键字组中，预定义关键字的权重为空，表示此关键字不生效。因此，我们需要输入权重值（如1），以启用预定义关键字银行卡号、信用卡号、身份证号。

然后，单击“新建”按钮，添加一个新的关键字“华为公司”，如图3-65所示。新建关键字时也要指定权重，否则此关键字不生效。

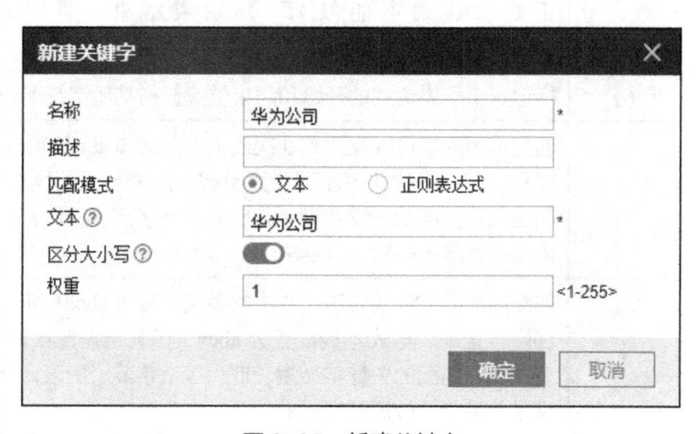

图 3-65　新建关键字

上述配置的命令行脚本如下。

```
keyword-group name 敏感内容
 pre-defined-keyword name bank-card-number weight 1
 pre-defined-keyword name credit-card-number weight 1
 pre-defined-keyword name id-card-number weight 1
 user-defined-keyword name 华为公司
  expression match-mode text 华为公司
  undo case-sensitive enable
```

在新建关键字时，可以使用文本或者正则表达式。文本是直接使用文本作为需要识别的关键字。在上面的例子中，管理员想要识别关键字“华为公司”，只需要添加文本的关键字“华为公司”即可。文本配置简单、匹配精确。但是，当有大量相似的关键字时，逐个配置就会非常麻烦，这就会用到正则表达式。

正则表达式可以用一个字符串来表达一组关键字。例如正则表达式“华为.公司”中的“.”可以匹配任意单个字符，所以“华为.公司”可以表示“华为终端公司”“华为云计算公司”“华为数字能源公司”等。从图3-64中也能看到，预定义关键字都采用的正则表达式。正则表达式匹配更加灵活和高效，但配置需要遵循正则表达式规则。正则表达式规则如表3-12所示。

表 3-12　正则表达式规则

字符	说明
\	要对特殊字符执行字面匹配时，必须在这些字符前加上转义字符 \。例如，当关键字中包含 (**华为公司**) 时，需要输入 \(**华为公司**\)
.	匹配任意单个汉字或 ASCII 字符。例如，**abc.de** 可以匹配 **abcade**、**abcyde**、**abc8de** 等字符串。正则表达式不能以“.”开始或结束。例如 **.abc|def**、**abc.|def**、**abc|.def**、**abc|def.**、**abc|def.|ghi** 等均为非法输入
( )	标记一个子表达式的开始和结束位置，与其他字符配合使用
?	匹配前面的字符或表达式 0 次或 1 次。例如 **abcd?** 可以匹配 **abc** 和 **abcd**。 注意，正则表达式不能配置为 **abc?**，因为当匹配次数为 0 时，关键字只能为 **ab**，而正则表达式能匹配的关键字最短长度为 3 个字节。所以，“?”前至少需要配置 4 个字符，才能满足关键字的最短长度要求
*	匹配前面的字符或表达式 0 次或多次。例如 **abcd*** 可以匹配 **abc**、**abcd**、**abcddd**。 注意，正则表达式不能配置为 **abc***，因为当匹配次数为 0 时，关键字只能为 ab，而正则表达式能匹配的关键字最短长度为 3 个字节。所以，“*”前至少需要配置 4 个字符，才能满足关键字的最短长度要求
+	匹配前面的字符或表达式 1 次或多次。例如 **abc+** 可以匹配 **abc** 和 **abcc**，但不可以匹配 **ab**
|	等同于或，将两个匹配条件进行逻辑“或”运算。例如 **abc|defg** 可以匹配 **abc** 或 **defg**。**(a|b)cde** 则可以匹配 **acde** 或 **bcde**
-	用于创建范围表达式。例如 **[c-z]** 可以匹配 **c** 和 **z** 之间的任意一个字符，包括 **c** 和 **z**
[ ]	匹配所包含的任意一个字符。例如 **abc[def]** 可以匹配 **abcd**、**abce** 和 **abcf**。 • [] 内不允许为空。 • [] 内不允许 ASCII 字符与汉字同时存在。 • [] 内支持输入转义字符“\”。 • [] 内允许使用“-”，但只能用于连接范围为 A ~ Z、a ~ z、0 ~ 9 的字符。例如：[b-d]、[A-Q]、[2-9] 是合法输入，[b-A]、[k-a]、[k-] 是非法输入
{*n*}	*n* 是一个小于等于 10 的非负整数。匹配前面的字符 *n* 次。例如，**abc{2}** 不能匹配 **oabco** 中的 **abc**，但是能匹配 **oabcco** 中的 **abcc**

续表

字符	说明
{*n*,*m*}	匹配前面的字符次数大于等于 *n*，小于等于 *m*。*n* 和 *m* 都是小于等于 10 的非负整数，且 *n* 小于 *m*。例如，**abcd{0,3}** 可以匹配 **abc**，**abcd{1,3}** 可以匹配 **abcdd**，**(abc){1,5}** 可以匹配 **abcabcabc**
\d	匹配一个数字字符，等价于 **[0-9]**。例如 **abc\d** 可以匹配 **abc0** 和 **abc9** 等
\w	匹配数字、字母和下划线。例如 **abc\w** 可以匹配 **abc2**、**abcd**、**abcA** 和 **abc_** 等

如果“关键字组”中的多个“自定义关键字”能够表示相同的关键字，那么当防火墙检测到此关键字时，会将所有能够表示此关键字的“自定义关键字”的权重值累加。例如，关键字组中同时配置了自定义关键字“华为.公司”和“华为技术有限公司”，当数据流中出现“华为技术有限公司”时，防火墙认为此数据流匹配了关键字“华为.公司”和“华为技术有限公司”，并将这两个关键字的权重值相加。

3.5.4　配置内容过滤

内容过滤的配置由配置文件承载。防火墙提供了一个默认的内容过滤配置文件default，引用了默认关键字组，对防火墙支持的全部应用、全部文件类型的文件在上传方向上执行告警动作。默认内容过滤配置文件不可修改、不可删除。

新建内容过滤配置文件的界面如图3-66所示。每个内容过滤配置文件中可以添加多条内容过滤规则。图3-66展示了一条内容过滤规则的配置。

与之对应的配置脚本如下。

```
profile type data-filter name 过滤敏感信息
 rule name 敏感
  keyword-group name 敏感信息
  file-type all
  application all
  direction both
  action by-threshold alert-value 10 block-value 20
```

内容过滤支持的应用类型与文件过滤相同，支持的文件类型却要远少于文件过滤。也就是说，受限于文件本身的结构和实际应用的必要性，防火墙能够过滤内容的文件类型比较少，如表3-13所示。

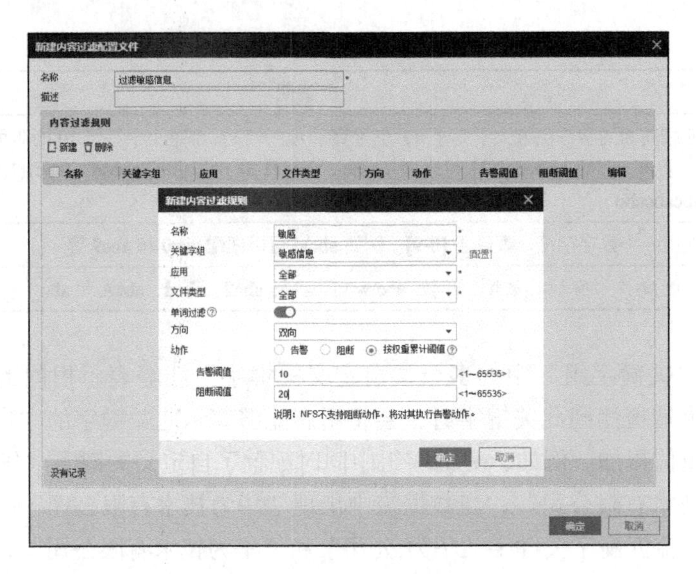

图 3-66　新建内容过滤配置文件的界面

表 3-13　内容过滤支持的文件类型

文件分类	文件类型
Office 2003 文件	DOC：.doc、.dot PPT：.ppt、.pot、.pps XLS：.xls、.xlt
Office 2007 文件	DOCX：.docx、.docm、.dotx、.dotm PPTX：.pptx、.pptm、.potm、.potx XLSX：.xlsx、.xlsm、.xltm、.xltx
网页文件	HTML
代码文件	C、CPP、CXX、H、HPP、JAVA
文本文件	TXT
其他	搜索引擎关键字：即 SEARCH-ENGINE-KEYWORD Text/HTML：即应用内容

其中，文件类型“Text/HTML”表示的是过滤应用协议本身的内容。例如，如果应用类型选择“FTP”，则表示过滤FTP传输的文件名称；如果应用类型选择“HTTP”，则表示过滤网页显示的内容或用户在网页上发布的内容（帖子、微博等）；如果应用类型选择“SMTP”，则表示过滤邮件的标题、正文和附件名称。

产品界面上的“单词过滤”参数指的是搜索引擎关键字的精确匹配功能，只有当文件类型中选择了搜索引擎关键字（SEARCH-ENGINE-KEYWORD）时，才能启用此功能。

启用搜索引擎关键字精确匹配功能前，防火墙会将用户在搜索引擎中输入的搜索词与内容过滤规则中配置的关键字进行模糊匹配。例如，搜索词“华为技术有限公司”可以命中内容过滤关键字“华为”，并执行该规则中设置的告警、阻断等动作。这很可能会带来误报。启用搜索引擎关键字精确匹配功能后，防火墙会将搜索词与内容过滤规则中配置的关键字进行精确匹配。只有当搜索词完全匹配关键字时才会命中，并执行内容过滤规则中设置的告警、阻断等动作。

新建内容过滤配置文件后，提交配置编译，并在安全策略中引用才会生效。具体配置方法略。

对于承载在HTTP上的数据，防火墙在阻断内容传输的同时，还会向用户推送一个提示页面。防火墙提供了“内容过滤阻断配置”推送信息模板，其中，参数%FILE_NAME代表被阻断的文件名称，参数%APP代表被阻断的应用名称。防火墙发送推送信息时会自动将%FILE_NAME、%APP替换为实际值。你可以从Web界面上下载推送信息模板，根据需要修改后再上传。

3.6 应用行为控制

顾名思义，应用行为控制就是对应用的行为进行控制。相信大家第一次看到这个特性，一定会有一个疑问：防火墙已经提供了应用识别功能，可以根据应用来放行或者阻断流量了，为什么还要应用行为控制功能呢?

说到底还是因为应用的行为纷繁复杂，有的时候，直接放行或者阻断都不合适。以现实网络中使用最多的HTTP应用为例，用户使用浏览器上网的时候，不但可以浏览网页内容，还可以在论坛上发帖、回帖，可以下载或上传文件。一些别有用心的用户还会通过代理访问非法网站。这些行为不仅可能会危及企业信息安全，还可能会带来法律风险。

这个问题，依靠前文介绍过的应用识别、文件过滤和内容过滤功能，可以解决一部分，但是仍不够完美。应用识别功能依赖应用识别特征库，要想使用应用识别功能来控制应用的具体行为，前提条件是应用识别特征库中按照应用行为（功能）明确区分了多个应用。文件过滤和内容过滤功能可以根据文件类型和关键字管控用户行为，但是管理粒度过细。应用行为控制功能为管理员提供了新的选择。应用行为控制的重点是应用行为，管理员可以按照应用行为来设置管控策略，简单、快捷。

应用行为控制包括HTTP行为控制、FTP行为控制和IM（Instant Messaging，即时通信）行为控制3个功能。具体的应用行为控制功能如表3-14所示。

表 3-14 应用行为控制功能

应用类型	应用行为控制项	应用行为控制项说明
HTTP	POST 操作	允许或禁止 POST 操作。POST 是一种 HTTP 方法，一般用于通过网页向服务器发送信息，例如论坛发帖、表单提交、用户账号 / 密码登录等。 当动作为允许时，支持设置告警阈值和阻断阈值，对 POST 操作的内容大小进行控制
	HTTP 浏览网页	允许或禁止浏览网页
	HTTP 代理上网	允许或禁止用户通过代理服务器上网。仅当防火墙部署在用户终端和代理服务器之间时有效
	HTTP 文件上传	允许或禁止用户通过 HTTP 上传文件。 当动作为允许时，支持设置告警阈值和阻断阈值，对上传文件的大小进行控制
	HTTP 文件下载	允许或禁止用户通过 HTTP 下载文件。 当动作为允许时，支持设置告警阈值和阻断阈值，对下载文件的大小进行控制。不支持迅雷、“电驴”等专用下载工具
FTP	FTP 文件上传	允许或禁止用户通过 FTP 上传文件。 当动作为允许时，支持设置告警阈值和阻断阈值，对上传文件的大小进行控制
	FTP 文件下载	允许或禁止用户通过 FTP 下载文件。 当动作为允许时，支持设置告警阈值和阻断阈值，对下载文件的大小进行控制
	FTP 文件删除	允许或禁止用户通过 FTP 删除文件
IM	QQ 登录	允许或禁止用户登录 QQ。支持设置 QQ 账号黑白名单，且白名单优先级高于黑名单

下面我们来看一下，防火墙是如何来识别并控制这些应用行为的。

1. HTTP行为控制

HTTP工作于客户端-服务器架构上，浏览器作为HTTP客户端，通过URL向HTTP服务器（即Web服务器）发送所有请求。客户端的请求消息由请求行、请求头、空行和请求体组成。请求消息中包含客户端希望执行的动作和内容。图3-67所示为客户端POST操作示例。

图3-67 客户端POST操作示例

- 第一行是请求行，POST是HTTP请求方法，表示客户端向服务器提交数据；
- 请求头中的Content-Type表示提交的数据类型，数据的内容在空行下面的请求体中；
- 请求体中，Content-Disposition字段中的filename表示上传文件的名称，随后的Content-Type表示上传文件的类型。

显然，通过分析请求消息的字段内容，就可以判断出HTTP行为。

下面我们来介绍HTTP行为控制的典型场景。如图3-68所示，某企业为管控员工的上网行为，制订了上网行为规范。规范要求，所有人不得通过代理服务器上网。员工可以浏览网页并下载文件，但是禁止向互联网上的Web服务器上传文件。

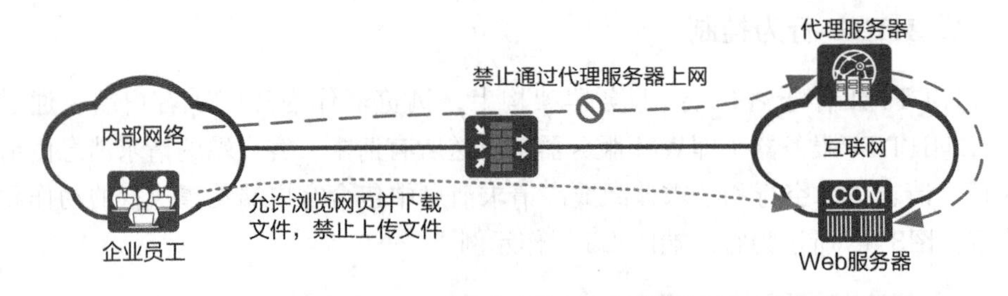

图 3-68　HTTP 行为控制的典型场景

为了满足这个需求，我们需要新建一个应用行为控制配置文件，如图3-69所示，并提交编译。POST操作一般用于向服务器发送消息，如输入用户账号/密码登录、在网页中提交表单、在论坛中发帖等。POST操作是浏览网页的常用操作，一般情况下应允许POST操作。你也可以禁止POST操作以及限制告警阈值和阻断阈值，限制POST操作可以发送消息的大小。

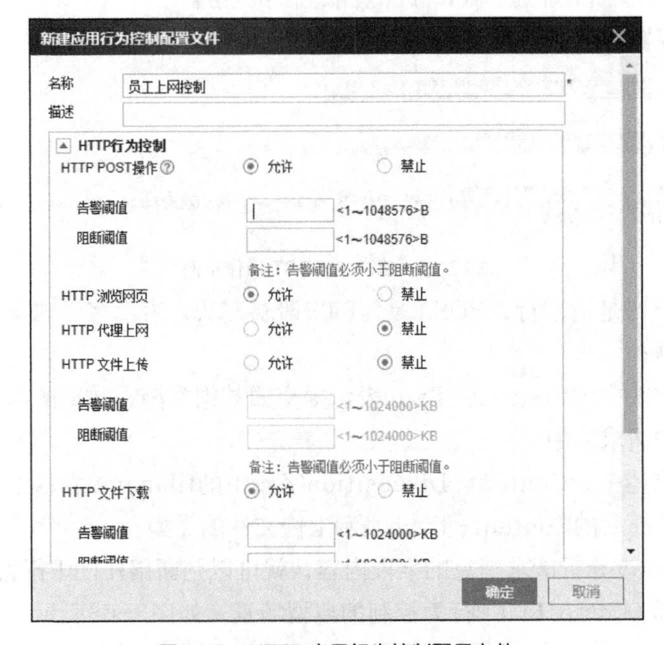

图 3-69　HTTP 应用行为控制配置文件

然后，新建一个允许员工访问互联网的HTTP应用行为控制安全策略，在该安全策略中，引用上面创建的应用行为控制配置文件，如图3-70所示。为了避免机密信息泄露和恶意文件传输，该安全策略中同时引用了内容过滤配置文件和文件过滤配置文件。

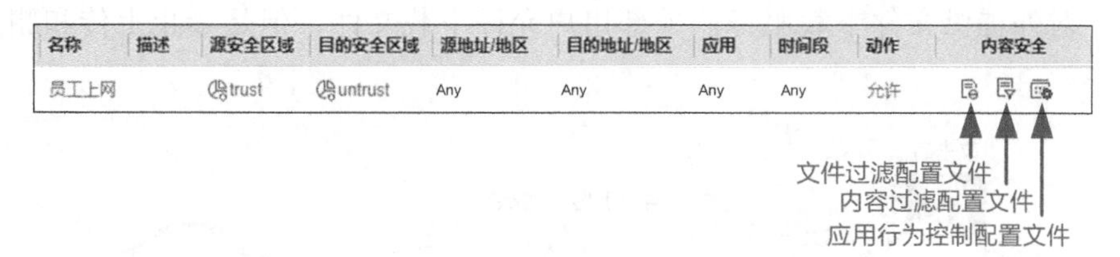

图 3-70　HTTP 应用行为控制安全策略

2. FTP行为控制

FTP是文件传送协议，FTP的重点当然是文件操作，包括文件上传、文件下载和文件删除。如果用户的文件操作权限不受任何限制，则必然给文件服务器带来安全威胁，可能发生重要文件被删除、文件内容泄露等问题，为了防止这些问题，需要对用户的操作进行限制。防火墙根据FTP的命令字识别用户的行为，并进行针对性管控。

FTP命令字与用户行为的映射关系如表3-15所示。

表 3-15　FTP 命令字与用户行为的映射关系

FTP 命令字	命令含义	用户行为
STOR：Store	存储文件。向服务器传输文件。如果文件已存在，则覆盖原文件。如果文件不存在，则新建文件	上传文件
STOU：Store Unique	唯一存储。与 STOR 功能类似，但是文件名称由服务器自动生成，并使用 250 代码返回给客户端	
APPE：Append	追加存储。与 STOR 功能类似，但如果文件已存在，则把数据附加到原文件尾部。如果文件不存在，则新建文件	
RETR：Retrieve	检索。从服务器上复制文件，即传输文件的副本	下载文件
DELE：Delete	删除服务器上的指定文件	删除文件
RMD：Remove Directory	删除目录。从服务器上删除指定目录	
XRMD：precursor for RMD	命令功能同 RMD，但已过时。大多数服务器支持将它作为标准命令的别名使用	
RNFR：Rename From	指定需要重命名的文件	
RNTO：Rename To	指定重命名后的文件名称	

FTP行为控制的典型场景如图3-71所示。企业内部网络部署了FTP服务器，对外提供文件下载服务。外部用户允许下载文件，但是禁止上传和删除文件。

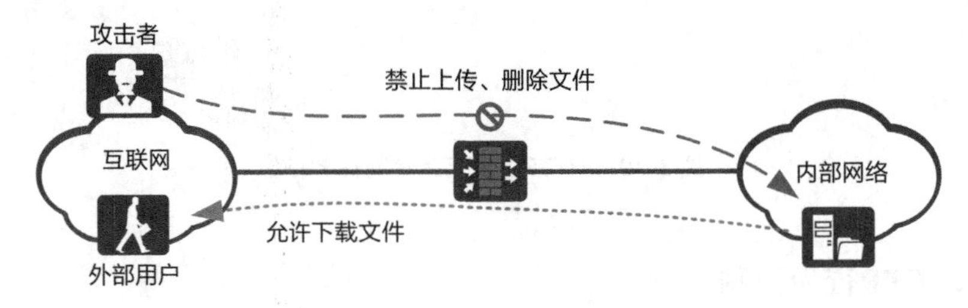

图 3-71　FTP 行为控制的典型场景

为了满足这个需求，我们可以新建一个FTP应用行为控制配置文件，如图3-72所示。新建后提交编译，并在开放FTP服务器访问的安全策略中引用即可。

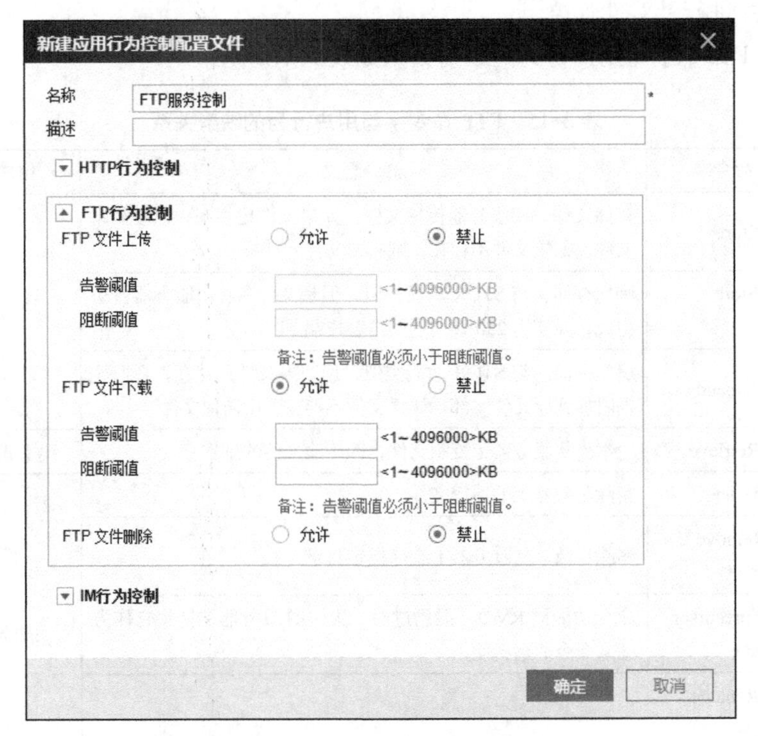

图 3-72　FTP 应用行为控制配置文件

3. IM 行为控制

IM行为控制能控制QQ登录行为。你可以设置QQ登录的默认动作为允许或禁止，也可以设置QQ账号黑白名单。典型的IM行为控制场景如下。

- 仅允许部分用户使用QQ：设置QQ登录的默认动作为禁止，并在白名单中添加允许登录QQ的账号信息。
- 仅禁止部分用户使用QQ：设置QQ登录的默认动作为允许，并在黑名单中添加禁止登录QQ的账号信息。

IM行为控制的配置界面如图3-73所示。IM行为控制的配置比较简单，不赘述。

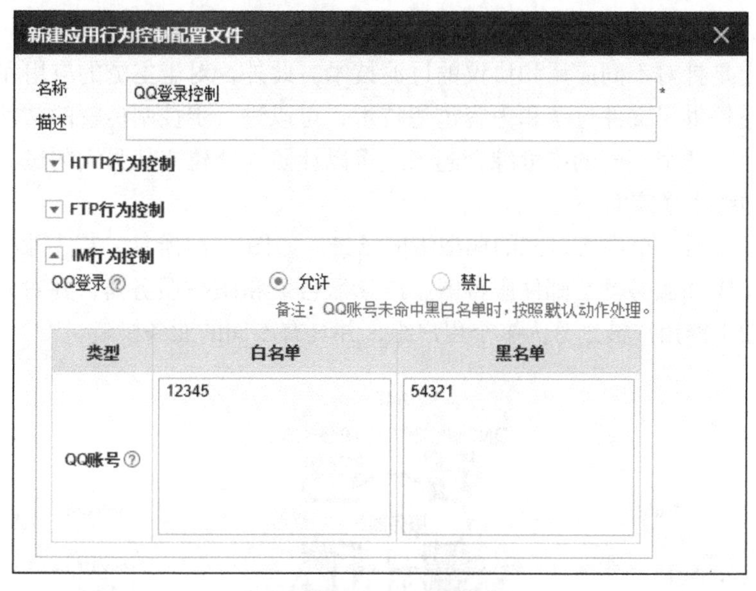

图 3-73 IM 行为控制的配置界面

3.7 内容过滤技术的综合应用

本章介绍了几种重要的内容过滤技术，它们分别侧重于不同的应用、协议和过滤目的。这些技术都可以用于管控员工的上网行为，缩小暴露面，也可以在一定程度上防范恶意行为。

URL过滤是针对HTTP/HTTPS的技术，主要用于控制用户使用浏览器访问网页的范围和行为。URL过滤技术既是规范员工上网行为的重要手段，也能消除用户无意中访问恶意网站带来的安全隐患。邮件过滤是针对邮件协议的技术，主要用于保障邮件安全。它既可以用于防范垃圾邮件和钓鱼邮件，也可以控制员工的邮件权限。应用识别与控制是针对特定应用的管控技术，你可以根据应用的分类、标签、风险等级等属性来阻断或放行应用。对于HTTP、FTP和IM应用，你还可以设置应用行为的管控策略。DNS过滤则是针对DNS协议的技术。任何应用都离不开DNS解析，DNS过滤技术不仅可以控制应用的使用，还可以防范基于DNS协议的非法外联，阻断失陷主机与远程服务器之间的通信。

以上是针对不同应用和协议的过滤技术。此外，对于主流的应用和协议，防火墙还提供了文件过滤和内容过滤技术，可以进一步控制传输的文件类型和数据内容。两个不同的维度综合起来，可以让防火墙建立起强大的过滤网，最大限度地缩小暴露面。

下面来看一个内容过滤的典型组网场景。如图3-74所示，某企业在服务器区部署了Web服务器、邮件服务器、FTP服务器和DNS服务器，并对外提供服务。企业上网用户被划分为多个用户组，并具有不同的业务权限。

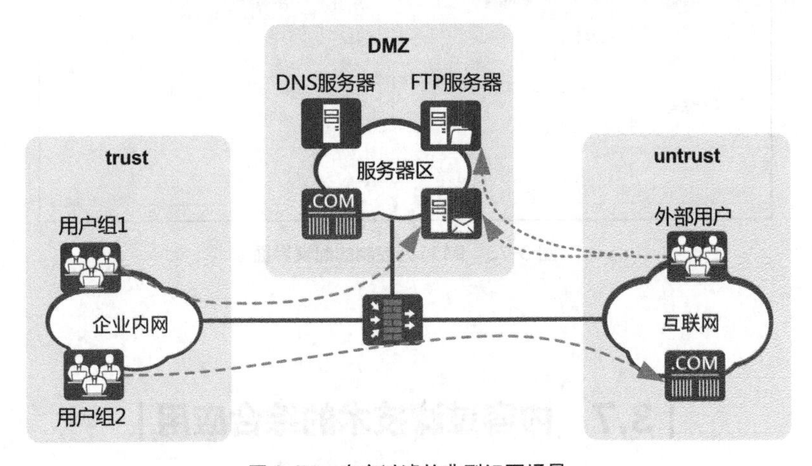

图 3-74　内容过滤的典型组网场景

根据企业政策和业务需求，防火墙的业务管控方案如表3-16所示。

表 3-16 业务管控方案

协议 / 应用	业务需求	管控方案
HTTP/HTTPS	上网用户只能访问企业规定的网站，且用户组 1 和用户组 2 具有不同的访问权限	配置基于 URL 分类的 URL 过滤，同时配置 SSL 解密策略。因两个用户组的访问权限不同，需要配置两个不同的安全策略和 URL 过滤配置文件。根据业务需求，创建自定义 URL 分类或 URL 黑白名单，解决预定义 URL 分类应用中遇到的具体问题
HTTP/HTTPS	上网用户访问外部网站时，禁止上传文件、禁止发布违规言论	配置 HTTP 应用行为控制，禁止所有上网用户的上传文件操作。 配置内容过滤，当上网用户发布的内容中含有敏感词时，阻断操作
HTTP/HTTPS	公众用户访问企业的 Web 服务器时，只允许浏览网页和下载文件	配置 HTTP 应用行为控制，禁止公众用户的 POST 操作和上传文件操作
邮件	上网用户经常收到“代开发票”“投资秘籍”等垃圾邮件和广告邮件	配置邮件过滤，启用 RBL 和 MIME 标题检查功能。当 MIME 标题中出现垃圾邮件和广告邮件常用的关键词时，拒收邮件
邮件	为了节省带宽，禁止通过邮件服务器传输超大邮件	配置邮件过滤，启用邮件附件控制功能，控制邮件附件的大小和数量
FTP	仅用户组 1 有权向 FTP 服务器上传文件和删除文件，其他人只能下载文件	配置 FTP 应用行为控制，禁止用户组 2 和公众用户上传和删除文件

根据表3-16所示的业务管控方案，需要配置表3-17所示的安全策略。

表 3-17 安全策略配置方案

序号	用户组	源安全域	目的安全域	协议	内容安全配置文件	说明
1	用户组 1	trust	untrust	HTTP、HTTPS	URL 过滤配置文件 1、应用行为控制配置文件 1、内容过滤配置文件 1	两个用户组的 URL 过滤配置文件中，允许访问的 URL 分类不同。两个用户组的应用行为控制配置文件和内容过滤配置文件相同。

续表

序号	用户组	源安全域	目的安全域	协议	内容安全配置文件	说明
2	用户组 2	trust	untrust	HTTP、HTTPS	URL 过滤配置文件 2、应用行为控制配置文件 1、内容过滤配置文件 1	应用行为控制配置文件，禁止上传文件。内容过滤配置文件，禁止发布含敏感词的内容
3	Any	untrust	DMZ	HTTP、HTTPS	应用行为控制配置文件 2	禁止公众用户的 POST 操作和上传文件操作
4	Any	untrust	DMZ	SMTP	邮件过滤配置文件 1	启用 RBL、MIME 标题检查功能和邮件附件控制功能
5	用户组 1、用户组 2	trust	DMZ	SMTP	邮件过滤配置文件 2	启用邮件附件控制功能
6	用户组 1	trust	DMZ	FTP	应用行为控制配置文件 2	允许所有 FTP 操作
7	Any	Any	DMZ	FTP	应用行为控制配置文件 3	禁止用户组 1 以外的用户上传和删除文件

以上只是一个简单的例子，灵活运用各种内容过滤技术，既可以管控员工的上网行为，缩小暴露面，也可以防范恶意软件和行为。

3.8 习题

第 4 章　入侵防御技术

随着网络入侵事件的不断增加和攻击者攻击水平的不断提高，入侵防御技术的重要性日益突出。入侵行为类型多样，恶意软件、病毒、Web攻击、拒绝服务攻击等，都是常见的入侵手段。相应的防御技术也不尽相同，本章内容集中介绍IPS（Intrusion Prevention System，入侵防御系统）技术。IPS技术是一种基于行为检测、特征库匹配以及威胁建模等方法，检测非法访问流量并进行防御的技术。

4.1 简介

本节介绍什么是入侵，并引出IPS与IDS（Intrusion Detection System，入侵检测系统）。

4.1.1 什么是入侵

顾名思义，入侵是指未经授权而尝试访问信息系统资源、篡改信息系统数据，使信息系统不可用或不可靠的行为。入侵行为会破坏信息系统的完整性、机密性和可用性。

当前，网络环境中的入侵方式多种多样。除了大众熟悉的计算机病毒攻击，木马、蠕虫、僵尸网络、拒绝服务、跨站脚本攻击、暴力破解等层出不穷，间谍软件、广告软件等灰色软件的占比也日益增加。入侵正在向着利益驱动、多方面渗透的方向发展。根据国家互联网应急中心发布的《2020年中国互联网网络安全报告》统计，2020年全年捕获恶意程序样本数量超过4200万个，被恶意程序攻击的IP地址超过5000万个。

以一个企业为例，其可能遭受的常见入侵行为如下。

- 网络攻击者或企业员工利用系统软件漏洞入侵数据服务器，造成数据损失或系统被篡改。
- 以经济利益为目的，DDoS攻击不断恶意占用网络资源，影响企业正常对外提供服务。
- 在企业员工经常访问的外部网站上植入恶意代码。当企业员工访问网站时，获取员工的账号、Cookie等信息，伪造企业员工的上网操作。
- 向企业员工发送钓鱼邮件，引诱企业员工点击邮件中的虚假网站链接或者下载非法附件。钓鱼邮件可造成公司信息泄露、恶意软件植入、信息系统被入侵等后果，直接造成经济损失。
- 随着企业业务的拓展以及数字化进程的推进，越来越多的业务依赖网站、IT系统，它们面临病毒、蠕虫、木马等威胁。

导致这些入侵行为得逞的重要因素之一，就是各类系统中存在的安全漏洞。安全漏洞指的是硬件、软件、协议实现或系统安全策略上存在的缺陷，这些缺陷给攻击者提供了非法访问或破坏系统的可乘之机。历史上著名的“心脏滴血”“永恒之蓝”“Apache Struts2远程代码执行”等安全漏洞，都造成过重大安全威胁。

安全漏洞被攻击者挖掘、利用，导致安全事件的发生。系统供应商也会从安全事件中识别出安全漏洞，并发布补丁或新的版本来修复安全漏洞。但是，系统供应商的更新需要一定的周期。既然入侵和安全漏洞有着密切关系，入侵防御技术的主要工作就是检测和防御针对各种安全漏洞的攻击，在系统供应商更新之前，提供安全防护能力。

4.1.2 IDS与IPS

针对上文所述的各种入侵行为，IDS和IPS是常用的入侵检测和防御技术。当然，IDS和IPS技术并不能检测所有的入侵行为，其他检测技术在本书其他章节介绍。

IDS是入侵检测技术发展初期出现的产品形态，其主要作用是检测网络状况，发现入侵行为并告警。IDS不会对入侵行为采取动作，是一种侧重于风险管理的安全机制。通常情况下，IDS以旁路方式接入网络中检测入侵行为，如图4-1所示。如果需要阻断入侵行为，IDS则需要与防火墙联动，通知防火墙进行阻断。

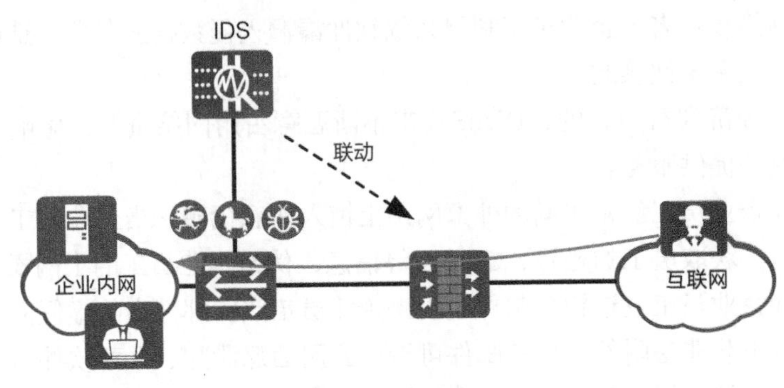

图 4-1 IDS 组网

由于IDS主要用于发现入侵行为并告警，并不能快速阻断入侵行为。因此，IDS容易出现攻击响应滞后而造成损失。在这种情况下，IPS应运而生。IPS可以实时阻断入侵行为，是一种侧重于风险控制的安全机制。如图4-2所示，IPS设备直路部署在网络中，对检测到的入侵行为实时响应，中止入侵。

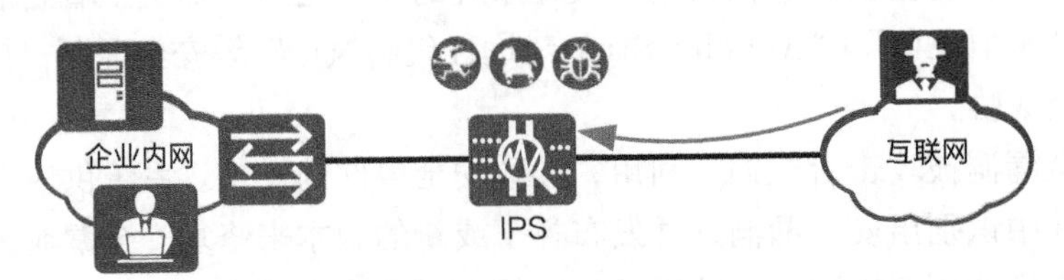

图 4-2 IPS 组网

当前，无论是专业的入侵防御设备还是具备入侵防御功能的防火墙（下文简称设备），都同时具备IDS和IPS功能，用户根据需要选择即可。后文的介绍侧重于IPS功能。

华为IPS技术的主要优势如下。

- 实时阻断攻击：能够实时拦截入侵活动和攻击性网络流量，将对网络和业务的影响降到最低。
- 深层防护：新型的攻击都隐藏在TCP/IP模型的应用层里，入侵防御深度识别并解析应用协议，检测报文应用层的内容。入侵防御还可以根据攻击类型、策略等确定应该被拦截的流量。
- 全方位防护：入侵防御可以提供针对蠕虫、病毒、木马、僵尸网络、间谍软件、广告软件、跨站脚本攻击、注入攻击、目录遍历、信息泄露、溢出攻击、代码执行、扫描工具等的防护措施，全方位保护网络安全。

- 内外兼防：入侵防御不但可以防止来自企业外部的攻击，还可以防止来自企业内部的攻击。IPS设备检测经过的流量，既可以保护服务器，也可以保护客户端。
- 精准防护：入侵防御特征库持续更新，使设备具备最新的入侵防御能力。设备可以定期连接云端的华为安全中心升级入侵防御特征库，以保持入侵防御的持续有效性。

| 4.2 入侵防御基本原理 |

本节介绍设备将流量特征与签名匹配，发现入侵行为的基本过程。另外，为了提升流量匹配及安全事件处理的效率，设备还提供了入侵防御配置文件、签名过滤器、例外签名等功能。

4.2.1 入侵防御处理流程

简单来说，入侵防御处理流程就是设备将流量特征与入侵防御特征库中的签名进行比对，发现入侵行为并进行响应处理。入侵防御处理流程如图4-3所示。

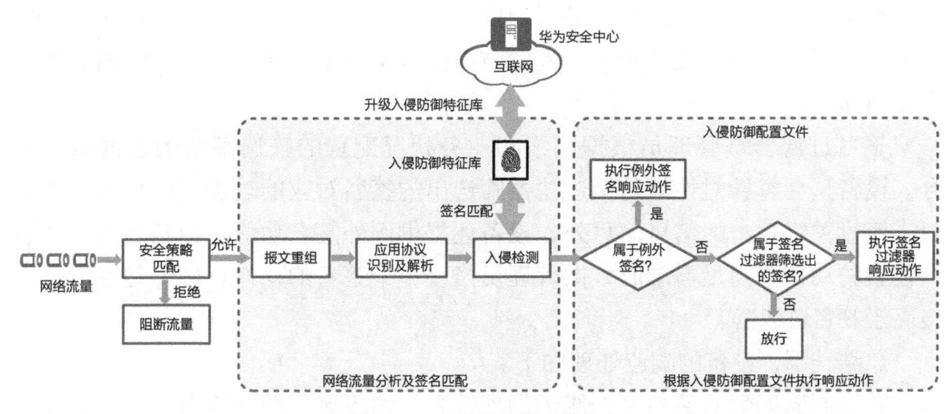

图 4-3 入侵防御处理流程

（1）安全策略匹配

当通过设备的网络流量匹配动作为“允许”的安全策略，且该安全策略引用了入侵防御配置文件时，进入入侵防御处理流程。设备对流量进行入侵防御处理。

（2）报文重组

设备对流量进行IP分片重组以及TCP流重组，确保应用层数据的连续性。这样，设备才能在接下来的流程中有效检测出逃避入侵防御检测的攻击行为。

（3）应用协议识别及解析

设备根据报文内容识别出具体的应用层协议，并对协议进行深度解析以提取报文特征。与传统只能根据IP地址和端口识别协议相比，应用协议识别大大提高了对应用层攻击行为的检出率。另外，在这个阶段，设备还能识别出协议异常，过滤掉不符合协议格式和规范的数据报文。

（4）签名匹配

设备将解析后的报文特征与入侵防御特征库中的签名进行匹配。如果匹配了签名，则进行响应处理。签名代表了入侵行为的特征，有关签名的详细内容将在第4.2.2节介绍。

华为安全研究人员持续跟踪网络安全态势，分析入侵行为的特征，并将其更新到入侵防御特征库中。设备定期从华为安全中心下载最新的入侵防御特征库，就可以及时、有效地防御网络入侵。

（5）响应处理

报文匹配了签名后，是否进行响应处理、如何进行响应处理（告警还是阻断）由入侵防御配置文件决定。入侵防御配置文件主要包含签名过滤器、例外签名两部分。

签名过滤器是管理员根据网络和业务状况配置的筛选签名的过滤条件集合。设备只会有针对性地防御过滤器筛选出的签名对应的攻击，以免海量攻击日志淹没关键攻击的信息。另外，设备还提供例外签名功能，当签名过滤器统一设置的动作不满足需求时，供管理员修改单个签名的动作。例外签名的优先级高于签名过滤器。

总结一下，设备的响应处理如下。

首先判断匹配的签名是否属于例外签名，如果属于例外签名，执行例外签名的响应动作。否则进入签名过滤器处理。

然后判断匹配的签名是否属于签名过滤器筛选出的签名，如果属于，则执行签名过滤器的响应动作。否则直接放行报文。

4.2.2 签名

签名用来描述入侵行为的特征。入侵防御特征库中的签名对应的入侵类型越多，签名越能及时包含最新的安全漏洞，入侵防御的有效性也就越高。

1. 预定义签名

华为安全中心提供入侵防御特征库（也叫签名库）的更新服务。入侵防御特征库中包含针对各种已知入侵行为的签名信息，这些签名也称为预定义签名。华为安全专家持续跟踪网络安全态势，及时补充新型安全漏洞对应的签名。入侵防御设备只需要定期升级入侵防御特征库，即可获得最新的防御能力。

图4-4所示为预定义签名详情，具体介绍如表4-1所示。

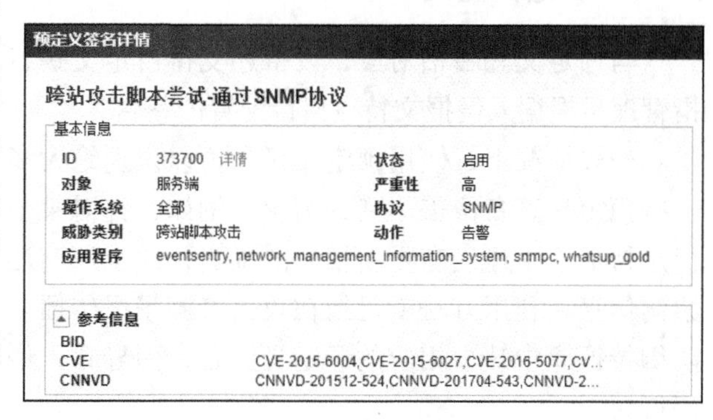

图 4-4　预定义签名详情

表 4-1　预定义签名详情具体介绍

项目	含义
ID	ID 用来唯一标识签名
状态	签名当前是否启用。设备只能检测处于启用状态的签名对应的攻击
对象	攻击行为针对的目标，包括服务端和客户端。 • 服务端：表示攻击行为是针对服务器发起的。 • 客户端：表示攻击行为是针对客户端发起的
严重性	攻击后果的严重程度，分为高、中、低、提示 4 种
操作系统	攻击行为针对的操作系统
协议	攻击行为使用的协议类型
威胁类别	攻击行为的类别，包括木马、蠕虫、跨站脚本攻击、溢出攻击等

续表

项目	含义
动作	对匹配签名的攻击报文的默认处理动作。 • 告警：允许通过，但会记录日志。 • 阻断：丢弃报文，并记录日志
应用程序	攻击行为针对的应用程序
参考信息	其他参考信息，包括漏洞在权威漏洞机构的编号及漏洞介绍的网站信息。例如，CVE（Common Vulnerabilities and Exposures，通用漏洞披露）表示漏洞的 CVE 编号

2. 自定义签名

与预定义签名相对应，设备还支持自定义签名。顾名思义，自定义签名是指管理员根据入侵报文特点自行配置的签名。

一般情况下，使用预定义签名可以识别绝大多数入侵行为。但是，还是有一些预定义签名覆盖不到的情况。例如，针对某个漏洞的入侵行为已经出现，但是特征库中还没有更新相应的签名；安全厂商还未知晓的“零日漏洞”，其漏洞信息和利用方法就已经在攻击者圈子里传播。这两种情况，都会因为入侵防御特征库中缺少相应的预定义签名，而导致入侵防御设备无法防御对应的入侵行为。

为了解决这个问题，管理员可以深入分析报文特征，然后创建自定义签名来防御此类威胁。待华为安全中心更新入侵防御特征库后，便可以使用预定义签名了。

说明：配置自定义签名需要管理员具备一定的网络安全管理经验。例如，针对零日漏洞，管理员需要了解漏洞的原理和利用方法、掌握攻击报文的特征，才能够精确地配置自定义签名。如果配置不当，不仅会导致签名无效，无法防御入侵行为，还可能会影响正常业务。因此，通常不建议管理员自行配置自定义签名。

自定义签名配置项如图4-5所示。

其中，ID、名称、描述、基本特征与预定义签名中的信息类似，这里不赘述。配置自定义签名的难点在于精确配置符合入侵特征的规则。只有规则正确，才能匹配具有入侵行为的报文，从而检测到入侵行为。

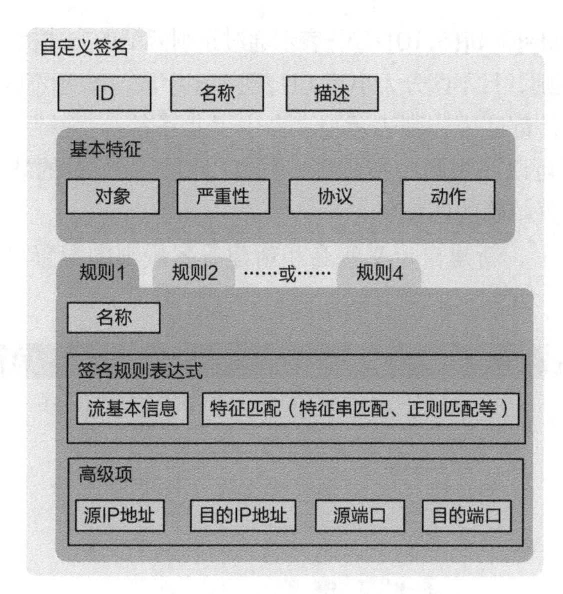

图 4-5　自定义签名配置项

每个自定义签名中最多可配置4条规则，规则之间是“或”（OR）的关系，只要报文匹配其中任意一条规则，便匹配了此签名。每条规则中需要配置一条符合语法规则的签名规则表达式。下面简要介绍一下签名规则表达式。语法规则的详细介绍，请访问华为安全中心网站，查阅IPS语法手册。

签名规则表达式由流基本信息、特征匹配两部分组成。流基本信息部分（也就是flow部分）可以指定检测的方向、检测范围等基本信息。特征匹配部分可以指定多种匹配条件，例如，使用content部分进行特征串匹配，使用pcre部分进行正则匹配，使用数值检测字段进行数值检测，使用字节检测规则进行字节匹配等。签名规则表达式的简单示例如下。

```
flow: from_client,message; content: "/index.html"; http_uri; pcre: "/id=[0-9]{5,10}/Ui";
```

- **flow: from_client,message;**表示检测从客户端发出的请求，检测的范围为消息。
- **content: "/index.html"; http_uri;** 表示将HTTP头部的URI（Uniform Resource Identifier，统一资源标识符）字段内容与“/index.html”特征串进行匹配。http_uri是修饰content的关键词，可以指定多个关键词。

- pcre: "/id=[0-9]{5,10}/Ui";表示通过正则匹配的方式检查URI字段是否匹配pcre规则，且不区分大小写（U表示URI字段，i表示不区分大小写）。

如果以上条件都匹配，则表示报文命中了此签名。

另外，你还可以在规则中指定源/目的IP地址、源/目的端口，以缩小签名检测范围，进行更精确的匹配。

具体到设备上，新建自定义签名和新建签名规则的配置界面分别如图4-6和图4-7所示。

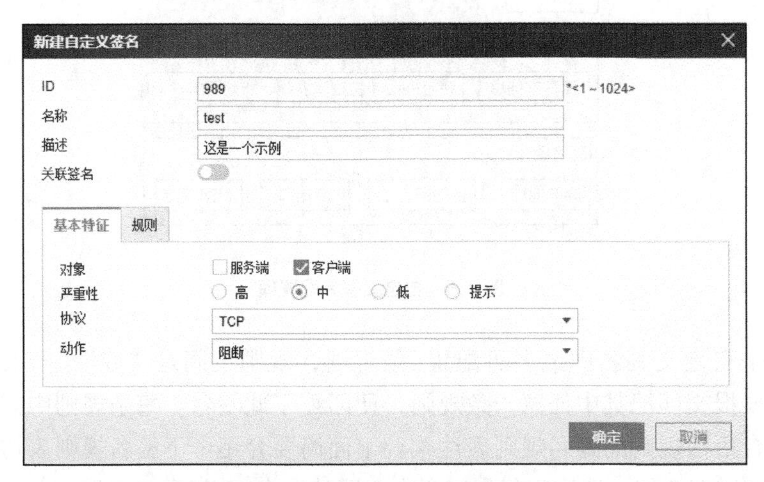

图 4-6　新建自定义签名的配置界面

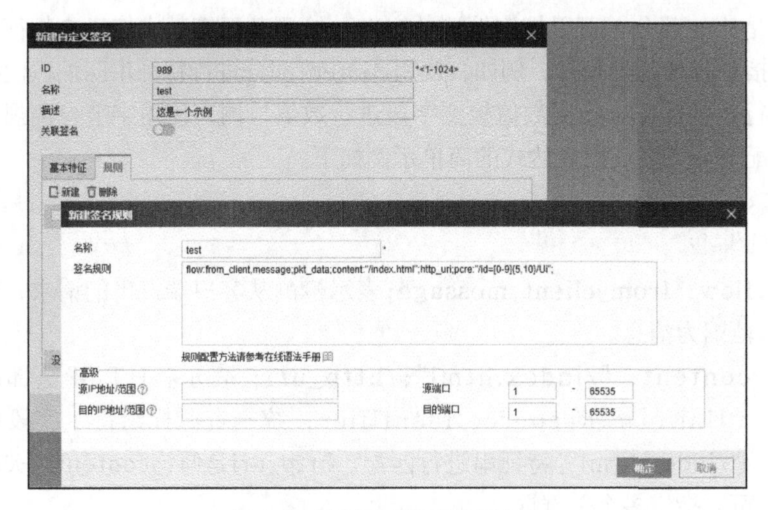

图 4-7　新建签名规则的配置界面

4.2.3 入侵防御配置文件

在前文中已经介绍入侵防御的主要检测机制就是将流量与签名匹配。但是，入侵防御特征库中的签名是海量的，设备是否需要响应所有签名对应的入侵行为？另外，针对入侵流量，设备如何防御，阻断还是放行？答案就在入侵防御配置文件中。

首先，入侵防御配置文件中的签名过滤器可以根据业务类型，过滤出需要检测的签名。

其次，入侵防御配置文件中可以配置响应动作，以决定对入侵流量的处理方式。

新建入侵防御配置文件的界面如图4-8所示。本小节重点介绍签名过滤器、例外签名和响应动作等基本内容。其他高级功能将在第4.6节中介绍。

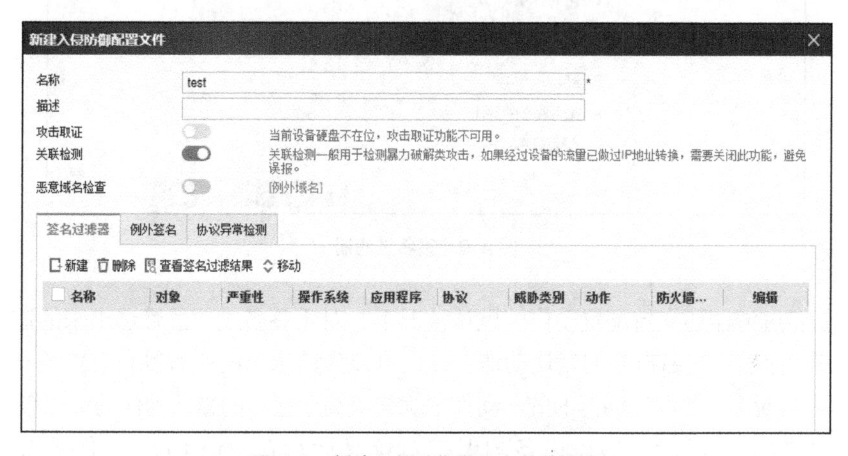

图4-8 新建入侵防御配置文件的界面

1. 签名过滤器

入侵防御特征库中包含针对各种攻击行为的海量签名信息。但是，在实际网络环境中，业务类型可能比较集中，不需要使用所有的签名。如果设备对所有签名都进行检测，可能会产生大量无关的攻击日志，影响对关键攻击事件的处理和调测。配置签名过滤器，就是根据业务情况筛选出需要关注的签名，并配置攻击响应动作。设备只针对签名过滤器筛选出的签名实施检测和防御。

签名过滤器是一系列过滤条件的集合。过滤条件包括：签名的对象、严重性、操作系统协议等，如图4-9所示。一个过滤条件中如果配置多个值，多个值之间是“或”的关系，只要匹配任意一个值，就认为匹配了这个条件。只有满足所有过滤条件的签名才会被筛选出来，应用到后续的检测中。

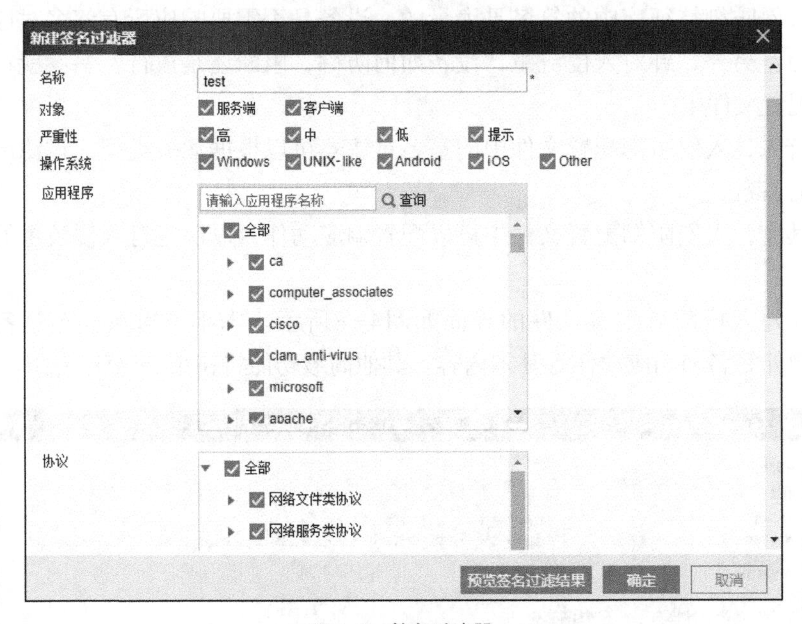

图 4-9　签名过滤器

签名过滤器还支持配置动作。默认情况下，对于签名过滤器筛选出来的这些签名，其动作沿用签名自身的默认动作。你也可以为筛选出的所有签名设置统一动作（告警/阻断）。签名过滤器的统一动作的优先级高于签名的默认动作的优先级。

如图4-10所示，假设设备的保护对象是运行在Windows操作系统上的Web服务器，则可以配置签名过滤器筛选操作系统是Windows、协议是HTTP的签名。配置不同的签名过滤器动作，对匹配签名的流量的响应动作也不同。

2. 例外签名

在签名过滤器中设置的签名动作是统一的，无法修改单个签名动作。考虑到各种例外情况，设备提供例外签名功能。管理员可以在入侵防御配置文件中将特定签名指定为例外签名，并为其单独设置动作。例如，查看日志发现，正常使用的某个应用软件命中了签名过滤器中的某个签名，被误阻断了。此时管理员可将此签名指定为例外签名，并修改动作为放行。

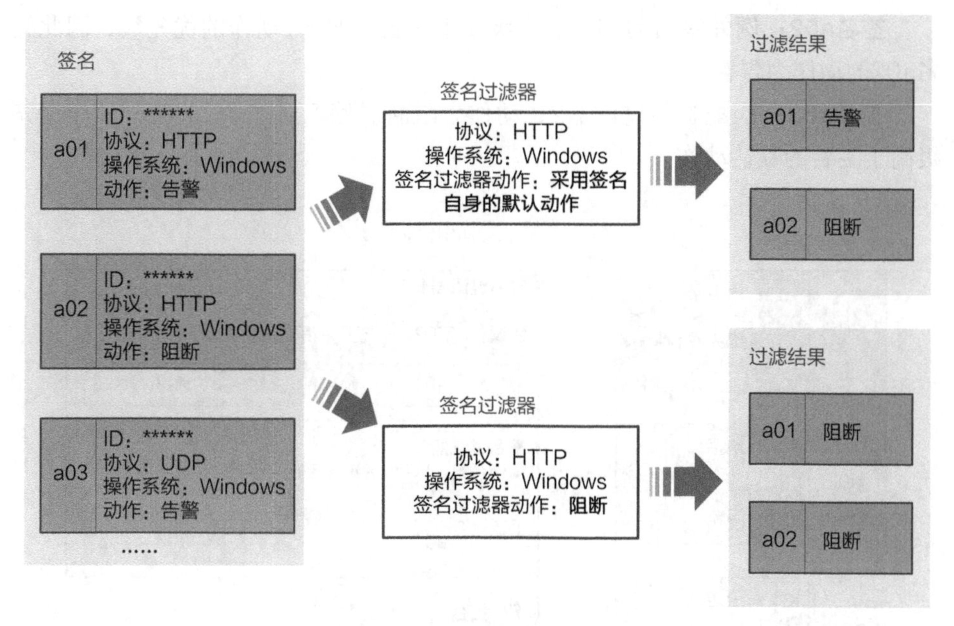

图 4-10　签名过滤器筛选效果

例外签名的动作包括阻断、告警、放行和添加黑名单。其中，添加黑名单是指在阻断流量的同时，将报文的源IP地址或目的IP地址添加至黑名单隔离其访问。

例外签名的动作优先级高于签名过滤器的动作。如果一个签名同时命中例外签名和签名过滤器，则以例外签名的动作为准。

3. 响应动作

一个入侵防御配置文件中可以配置签名过滤器、例外签名，签名最终的响应动作由这些配置决定。优先级从高到低依次为：例外签名动作、签名过滤器动作、签名自身的默认动作。

如图4-11所示，入侵防御配置文件中配置了两个签名过滤器和一个例外签名，签名最终的响应动作如下。

签名a01：当入侵防御配置文件中配置多个签名过滤器时，签名过滤器按照配置顺序从上到下依次排列，其优先级从高到低。签名按照签名过滤器的顺序依次匹配，一旦签名匹配了一个签名过滤器，就不再继续。因此，图4-11所示的签名a01只会匹配签名过滤器1，动作是告警。

签名a02：例外签名动作的优先级高于签名过滤器1动作的优先级，因此签名a02的动作为告警。

签名a03：匹配签名过滤器2，动作为阻断。签名过滤器2的统一动作优先级高于签名的默认动作。

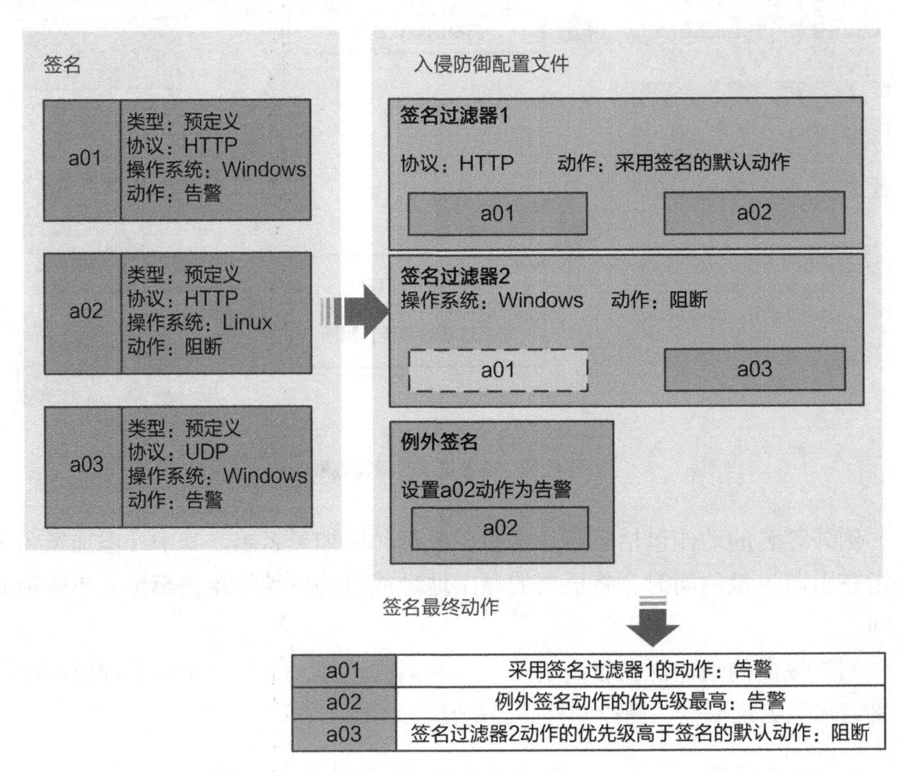

图 4-11　签名的响应动作

如果数据流命中多个签名，对该数据流的处理方式如下：如果这些签名的实际动作都为告警，则最终动作为告警；如果这些签名中有一个或多个签名的实际动作为阻断，则最终动作为阻断。

4. 默认入侵防御配置文件

配置签名过滤器需要对网络和业务非常了解，有一定难度。设备出厂时已经提供了常见场景的默认入侵防御配置文件，如表4-2所示，管理员可直接使用。例如，如果需要防护针对Web服务器的入侵，则可以使用名称为web_server的默认入侵防御配置文件；如果只需要检测而不需要防御入侵，则可以使用名称为ids的配置文件。

默认入侵防御配置文件不可修改，也不支持配置例外签名。当需要调整时，可以复制默认配置文件为新的配置文件，然后进行修改。

表 4-2　默认入侵防御配置文件

名称	对象	严重性	操作系统	应用程序	协议	威胁类别	动作	应用场景
video_surveillance	全部	低、中、高	UNIX-like、Windows、Android、iOS、Other	全部	DNS、HTTP、FTP、Telnet、SSH、RTSP、SSL、UDP、TCP	全部	采用签名的默认动作	该配置文件适用于设备部署在视频监控网络的场景
strict	全部	低、中、高	UNIX-like、Windows、Android、iOS、Other	全部	全部	全部	阻断	该配置文件适用于需要设备阻断所有命中签名的报文场景
web_server	全部	低、中、高	UNIX-like、Windows、Android、iOS、Other	全部	DNS、HTTP、FTP	全部	采用签名的默认动作	该配置文件适用于设备部署在 Web 服务器前面的场景
file_server	全部	低、中、高	UNIX-like、Windows、Android、iOS、Other	全部	DNS、SMB、NetBIOS、NFS、SunRPC、MSRPC、FTP、Telnet	全部	采用签名的默认动作	该配置文件适用于设备部署在文件服务器前面的场景

续表

名称	对象	严重性	操作系统	应用程序	协议	威胁类别	动作	应用场景
dns_server	全部	低、中、高	UNIX-like、Windows、Android、iOS、Other	全部	DNS	全部	采用签名的默认动作	该配置文件适用于设备部署在DNS服务器前面的场景
mail_server	全部	低、中、高	UNIX-like、Windows、Android、iOS、Other	全部	DNS、IMAP4、SMTP、POP3	全部	采用签名的默认动作	该配置文件适用于设备部署在邮件服务器前面的场景
inside_firewall	全部	低、中、高	UNIX-like、Windows、Android、iOS、Other	全部	除Telnet和TFTP之外	全部	采用签名的默认动作	该配置文件适用于设备部署在防火墙内侧的场景
dmz	全部	低、中、高	UNIX-like、Windows、Android、iOS、Other	全部	除NetBiOS、NFS、SMB、Telnet和TFTP之外	全部	采用签名的默认动作	该配置文件适用于设备部署在DMZ前面的场景
outside_firewall	全部	低、中、高	UNIX-like、Windows、Android、iOS、Other	全部	全部	除扫描工具之外	采用签名的默认动作	该配置文件适用于设备部署在防火墙外侧的场景
ids	全部	低、中、高	UNIX-like、Windows、Android、iOS、Other	全部	全部	全部	告警	该配置文件适用于设备以IDS（旁路检测）模式部署时的通用场景
default	全部	低、中、高	UNIX-like、Windows、Android、iOS、Other	全部	全部	全部	采用签名的默认动作	该配置文件适用于当设备以IPS（直路检测）模式部署时的通用场景

4.3　防火墙的入侵防御功能

2009年，高德纳（Gartner）公司正式发布了《定义下一代防火墙》（Defining the Next-Generation Firewall）报告，该报告中提到，下一代防火墙必备的能力之一就是“IPS与防火墙的深度集成”。因此，防火墙基本都具备入侵防御功能，可以检测入侵行为并阻断恶意流量。

4.3.1　防火墙的入侵防御功能概述

防火墙一般直路部署于业务链路上，进行边界安全防护。如图4-12所示，当外网用户访问企业内网时，防火墙对访问流量进行检测。如果发现入侵行为则阻断连接；反之则放行。同样，当上网用户访问互联网时，如果访问的网页或服务器包含恶意代码，防火墙将阻断连接；反之则放行。

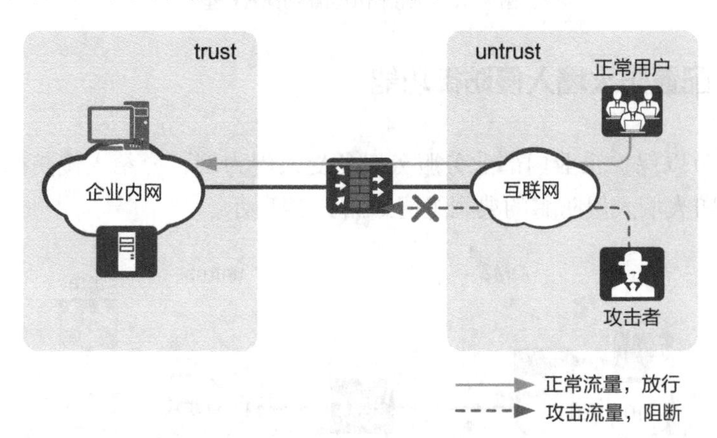

图 4-12　防火墙入侵防御功能示意图

接下来我们来看入侵防御功能的配置模型。如图4-13所示，入侵防御配置文件需要被安全策略引用才能生效，也就是防火墙对符合安全策略匹配条件的流量进行入侵防御。当安全策略动作为允许时，如果安全策略中引用了入侵防御配置文件，防火墙将根据入侵防御功能的响应动作，对匹配策略的流量进行处理。

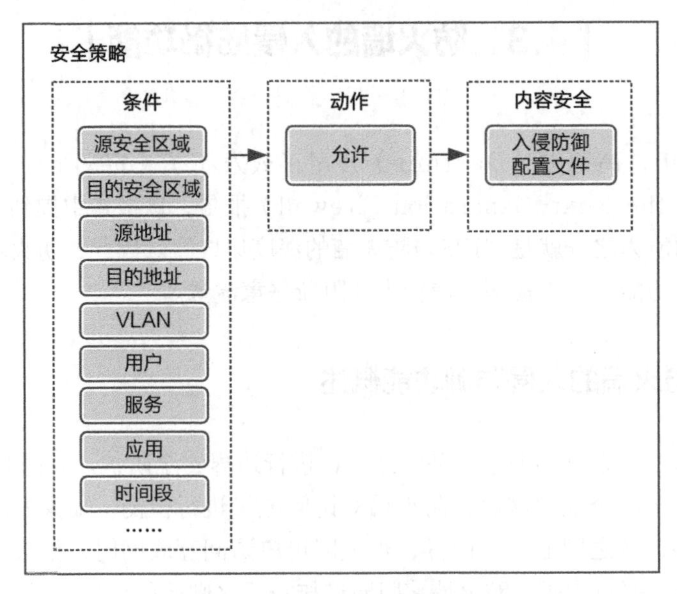

图 4-13　入侵防御功能的配置模型

4.3.2　配置防火墙入侵防御功能

本小节以保护企业内部业务服务器免受入侵为例，介绍入侵防御功能的配置过程。防火墙入侵防御的典型组网如图4-14所示。

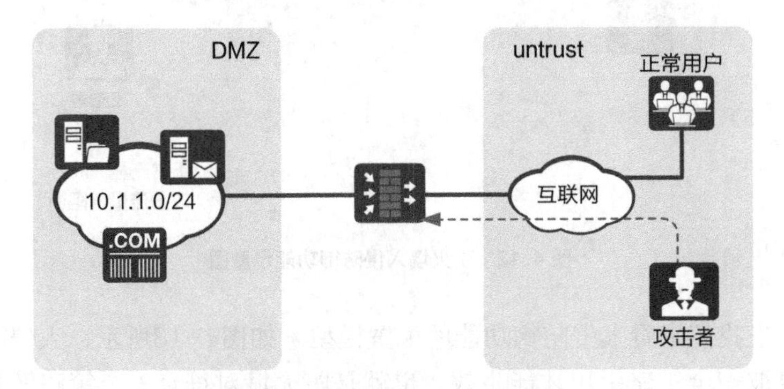

图 4-14　防火墙入侵防御的典型组网

1. 升级入侵防御特征库

首先将防火墙的入侵防御特征库升级至最新版本，使防火墙具有最新的防御能力。

① 配置DNS服务器，确保防火墙可以正确解析华为安全中心的域名。

② 配置安全策略，使防火墙与华为安全中心连通。安全策略配置参数如表4-3所示。

表 4-3　安全策略配置参数

源安全区域	目的安全区域	服务	动作
local	untrust	https、dns	允许

③ 立即手动升级入侵防御特征库，并启用定时升级功能，如图4-15所示。注意，入侵防御特征库定时升级功能受License控制，需要购买License之后才能升级。

图 4-15　升级入侵防御特征库

2. 配置入侵防御配置文件

入侵防御配置文件中的主要配置项就是签名过滤器。前文中介绍过，如果管理员对企业业务类型不熟悉，入侵防御配置文件的配置不准确，可能会影响入侵防御效果。此时，还可以直接选择使用防火墙预置的入侵防御配置文件。

本例中，根据服务器类型筛选严重性、操作系统、协议等参数，如图4-16所示。签名过滤器的默认动作是“采用签名的默认动作”。你也可以统一设置签名动作为告警或阻断。

3. 提交配置

单击设备Web界面右上角的“提交”，提交入侵防御配置，使其生效。入侵防御配置必须提交才能生效，修改配置也需要提交。

4. 在安全策略中引用入侵防御配置文件

在允许外网访问企业服务器的安全策略中引用前面配置的入侵防御配置文件，如表4-4所示。

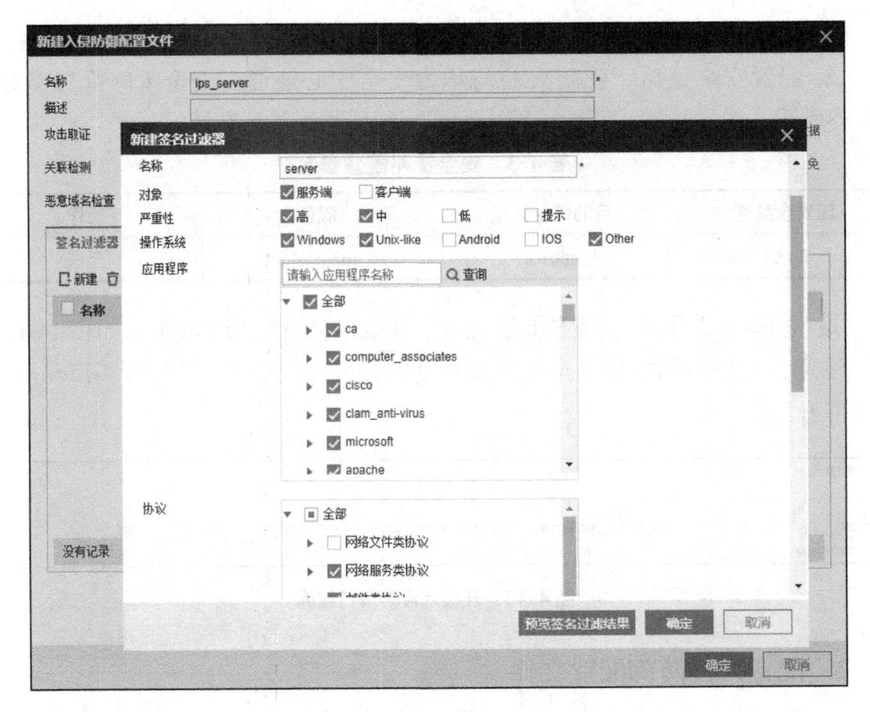

图 4-16 配置入侵防御配置文件

表 4-4 保护企业服务器的安全策略

源安全区域	源地址	目的安全区域	目的地址	动作	入侵防御配置文件
untrust	Any	DMZ	10.1.1.0/24	允许	ips_server

配置时需要注意，安全策略的方向是访问发起的方向，不一定是攻击发起的方向。如果本例的需求更换为企业内网PC上网访问的网页遭到恶意程序攻击，则入侵防御配置文件应该应用到内网访问外网的安全策略中。虽然攻击的方向是从外网到内网，但是发起访问的方向是从内网到外网，具体的配置如表4-5所示。

表 4-5 保护企业内网 PC 的安全策略

源安全区域	源地址	目的安全区域	目的地址	动作	入侵防御配置文件
trust	内网网段	untrust	Any	允许	ips_client

5. 验证配置结果

当服务器被入侵时，防火墙检测到入侵行为并进行响应，同时记录威胁日志。为了验证入侵防御配置，可以采用上传EICAR（European Institute for Computer Antivirus Research，欧洲反计算机病毒协会）文件的方式模拟入侵行为，验证防火墙的入侵防御功能是否生效。EICAR文件是标准的反病毒测试文件，并非恶意文件，不会对网络和业务造成影响。

① 在入侵防御配置文件中，临时增加用于检测EICAR文件的例外签名，以确保设备可以检测到EICAR文件，如图4-17所示。

防火墙的入侵防御特征库中有388280、388281和388282这3个签名，都可以用于测试、验证EICAR文件，对应的协议分别是FILE、TCP和SMTP。你需要根据验证时使用的文件传送协议选择对应的签名。

② 访问EICAR官方网站，单击“DOWNLOAD ANTI MALWARE TESTFILE”按钮，下载EICAR文件。

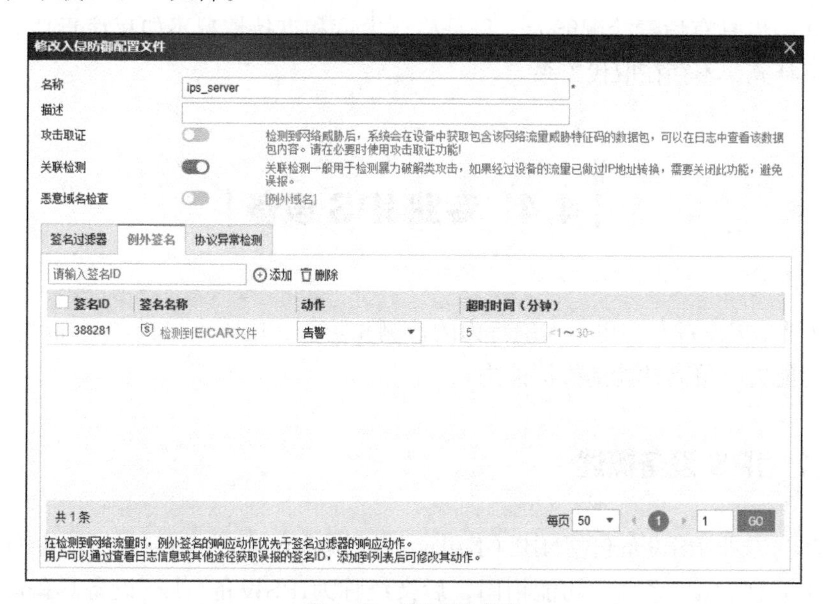

图 4-17　增加例外签名

如果安全防护设备或终端安全软件限制下载EICAR文件，你也可以直接将以下文件内容复制到记事本中，然后命名为“eicar.com”并压缩成eicar.zip。

```
X5O!P%@AP[4\PZX54(P^)7CC)7}$EICAR-STANDARD-ANTIVIRUS-TEST-FILE!$H+H*
```

③ 向FTP服务器或Web服务器上传此文件。

④ 在防火墙上查看威胁日志，如果产生图4-18所示的日志信息，则说明入侵检测成功。

威胁类型...	严重性	威胁ID	威胁名称	次数	CVE编号	应用
入侵	中	388281	检测到EICAR文件	5		FTP

图4-18　EICAR文件检测威胁日志

⑤ 验证结束，删除EICAR例外签名。

看到此处，你可能会问，为什么入侵防御功能、反病毒功能都可以检测病毒文件?

入侵防御功能关注所有协议，侧重于报文内容级别的检测；反病毒功能针对特定协议（FTP、HTTP、SMTP、POP3、IMAP、NFS、SMB），侧重文件级别的检测。单就检测病毒文件来说，入侵防御和反病毒功能有重叠。入侵防御功能也具有病毒检测能力，只是检测力度和支持情况不如反病毒功能。两者相互补充，不存在取代关系。

4.4　专业IPS设备

专业IPS设备专门用于入侵行为的检测和防御，比防火墙具备更细粒度的报文过滤能力、更高性能的检测能力。

4.4.1　IPS设备概述

华为专业IPS设备包括NIP（Network Intelligent Protection，智能网络防护）系列和IPS系列，功能相同，后文统称为IPS设备。IPS设备具备应用识别功能、IPS功能、DDoS攻击防范功能、反病毒功能等，全方位防御威胁，保护客户资产。

如图4-19所示，在不同的攻击阶段，IPS设备都可提供对应的检测和防御能力。

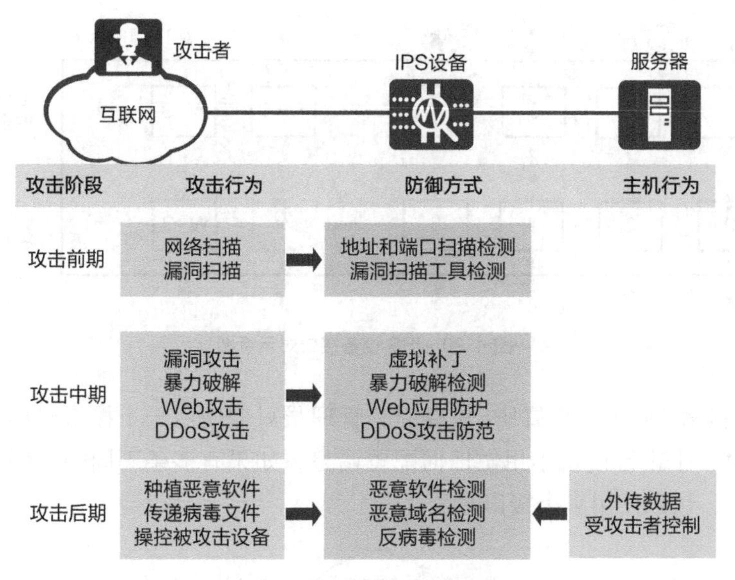

图4-19 IPS设备全方位防御威胁

另外，IPS设备的一大特点是即插即用。默认情况下，IPS设备以二层直路方式接入网络，并且自动应用默认的入侵防御配置文件。只要将IPS设备接口对的两个接口分别连接上下行设备，就可以快速应用，简化了管理员配置。下面将具体介绍IPS设备的部署模式。

4.4.2 部署模式：IPS模式

IPS设备出厂默认工作在IPS模式，也就是直路检测模式。IPS模式适用于对入侵行为实时阻断的场景。

IPS设备出厂时，所有业务接口都为二层接口，且工作模式为接口对模式。接口编号相邻的业务接口两两组成二层接口对，如图4-20所示。偶数编号的接口加入trust安全区域，用于连接内网；奇数编号的接口加入untrust安全区域，用于连接外网。

业务接口组成接口对以后，从接口对的一个接口接收的流量，固定从接口对的另一个接口转发出去。转发过程中不需要查询路由表或MAC地址表。

说明：如果需要使用IPS设备的三层接口与外界通信，要么使用管理口；要么拆分接口对，然后将接口切换到三层模式；要么使用VLANIF。

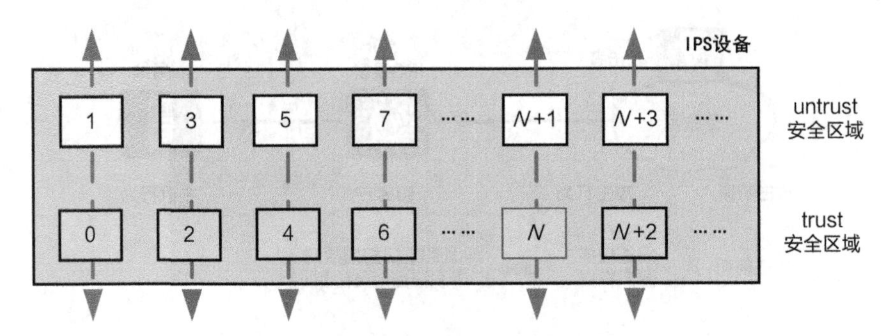

图 4-20　IPS 设备接口对示意图

如图4-21所示，部署IPS设备时，管理员只需使用一个接口对连接上下行设备即可，上下行设备不用做任何配置调整。如果有多条不同的链路需要接入入侵防御，可以使用多个接口对。

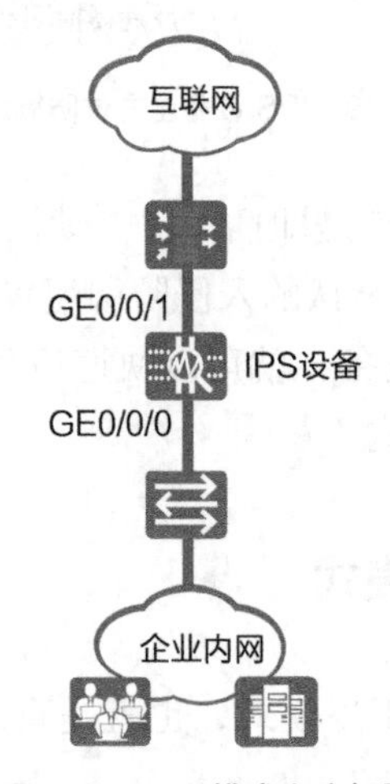

图 4-21　IPS 模式直路部署

IPS设备工作在IPS模式下时，即插即用。IPS设备默认已经配置了安全策略（名为ips_default），且该安全策略中引用了默认入侵防御配置文件（名为default），如图4-22所示。

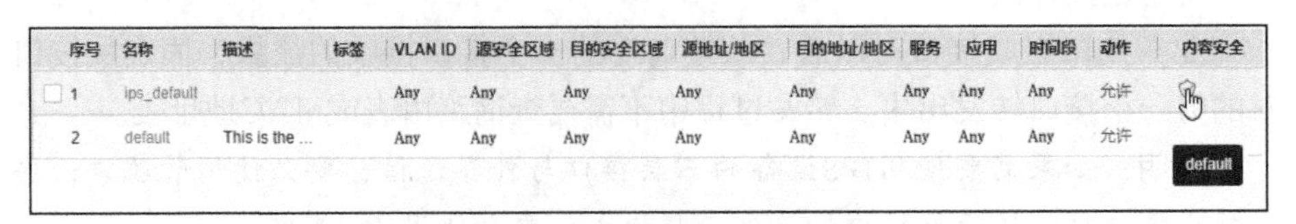

序号	名称	描述	标签	VLAN ID	源安全区域	目的安全区域	源地址/地区	目的地址/地区	服务	应用	时间段	动作	内容安全
1	ips_default			Any	Any	Any	Any	Any	Any	Any	Any	允许	
2	default	This is the ...		Any	Any	Any	Any	Any	Any	Any	Any	允许	default

图 4-22　IPS 设备默认安全策略

如果管理员需要细化配置，可以进行如下调整。

① IPS设备的接口对默认允许所有VLAN通过。如果需要限制特定VLAN，可以配置“允许的VLAN”参数。修改接口对如图4-23所示。

② 如果不希望使用默认安全策略和默认入侵防御配置文件，管理员可以自行配置。

IPS设备入侵防御配置文件的配置与防火墙一致，具体步骤在第4.3.2节中已经讲过。需要注意的是，设备已经预置了名为ips_default的安全策略，其所有匹配条件均为“Any”。新建安全策略以后，要在策略列表中将其移动到预置策略之前，否则无法匹配到该策略。

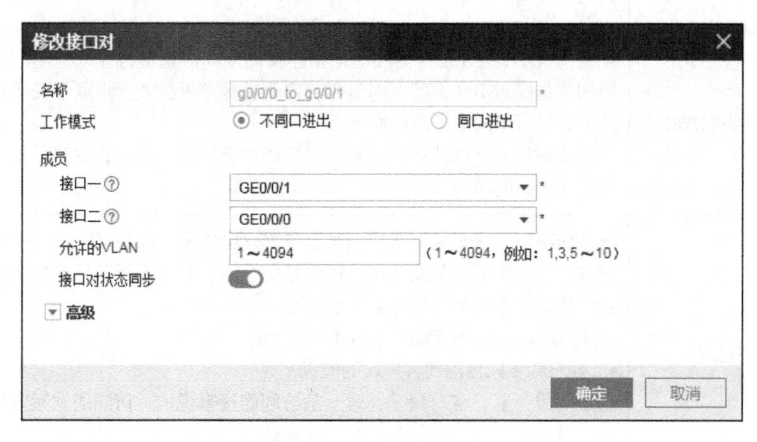

图4-23　修改接口对

③ IPS设备还提供了一些高级全局参数，用户可根据需求设置，请参考图4-24和表4-6所示。

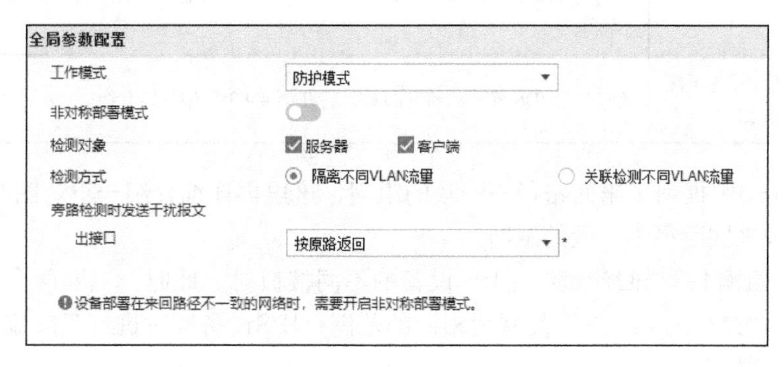

图4-24　全局参数配置

表 4-6　全局参数说明

参数	说明
工作模式	IPS 设备具备全局工作模式，用来控制 IPS 设备是否对攻击进行防御。 • 防护模式：入侵防御配置文件中的阻断动作生效。如果流量匹配的签名动作为阻断，则阻断流量。防护模式为默认模式。 • 告警模式：即使入侵防御配置文件中设置了阻断动作，也无法阻断流量，只能产生日志。 某些场景下，比如 IPS 设备首次上线，希望 IPS 设备在告警模式下运行一段时间，避免因为误报影响业务。后续待设备调测正常时，再将告警模式修改为防护模式
非对称部署模式	正常情况下，IPS 设备需要对一条连接的双向流量进行关联检测。如果只有单向流量经过 IPS 设备，则需要启用非对称部署模式，也就是关闭状态检测功能，只对单向流量进行检测。 配置非对称部署模式后，设备检测准确性会下降。因此，建议尽量避免来回路径不一致的组网
检测对象	默认情况下,IPS 设备对客户端与服务器发出的流量都进行检测。某些情况下，例如，认为内网服务器发出的流量是安全的，则可配置只检测客户端到服务器的流量，也就是检测对象是服务器。 • 服务器：只检测到服务器的流量。 • 客户端：只检测到客户端的流量。 这里的服务器、客户端是针对一条访问连接来说的，访问的发起方称为客户端，被访问方称为服务器。在无法确认某一端绝对安全的情况下，不建议修改默认选项，以免影响检测准确性
检测方式	默认情况下，IPS 设备对属于相同 VLAN 的流量进行关联检测，隔离不同 VLAN 的流量。如果特殊情况下，IPS 设备收到的请求报文和响应报文属于不同的 VLAN，则需要关联检测不同 VLAN 的流量，否则可能导致流量检测不准确
旁路检测时发送干扰报文	此参数为 IDS 模式的特有参数，将在第 4.4.3 节中具体介绍

表4-6中提到了来回路径不一致的组网，这里再详细介绍一下。图4-25所示为两种来回路径不一致的组网。

- **组网1：**来回流量经过IPS设备的不同接口对。此时，只要两个接口对“允许的VLAN”配置为相同的范围，IPS设备即可进行双向流量的关联检测。

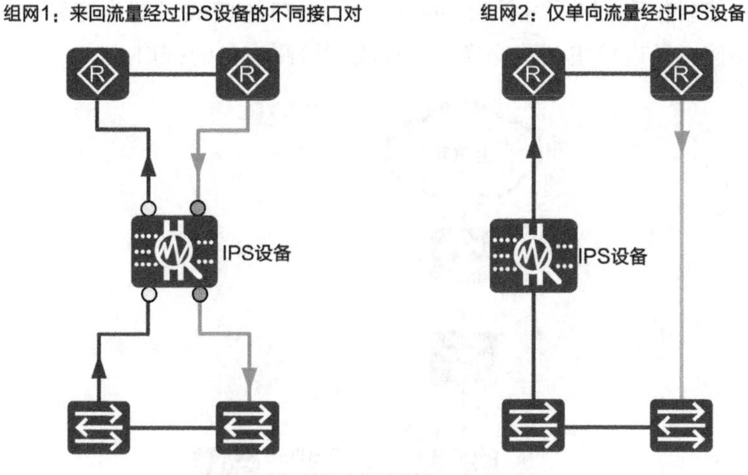

图 4-25　两种来回路径不一致的组网

- **组网2**：仅单向流量经过IPS设备。这种情况下，需要启用“非对称部署模式”。此时，IPS设备的检测准确性以及部分功能都会受影响，不推荐这种组网。

另外，非对称部署模式仅针对单机部署。当双机热备组网工作在负载分担方式时，也可能出现来回路径不一致的情况，即来回流量经过不同的IPS设备。但是，在这种场景中，两台IPS设备的会话信息可以互相备份，因此，无须启用“非对称部署模式”。

4.4.3 部署模式：IDS 模式

IDS模式，也叫旁路检测模式，适用于安全事件审计和流量行为分析的场景。当IPS设备工作在IDS模式时，不对攻击流量进行阻断。

如图4-26所示，工作在IDS模式的设备旁路部署在主链路交换机旁，接收交换机镜像或分光器分光流量，检测入侵行为并记录日志。

IDS模式的基本配置过程如下。

① 设置设备的全局工作模式为告警模式，如图4-27所示。设备只记录威胁日志，不阻断流量。

② 设置接口为旁路检测模式。IPS设备的接口都默认工作在接口对模式。因此，需要在接口对列表中删除接口对，也就是拆除“g0/0/0_to_g0/0/1”

接口对，然后按照图4-28所示将GE0/0/0接口的模式设置为旁路检测模式。GE0/0/0接口是连接主链路交换机、接收待检测流量的接口。

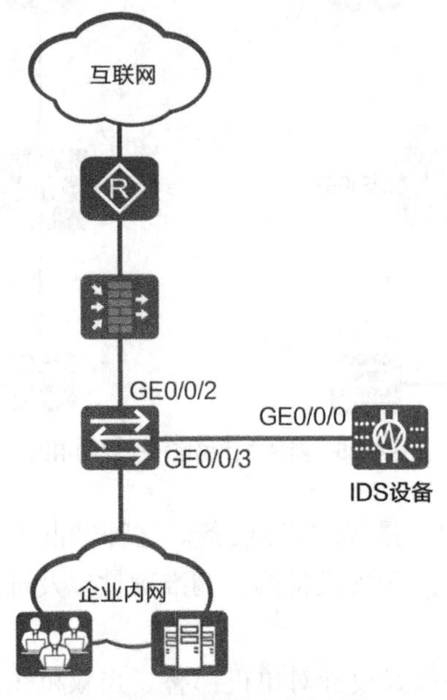

图 4-26　IDS 模式旁路部署

图 4-27　设置全局工作模式为告警模式

另外，还需要根据待检测流量是否带VLAN Tag，指定Hybrid VLAN ID。

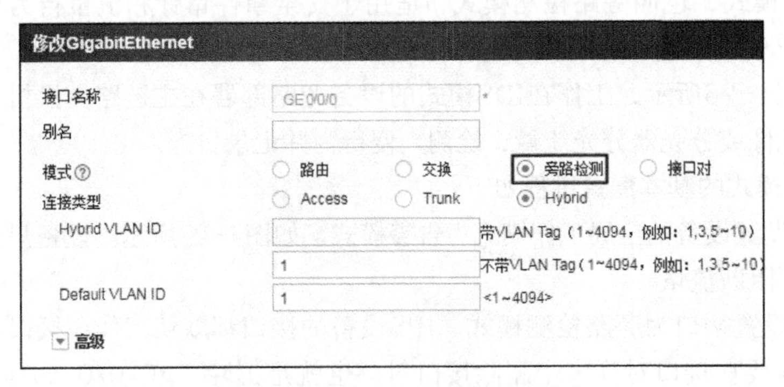

图 4-28　设置接口模式为旁路检测模式

③ 配置交换机的端口镜像功能。指定了IPS设备上接收流量的接口以后，接下来还要在交换机上配置端口镜像功能，将待检测链路的流量镜像一份到IPS设备。

```
<Switch> system-view
[Switch] observe-port 1 interface GigabitEthernet 0/0/3      //指定观察接口
[Switch] interface GigabitEthernet 0/0/2
[Switch-GigabitEthernet0/0/2] port-mirroring to observe-port 1 both    //指定镜像接口，将镜像接口的双向流量镜像到观察端口
```

IPS设备默认已经配置了安全策略和入侵防御配置文件，此时IPS设备已经可以检测流量中的入侵行为了。当然你也可以自定义策略，这里不赘述。

读到这里你应该已经发现，IPS设备的IPS模式、IDS模式主要是通过切换接口的工作模式来实现不同的组网部署的。IPS模式下，设备的接口工作在接口对模式；IDS模式下，设备的接口工作在旁路检测模式。

前文中提到，IDS模式一般用于安全事件审计和流量行为分析的场景，不对攻击流量进行阻断。那么，IDS模式的设备完全无法实现阻断功能吗？答案是否定的。

“全局参数配置”界面中有一个参数“旁路检测时发送干扰报文”，并且可以指定旁路检测时发送干扰报文出接口，如图4-29所示。这就是我们在第4.4.2节中没有介绍的那个参数。那么，什么是干扰报文呢？干扰报文就是TCP协议栈中的RST报文。当IDS模式的IPS设备检测到入侵行为时，可以分别向业务连接的客户端和服务器发送构造的RST报文来关闭连接，从而达到阻断入侵的目的。

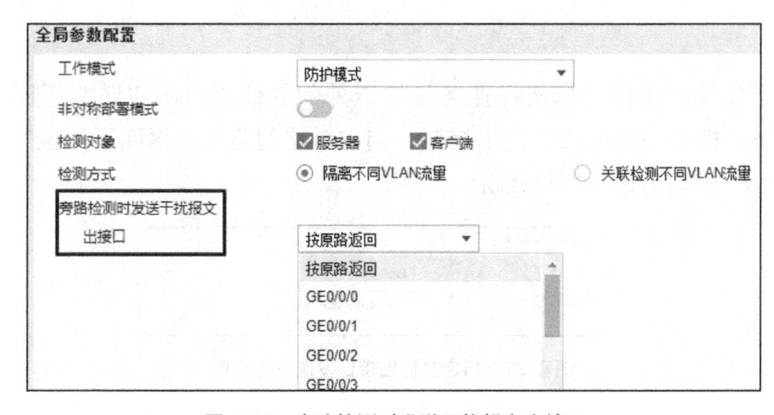

图 4-29 旁路检测时发送干扰报文出接口

IDS模式的设备发送干扰报文阻断入侵行为有如下限制。

- 只对TCP的入侵行为生效。
- 设备的全局工作模式必须是防护模式。

旁路检测时发送干扰报文出接口支持按原路返回、指定其他出接口作为出接口两种方式。下面结合图4-30所示的组网，介绍一下这两种方式。

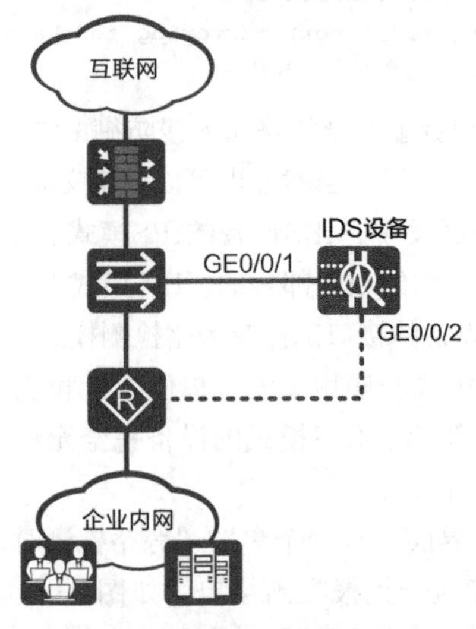

图 4-30　发送干扰报文组网

按原路返回是指设备从接收镜像流量的GE0/0/1接口返回干扰报文，然后由交换机向客户端及服务器发送干扰报文。分光器无法接收返回的报文。因此，如果设备通过分光器分光的方式获取待检测流量，则不支持干扰报文原路返回。

指定其他出接口是指选择业务接口以外的其他接口向主链路返回干扰报文。例如，指定GE0/0/2作为出接口，向主链路的路由器返回干扰报文，如图4-31所示。此时有以下两种情况。

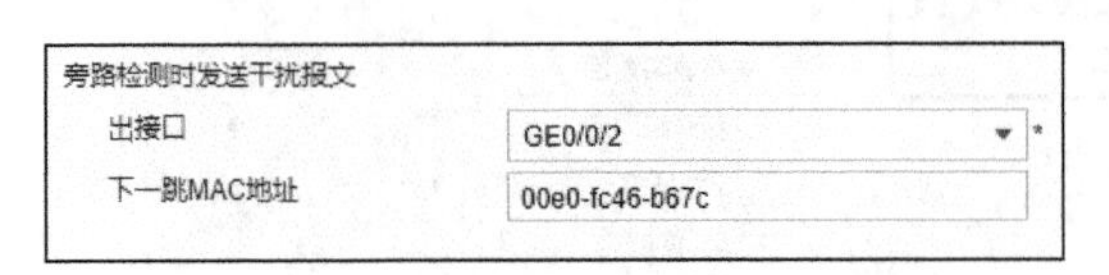

图 4-31　指定其他出接口发送干扰报文

- **干扰链路二层组网：**无须指定下一跳MAC地址，设备使用接收的镜像报文的源MAC地址作为干扰报文的目的MAC地址。

- **干扰链路三层组网**：需要指定干扰报文的下一跳MAC地址为对端设备接口MAC地址。

路由器收到干扰报文后，再发送给客户端和服务器。

说到这里，大家应该已经发现，IDS模式的设备只有借助其他设备传递干扰报文才能达到阻断流量的目的。因此，阻断的实时性比直路部署的IPS模式设备差，而且还可能受到组网条件的制约。所谓“人尽其才，物尽其用”，根据不同需求选择合适的工作模式，才能达到最优的效果。在不影响业务的前提下，监控审计入侵行为才是IDS模式该做的事情。

4.5 查看威胁日志及报表

入侵检测是否生效，非常直观的外在表现就是威胁日志。当设备检测到入侵行为时，将记录“入侵”类型的威胁日志。图4-32所示为设备Web配置界面上的威胁日志列表。

威胁类型...	严重性	威胁ID	威胁名称	次数	CVE编号	攻击者	攻击目标	源地址：源端口	目的地址：目的端口	应用
入侵	高	277093	微软Windows SChannel缓冲区溢出漏洞	1	CVE-2014-6321	240...	240c:2	[240c...	[240c:2...	WebRDP
入侵	高	80231	x86 Microsoft Win32 导出表枚举变种	1		1.1.	1.2.219	1.1.21	1.2.219.	General_UDP
入侵	高	15220	Microsoft MSN Messenger和Windows Liv...	1	CVE-2007-2931	1.1.	1.2.219	1.1.21	1.2.219.	General_UDP
入侵	高	277093	微软Windows SChannel缓冲区溢出漏洞	1	CVE-2014-6321	240...	240c:2	[240c...	[240c:2...	WebRDP
入侵	高	101680	Shellcode: Linux SPARC Reverse Conne...	1		145	146.1.	145.1	146.1.1.	General_UDP

图4-32　设备Web配置界面上的威胁日志列表

从威胁日志列表中可以查看入侵行为的详细信息，包括威胁名称、次数、攻击者、攻击目标等内容。单击威胁名称，还可以查看签名的基本信息，如图4-33所示。再单击“详情”，则跳转到华为安全中心网站，可以查看详细的攻击信息、处理建议。处理建议是管理员处理攻击事件的重要指导。

这里特别提一下CVE编号。CVE编号是入侵行为针对的漏洞的身份标识，通过这个标识，网络管理员可以快速获取漏洞信息及修复建议。

另外，当设备硬盘在位时，还提供更直观的威胁报表功能，可以按威胁名称、攻击者等维度展现攻击趋势，如图4-34所示。在“威胁名称”页签可以查看排名、发生的时间分布。单击“威胁名称”，选择“攻击详情”还可以进一步查看此攻击对应的攻击者和攻击目标，如图4-35所示。

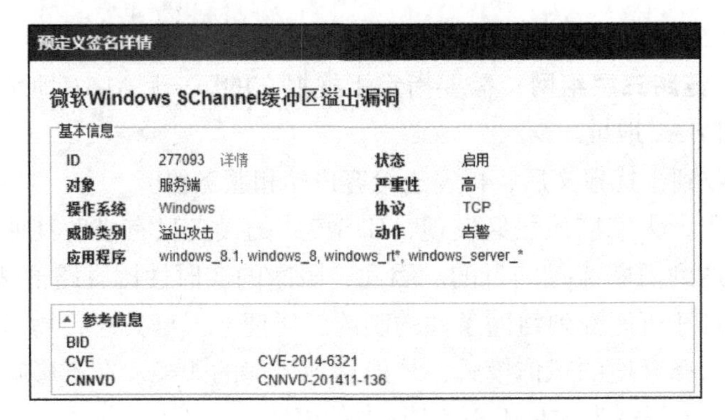

图 4-33　签名的基本信息

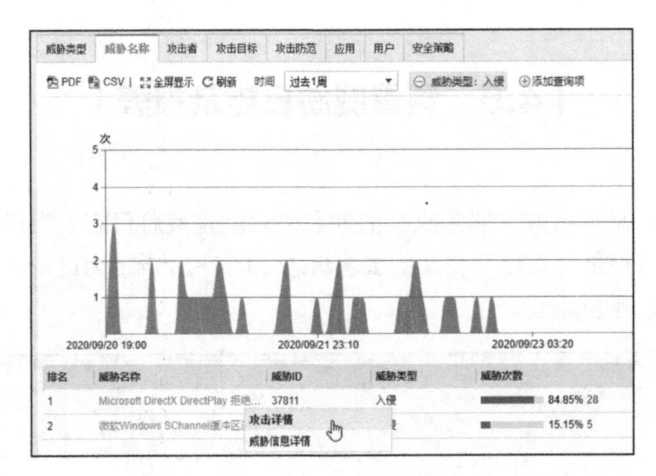

图 4-34　威胁报表功能

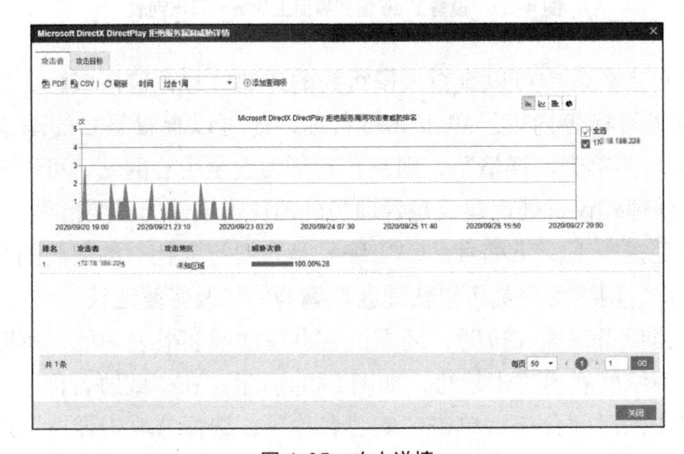

图 4-35　攻击详情

4.6 高级功能

前文中介绍了入侵防御的基本原理和配置过程。入侵防御配置文件中还支持恶意域名检查、关联检测、协议异常检测和攻击取证4个高级功能，本节介绍这4个高级功能的作用。

4.6.1 恶意域名检查

恶意域名检查功能是签名特征库匹配功能的补充和增强。恶意域名检查主要针对DNS协议报文中的域名进行检测，可以及早发现恶意域名，避免内网主机受到侵害。

恶意域名在入侵活动中承担着重要角色。通过钓鱼邮件、网站仿冒等方式诱导用户访问恶意域名对应的网站，导致用户主机被恶意软件攻击或泄露用户数据。恶意网站一般利用浏览器或程序的漏洞在网站内植入木马、病毒程序等恶意软件，访问网站的用户主机就会被恶意软件感染。

在APT攻击过程中，主机感染恶意软件后，需要访问远程的C&C（Command and Control，命令与控制）服务器，接收控制指令并外发盗取的数据。此时，主机也通过域名来访问C&C服务器，C&C服务器的域名就是恶意域名。

因此，恶意域名检查也是入侵防御的一个关键手段。在防火墙或IPS设备中，恶意域名检查是将域名与恶意域名特征库进行匹配，从而确定访问的域名是否为恶意域名。管理员需要确保设备启用了恶意域名特征库的在线定时升级功能。恶意域名是威胁情报的一部分，华为安全研究团队基于数据收集、机器学习等手段持续更新与恶意域名相关的威胁情报。威胁情报以恶意域名特征库的形式加载到设备上，使设备具备恶意域名检查能力。恶意域名检查可以更多地暴露未知威胁，是采用签名匹配方式发现入侵行为的重要补充。

当访问的域名命中恶意域名特征库后，设备会根据管理员设置的动作（告警、阻断）进行处理，如图4-36所示。同时，设备会记录威胁日志，供管理员后续查看和参考。另外，如果管理员查看日志时发现部分域名不属于恶意域名，还可以配置例外域名，也就是域名白名单。

图4-36　恶意域名检查

4.6.2 关联检测

某些入侵行为复杂，基于单包的签名匹配无法准确检测攻击，需要关联检测一条数据流甚至多条数据流的报文才能检测出攻击。以暴力破解为例，短时间内连续多次尝试登录认证的行为有可能是暴力破解。另外，攻击者可能使用同一台计算机连续尝试登录同一个目标，也可能使用不同的计算机连续尝试登录同一个目标。因此，IPS设备需要统计多条数据流中的登录次数、源/目的IP地址，综合分析才能最终认定暴力破解攻击行为。

针对这种情况，入侵防御提供关联检测功能（默认开启），将需要关联检测多条数据流才能检测出的攻击行为对应的签名设置为关联签名，然后基于某些统计条件来决定签名匹配结果。图4-37所示为关联签名，除了签名的基本信息外，还多了一部分关联签名参数。这些参数的意思是，在60秒内，统计源地址相同、目的地址也相同的身份认证报文，报文行为匹配签名100次，才确定为HTTP身份认证暴力破解攻击。IPS设备检测到此攻击后，阻断该源地址6分钟。

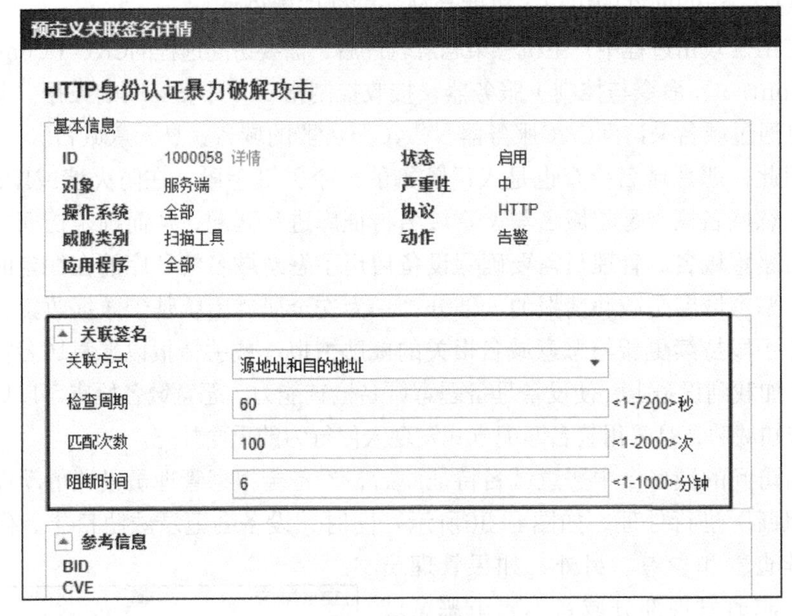

图 4-37 关联签名

关联签名参数介绍如表4-7所示。关联签名的参数都提供了默认值，在不熟悉入侵行为的情况下不建议修改。

表 4-7　关联签名参数介绍

参数	说明
关联方式	代表基于何种条件进行关联检测。 源地址：对源地址相同的报文进行关联检测，也就是统计源地址相同的报文的签名匹配次数。 目的地址：对目的地址相同的报文进行关联检测，也就是统计目的地址相同的报文的签名匹配次数。 源地址和目的地址：对源地址相同、目的地址也相同的报文进行关联检测，也就是统计源地址相同、目的地址相同的报文的签名匹配次数
检查周期	代表关联检测的统计周期，在此周期内统计签名的匹配次数
匹配次数	代表签名匹配次数的阈值，达到这个阈值才判定为匹配这个签名对应的入侵行为
阻断时间	代表当签名动作为阻断时，将 IP 地址加入黑名单的时间。关联签名与普通签名相比增加了黑名单功能，在阻断当前连接的同时还会将 IP 地址加入黑名单

在入侵防御签名列表中可以查看预置的关联签名，如图4-38所示，关联签名的图标比较特殊。其中，部分关联签名的参数不可修改，单击签名的“名称”链接，签名详情界面中没有展示表4-7所示的参数。不过，签名的描述中介绍了关联检测的条件。

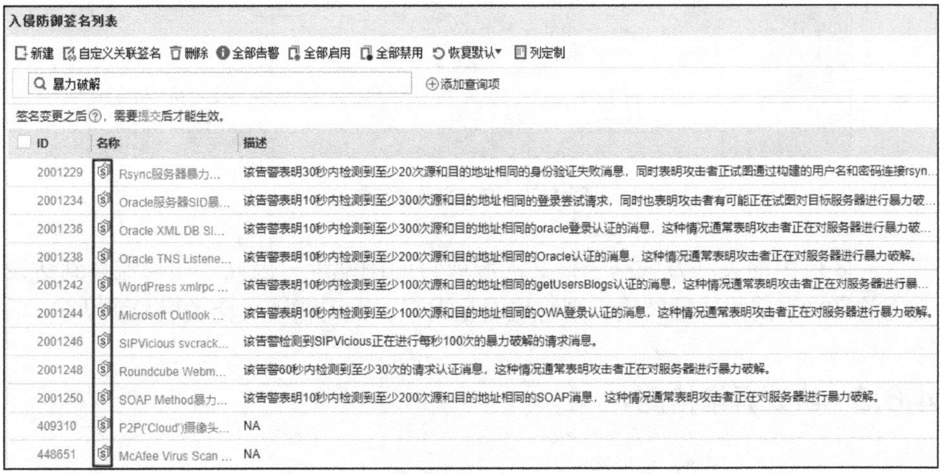

入侵防御签名列表

新建　自定义关联签名　删除　全部告警　全部启用　全部禁用　恢复默认　列定制

暴力破解　添加查询项

签名变更之后，需要提交后才能生效。

ID	名称	描述
2001229	Rsync服务器暴力...	该告警表明30秒内检测到至少20次源和目的地址相同的身份验证失败消息，同时表明攻击者正试图通过构建的用户名和密码连接rsyn...
2001234	Oracle服务器SID暴...	该告警表明10秒内检测到至少300次源和目的地址相同的登录尝试请求，同时也表明攻击者有可能正在试图对目标服务器进行暴力破...
2001236	Oracle XML DB SI...	该告警表明10秒内检测到至少300次源和目的地址相同的oracle登录认证的消息，这种情况通常表明攻击者正在对服务器进行暴力破...
2001238	Oracle TNS Listene...	该告警表明10秒内检测到至少200次源和目的地址相同的Oracle认证的消息，这种情况通常表明攻击者正在对服务器进行暴力破解。
2001242	WordPress xmlrpc ...	该告警表明10秒内检测到至少100次源和目的地址相同的getUsersBlogs认证的消息，这种情况通常表明攻击者正在对服务器进行暴...
2001244	Microsoft Outlook ...	该告警表明10秒内检测到至少100次源和目的地址相同的OWA登录认证的消息，这种情况通常表明攻击者正在对服务器进行暴力破解。
2001246	SIPVicious svcrack...	该告警检测到SIPVicious正在进行每秒100次的暴力破解的请求消息。
2001248	Roundcube Webm...	该告警60秒内检测到至少30次的请求认证消息，这种情况通常表明攻击者正在对服务器进行暴力破解。
2001250	SOAP Method暴力...	该告警表明10秒内检测到至少200次源和目的地址相同的SOAP消息，这种情况通常表明攻击者正在对服务器进行暴力破解。
409310	P2P('Cloud')摄像头...	NA
448651	McAfee Virus Scan ...	NA

图 4-38　预置的关联签名

除了预置的关联签名，你还可以新增自定义关联签名，使某个签名具备关联检测多条数据流的能力。自定义关联签名需要基于已有的非关联签名创建，设置新的ID并配置关联检测参数，调整签名基本特征，如图4-39所示。自定义关联签名的操作界面与新建自定义签名类似。在新建自定义签名时，如果启用了“关联签名”开关，此时自定义签名的规则就变成了基于已有签名的自定义关联签名。

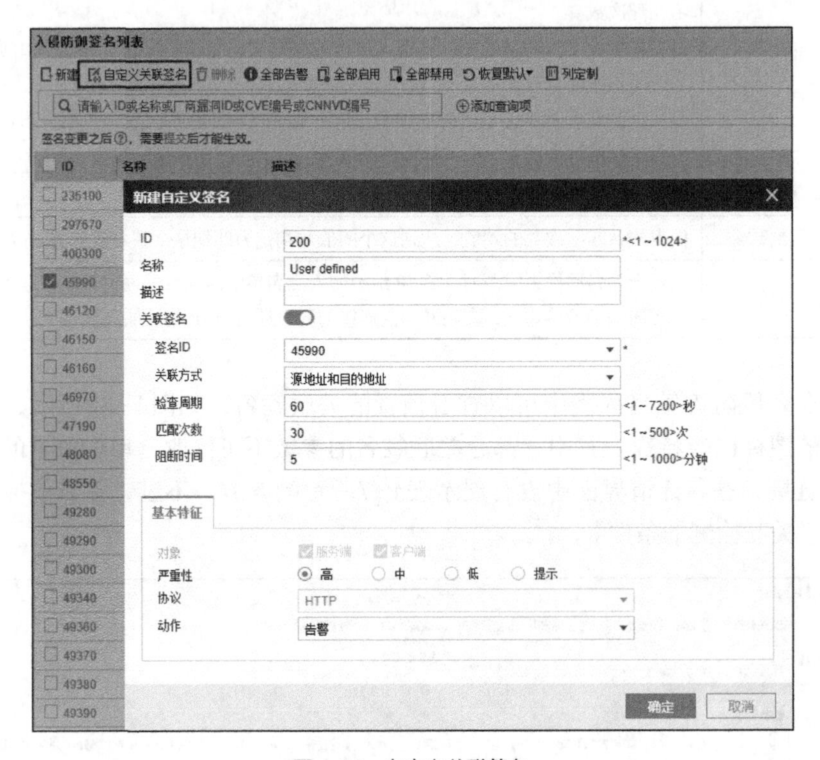

图 4-39　自定义关联签名

关联检测的关联方式基于报文的源或目的IP地址，因此，如果流量到达设备之前经过了网络地址转换，则可能发生误报。此时需要关闭关联检测功能。

4.6.3　协议异常检测

各类应用服务器在设计上对协议异常情况考虑不足，也给攻击者提供了可乘之机。通过向服务器发送非标准的或者超长的数据，可以夺取服务器控制权限甚至造成服务器宕机。因此，IPS需要具备协议异常检测功能，在签名匹配前期，发现潜在的入侵行为，过滤掉不符合协议格式和规范的数据报文。

IPS通过对协议的深度解析，对协议的各种异常行为进行检测，包括违背RFC要求的行为、过长的字段、不符合规范的协议格式、异常的协议交互等。如图4-40所示，当前IPS支持HTTP和DNS协议的异常检测，管理员可以指定各类协议异常检测的匹配条件和处理动作。

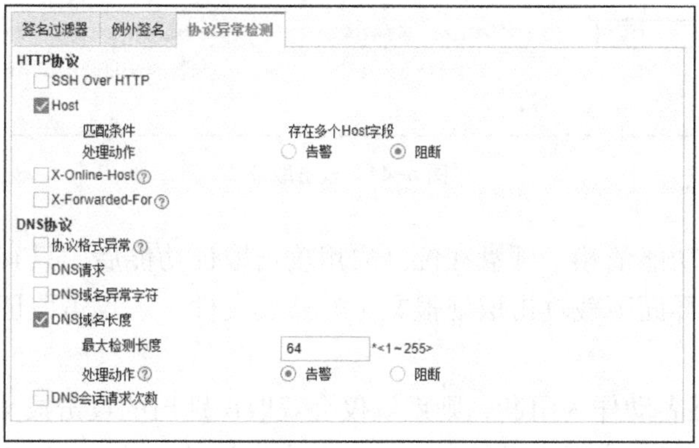

图 4-40　协议异常检测

例1：HTTP存在多个Host字段的检测

在HTTP请求中，Host代表访问的域名或IP地址。RFC 7230 HTTP/1.1中明确指出，当HTTP请求报文中包含多个Host字段时，Web服务器应该返回错误码“400 Bad Request”。但是，有些Web服务器并没有遵循这一标准要求。攻击者如果通过在HTTP请求报文中包含多个Host字段来注入恶意内容，就可能导致服务器处理异常，甚至引发入侵行为，具体危害与服务器软件的实现有关。防火墙HTTP异常检测可以检测出多个Host字段的行为，并执行告警或阻断动作。

例2：DNS域名长度检测

一般情况下，正常域名长度在64个字符以内。如果访问的域名长度超长，则可能是异常访问、畸形DNS报文等。防火墙对超长域名访问进行告警，提醒管理员进一步确认域名合法性，避免引发业务异常。

4.6.4　攻击取证

除了威胁日志，IPS还支持获取攻击报文，即攻击取证信息，供管理员进一步分析。如图4-41所示，在新建入侵防御配置文件界面中启用攻击取证。攻击取证功能一般用于对攻击的确认和详细分析，可能导致系统性能下降，请在必要时使用，并在攻击取证完成后关闭该功能。

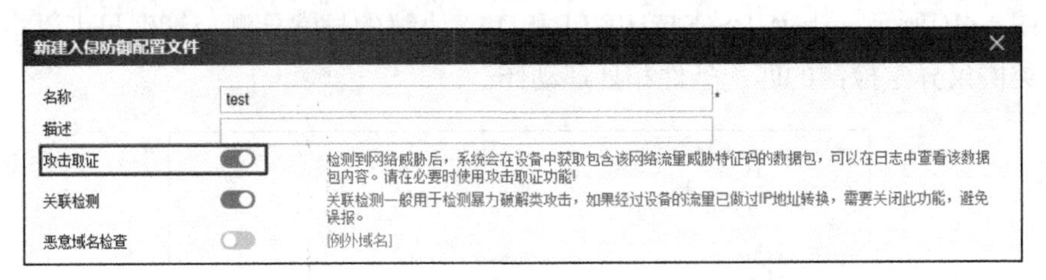

图 4-41　攻击取证

攻击取证功能依赖于硬盘在位。启用攻击取证功能后，只有审计管理员可以在威胁日志界面下载攻击取证报文（*.pcap文件）。攻击取证报文的记录范围如下。

- 如果签名动作为阻断，则系统仅会获取识别出的攻击报文及其之前的报文。由于攻击报文已经被阻断，无法获取属于同一会话的后续报文。
- 如果签名动作为告警，则系统会对会话中的所有报文进行攻击取证。

针对每个签名，设备每个CPU（Central Processing Unit，中央处理器）上的最大攻击取证会话数为5，也就是一共可以获取“CPU个数×5”条数据流的报文。如果需要更多报文，在不影响设备性能的前提下，可以执行如下命令调整。

```
[sysname] ips collect-attack-evidence max-session-number 10 [ signature-id 54330 ]
```

其中，签名ID（signature-id）为可选参数，不配置则调整所有签名的最大攻击取证会话数。

4.7　持续监控及调整

至此，入侵防御技术的原理和配置就基本介绍完毕了。但是经过初次部署，IPS真的会如你期望的那样工作吗？答案是否定的。现实中的网络环境复杂，无法一次性配置到位，需要持续调整才能达到最优效果。

IPS的一个最主要问题就是误报。特征库中的签名都来源于实际攻击，为什么会有误报呢？因为IPS在实际运行过程中，对攻击的认定依赖对网络环境、业务类型、上下文等的综合分析。如果IPS将不应该当作攻击的流量当作攻击，就会产生误报。误报是IPS特性的副产品，无法完全避免。

以下列举几个可能产生误报的原因。

- IPS检测是基于签名进行模式匹配的，有时合法流量中也存在签名中的某些特征。
- IPS不清楚真实的业务意图，将需要正常使用的业务认定为攻击。例如，管理员运行漏洞扫描软件，用于评估网络中的安全风险，是合法的行为。IPS会将扫描行为识别为攻击。
- IPS不清楚业务环境，检测到针对不存在的目标的攻击时也会产生威胁日志。例如，IPS检测到针对IIS Web服务器的攻击，但是网络中部署的是Apache Web服务器，这种与实际业务不符的攻击也是误报。
- 正常的应用程序，但是编码没有遵循RFC。
- IPS未识别出来的应用程序。

对IPS的调整主要从分析威胁日志入手，分析威胁日志信息是否符合预期、是否存在误报。如果不处理这些误报，大量无用的威胁日志干扰视线，无法真实反映网络的安全状态。另外，对于确实是攻击的日志，也需要分析攻击源，从根本上避免后续攻击发生。

以下结合一个小例子，简要介绍IPS的调整过程。

① 查看日志或报表，根据威胁名称筛选出发生次数最多的攻击。如果日志非常多，查看威胁名称维度的报表更直观，威胁报表直接展示了威胁名称的排名。

例如排名为1的威胁名称如图4-42所示，威胁次数占比接近70%，因此先处理此类威胁的日志。

排名	威胁名称	威胁ID	威胁类型	威胁次数
1	DNS 区域传送尝试	1000042	入侵	67.85% 22.95 K

图 4-42 排名为 1 的威胁名称

部署初期日志量非常大，误报比较多，其中一部分可能确实发生了攻击。首先处理同类的、攻击次数多、严重等级高的攻击，这部分处理完毕后剩余的日志量就比较小了。

② 查看与攻击对应的签名详情，再结合IP地址信息等分析该攻击事件是否

需要处理。

如图4-43所示，DNS区域传送用于备用DNS服务器从主用DNS服务器同步的数据。但是存在攻击者利用DNS区域传送漏洞批量获取特定区域主机信息的风险。

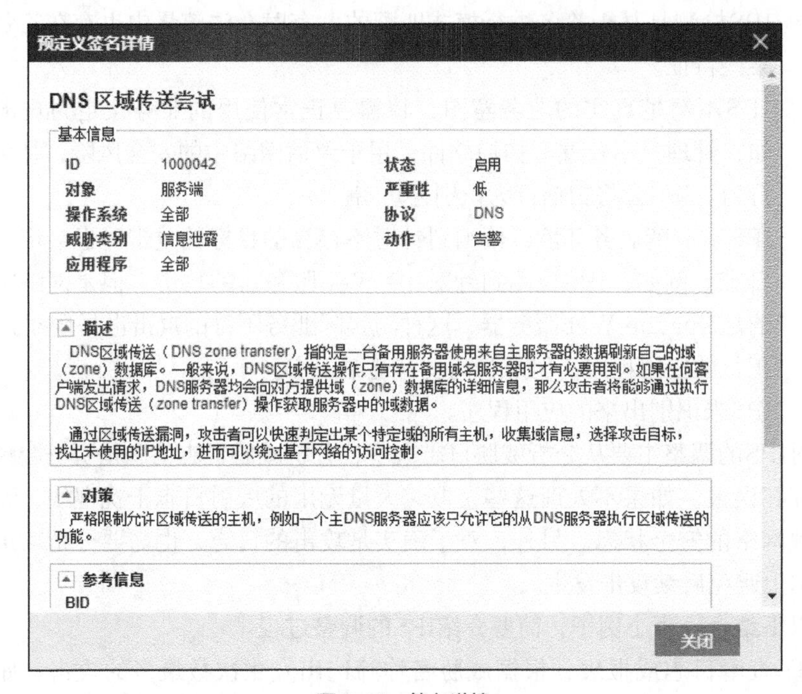

图 4-43　签名详情

因此需要进一步查看攻击者、攻击目标的IP地址。

- 如果攻击者、攻击目标的IP地址分别是网络中正常使用的备用、主用DNS服务器，那么这种日志就是误报。此时可以设置此签名为例外签名，动作为放行。后续设备就不再检测此攻击。
- 如果攻击者是未知的IP地址，就要引起警觉，需要进一步加固DNS服务器的配置。按照签名对策信息的提示，修改主用DNS服务器的配置，只允许合法的备用DNS服务器进行区域传送。同时，将非法的攻击者IP地址加入黑名单。

总之，需要详细分析攻击信息，结合实际业务再决定如何处理。

其他IPS的调整手段还包括但不限于以下方面，不再详细展开介绍。

- 根据威胁日志中涉及的业务类型，逐步调整IPS配置文件中的签名筛选条件，包括操作系统、协议、应用程序等，使IPS检测更精准，减少误报。
- 根据威胁日志中签名详细信息提供的加固建议，在内网服务器和PC上安装补丁、升级软件，以修复操作系统及软件的漏洞。
- 调整安全策略，禁止攻击源的流量通过设备。

IPS的调整是一个持续的过程，当然执行调整的频率越高，每次花费的时间也就越短。

4.8 习题

第 5 章　反病毒技术

病毒威胁是网络安全中非常严峻且危害极大的问题之一。近10年来，计算机病毒数量以每年新增超过一亿种的速度快速增长。病毒种类和数量越来越多，因其传播范围广、传播速度快、恢复难度高等特点，严重威胁着网络安全，给人们的生活和工作产生了很大影响。尤其是“勒索”“挖矿”等新型病毒的出现，给各行各业带来了极大危害。如何保证计算机和网络系统免受病毒的侵害，让系统正常运行，成为各行各业面临的一个重要问题。

我们可以通过在计算机上安装杀毒软件，也可以在网络入口处部署网络安全设备如防火墙，并部署反病毒功能，保护上网用户和服务器免受病毒侵害，保护网络安全。本章主要介绍计算机病毒的基本概念、华为防火墙反病毒技术的基本原理和配置逻辑等。

5.1 计算机病毒简介

提到病毒，大家可能首先想到的是生物界的病毒。这些病毒寄生在动物或人体内，轻则损害健康，如各种感冒病毒；重则危害生命，如MERS（Middle East Respiratory Syndrome，中东呼吸综合征）病毒。同样，网络世界中也存在病毒，即计算机病毒。本节简要介绍计算机病毒的概念、分类、特征、传播方式和危害。

5.1.1 计算机病毒的概念

计算机病毒本质上是一种恶意代码，是某些人或组织利用计算机软硬件固有的脆弱性编制的具有特殊功能的程序。病毒编制者在程序中插入一组影响计算机使用并且能够自我复制的计算机指令或代码，以达到破坏计算机功能或者数据的目的。

计算机病毒普遍具有破坏性、隐蔽性、自我复制性等特征，其传播速度快、攻击方式多样。病毒进入网络系统后，会对其造成不同程度的危害，轻则占用系统内存，导致系统运行速度减慢；重则导致重要资料丢失、信息泄露、系统崩溃，带来难以估量的损失。因其特征与生物学上的病毒有诸多相似之处，所以人们将这些恶意代码称为“计算机病毒”，有时也简称为“病毒”。

从严格意义上讲，病毒是恶意代码的一种。但是，如今病毒的含义已经泛化，业界习惯上使用病毒来指代学术上的恶意软件。木马、蠕虫、间谍软件、广告软件、漏洞利用程序、垃圾邮件发送器、下载器、拨号器、泛洪攻击器、击键记录器等均属于恶意软件。

无论是生物界的病毒还是网络世界的病毒，都需要有应对方法才能确保安全。

5.1.2 计算机病毒的分类

计算机病毒的形式多种多样，分类方法也有多种。

1. 根据功能分类

根据功能的不同，病毒（恶意软件）可以分为病毒、蠕虫和木马。

病毒是一段特殊的程序，它与生物病毒有着十分相似的特性。除了与其他程序一样可以存储和运行外，病毒还有传染性、潜伏性、可触发性、破坏性等特征。它一般都隐蔽在合法程序（被感染的合法程序称作宿主程序）中。当计算机运行时，它与合法程序争夺系统的控制权，从而对计算机系统实施干扰和破坏。病毒的目的是干扰计算机的操作，记录、毁坏或删除数据。病毒通常都可以自我复制、自行传播到其他计算机。

蠕虫病毒是一种能够自我复制的病毒，它主要通过寻找系统漏洞（如Windows系统漏洞、网络服务器漏洞等）进行传播。与一般病毒不同的是，蠕虫病毒是一段独立的程序或代码，可以不依赖宿主程序独立运行。感染蠕虫病毒的计算机会出现系统运行缓慢、文件丢失、文件被破坏等现象。蠕虫病毒入侵一台用户主机后，会以这台主机为“跳板”，自动扫描并感染其他主机。蠕虫病毒的这种行为模式可以快速感染大量主机。蠕虫病毒可以通过网络文件、电子邮件、存在漏洞的服务器等各种途径进行传播，且其传播不受宿主程序牵制，所以蠕虫病毒的传播速度比传统病毒快得多。历史上，著名的“熊猫烧香”病毒就是蠕虫病毒。该病毒出现于2006年，通过浏览网页、使用U盘以及网络共享等途径快速传播，仅用两个月的时间就波及全国。感染病毒的计算机中，所有文件的图标都会变成一只举着3炷香的熊猫，随后会出现运行缓慢、死机、蓝屏等情况。

木马，也叫特洛伊木马，是一种能破坏文件或者计算机系统的恶意代码。木马通常不能自我复制，因此不具有传染性。但是，攻击者可以利用木马打开计算机的端口，并通过这个端口访问用户的计算机系统，通过网络远程控制用户计算机。用户计算机一旦被控制，就会变成攻击者手中的“僵尸”（也常被称为“肉鸡”）。例如，攻击者可以利用木马程序控制大量“僵尸”计算机，向特定目标发动DDoS（Distributed Denial of Service，分布式拒绝服务）攻击，造成目标瘫痪。

2. 根据病毒传播媒介分类

根据病毒传播媒介的不同，病毒可以分为网络型病毒、文件型病毒、引导型病毒和混合型病毒。

网络型病毒是通过网络传播，同时破坏某些网络组件的病毒。典型的网络型病毒有勒索软件和蠕虫病毒。

勒索软件又称勒索病毒，可以通过电子邮件、网站附件、U盘等进行传播。勒索软件会锁定用户终端界面，或者加密终端上的数据（如文档、邮件、数据库、源代码等），以阻止用户的正常访问。受害者需要支付一定数额的赎金，才有可能重新取得对系统和数据的控制权。勒索软件不仅影响组织的正常运行，导致业务停滞或中断，还可能会泄露商业机密，影响企业形象。企业为恢复业务运行支付赎金，还会带来直接的财务影响。受害企业可能会严重退步或者完全关闭。著名的WannaCry勒索软件，利用微软SMB协议的漏洞发起攻击，入侵用户主机。WannaCry会对用户主机的重要文件进行加密，并将其加密后的文件扩展名统一修改为”.wncry”，向用户勒索比特币。WannaCry攻击了全球范围多个教育、医疗等大型信息系统的用户，造成严重的安全威胁。

文件型病毒是通过感染计算机中的文件进行传播的病毒，这类病毒主要感染可执行文件（如扩展名为.com、.exe等的文件）和文本文件（如.doc、.xls等）。有些受病毒感染的文件执行速度会变慢甚至无法执行；有些文件被感染后，一旦被执行就会被删除。受病毒感染的文件被执行后，病毒通常会趁机感染下一个文件。

宏病毒就是一种典型的文件型病毒。宏病毒是一种以微软开发的系列办公软件为主产生的病毒，其主要针对数据文件或模板文件（字处理文档、数据表格、演示文档等）。如某Word文档中感染了宏病毒，当其他用户打开该文档时，宏病毒便会转移。感染了宏病毒的文件会提示无法使用“另存为”修改文件保存路径，只能用模板方式保存。由于数据文件和模板文件的使用用户多，且跨越多种平台，宏病毒得到大规模的传播。

引导型病毒寄生在磁盘引导区或主引导区，在引导系统的过程中入侵系统。当系统加载或启动时，病毒会加载在内存中再感染其他文件。

“小球”病毒就是一种典型的引导型病毒。“小球”病毒出现于1988年，是在我国发现的第一种计算机病毒。“小球”病毒通过软盘进行传播，感染后计算机屏幕上出现跳动的小球，导致感染“小球”病毒的计算机程序无法正常运行，其破坏性较轻，传染速度慢。

混合型病毒同时具有引导型病毒和文件型病毒的寄生方式，既能感染系统引导区，也能感染文件，具有更强的破坏性和危害性。通过两种方式来感染更增加了病毒的传染性及存活率。这类病毒通常具有复杂的算法，使用非常规手段侵入系统。

“新世纪”病毒就是一种典型的混合型病毒。“新世纪”病毒是一种兼有系统引导和文件引导激活的病毒，它利用隐藏扇区代替硬盘数据区来隐藏病毒程序，有较强的隐蔽性。“新世纪”病毒被激活时，会传染硬盘主引导区以及系统上执行过的文件。一旦病毒被激活，会使得在病毒发作的当天（病毒的发作日期为5月4日）所执行的所有文件被删除，并在屏幕上留下一封信。该病毒可感染所有可执行文件，危害性大。

3. 根据病毒特有的算法分类

根据病毒特有的算法不同，病毒可以分为伴随型病毒、蠕虫病毒、寄生型病毒。

伴随型病毒并不会改变文件本身，而是根据算法产生与感染文件相同文件名但扩展名不同的伴随体，例如xcopy.exe的伴随体是xcopy.com。病毒把自身写入.com文件，并不改变.exe文件。当操作系统加载文件时，优先执行伴随体，再由伴随体加载执行原来的.exe文件。

蠕虫病毒是一种可以自我复制的恶意代码，如前文所述，它通过网络传播，通常无须人为干预就可以传播。蠕虫病毒入侵并完全控制一台主机后，就会把这台主机作为宿主，进而扫描并感染其他主机。当这些主机被控制后，蠕虫会继续以这些主机作为宿主扫描并感染更多主机，这种行为会一直延续，被控制的主机数量呈指数增长。

寄生型病毒，除了伴随型病毒和蠕虫病毒，其他病毒均可称为寄生型病毒。寄生型病毒“寄生”于可执行文件，一旦文件被执行，病毒也就被激活。感染后的文件会以不同于原有的方式运行而产生不可预料的后果，如删除文件或破坏用户数据等。

此外，根据病毒的携带者划分，病毒还可以分为脚本病毒、宏病毒、邮件病毒等。

5.1.3 计算机病毒的特征

计算机病毒具有和生物病毒类似的特征，能在计算机中完成自我复制和传播，具有以下特征，如图5-1所示。

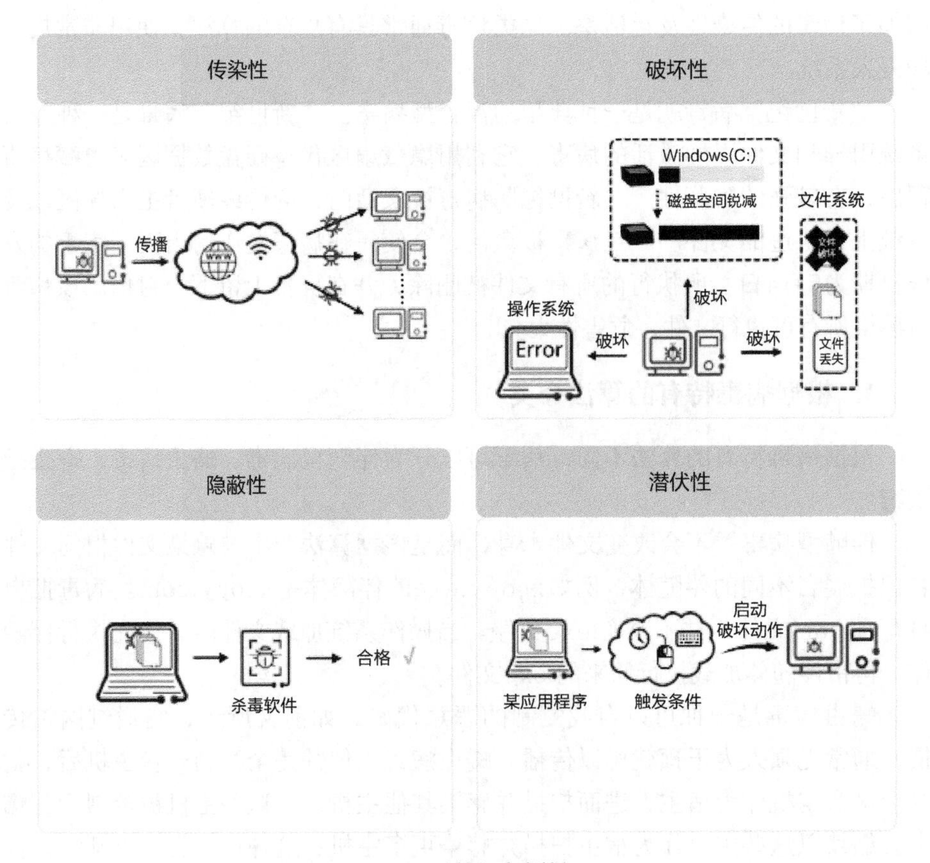

图 5-1 计算机病毒特征

① 传染性：传染性是病毒的基本特征。病毒一旦进入计算机并得以执行，会搜寻并传染其他程序或存储介质，达到自我繁殖的目的。同时病毒还会通过网络、无线通信系统，以及硬盘、U盘等移动存储设备从已感染的计算机扩散到未被感染的计算机。这些被感染的计算机又会成为新的感染源，并在短时间内进行大范围的传播。

② 破坏性：病毒入侵计算机后，不仅会占用系统资源，还可能删除或者修改操作系统文件或数据，加密磁盘数据、格式化磁盘等。轻则造成计算机磁盘空间减少，运行速度降低，重则造成数据文件丢失、系统崩溃、网络瘫痪等灾难性后果。病毒的破坏性直接体现了病毒编制者的意图。

③ 隐蔽性：病毒通常以程序代码的形式存在于其他程序中，或以隐藏文件的形式存在，通常具有很强的隐蔽性，甚至通过杀毒软件都难以检查出来。

④ 潜伏性：某些病毒进入计算机后往往会隐藏在系统中，不会马上发作，具有一定的潜伏期。在潜伏期内，病毒向其他计算机传播，而不被发现。当满足触发条件时，病毒才启动破坏动作。这些触发条件可能是时间、文件类型或某些特定数据等。病毒的潜伏性使得病毒在爆发之前会广泛传播。

5.1.4　计算机病毒的传播方式

传染性是病毒的基本特征，是病毒赖以生存、繁殖的条件。病毒的传播方式主要有以下几种。

① 通过网络传播：通过网络应用（如电子邮件、文件共享、网页浏览等）进行传播是病毒的主要传播方式，这种方式使病毒扩散速度非常快。其中电子邮件和文件共享是病毒主要的传播媒介。

② 通过U盘等存储介质传播：比如U盘在感染了病毒的计算机上使用之后也会被病毒感染，被感染的U盘再将病毒传染给其他计算机，病毒以此得到传播。

③ 通过计算机硬件传播：比如计算机硬盘感染了病毒后，维修硬盘或将其移动到其他计算机上使用时，可能导致病毒扩散。这种传播方式虽然占少数，破坏力却极强。

虽然病毒的传播方式有多种，但归根结底，病毒主要都是通过文件传播的。因此病毒防范的关键是检测并清除异常文件中携带的病毒。

5.1.5 计算机病毒的危害

增强对计算机病毒的防范意识，认识病毒的危害是非常重要的。病毒的危害根据病毒制作者的意图不同可大可小。

① 计算机感染某些恶作剧病毒后，会在计算机界面播放一段音乐或动画、出一些智力问答题目等。这类病毒虽然没有直接的破坏性，但会干扰人们的正常工作和生活。

② 占用磁盘存储空间，造成磁盘空间不足。某些文件型病毒能在短时间内感染大量文件，每个文件都会迅速自我复制，占用大量磁盘空间。

③ 病毒程序会占用系统资源，使系统运行速度变慢，甚至系统崩溃。

④ 某些病毒入侵系统后会自动搜集用户重要数据，有的甚至会破坏数据，造成数据被篡改、泄露甚至丢失，给用户带来不可估量的损失和严重后果。

⑤ 勒索病毒入侵系统后，会加密重要文件甚至锁定整个系统，用户需支付高昂的赎金才能获得解密密钥，多数情况下即使缴纳了赎金也未必能正常恢复数据。

5.2 反病毒基本原理

对于生物界的病毒，我们可以通过药物来处理；对于网络世界的病毒，我们可以在主机上安装杀毒软件，也可以在网络安全设备如防火墙上部署反病毒功能。防火墙上提供的反病毒功能和主机上的杀毒软件在功能上是互补和协作的关系。由于部署位置和病毒检测机制不同，两者可以同时使用，以更好地保障主机和网络的安全。

防火墙作为网关设备，通常部署在内网的出口处，保证网络中传播的文件的安全。如前文所述，网络世界中的病毒主要通过邮件或文件共享进行传播，因此，防火墙主要用于防范基于常见的邮件和文件共享协议传播的病毒。

防火墙主要利用自研的反病毒引擎和不断更新的病毒特征库来实现对病毒文件的检测和处理。防火墙的反病毒工作流程如图5-2所示。

防火墙的反病毒工作流程主要分为两部分：病毒检测和反病毒处理。下面分别介绍这两部分的工作原理。

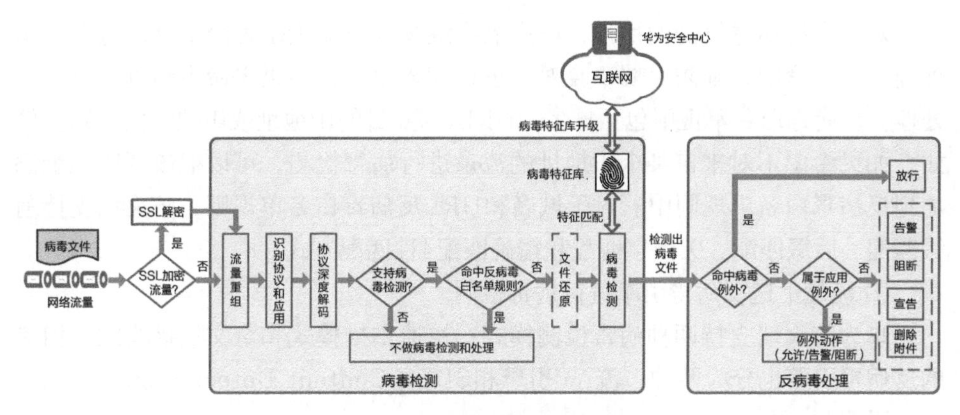

图 5-2　防火墙的反病毒工作流程

1. 病毒检测

在进行真正的病毒检测前，网络流量会被上送到IAE（Intelligent Awareness Engine，智能感知引擎）进行一系列预处理，再上送反病毒引擎进行病毒检测以判断流量中是否包含病毒。

① 如果流量是SSL加密流量，防火墙需要先解密才能进行后续的处理。因此，反病毒通常需要与加密流量检测配合使用。

② 防火墙对报文进行IP分片重组及TCP流重组，保证后续进行业务处理的报文是顺序、无重叠的。

③ 报文重组完成后，IAE对流量进行深层分析，识别出具体的协议和应用。

④ 识别出协议后，IAE开始对协议进行深度解码，一次性解析出后续安全业务所需的字段或内容。

如前文所述，病毒一般通过邮件或文件共享等方式传播。防火墙想要检测病毒，前提是必须识别出流量的载体（即协议类型），并获取文件传输的方向。上传方向指的是客户端向服务器发送邮件，下载方向指的是服务器向客户端发送文件。防火墙支持检测上传方向和下载方向传输的病毒。

⑤ 判断文件传输所使用的协议是否支持病毒检测。

华为防火墙支持对常用的邮件或文件共享协议传输的文件进行病毒检测，包括FTP、HTTP、POP3、SMTP、IMAP、NFS和SMB等。对于不支持的协议，防火墙不会对流量进行病毒检测和处理。

⑥ 判断是否命中反病毒白名单规则。

对于支持病毒检测的协议，防火墙会继续判断流量是否命中反病毒白名单规则。如果命中，则防火墙不会对其进行病毒检测；如果未命中则进入下一步处理。反病毒白名单规则包括域名、URL、源/目的IP地址或IP地址段规则。例如，如果希望不对来自某个IP地址的流量进行病毒检测，可以把该源IP地址添加到反病毒白名单规则中。对于域名和URL反病毒白名单规则，防火墙支持前缀匹配、后缀匹配、关键字匹配和精确匹配4种匹配方式。

⑦ 流量上送反病毒引擎进行病毒检测。

华为防火墙支持两种病毒检测模式：快速扫描模式和全文扫描模式。相应的反病毒引擎也分为两种：流AV引擎和CDE（Content Detect Engine，内容检测引擎）。

快速扫描模式下，防火墙将流量上送流AV引擎进行病毒扫描和检测。在该模式下，防火墙会对文件进行快速内容检测，检测速度快，性能消耗小，但是病毒文件的检出率不高。该模式下，防火墙默认仅对PE文件进行检测。

全文扫描模式下，防火墙对文件进行全文还原后上送CDE进行病毒扫描和检测。在该模式下，防火墙会对文件进行包括多模式匹配、机器学习等多种方式的深度内容检测，病毒文件检出率高，但检测速度慢，性能消耗大。在该模式下，防火墙支持对PE、Office、PDF、ELF等主流的文件进行检测。CDE基于人工智能算法提取特征和检测恶意文件，不仅具备对已知威胁的检测能力，同时具备对未知威胁的检测能力。

默认情况下，防火墙的病毒检测模式为全文扫描模式。如果全文扫描模式下，防火墙性能无法满足业务要求，在能够接受病毒检出率下降的情况下，可以切换为快速扫描模式。

反病毒引擎对文件进行解析和处理（如识别文件类型、压缩文件需要解压缩后再进行病毒扫描）以便提取特征，然后与病毒特征库进行特征匹配。如果匹配，则认为该文件为病毒文件，并按照配置的响应动作进行处理。如果不匹配，则允许该文件通过。

病毒特征库是华为通过自动化收集和分析各种病毒样本的行为特征，提取病毒文件的特征码而形成的。病毒特征库定义了每种病毒的特征，同时为每种病毒特征分配了唯一的病毒ID。华为病毒特征库已涵盖上亿种病毒样本，同时华为会定期更新病毒特征库并发布到华为安全中心。当防火墙加载了病毒特征库后，即可识别出已经定义过的病毒。同时，为了能够及时识别出最新的病毒，防火墙需要从华为安全中心获取最新的病毒特征库。病毒特征库的升级服务需要购买相关的License后才能正常使用。

2. 反病毒处理

当防火墙在网络流量中检测出病毒文件时，会进行如下处理。

① 判断该病毒文件是否命中病毒例外。

为了避免由于系统误报等原因造成文件传输失败，当用户认为已检测到的某个病毒为误报时，可以将该对应的病毒ID添加到病毒例外，使该病毒特征失效。如果检测结果命中了病毒例外，则该文件的响应动作为放行。如果没有命中病毒例外，则进入下一环节处理。

② 判断传输病毒文件的应用是否属于应用例外。

应用承载于协议之上，同一协议上可以承载多种应用。这里的应用是指承载于HTTP上的应用，如网盘、邮箱等。通过应用例外，可以为应用配置不同于协议的响应动作。如果传输病毒文件的应用属于应用例外，则按照应用例外定义的动作进行处理。

③ 如果病毒文件既没命中病毒例外，也没命中应用例外，则按照传输协议和传输方向，执行相应的响应动作。

5.3 反病毒配置逻辑

介绍了反病毒基本原理后，接下来我们介绍反病毒配置逻辑。反病毒涉及多个功能模块，这些模块需要相互配合、协作，如图5-3所示。

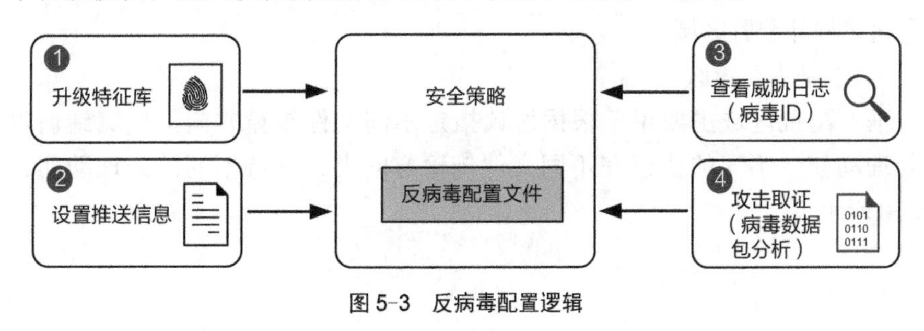

图5-3 反病毒配置逻辑

反病毒的主体配置是反病毒配置文件和安全策略。通过反病毒配置文件定义反病毒检测的传输协议、传输方向和病毒处理动作，以及病毒例外和应用例外；通过安全策略定义流量的匹配条件（对哪些流量进行病毒检测）和安全策略规则的动作（必须配置为允许），然后在安全策略中引用反病毒配置文件。其他功能模块的作用如下。

① 升级特征库。病毒特征库描述了网络中常见病毒文件的特征，通过升级病毒特征库可以提升防火墙的病毒检测能力和检测效率。

② 设置推送信息。当病毒处理动作为“宣告”或“删除附件”时，如果用户的邮件被防火墙识别出有病毒，防火墙会在邮件正文中附加相应的提示信息。防火墙提供了默认的提示信息，你也可以通过设置推送信息来定制个性化的推送内容。

③ 查看威胁日志。威胁日志中记录了病毒检测和防御情况。通过查看威胁日志，管理员可以了解曾经发生和正在发生的威胁事件，及时做出策略调整或主动防御。如果发现某个文件被误报为病毒文件，则可以将该病毒ID加入病毒例外，后续防火墙再检测到该文件时会直接放行。

④ 攻击取证。在反病毒配置文件中启用了攻击取证的情况下，防火墙检测到病毒后会获取当前检测的病毒数据包。审计管理员可以在威胁日志中下载病毒数据包，进一步分析病毒特征。需要注意的是，攻击取证只有硬盘在位时才可用，且仅用于故障定位。攻击取证可能导致系统性能降低，所以请在必要时使用，并在攻击取证完成后将其关闭。

了解了反病毒配置逻辑后，我们来看一下反病毒配置文件的配置界面。

选择“对象 > 安全配置文件 > 反病毒”，单击“新建”，进入“新建反病毒配置文件”的配置界面，如图5-4所示。

反病毒配置文件的配置界面分为3个区域：基本配置区域、应用例外配置区域和病毒例外配置区域。

（1）基本配置区域

基本配置区域主要用于根据协议指定不同文件传输方向上检测到病毒后的处理动作。不同的协议在不同文件传输方向上，支持不同的处理动作，如表5-1所示。

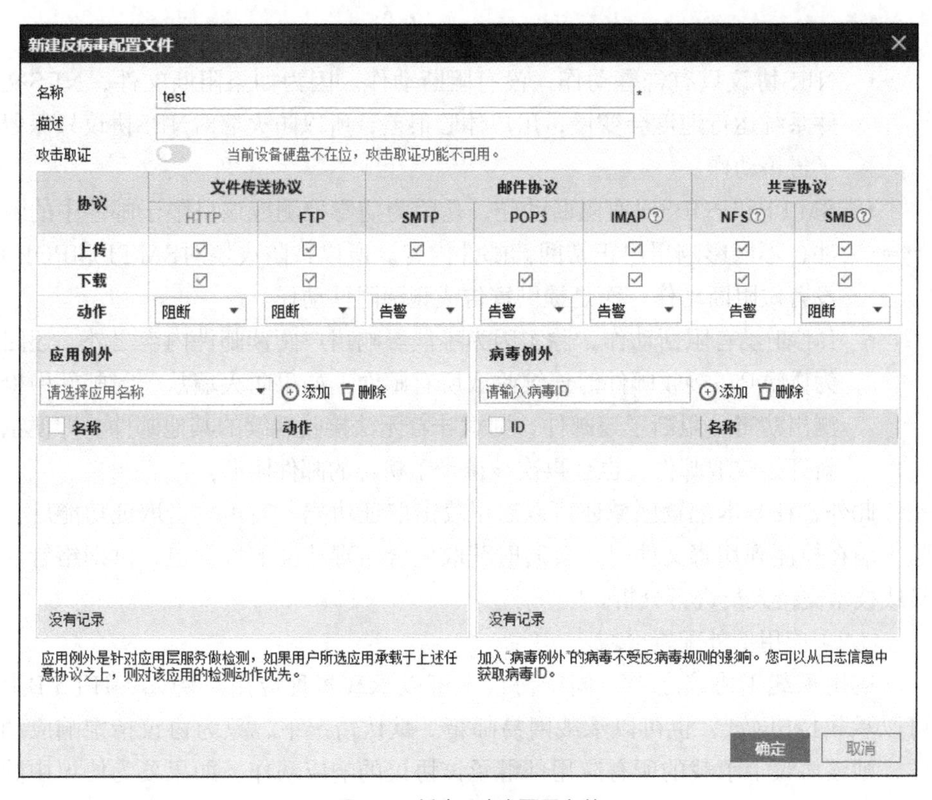

图 5-4　新建反病毒配置文件

表 5-1　不同协议支持的处理动作

协议	传输方向	动作	说明
FTP	上传 / 下载	告警 / 阻断，默认为阻断	告警：允许病毒文件通过，并记录日志。 阻断：禁止病毒文件通过。 宣告：允许病毒文件通过，但会在邮件正文中添加提示信息。 删除附件：允许邮件通过，但会删除邮件中的附件并在邮件正文中添加提示信息
HTTP	上传 / 下载	告警 / 阻断，默认为阻断	
SMTP	上传	告警 / 宣告 / 删除附件，默认为告警	
POP3	下载	告警 / 宣告 / 删除附件，默认为告警	
IMAP	上传 / 下载	告警 / 宣告 / 删除附件，默认为告警	
NFS 协议	上传 / 下载	告警	
SMB 协议	上传 / 下载	告警 / 阻断，默认为阻断	

防火墙对不同协议支持的动作有差异，这里再解释一下。

- NFS协议只有告警动作，没有阻断动作。因为如果阻断文件，NFS文件系统运行速度会变慢，用户体验很差，所以防火墙对NFS协议只保留了告警动作。
- SMTP和POP3没有阻断动作，是因为病毒检测应该只限于邮件中的附件，不能影响用户正常阅读邮件内容。所以，防火墙对SMTP和POP3没有做阻断动作，而是提供宣告或删除附件动作。
- IMAP没有阻断动作，除了因为不能影响用户阅读邮件内容之外，还因为IMAP在接收邮件时连续收取所有邮件。如果防火墙从一封邮件中检测出病毒，阻断了该邮件，则意味着无法接收后续的其他邮件。即便重新开始收取邮件，也会再次被携带了病毒的邮件阻断。

此外，在基本配置区域还可以启用攻击取证功能。启用攻击取证功能后，防火墙在检测到病毒文件时，会同时获取包含病毒特征的数据包，供网络管理员或技术支持人员进行分析。

（2）应用例外配置区域

应用承载于协议之上，同一协议上可以承载多种应用。例如，HTTP上可以承载126网盘，也可以承载网易邮箱。默认情况下，只为协议指定响应动作，则该协议上承载的所有应用都继承该协议的响应动作。如果要为协议中的某个应用配置不同的响应动作，可以配置应用例外。应用例外仅适用于承载在HTTP上的少量应用。

你可以在应用例外区域的下拉框中选择一个应用，单击“添加”，然后指定该应用的响应动作。你也可以单击“文件传送协议”下的“HTTP”，在“HTTP协议下的应用”对话框中设置应用的动作，如图5-5所示。

（3）病毒例外配置区域

如果用户认为某个病毒为误报病毒，可以在威胁日志中获取病毒ID，并将该病毒ID添加为“病毒例外”。添加后，当再次检测到包含该病毒的文件时，防火墙将放行该文件。

需要注意的是，创建或修改反病毒配置文件后，配置内容不会立即生效，需要单击界面右上角的“提交”来激活配置。因为激活过程所需时间较长，建议完成所有操作后再统一进行提交。

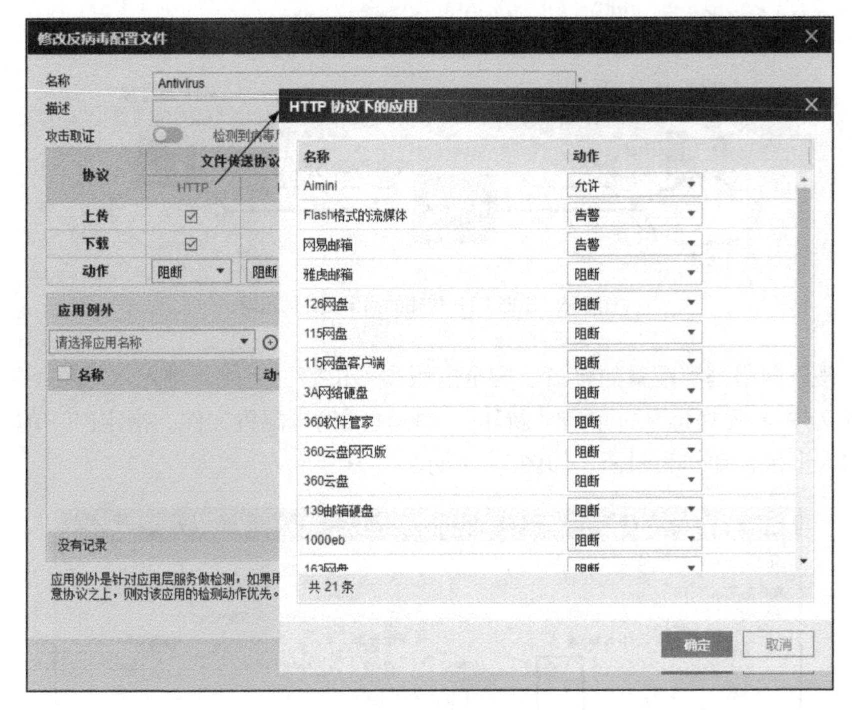

图 5-5 设置应用例外

5.4 反病毒配置实践

下面我们进入实战部分，来看几个具体的反病毒配置实践。在进行反病毒配置之前，必须保证病毒特征库已经成功加载，同时建议将病毒特征库升级至最新版本。

5.4.1 阻断 FTP 传输的病毒文件

如图5-6所示，防火墙部署在FTP客户端（PC）和FTP服务器（文件服务器）之间。在防火墙上配置反病毒功能，对FTP客户端向FTP服务器上传的文件进行病毒检测，发现病毒后及时阻断。

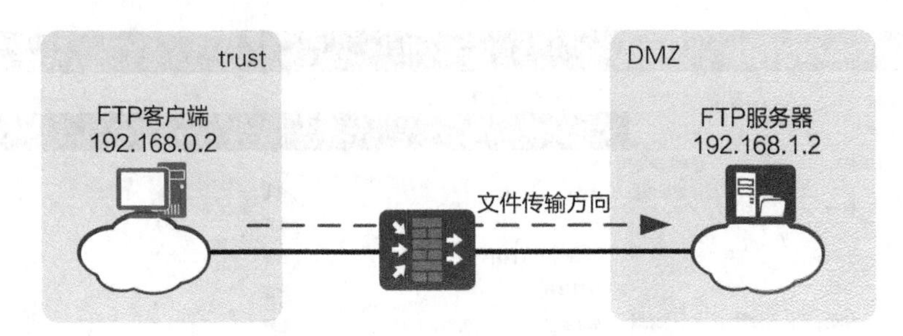

图 5-6　阻断 FTP 传输的病毒文件的组网

假设网络基础配置如接口、安全区域和路由等已完成。进入“对象 > 安全配置文件 > 反病毒”，单击“新建”，创建反病毒配置文件。指定FTP的传输方向为上传，动作为阻断，如图5-7所示。

新建反病毒配置文件

名称　profile_av_ftp *

描述

攻击取证　检测到病毒后，系统会在设备中获取包含该病毒的数据包。您可以在日志中查看数据包内容。

协议	文件传送协议		邮件协议			共享协议	
	HTTP	FTP	SMTP	POP3	IMAP	NFS	SMB
上传	☐	☑	☐		☐	☐	☐
下载	☐	☐		☐	☐	☐	☐
动作	阻断	阻断	告警	告警	告警	告警	阻断

应用例外

请选择应用名称　添加　删除

名称	动作

没有记录

应用例外是针对应用层服务做检测，如果用户所选应用承载于上述任意协议之上，则对该应用的检测动作优先。

病毒例外

请输入病毒ID　添加　删除

ID	名称

没有记录

加入"病毒例外"的病毒不受反病毒规则的影响。您可以从日志信息中获取病毒ID。

确定　取消

图 5-7　新建反病毒配置文件-FTP

然后在安全策略中引用该配置文件。进入安全策略界面，新建安全策略，如图5-8所示。源安全区域为PC所在安全区域，目的安全区域为服务器所在安全区域，源地址为PC的IP地址，目的地址为服务器的IP地址，同时引用上一步创建的反病毒配置文件（profile_av_ftp）。

名称	源安全区域	目的安全区域	源地址/地区	目的地址/地区	服务	应用	动作	内容安全
ftp_av_deny	trust	DMZ	192.168.0.2/...	192.168.1.2/...	Any	Any	允许	profile_av_ftp
default	Any	Any	Any	Any	Any	Any	允许	

图 5-8　新建安全策略-FTP

配置完成后，我们使用EICAR文件模拟病毒文件来验证反病毒功能。EICAR文件是EICAR为测试反病毒功能提供的，让用户在不使用真正病毒的情况下来测试反病毒功能。

首先，在记事本中输入如下字符串，另存为eicar.com文件。

```
X5O!P%@AP[4\PZX54(P^)7CC)7}$EICAR-STANDARD-ANTIVIRUS-TEST-FILE!$H+H*
```

然后，在FTP客户端向FTP服务器上传eicar.com文件。如果eicar.com文件无法上传，在防火墙上的威胁日志中可以看到eicar.com文件被阻断的日志，则说明防火墙已经检测并阻断了该文件。

如果需要放行eicar.com文件，可以在威胁日志中获取病毒ID（16424404），将其填写到反病毒配置文件的病毒例外中，如图5-9所示。

病毒例外

请输入病毒ID　添加　删除

ID	名称
16424404	EICAR.Test.FILE.1

共 1 条

加入"病毒例外"的病毒不受反病毒规则的影响。您可以从日志信息中获取病毒ID。

图 5-9　病毒例外配置

然后在FTP客户端上再次执行文件上传操作，发现可以上传成功，文件没有被阻断，说明病毒例外配置生效。

上述配置的命令行脚本如下。

```
#
profile type av name profile_av_ftp
 ftp-detect direction upload
 exception av-signature-id 16424404
#
security-policy
 rule name ftp_av_deny
  source-zone trust
  destination-zone dmz
  source-address 192.168.0.2 mask 255.255.255.255
  destination-address 192.168.1.2 mask 255.255.255.255
  profile av profile_av_ftp
  action permit
#
```

5.4.2 阻断 SMTP 传输的病毒文件

如图5-10所示，防火墙部署在邮件客户端A和邮件服务器之间。通过在防火墙上配置反病毒功能，对邮件客户端A发出的邮件进行病毒检测。如果在邮件附件中发现病毒，允许病毒文件通过，同时在邮件正文中添加发现病毒的提示信息。

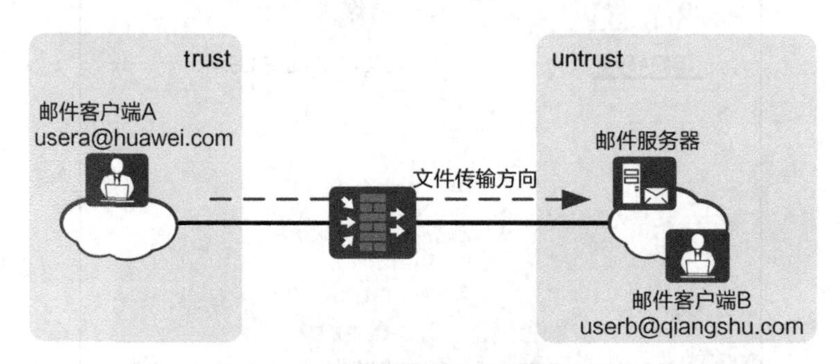

图 5-10　阻断 SMTP 传输的病毒文件组网

假设网络基础配置如接口、安全区域和路由等已完成。进入“对象 > 安全配置文件 > 反病毒”，单击“新建”，创建反病毒配置文件。指定SMTP的文件传输方向为上传，动作为宣告，如图5-11所示。

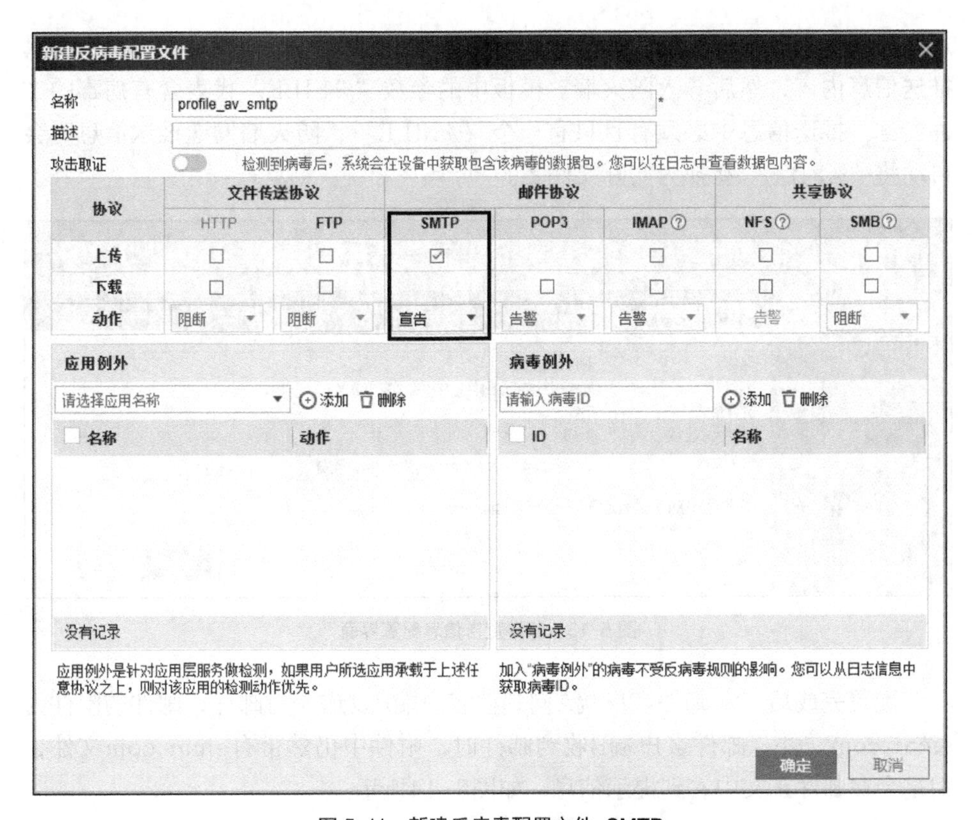

图 5-11　新建反病毒配置文件-SMTP

然后在安全策略中引用该配置文件。进入安全策略界面，新建安全策略，如图5-12所示。源安全区域为PC所在安全区域，目的安全区域为邮件服务器所在安全区域，源地址为PC的IP地址，目的地址不需要指定（即Any），同时引用之前创建的反病毒配置文件（profile_av_smtp）。

名称	源安全区域	目的安全区域	源地址/地区	目的地址/地区	服务	应用	动作	内容安全
smtp_av_deny	trust	untrust	192.168.0.2/...	Any	Any	Any	允许	profile_av_smtp
default	Any	Any	Any	Any	Any	Any	允许	

图 5-12　新建安全策略 -SMTP

此外，我们还可以通过设置推送信息来定制个性化的提示信息，该信息将会显示在邮件正文中。

进入“系统 > 配置 > 推送信息配置”，单击“反病毒”下的“邮件宣告信息”，打开邮件宣告信息配置界面，如图5-13所示。下载模板，在模板中编辑推送信息内容，然后导入防火墙。模板中的参数“%FILE”代表含有病毒的文件名称。推送信息中必须有且只有一个“%FILE”，防火墙发送推送信息时会自动将“%FILE”替换为实际文件名。

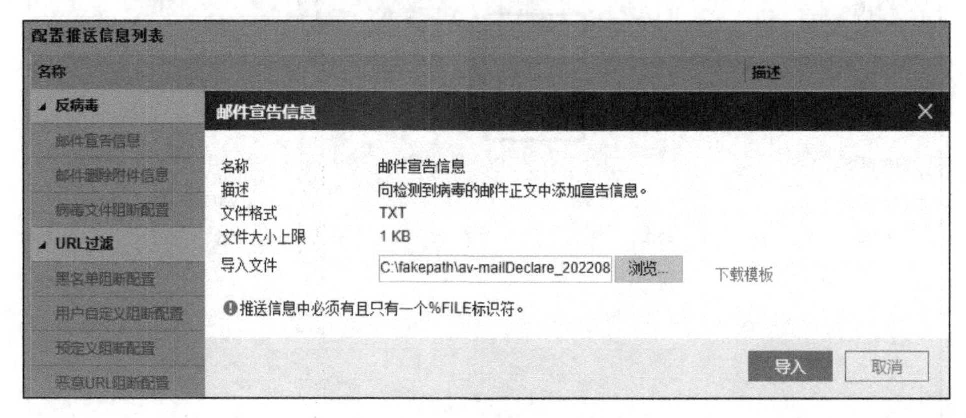

图 5-13　邮件宣告信息配置界面

配置完成后，从邮件客户端A向邮件客户端B发送一封邮件，邮件的附件为eicar.com文件。邮件客户端B收到邮件时，附件中仍然带有eicar.com文件，但是会在邮件正文中看到提示信息，如图5-14所示。

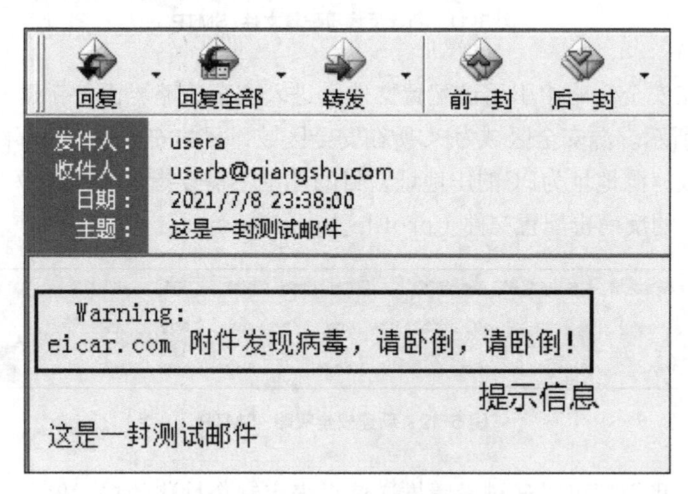

图 5-14　邮件推送信息

上述配置的命令行脚本如下。

```
#
profile type av name profile_av_smtp
 smtp-detect action declare
#
security-policy
 rule name smtp_av_deny
  source-zone trust
  destination-zone untrust
  source-address 192.168.0.2 mask 255.255.255.255
  profile av profile_av_smtp
  action permit
#
```

5.4.3 阻断 SMB 协议传输的病毒文件

如图5-15所示，防火墙位于PC和文件服务器之间，通过在防火墙上配置反病毒功能，对PC向文件服务器上传的文件进行病毒检测。

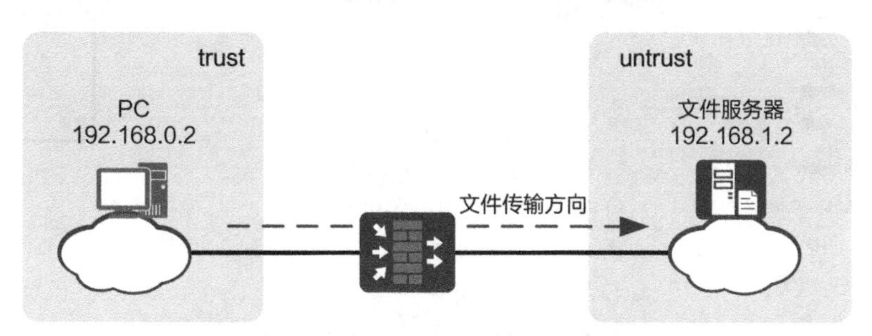

图 5-15　阻断 SMB 协议传输的病毒文件组网

在本例中，我们将同时验证文件解压配置中最大解压层数对病毒检测的影响。

进入“对象 > 安全配置文件 > 全局配置”，设置文件的最大解压层数为3，超过最大解压层数时的动作为允许，如图5-16所示。

假设基础网络配置如接口、安全区域和路由等已完成。进入“对象 > 安全配置文件 > 反病毒”，单击“新建”，创建反病毒配置文件，指定SMB协议的文件传输方向为上传，动作为阻断，如图5-17所示。

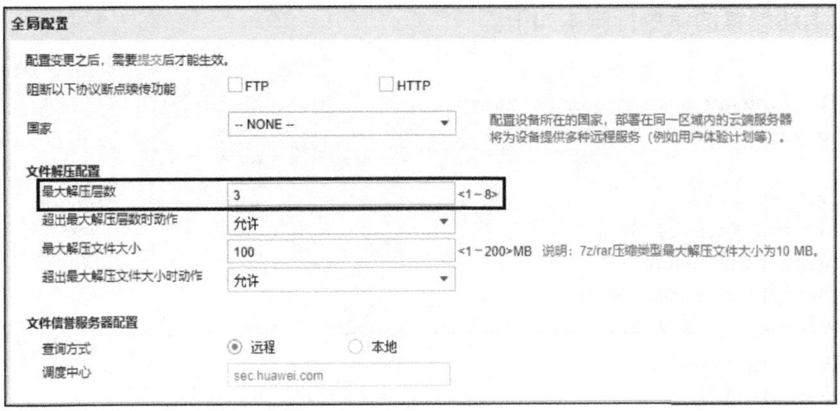

图 5-16　最大解压层数配置

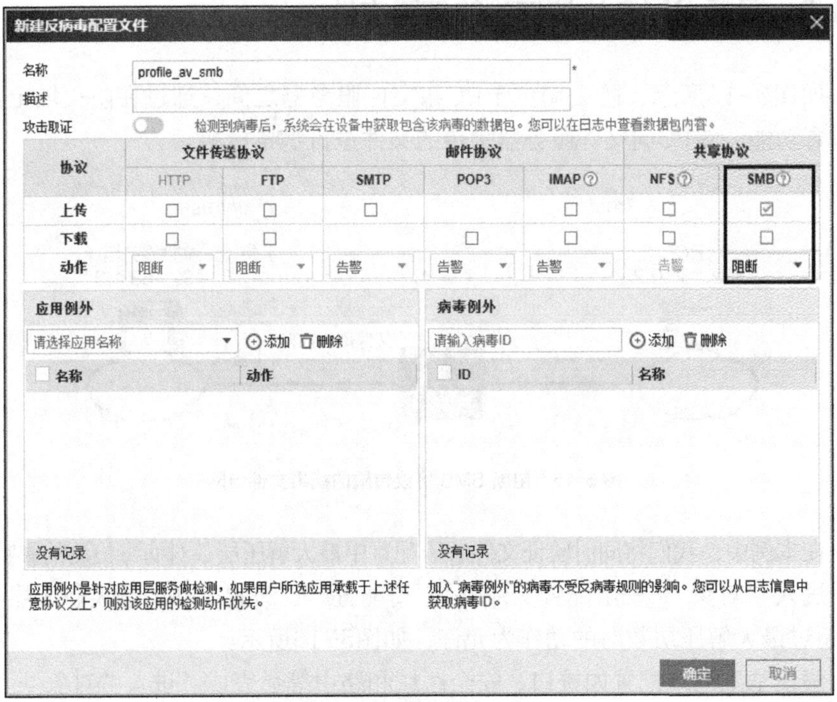

图 5-17　反病毒文件配置-SMB

然后在安全策略中引用该配置文件。进入“策略 > 安全策略”，单击“新建安全策略”，安全策略配置如图5-18所示。源安全区域为PC所在安全区域

（此处假设为trust），目的安全区域为文件服务器所在安全区域（此处假设为untrust），源地址为PC的IP地址，目的地址为文件服务器的IP地址，同时引用之前创建的反病毒配置文件（profile_av_smb）。

名称	源安全区域	目的安全区域	源地址/地区	目的地址/地区	服务	应用	动作	内容安全
smb_av_deny	trust	untrust	192.168.0.2/...	192.168.1.2/...	Any	Any	允许	profile_av_smb
default	Any	Any	Any	Any	Any	Any	允许	

图 5-18　安全策略配置 -SMB

我们将第5.4.1节中制作的eicar.com文件压缩4次，制作成eicar.zip文件，从PC上将eicar.zip文件复制到文件服务器上。发现可以复制成功，eicar.zip文件没有被防火墙阻断。这就说明超过最大解压层数3时，防火墙允许文件通过。

然后我们将最大解压层数设置为5，再次执行复制操作，发现无法复制，eicar.zip文件被防火墙阻断。说明文件最大解压层数不超过5时防火墙会对文件进行病毒检测，符合预期结果。

防火墙对多重文件进行病毒检测时，只解压缩到设置的最大解压层数。如果检测到病毒，按照反病毒配置文件中的动作处理；如果没有检测到病毒，则允许文件通过。对于超过最大解压层数的压缩文件，不再进行解压缩以及病毒检测。

默认情况下，最大解压层数为3。通常情况下，解压层数越多，资源消耗越大。用户可以根据实际业务情况调整最大解压层数，综合考虑病毒检测效果和处理性能因素，设置一个合理的值。

上述配置的命令行脚本如下。

```
#
 file-detect decompress depth 5
#
profile type av name profile_av_smb
 smb-detect direction upload
#
security-policy
 rule name av_deny_smb
  source-zone trust
  destination-zone untrust
  source-address 192.168.0.2 mask 255.255.255.0
  destination-address 192.168.1.2 mask 255.255.255.255
  profile av profile_av_smb
  action permit
#
```

5.5 习题

第6章 DDoS 攻击防范技术

DDoS攻击是指攻击者利用分布于互联网中的僵尸主机向攻击目标发起恶意的过量访问。有的DDoS攻击会占用目标服务器所在网络的链路带宽资源，导致正常的业务访问报文在到达服务器之前就出现丢包现象。有的DDoS攻击会耗尽依靠会话转发的网络设备和目标服务器的会话资源，造成正常用户的访问出现丢包、卡顿，甚至完全中断等现象。总之，DDoS攻击的目的就是通过各种手段使得目标服务器无法为正常用户提供服务。

任何业务系统或者网络，只要接入互联网，对互联网暴露公网IP地址，就可能成为DDoS攻击的目标。绝大多数情况下，DDoS攻击报文和业务报文并无本质区别。因此，防御DDoS攻击需要采用与防火墙、IPS设备不同的产品和技术。

| 6.1 DDoS 攻击现状与趋势 |

21世纪以来，DDoS攻击开始成为主流的攻击类型。随着网络的不断发展，利用互联网中的各类设备发起的DDoS攻击逐年增多，攻击频率、攻击流量也在持续上升，以关键信息基础设施为目标的高强度DDoS攻击已跃升为国家级网络安全威胁之首。

6.1.1 DDoS 攻击发展历程

从图6-1所示的时间轴可以发现，自20世纪90年代开始，出现了最早的单人DoS（Denial of Service，拒绝服务）攻击，2000年后DDoS攻击开始成为主流的类型。随着移动互联网技术的发展，开始出现了针对客户端发起的HTTP攻击、基于SSL的HTTP慢速攻击和来自移动僵尸网络的攻击。自2014年起，逐渐出现利用互联网开放服务器发起的反射攻击，如UDP反射攻击、TCP反射攻击和利用Web服务器以及安全设备漏洞发起的HTTP反射攻击等。除此之外，随着互联网中的家用路由器、网络摄像头和智能家电等设备数量激增，利用SSDP（Simple Service Discovery Protocol，简单服务发现协议）等IoT（Internet of Things，物联网）设备协议的脆弱性发起的攻击以及由僵尸网络发起的慢速TCP攻击也呈现上升趋势，攻击流量越来越大，攻击的手法也越来越复杂。

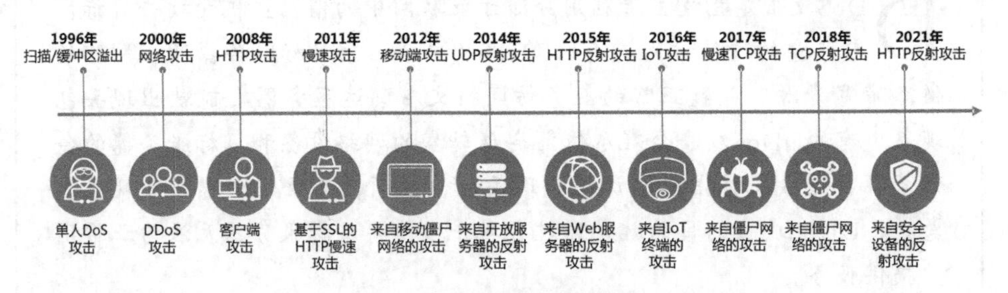

图 6-1 DDoS 攻击发展时间轴

6.1.2 DDoS 攻击全球现状及趋势

近年来，以关键信息基础设施为目标的高强度DDoS攻击已跃升为国家级网络安全威胁之首。从中国信息通信研究院、中国电信天翼安全科技有限公司和华为技术有限公司三方联合发布的《2021年全球DDoS攻击现状与趋势分析》报告中可以发现，DDoS攻击态势主要呈现以下几个特点。

- 超大带宽型攻击越来越活跃。2021年，超500 Gbit/s的攻击共计8263次，是2020年的9.6倍；超800 Gbit/s的攻击共计89次，是2020年的44.5倍。最大攻击流量峰值带宽达到1.853 Tbit/s。
- 攻击继续维持向两端延展的态势。攻击业务系统的会话层威胁、应用层威胁和攻击网络链路带宽的网络层威胁并存。2021年，流量带宽小于10 Gbit/s的攻击占比为38.73%，以会话层攻击和应用层攻击为主，攻击目标为业务系统。流量带宽大于100 Gbit/s的攻击占比为28.37%，以网络层攻击为主，攻击目标为网络链路带宽。
- 攻击频率持续呈倍增趋势。2021年攻击频率大幅度增长，是2020年攻击频率的2.5倍，2019年攻击频率的5.6倍。
- 大流量攻击秒级加速。Tbit/s级攻击将大流量攻击的“Fast Flooding”特点演绎到极致，攻击流量爬升速度高达75.7 Gbit/s。攻击流量如决堤的洪水，瞬间倾泻而下，给防御系统带来极大的挑战。
- IPv6网络攻击威胁已来临。IPv4网络中出现过的攻击形态在IPv6网络中均已出现，IPv4/IPv6共栈攻击威胁常态化，IPv6特有的攻击形态亦常态化。
- 网络层攻击和应用层攻击均惯用“短平快”战术。43.03%的网络层攻击持续时间不超过5 min；67.65%的应用层攻击持续时间亦不超过5 min。

从攻击强度的角度分析，2021年超大流量攻击主要集中在6～8月，攻击流量峰值带宽为1.853 Tbit/s，持续时间为19 min，如图6-2所示。对2021年多组大流量攻击样本统计分析，发现10 s内攻击流量峰值带宽最高可爬升至757 Gbit/s，20 s内即可完成加速，达到967 Gbit/s。与此同时，DDoS攻击频率呈逐年倍增的趋势，2021年共监测到314950次DDoS攻击，是2020年监测到的攻击次数的2.5倍。

从攻击发生时段的角度分析，为达到以最低的攻击成本实现最大化攻击效果的目的，2021年攻击发生时段分布和网民的作息时间保持一致。此外，DDoS攻击也变得越来越持久，一旦成为攻击目标，就可能被反复攻击。遭受过多次攻击的IP地址，2019年占全部IP地址的58.73%，2020年占比为67.82%，2021年占比为73.73%，呈逐年递增的趋势。

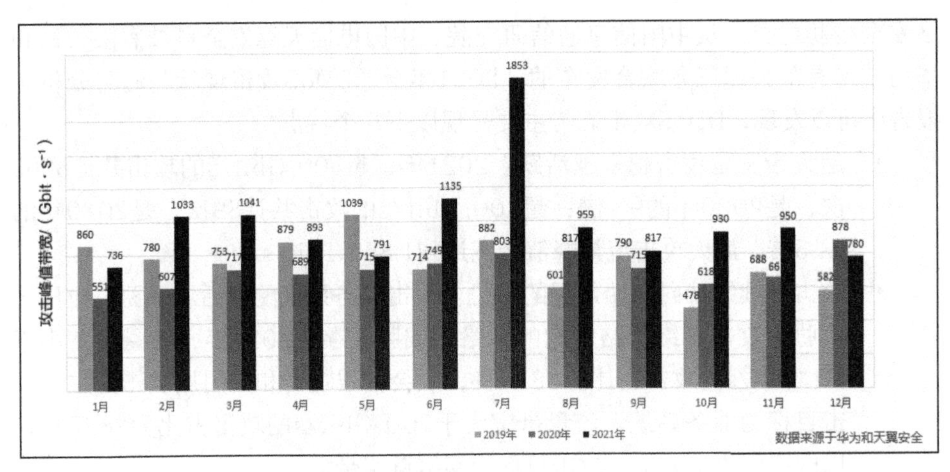

图 6-2　2019—2021 年攻击峰值带宽

从攻击的复杂度来看，DDoS攻击的手法越来越复杂化、多样化，并且在一次攻击中使用多种攻击手法的混合攻击呈现持续攀升态势。2021年，混合攻击占比高达85.81%，多于5种攻击向量的混合攻击占比高达35.11%，如图6-3所示。

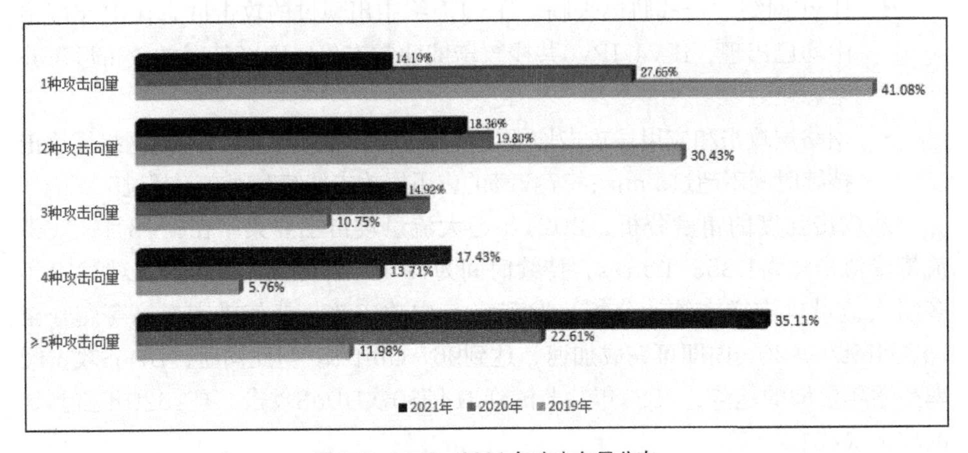

图 6-3　2019—2021 年攻击向量分布

总的来说，DDoS攻击的手段越来越专业，各种攻击类型混合在一起形成的复杂攻击也加大了防御的难度。面对各种类型的DDoS攻击，可以从基本协议出发，分析各自的攻击原理，有针对性地进行防御。

| 6.2　DDoS 攻击原理与防御手段 |

本节介绍常见DDoS攻击类型与协议，并根据其使用的协议，介绍DDoS攻击的原理和具有针对性的防御手段。

6.2.1　常见 DDoS 攻击类型与协议

从协议分层和攻击危害的角度，可将DDoS攻击分为网络层攻击、会话耗尽攻击和应用层攻击三大类。

网络层攻击：攻击者通过僵尸网络向攻击目标发送大量的网络层报文，形成超大带宽的流量，导致攻击目标所在网络的链路带宽拥塞。此类攻击包括虚假源泛洪和反射攻击。

会话耗尽攻击：攻击者通过僵尸网络发送大量报文，快速耗尽攻击目标所在网络中依靠会话转发的设备或目标服务器的会话资源。常见的会话耗尽攻击包括虚假源SYN泛洪（SYN Flood）和网络层CC（Challenge Collapsar，挑战黑洞）攻击。

应用层攻击：攻击者利用大量僵尸主机和攻击目标建立TCP连接，不断发起应用层的业务访问请求，导致攻击目标业务系统的资源耗尽。常见的应用层攻击包括HTTP应用层攻击、HTTPS应用层攻击、TLS应用层攻击和UDP DNS泛洪。

DDoS攻击的方式繁多。本小节选择常见的DDoS攻击，从其使用的协议角度，介绍其攻击的原理和防御的方法。常见的DDoS攻击如表6-1所示。

表 6-1　常见的 DDoS 攻击

TCP/IP 模型	使用的协议	常见攻击方式	所属攻击类型	攻击描述
应用层	HTTP	HTTP 泛洪	应用层攻击	攻击者利用 HTTP 的交互过程发起大量的 HTTP 请求，以耗尽服务器资源，常见的 HTTP 泛洪有 HTTP GET 泛洪、HTTP POST 泛洪等
		HTTP 慢速攻击	应用层攻击	攻击者利用僵尸网络创建大量 HTTP 会话，并以极低的速度向服务器发送 HTTP 请求，尽量长时间地保持连接，导致每个 HTTP 会话资源无法快速释放，最终达到耗尽 HTTP 会话资源的目的

续表

TCP/IP模型	使用的协议	常见攻击方式	所属攻击类型	攻击描述
应用层	DNS	DNS 查询泛洪	应用层攻击	DNS 泛洪的一种，攻击者通过僵尸网络发送大量伪造源 IP 地址的 DNS 请求报文到 DNS 服务器，耗尽 DNS 服务器资源
		DNS 响应泛洪	应用层攻击	DNS 泛洪的一种，攻击者通过僵尸主机发送大量的 DNS 响应报文到 DNS 缓存服务器，导致缓存服务器资源耗尽
		DNS 反射	网络层攻击	反射攻击的一种，攻击者将攻击目标 IP 地址伪造成源 IP 地址，向网络中开放的 DNS 服务器发送查询请求，DNS 服务器会将数倍的 DNS 响应报文发送给攻击目标
传输层	TCP	SYN 泛洪	会话耗尽攻击	攻击者利用僵尸网络发送大量伪造源 IP 地址的 SYN 报文，目标服务器及其所在防火墙、负载均衡设备等会产生大量的半连接
		SYN-ACK/ACK 泛洪	网络层攻击	虚假源泛洪的一种，攻击者向攻击目标发送大量伪造源 IP 地址的 SYN-ACK/ACK 报文
	UDP	UDP 泛洪	网络层攻击	虚假源泛洪的一种，攻击者利用僵尸网络发送大量伪造源 IP 地址的 UDP 报文
		UDP 反射	网络层攻击	反射攻击的一种，攻击者利用僵尸网络将攻击目标 IP 地址伪造成报文源 IP 地址，向网络中开放的 UDP 服务器发送请求报文，开放的 UDP 服务器会将数倍的响应报文发送给攻击目标

6.2.2 基于 HTTP 的 DDoS 攻击与防御

1. HTTP 介绍

HTTP是一种请求/响应式的协议。客户端首先向服务器发起HTTP请求；服务器收到请求后，向客户端返回响应信息。HTTP报文分为HTTP请求报文和HTTP响应报文。

HTTP请求报文由请求行、请求头部、空行和请求数据4部分组成，各部分具体解释如下。

请求行：由请求方法、URL和协议版本3个字段组成，字段之间使用空格分隔。其中值得关注的是请求方法字段。常用的请求方法有GET和POST。

GET表示客户端从服务器获取数据，即要求服务器将URL的资源放在HTTP响应报文中返回给客户端。POST表示客户端向服务器提交数据，由服务器进行处理，如表单提交、账号登录等操作使用的就是POST请求方法。这两种请求方法经常被用来发起DDoS攻击。

请求头部：由“关键字/值”对组成。请求头部中可以包含多个类型的关键字，这些关键字用于通知服务器关于客户端请求的信息。例如，User-Agent表示客户端告知服务器自己的浏览器信息，Host表示接受请求的服务器地址，Content-Length表示客户端要向服务器提交的数据长度，Cookie表示客户端向服务器发送自己的Cookie信息，等等。

空行：包括回车符和换行符，表示请求头部结束，接下来为请求数据部分。在HTTP请求报文中，空行必不可少，用来告知服务器请求头部已发送完毕。如果服务器没有收到这个空行，则会一直保持连接。攻击者会伪造不包含空行的HTTP请求报文来消耗服务器资源，发起DDoS攻击。

请求数据：是HTTP报文的载荷，即HTTP报文要传输的内容。该部分是可选的，请求方法是GET时，HTTP报文中不包含请求数据；请求方法是POST时，HTTP报文中包含请求数据。

HTTP响应报文由状态行、响应头部、空行和响应数据4部分组成，各部分具体解释如下。

状态行：由协议版本、状态码和状态码描述3个字段组成，字段之间使用空格分隔。其中值得关注的是状态码字段。常用的状态码有如下几种。

- 200，表示服务器响应成功。
- 302，表示请求方法为GET时，服务器告知客户端需要重定向到新的URL。
- 307，表示请求方法为POST时，服务器告知客户端需要重定向到新的URL。
- 404，表示服务器无法找到请求的资源。
- 408，表示请求超时，客户端需要重新提交请求。

响应头部：和请求头部类似，响应头部也由“关键字/值”对组成。响应头部中可以包含多个类型的关键字，用来通知客户端关于服务器响应的信息。

空行：包括回车符和换行符，表示响应头部结束，接下来为响应数据部分。

响应数据：是服务器返回给客户端的信息，可以是一个html网页，也可以是图片、视频等信息。

HTTP基本交互过程如图6-4所示。客户端先向服务器发出连接请求，两者通过三次握手建立TCP连接。然后，客户端向服务器发送GET请求，在服务器回应之前，客户端可以多次发送请求报文。服务器回应“200 OK”，在响应报文中添加响应长度并传输数据。数据传输结束后，客户端与服务器之间通过四次挥手断开TCP连接。

HTTP重定向交互过程如图6-5所示。客户端和服务器之间通过三次握手建立TCP连接后，如果客户端向服务器发起HTTP请求的URL是过期的，服务器会向客户端回复302重定向报文，并携带新的URL地址。客户端再向新的URL地址重新发起请求，服务器回复“200 OK”，开始传输数据。数据传输结束后，客户端与服务器之间通过四次挥手断开TCP连接。

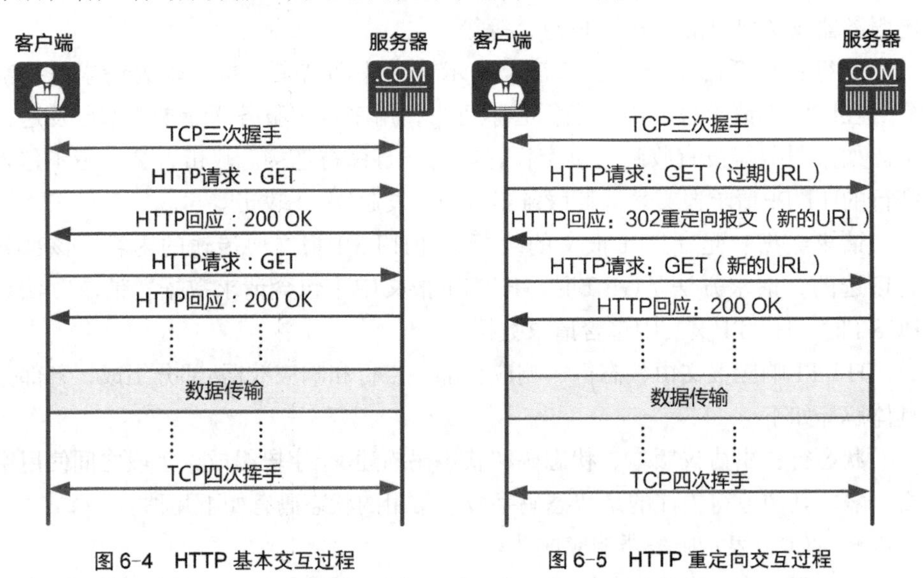

图6-4 HTTP 基本交互过程　　图6-5 HTTP 重定向交互过程

2. HTTP GET 泛洪攻击和防御手段

HTTP GET泛洪攻击原理比较简单，如图6-6所示。攻击者利用攻击工具或操纵僵尸主机，通过三次握手与目标服务器建立TCP连接，然后发起大量的HTTP GET报文，请求服务器上涉及数据库操作的URI或其他消耗系统资源的URI，造成服务器资源耗尽，无法响应正常请求。

攻击者发起HTTP GET泛洪攻击需要通过攻击工具进行，而攻击工具通常不支持完整的HTTP协议栈。因此，可以通过对攻击者的身份进行验证来实现防御。常用的防御手段是源认证，包括302重定向认证和验证码认证等方式。

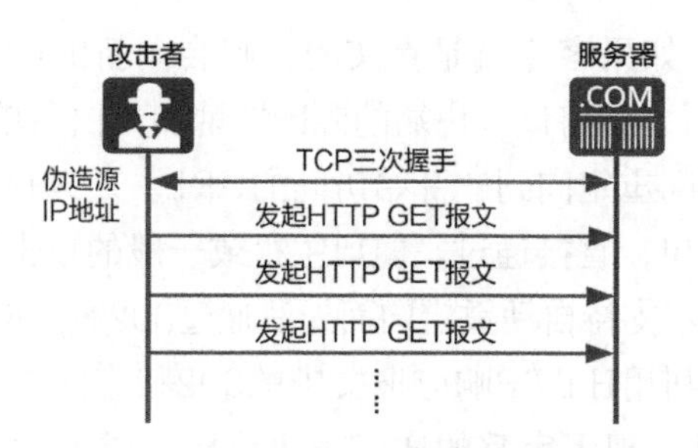

图 6-6　HTTP GET 泛洪攻击原理示意图

302重定向认证原理如图6-7所示。当HTTP请求报文超过设定的阈值时，Anti-DDoS设备启动源认证，通过向客户端发送302状态码，告知客户端需要

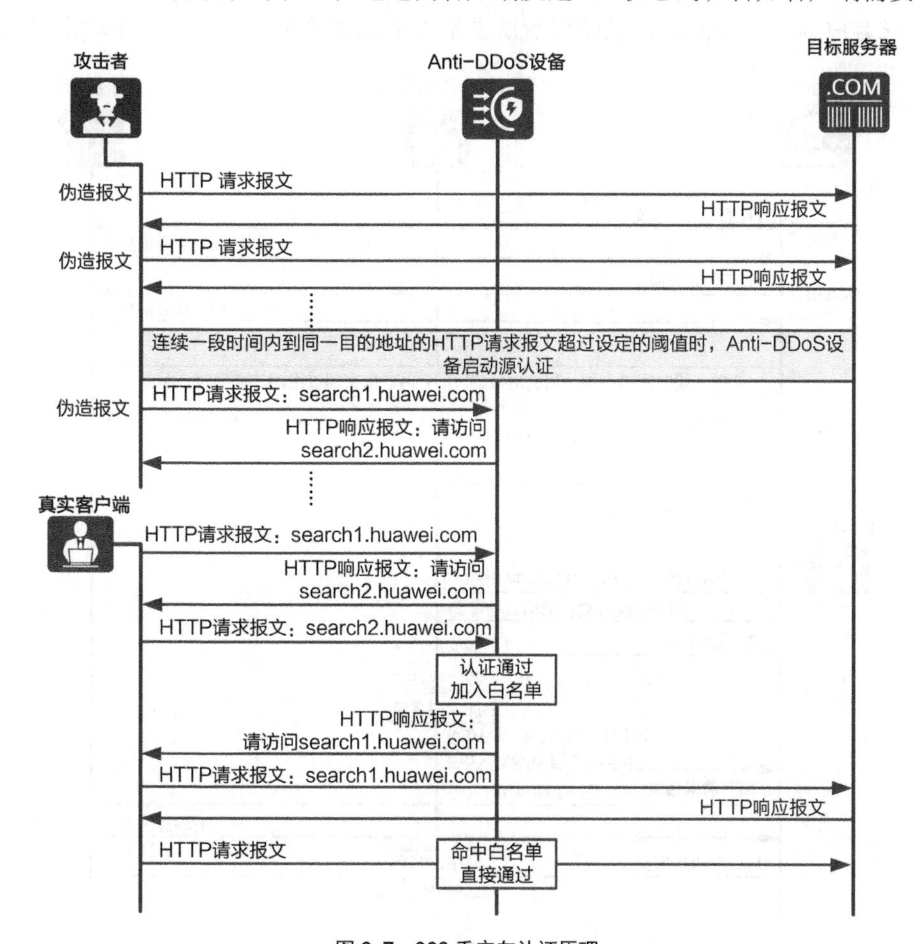

图 6-7　302 重定向认证原理

重定向到新的URL。如果客户端是真实的，则会向新的URL发起请求。Anti-DDoS设备收到请求后，会将该客户端的源IP地址加入白名单，并再次回应302状态码，将客户端的访问重定向到一开始访问的URL。后续该客户端发出的HTTP请求报文会命中白名单，直接通过。僵尸主机或一般的攻击工具因为没有实现完整的HTTP协议栈，不支持自动重定向而无法通过302重定向认证。

302重定向认证利用HTTP响应报文中的302状态码来实现对客户端的源认证功能。当攻击工具实现了完整的HTTP协议栈，或者攻击源都是真实源时，302重定向认证方式会失效。此时可以使用源认证中的另一种增强方式，即验证码认证。

如图6-8所示，当HTTP请求报文超过设定的阈值时，Anti-DDoS设备会要求客户端输入验证码，以此判断请求是否由真实的用户发起。由于攻击工具

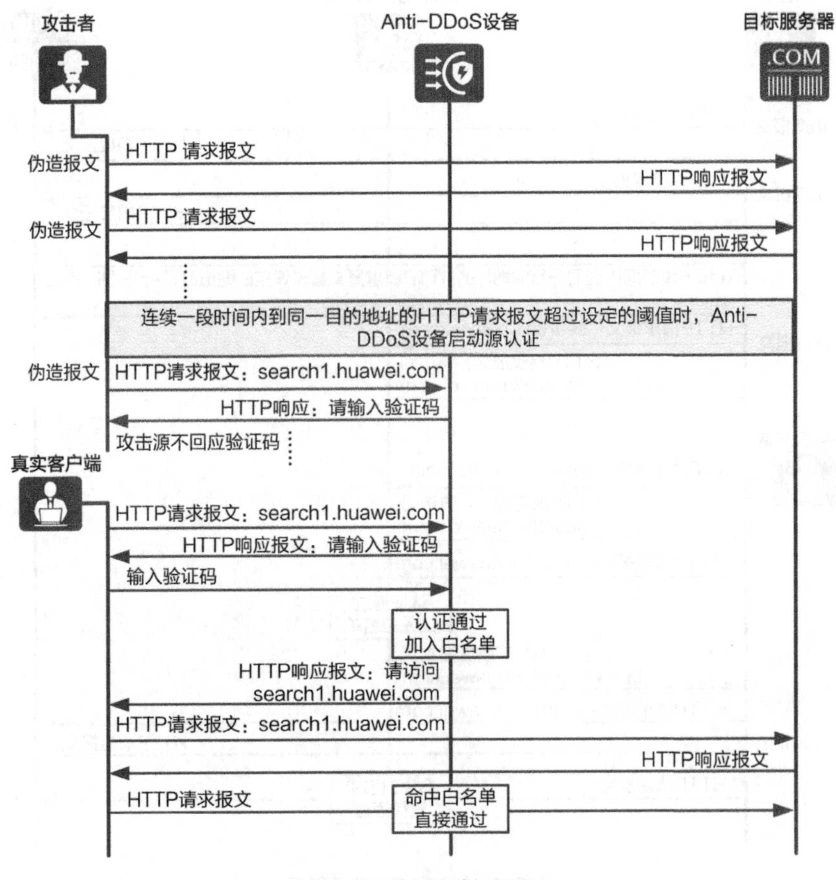

图6-8 验证码认证原理

或僵尸主机均无法自动响应随机变化的验证码，验证码认证可以实现有效的防御。和302重定向认证方式相比，验证码认证的防御效果更好，但由于需要用户输入验证码，使用体验会稍差一些。在实际使用中，可以增加源IP地址统计环节。Anti-DDoS设备先基于目的IP地址进行统计，当去往某个目的IP地址的HTTP请求报文超过阈值时再启动基于源IP地址的统计。当来自某个源IP地址的HTTP请求报文也超过阈值时，Anti-DDoS设备再启动验证码认证。这样就可以精确控制需要进行验证码认证的源IP地址范围，避免大量的用户都需要输入验证码而影响使用体验。

302重定向认证和验证码认证都是防御HTTP GET泛洪攻击的有效手段。但是，在特定的网络环境中，例如移动网络等无法对客户端应用进行源认证的场景中，这两种防御手段存在一定局限性。

3. HTTP POST 泛洪攻击和防御手段

HTTP POST泛洪攻击原理和前文所讲的HTTP GET泛洪攻击类似，攻击者利用攻击工具或操纵僵尸主机，向攻击目标发起大量的HTTP POST报文，消耗服务器资源，最终导致服务器无法响应正常需求。

Anti-DDoS设备对HTTP POST泛洪攻击的防御手段也和HTTP GET泛洪类似，包括307重定向认证、验证码认证等方式，此处不赘述。

4. HTTP 慢速攻击和防御手段

基于HTTP的攻击，除了上述两种泛洪类的攻击以外，还有一种慢速攻击。与泛洪攻击通过海量数据“淹没”目标服务器不同，慢速攻击反“其道而行之”，通过发送很少的数据维持连接状态，持续消耗目标服务器的会话资源。HTTP慢速攻击主要包括针对HTTP请求报文头部结束符的Slow Headers攻击和针对POST请求报文数据长度的Slow POST攻击。

如图6-9所示，攻击者使用GET或POST请求方法与目标服务器建立连接。在Slow Headers攻击中，攻击者向目标服务器持续发送头部不包含结束符的HTTP GET请求报文。目标服务器会一直等待HTTP GET请求报文头部的结束符，导致连接始终被占用。攻击者控制大量僵尸主机向目标服务器发起攻击，服务器的资源将会被耗尽，无法正常提供服务。在Slow POST攻击中，攻击者向目标服务器发送HTTP POST请求报文提交数据，数据的长度设置为一个很大的数值。然后，攻击者在数据发送过程中每次只发送很小的报文，目标服务器一直等待攻击者发送数据。这种攻击也会导致目标服务器资源耗尽，无法正常提供服务。

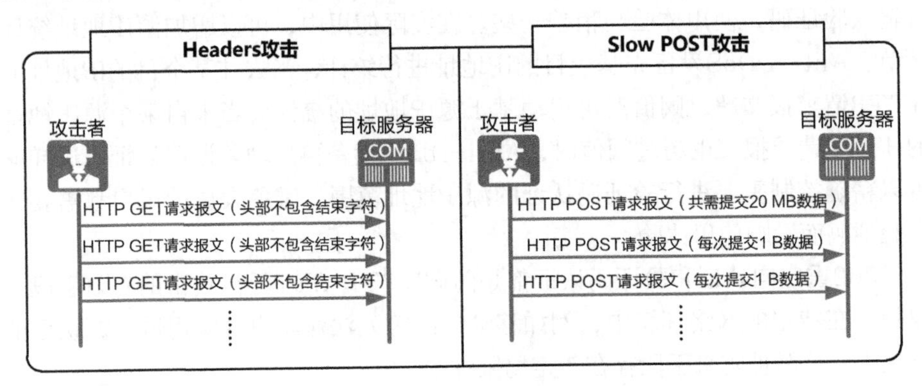

图 6-9 HTTP 慢速攻击示意图

针对HTTP慢速攻击的特点，Anti-DDoS设备会对每秒HTTP并发连接数进行检查。当每秒HTTP并发连接数超过设定的阈值时，就会触发HTTP报文检查。Anti-DDoS设备发现以下任一情况，都认定发生了HTTP慢速攻击，会将该源IP地址判定为攻击源并加入动态黑名单，同时断开该IP地址和HTTP服务器的连接。

- 连续多个HTTP GET/POST请求报文的报文头部都没有结束符。
- 连续多个HTTP POST请求报文的总长度很大，但实际报文的数据部分长度都很小。

6.2.3 基于 DNS 协议的 DDoS 攻击与防御

1. DNS 协议介绍

DNS协议属于应用层协议。DNS报文由12 Byte的首部和4个长度可变的字段组成，报文中涉及的字段较多，以下重点解释和本小节相关的字段。

UDP：表示DNS查询基于UDP传输数据。DNS服务器支持TCP和UDP两种协议的查询方式，UDP方式较常用。

Destination port：目的端口，默认为53。

QR：表示操作类型。0表示请求报文，1表示响应报文。

TC（Truncated）：表示“可截断的”，如果使用UDP，当响应报文超过512 B时，只返回前512个字节。

Queries：表示DNS查询的域名和类型。

DNS协议为用户提供域名解析服务，将用户的域名解析成网络上能够访问的IP地址。以客户端访问www.huawei.com域名为例，DNS交互的原理如图6-10所示。

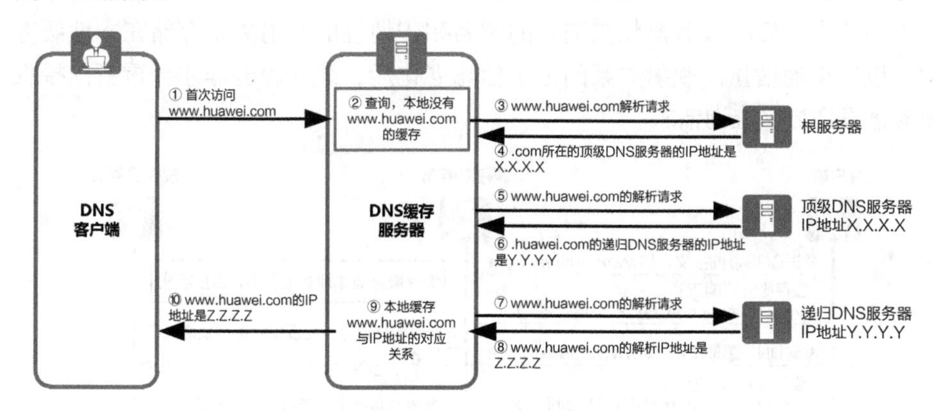

图 6-10　DNS 交互的原理

①DNS客户端首次访问www.huawei.com时，DNS缓存服务器首先查询本地是否有www.huawei.com与IP地址映射关系的记录。如果本地没有缓存，DNS缓存服务器就会将域名解析请求发送到根服务器。

② 根服务器收到www.huawei.com解析请求后，会判断.com是谁授权管理的，并将.com所在的顶级DNS服务器的IP地址返回给DNS缓存服务器。

③ DNS缓存服务器向顶级DNS服务器发送www.huawei.com解析请求。顶级DNS服务器收到请求后，会将下一级.huawei.com的递归DNS服务器的IP地址返回给DNS缓存服务器。

④ DNS缓存服务器向递归DNS服务器发送www.huawei.com解析请求。递归DNS服务器收到请求后，返回www.huawei.com的解析IP地址。如果域名层级较多，则递归DNS服务器也会存在多级。

⑤ DNS缓存服务器得到www.huawei.com的解析IP地址后，将IP地址发送给DNS客户端，同时在本地缓存。后续一段时间内，当有DNS客户端再次请求解析www.huawei.com这个域名时，DNS缓存服务器将直接回应解析的IP地址，不重复询问。

为了便于理解，可对上述交互过程进一步简化，将顶级DNS服务器和递归DNS服务器这类有官方域名授权的服务器统称为授权服务器。这样，DNS服务器就可以分为授权存储域名和IP地址映射关系的授权服务器与临时存放域名和IP地址映射关系的缓存服务器两大类。简化后的DNS交互过程如图6-11所示。客户端访问某个网站时，会向缓存服务器请求该网站域名对应的IP地址。如果缓存服务器无法查找到该域名与IP地址的映射关系，则会向授权服务器发送域名查询请求。缓存服务器将查询到的域名和IP地址的映射关系存储在本地缓存中，以减少通信量。映射关系的记录信息老化后，缓存服务器才会重新向授权服务器发送域名查询请求。

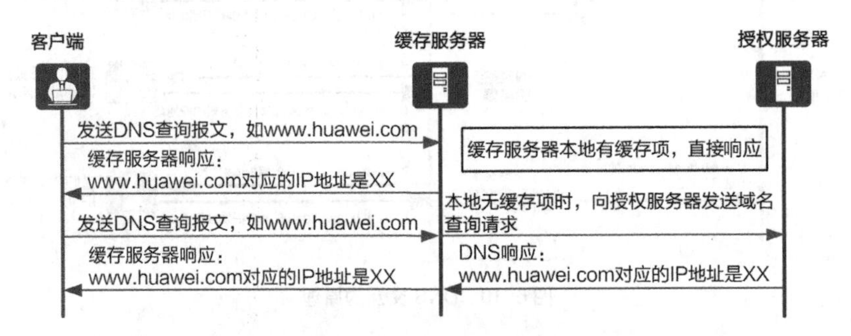

图 6-11　简化后的 DNS 交互过程示意图

2. DNS 查询泛洪攻击和防御手段

如图6-12所示，DNS查询泛洪攻击是指攻击者通过控制僵尸网络向DNS服务器发送大量域名不存在的DNS请求，导致服务器超载后无法继续响应正常用户的DNS查询，最终达到攻击的目的。DNS查询泛洪攻击的目标可能是缓存服务器，也可能是授权服务器。攻击者伪造的客户端IP地址可能是虚假的源IP地址，也可能是现网真实存在的IP地址。

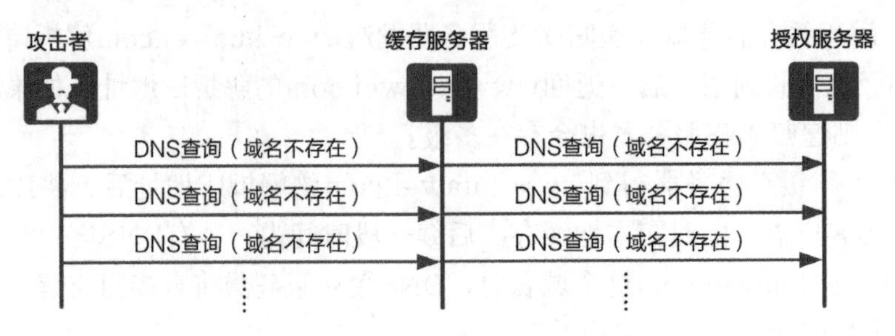

图 6-12　DNS 查询泛洪攻击示意图

（1）TCP源认证

DNS查询有TCP和UDP两种方式。通常情况下，DNS查询都是基于UDP的。Anti-DDoS设备采用变更查询协议的方式来认证客户端，完成TCP源认证。

如图6-13所示，当客户端发送的DNS查询报文超过告警阈值后，Anti-DDoS设备启动源认证机制。Anti-DDoS设备会拦截DNS查询并进行响应，要求客户端以TCP方式重新发起DNS请求。如果客户端为虚假源，则不会正常响应该报文；如果客户端为真实客户端，则会发送SYN报文，请求通过三次握手建立TCP连接。Anti-DDoS设备收到客户端发送的SYN报文后，源认证通过，将该客户端的源IP地址加入白名单，而后通过三次握手完成本次DNS请求。

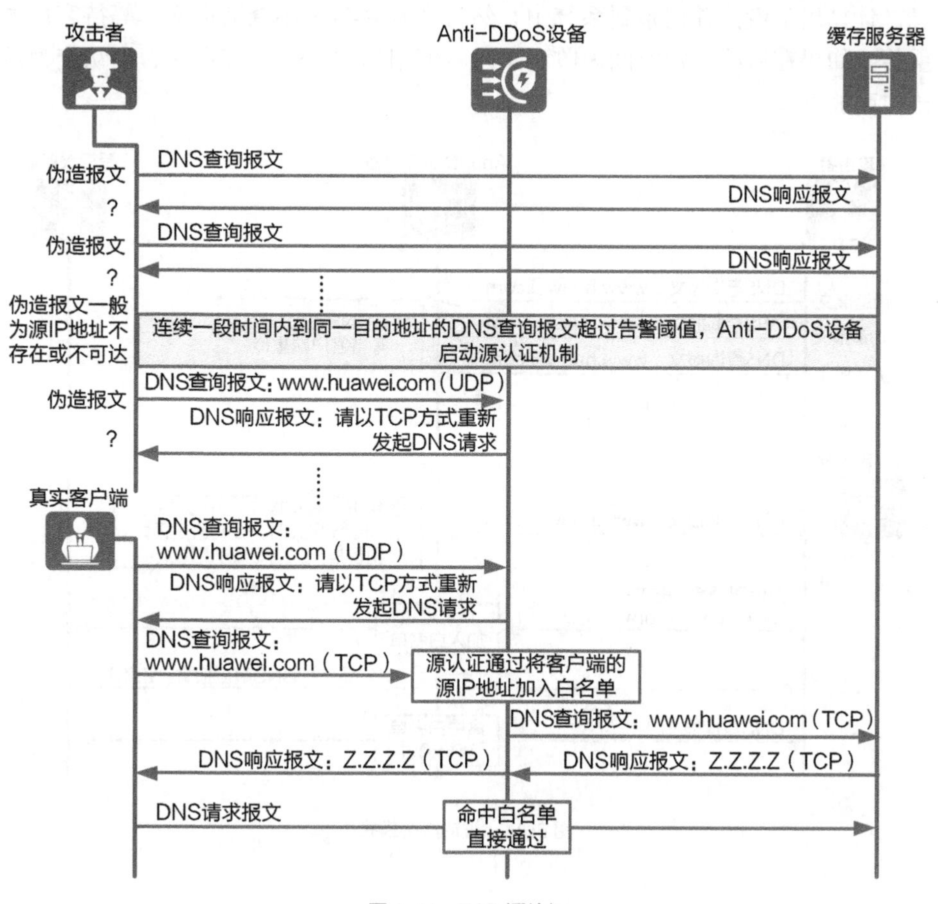

图 6-13　TCP 源认证

TCP源认证是防御DNS查询泛洪的一种基本认证模式，适用于防御针对缓存服务器的攻击。不过，这种防御模式也有一些限制。例如，现网中的一些真实客户端并不支持通过TCP方式发起DNS查询。这样的话，这种防御模式就不适用了。此时，可以使用被动防御模式。

（2）被动防御模式

被动防御模式是一种比较通用的防御手段，适用于攻击源不断变换IP地址的DNS查询泛洪攻击。被动防御模式对客户端的类型没有限制，可以保护缓存服务器和授权服务器。

被动防御模式利用了DNS协议的重传机制。如图6-14所示，Anti-DDoS设备在第一次收到DNS查询报文后，记录查询报文的域名、源IP地址等基本信息，计算出哈希值并记录到系统中，然后直接丢弃DNS查询报文，等待客户端重传。如果在后续一定时间内收到了哈希值相同的DNS查询报文，则认定为重传包而放行。

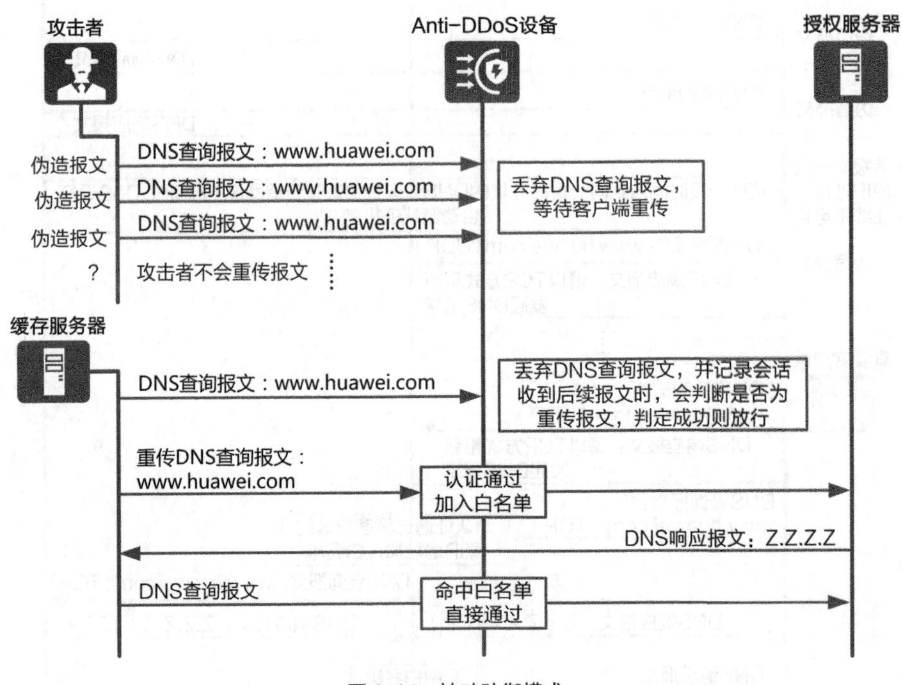

图6-14　被动防御模式

（3）CNAME模式

通常情况下，授权服务器直接服务的“客户端”是缓存服务器，而不是客户端的浏览器。针对授权服务器的攻击，除了可以采用被动防御模式，还可以利用DNS的CNAME模式进行防御。

在DNS协议中，允许将多个域名映射到同一个IP地址。此时，可以将一个域名X指向此IP地址，以A记录的形式存储在授权服务器上；然后将其他域名（如域名Y）作为别名，指向前述A记录的域名，即CNAME记录。这样，当IP地址变更时，只需要更改A记录中的IP地址为新IP地址，其他别名将自动更新为新的IP地址。使用CNAME模式，管理员不必逐一修改域名指向的IP地址，减少了维护操作。在DNS查询的过程中，DNS服务器也可以将域名Y的查询请求重定向到域名X。CNAME模式就是利用了这个重定向机制。

CNAME模式原理如图6-15所示。Anti-DDoS设备部署在授权服务器之前，在DNS请求报文达到告警阈值前，Anti-DDoS设备只做统计。超过阈值后，Anti-DDoS设备将启动源认证，将DNS请求报文重定向到一个新的域名。攻击者不会响应源认证报文，所有它发送的DNS请求报文也不会到达授权服务器。真实的缓存服务器会正常响应源认证报文，根据Anti-DDoS设备的指示，重新发起域名的查询请求。Anti-DDoS设备收到新的DNS请求报文后，缓存服务器认证通过，加入白名单。Anti-DDoS设备再次启动重定向，让缓存服务器重新查询原始域名。此时，Anti-DDoS设备将缓存服务器发送的DNS请求报文直接转发给授权服务器，不重复认证。

从图6-15中可以看出，Anti-DDoS设备在防御过程中启动了两次重定向。第一次重定向的目的是认证缓存服务器，第二次重定向则让缓存服务器继续请求原始的域名。因此，CNAME模式只利用了DNS协议的CNAME机制，而并不要求请求解析的域名具有CNAME。

3. DNS响应泛洪攻击和防御手段

DNS查询过程通常基于UDP，而UDP是无连接状态的。因此，当DNS缓存服务器收到DNS响应报文时，不管是否发出过解析请求，DNS缓存服务器都会对这些DNS响应报文进行处理。这一弱点很容易被攻击者利用，来发起DNS响应泛洪攻击。攻击者通过僵尸主机发送大量的DNS响应报文到DNS缓存服务器，会导致DNS缓存服务器因为处理过多报文而资源耗尽，最终影响正常的业务。

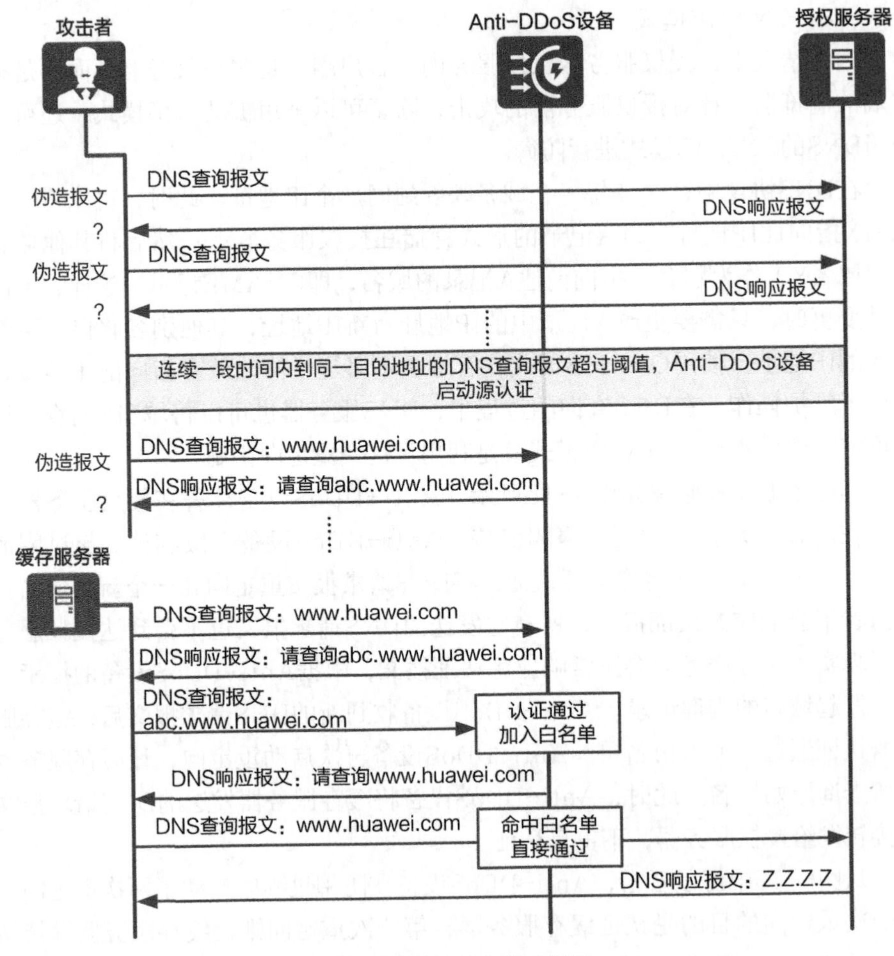

图 6-15　CNAME 模式原理

DNS响应泛洪攻击大多是虚假源攻击，DNS响应报文的源IP地址通常都是不存在的。因此，Anti-DDoS设备就可以从源IP地址是否为真实源这个角度进行防御。具体方法是，构造一个DNS请求报文，看对端是否会正常响应。

Anti-DDoS设备部署在待保护的DNS缓存服务器之前，并对到达该服务器的DNS响应报文进行统计，如图6-16所示。当DNS响应报文达到告警阈值时，Anti-DDoS设备启动源认证。Anti-DDoS设备收到某个源IP地址发来的DNS响应报文时，会返回一个DNS查询报文，携带重新构造的Query ID和源端口号，同时记录该查询报文的Query ID和源端口号。如果对端为虚假源，则不会对这个DNS查询报文进行响应，认证也就无法通过。如果对端是真实的DNS授权服务器，则会重新响应一个DNS响应报文。Anti-DDoS设备在收到该报文后，与之前记录的Query ID和源端口号进行匹配，若一致则源认证成功。Anti-DDoS设备将此源IP地址加入白名单，后续此源IP地址发送的DNS响应报文命中白名单，直接通过。

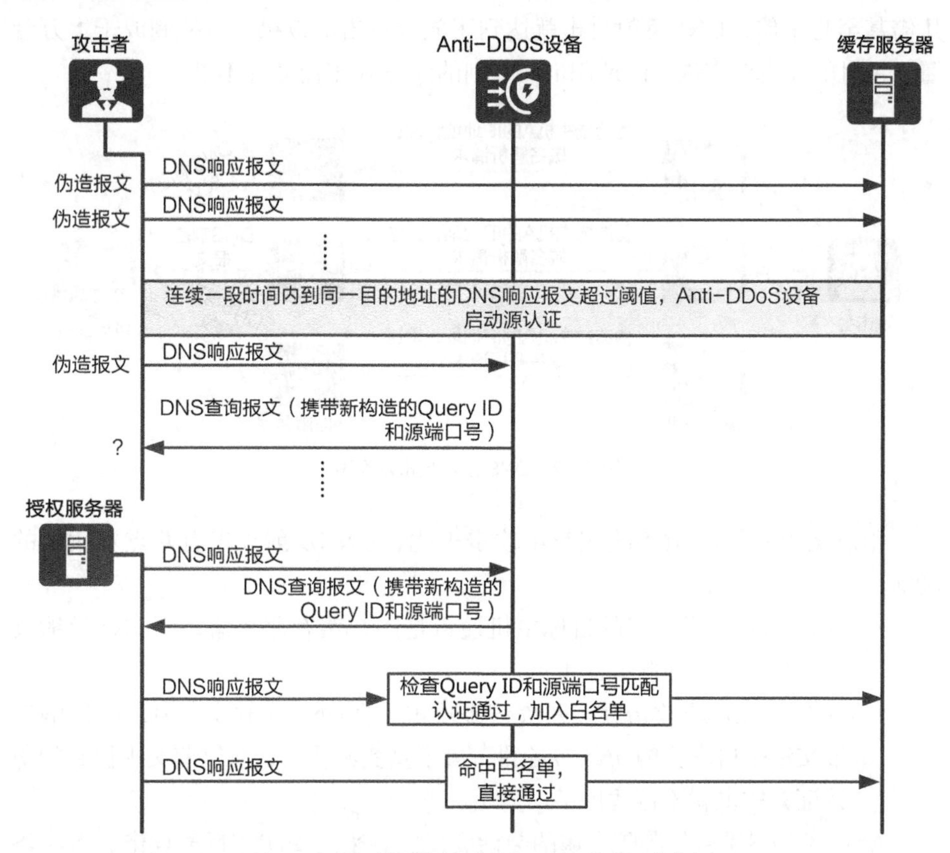

图 6-16　通过源认证方式防御 DNS 响应泛洪攻击

4. DNS 反射攻击和防御手段

DNS反射攻击是DNS响应泛洪攻击的一种变异，是一种更为高级的DNS响应泛洪攻击。因为杀伤力巨大，备受网络安全界的关注。

DNS服务器是最重要的互联网基础设施之一，网络中有很多开放的免费DNS服务器。DNS反射攻击正是利用这些DNS服务器制造的。DNS反射攻击通常比普通的DNS响应泛洪攻击性更强，更善于伪装，追踪溯源困难。

从图6-17中可以看出，攻击者将自己的源IP地址伪造成目标主机的IP地址，然后向网络中开放的DNS服务器发送大量的域名解析请求。所有的DNS响应报文都会被引导到目标主机，导致目标主机所在的网络拥塞。由于开放的DNS服务器在全球有几千万台，且DNS响应报文的大小通常是DNS查询报文的几倍甚至几十倍，DNS反射攻击就达到了放大攻击的效果。对控制成千上万台僵尸主机的攻击者来说，制造Gbit/s级别的DNS攻击流量并不难。

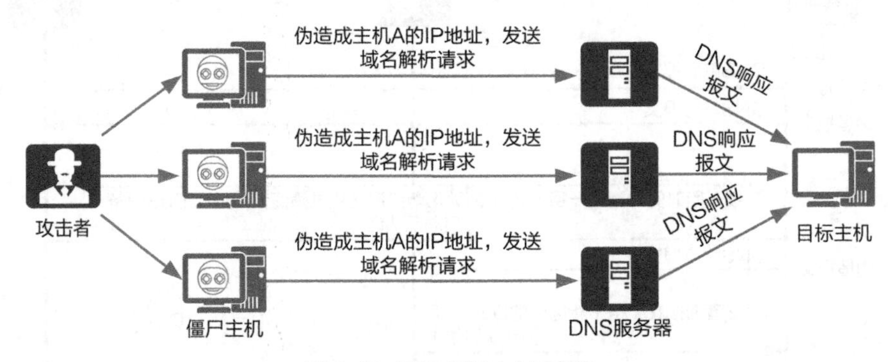

图6-17　DNS反射攻击示意图

和前文中介绍的DNS响应泛洪攻击相比，DNS反射攻击有两点本质上的区别。

- DNS响应泛洪攻击的目标主机通常是DNS缓存服务器，而DNS反射攻击的目标是其他服务器主机。
- DNS响应泛洪攻击大多是虚假源攻击。在DNS反射攻击中，DNS响应报文都来自真实的DNS服务器，属于真实源攻击，所以前文中提到的源认证方式也就不再适用了。

Anti-DDoS设备借鉴防火墙的会话表机制，来防御DNS反射攻击。当DNS查询报文经过Anti-DDoS设备时，Anti-DDoS设备创建一张会话表，记录DNS请求报文的五元组信息。会话表五元组信息包括源IP地址、目的IP地址、源端口、目的端口和协议。Anti-DDoS设备收到DNS响应报文时，就会查会话表。如果DNS响应报文匹配会话表，则判定为真实的DNS响应报文，允许通过；如果DNS响应报文没有匹配会话表，则判定为攻击报文，禁止通过。

6.2.4 基于TCP的DDoS攻击与防御

1. TCP介绍

提起TCP，相信大家都不陌生。由于其具有面向连接、超时重传等特点，TCP被广泛应用于Web、Telnet、FTP等协议或应用。通过三次握手机制，TCP提供了可靠的连接服务。建立TCP连接的过程如图6-18所示。

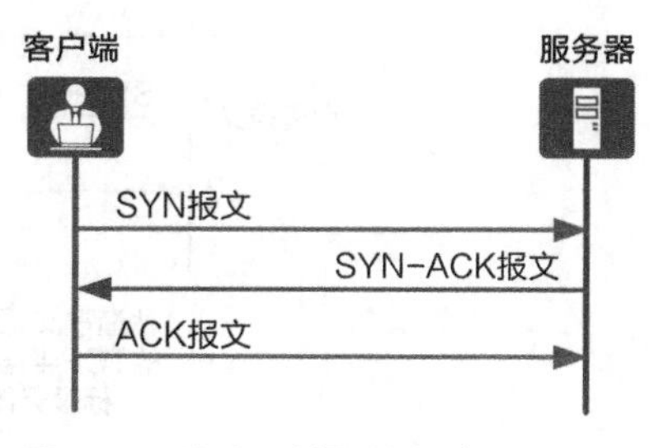

图6-18 通过三次握手机制建立TCP连接的过程

① 第一次握手：客户端发送SYN报文到服务器，并进入SYN_SENT状态，等待服务器确认。SYN报文中带有序号。

② 第二次握手：服务器收到SYN报文后，向客户端返回一个SYN-ACK报文，此时服务器进入SYN_RCVD状态。SYN-ACK报文中带有序号和确认序号，其中，确认序号为SYN报文中的序号加1。

③ 第三次握手：客户端收到服务器的SYN-ACK报文后，检查SYN-ACK报文中的确认序号是否正确。如果正确，则向服务器发送ACK报文。ACK报文中也带有序号和确认序号，确认序号为服务器SYN-ACK报文中的序号加1。此报文发送完毕后，客户端和服务器进入ESTABLISHED状态。

如果确认序号不正确，客户端或服务器会发送RST报文，中断TCP连接。

TCP的另一个特点为超时重传。发送端每发送一个报文，均会启动一个定时器并等待确认消息。如果在定时器超时前还没有收到确认消息，就会重传报文。

2. SYN泛洪攻击和防御手段

攻击者通过工具或操控僵尸主机，向目标服务器发送大量SYN报文；当目标服务器回应SYN-ACK报文后，攻击者不再继续回应ACK报文。这样，目标服务器上就会存在大量未完成三次握手的TCP半连接。目标服务器资源被耗尽，从而无法响应正常的TCP连接请求。SYN泛洪攻击原理如图6-19所示。

防御SYN泛洪攻击可以通过源认证和首包丢弃的方法实现。

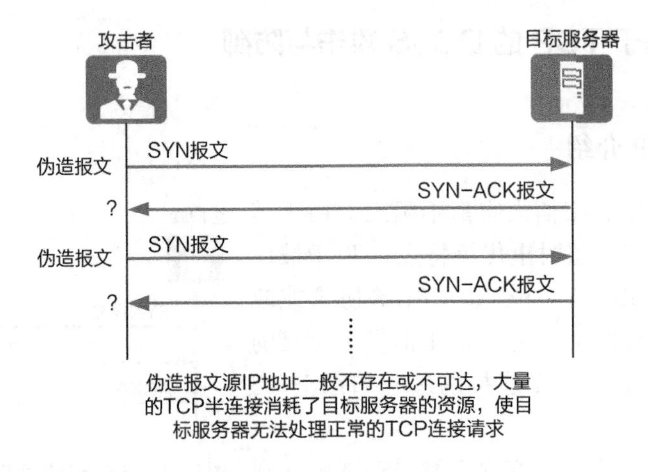

图 6-19　SYN 泛洪攻击原理

（1）源认证

Anti-DDoS设备从SYN报文建立连接的行为入手，判断是不是真实源发出的连接请求。Anti-DDoS设备基于目的地址统计SYN报文的速率，当速率超过阈值时启动源认证，原理如图6-20所示。

启动源认证后，Anti-DDoS设备接收到SYN报文，代替目标服务器向客户端响应SYN-ACK报文，报文中带有错误的确认序号。根据TCP，真实客户端收到带有错误确认序号的SYN-ACK报文时，会向目标服务器发送RST报文，要求重新建立连接。虚假源收到SYN-ACK报文则不会做出响应。Anti-DDoS设备通过校验响应的RST报文来确认源IP地址的真实性。

- 如果没有响应的RST报文，则表明源IP地址发送的SYN报文为攻击报文，Anti-DDoS设备会直接将其阻断。
- 如果收到响应的RST报文，则表明源IP地址为真实源，Anti-DDoS设备会将该IP地址加入白名单。后续该客户端发出的SYN报文命中白名单，则直接通过，在白名单生效周期内，不再进行源认证。

这就是基本源认证方式。基本源认证方式存在一定的局限性。如果网络中的某些设备丢弃了带有错误确认序号的SYN-ACK报文，或者客户端不响应带有错误确认序号的SYN-ACK报文，基本源认证就不能生效了。此时，可以使用高级源认证来验证客户端的真实性。

高级源认证的原理和基本源认证类似。不同的是，Anti-DDoS设备代替目标服务器向客户端响应的SYN-ACK报文中带有正确的确认序号。真实的客户端收到带有正确确认序号的SYN-ACK报文后，会向服务器发送ACK报文；而虚假源收到带有正确确认序号的SYN-ACK报文后，不会做出任何响应。Anti-DDoS设备通过观察客户端的响应情况，来判断客户端的真实性。

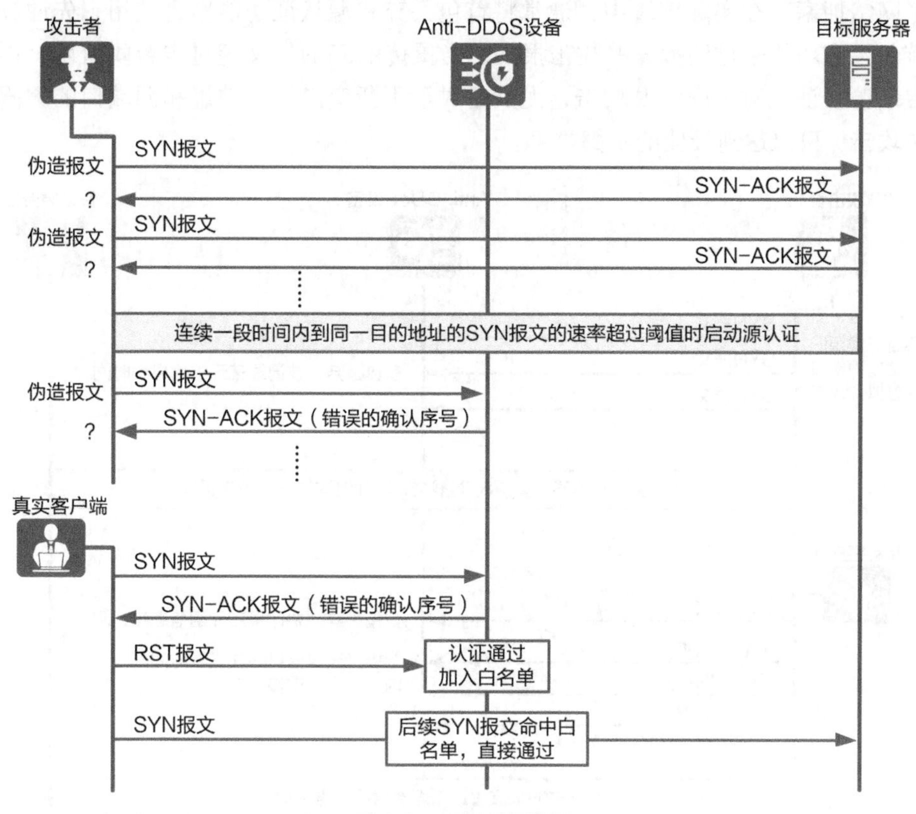

图 6-20　源认证示意图

（2）首包丢弃

从上文的介绍中可以发现，采用源认证方式时，Anti-DDoS设备在收到SYN报文后会“反弹”SYN-ACK报文。当攻击者发送大量SYN报文时，Anti-DDoS设备反弹的SYN-ACK报文也会增多。这样势必会造成网络拥塞。为了解决这个问题，Anti-DDoS设备还支持首包丢弃功能。

TCP规范要求，发送端每发送一个报文，就启动一个定时器并等待确认信息。如果在定时器超时前还没有收到确认信息，就会重传报文。首包丢弃功能利用了TCP的超时重传机制。

如图6-21所示，Anti-DDoS设备会直接丢弃收到的第一个SYN报文，然后观察客户端是否重传。如果客户端重传了报文，再对重传的报文进行源认证。攻击源一般不会重传SYN报文，这就减少了SYN-ACK报文的数量，避免了网络拥塞。在实际部署中，通常将首包丢弃和源认证功能结合使用，先通过首包丢弃功能来过滤掉一些攻击报文，当重传的SYN报文超过告警阈值后，再启动源认证。对于虚假源攻击，尤其是对于不断变换源IP地址和源端口的虚假源攻击，可以达到最佳的防御效果。

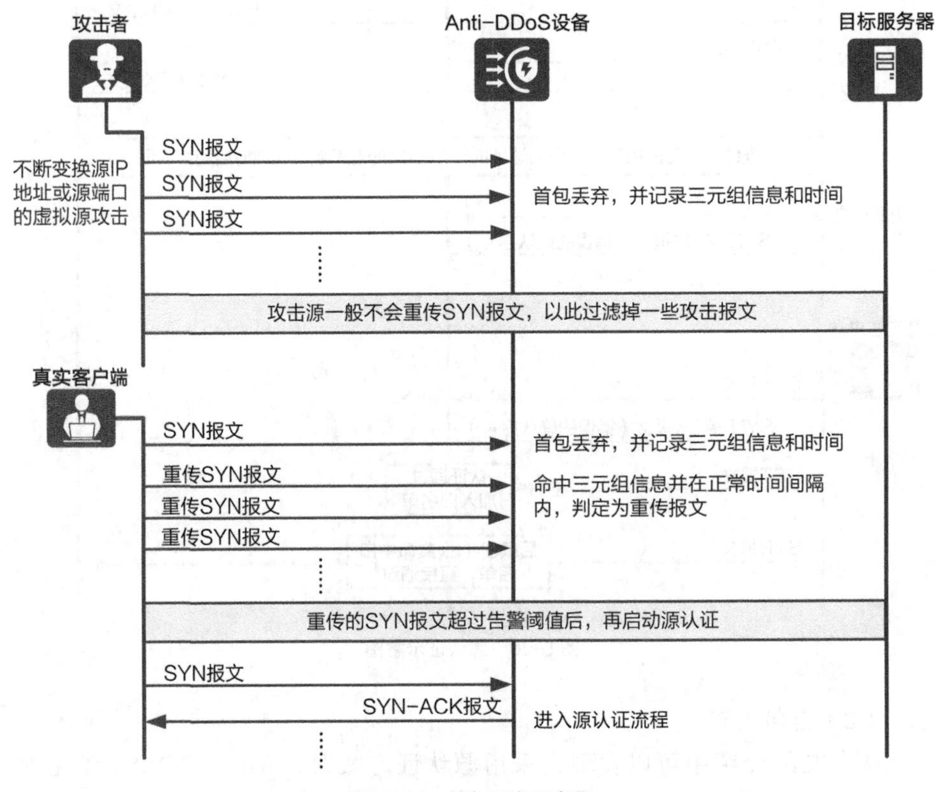

图6-21 首包丢弃示意图

3. SYN-ACK泛洪攻击和防御手段

SYN-ACK报文是TCP三次握手中第二次握手的报文，用来确认第一次握手的结果。通信中的一方收到SYN-ACK报文后，首先要判断该报文是不是属于三次握手范畴之内的报文。如果没有发出SNY报文就直接收到了SYN-ACK报文，那么就会向对方发送RST报文，告知对方发来的报文有误，不能建立TCP连接。

SYN-ACK泛洪攻击正是利用了这一点。攻击者利用工具或者操纵僵尸主机，向目标服务器发送大量的SYN-ACK报文。这些都属于凭空出现的报文，目标服务器忙于确认、回复RST报文，导致资源耗尽，无法响应正常的请求。

和SYN泛洪的防御类似，SYN-ACK泛洪攻击防御也可以采用源认证的方式实现，其原理如图6-22所示。当连续一段时间内去往目标服务器的SYN-ACK报文超过告警阈值后，Anti-DDoS设备启动源认证，向发送了SYN-ACK报文的源地址发送SYN报文。这相当于Anti-DDoS设备发起了一次TCP连接，真实客户端会向Anti-DDoS设备返回正确的SYN-ACK报文。Anti-DDoS设备在收到SYN-ACK报文后，会将该源IP地址加入白名单，并返回RST报文，断开自己与这个源IP地址的连接。后续该源IP地址发出的SYN-ACK报文则会命中白名单，直接通过。虚假源通常不会向Anti-DDoS设备返回SYN-ACK报文。

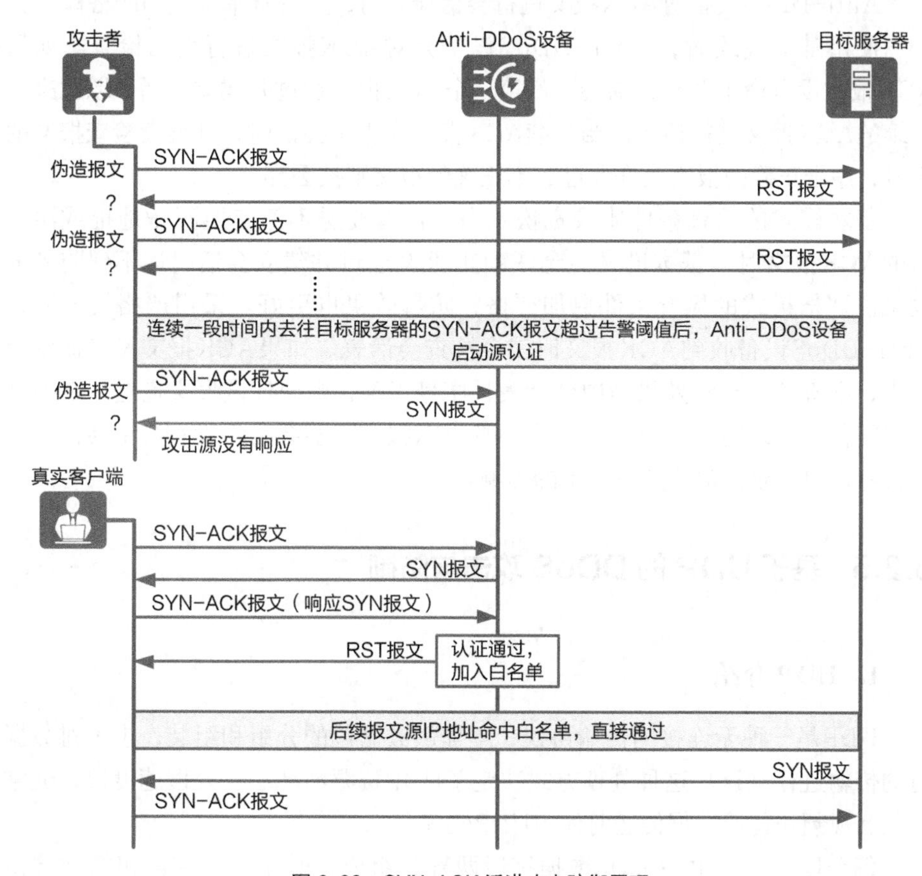

图 6-22　SYN-ACK 泛洪攻击防御原理

4. ACK泛洪攻击和防御手段

在TCP三次握手的过程中，ACK报文出现在第三次握手过程中，用来确认第二次握手的SYN-ACK报文。ACK泛洪攻击指的是攻击者利用工具或者操纵僵尸主机，向目标服务器发送大量的ACK报文，目标服务器忙于回复这些凭空出现的第三次握手报文，导致资源耗尽，无法响应正常的请求。

和SYN泛洪、SYN-ACK泛洪攻击的防御手段不同，Anti-DDoS设备通过检查会话来确定ACK报文的真实性。SYN、SYN-ACK、ACK等报文都会创建会话。对一次正常的TCP连接建立过程来说，必须先有SYN报文，接着是SYN-ACK报文，然后才是ACK报文。所谓有“因”才有“果”，只有ACK报文命中了会话这个“因”，才能说明该报文是正常交互过程中的报文，是真实的。

Anti-DDoS设备对ACK报文进行会话检查时，支持基本模式和严格模式。

使用基本模式时，Anti-DDoS设备会对ACK报文进行会话检查。如果ACK报文没有命中会话，则会允许第一个ACK报文通过并建立会话，以此来对后续的ACK报文进行检查。当后续ACK报文命中了会话时，则继续检查报文的序号，序号正确的报文允许通过，不正确的报文则被丢弃。

基本模式的检查条件比较宽松。当攻击者发送不停变换源IP地址或源端口的ACK报文时，基本模式会允许ACK报文通过并建立会话，达不到防御的效果。严格模式的检查条件更加严格，防御效果也更好。采用严格模式时，Anti-DDoS设备收到ACK报文时就会检查会话表。如果ACK报文没有命中会话表，则直接丢弃；如果命中会话表且序号正确，则允许该报文通过。在报文来回路径不一致的场景中，正常业务的ACK报文可能会因为没有命中会话表而被丢弃，因此对正常业务有一定的影响。

6.2.5 基于UDP的DDoS攻击与防御

1. UDP介绍

UDP是一种无连接的传输协议，不提供数据包的分组和组装，也不对数据包的传输进行确认。这种处理方式决定了UDP资源消耗小、处理速度快，通常音频、视频和普通数据传送时使用UDP较多。

每个UDP报文由头部和数据字段两部分组成，其中头部字段包括源端口号、目的端口号、报文长度和校验和。

- UDP使用端口号为不同的应用保留其各自的数据传输通道，如DNS协议目的端口号是53，TFTP（Trivial File Transfer Protocol，简易文件传送协议）目的端口号是69。
- UDP使用报文头部中的校验和来保证数据的安全，可以检测报文传输过程中是否出错，但不做校正，只是将损坏的报文丢弃或向应用程序提供告警信息。

2. UDP泛洪攻击和防御手段

如图6-23所示，攻击者通过僵尸主机向目标服务器发送大量伪造源IP地址的UDP报文，形成超大攻击流量，导致网络链路拥塞，最终影响正常业务。

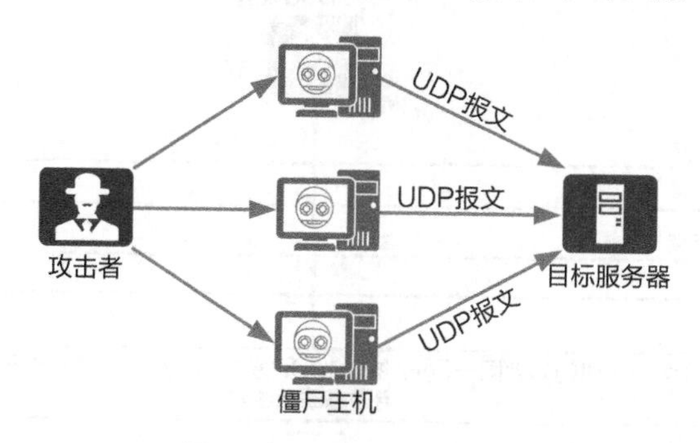

图6-23 UDP泛洪攻击原理

UDP泛洪攻击一般具有如下特点。

- 发送的UDP报文很大，而且速率非常快，消耗网络带宽资源，严重时造成链路拥塞。
- 大量变换源IP地址和源端口的UDP泛洪攻击会导致依靠会话转发的网络设备性能降低，甚至会话耗尽，从而导致网络瘫痪。
- 攻击某个UDP业务端口，服务器检查报文的正确性时会消耗计算资源，影响服务器的正常业务。

UDP泛洪攻击报文都具有相似的特征，因此确定攻击报文的特征后即可进行过滤。特征过滤也就是常说的指纹过滤。指纹过滤包括静态指纹过滤和动态指纹学习两种方法。

- 静态指纹过滤：UDP报文的数据字段、源IP地址、源端口、目的IP地址、目的端口都可能隐藏着攻击特征。对于已知的攻击特征，可以直接配置到Anti-DDoS设备的过滤器参数中。配置了静态指纹过滤后，

Anti-DDoS设备会对收到的报文进行特征匹配，对匹配到攻击特征的报文进行丢弃、限流等操作。

- 动态指纹学习：在攻击特征未知的情况下，可通过动态指纹学习进行攻击防御。对于一些由攻击工具发起的UDP泛洪攻击，攻击报文通常都拥有相同的特征字段。指纹学习就是对一些有规律的UDP泛洪攻击报文进行统计和特征识别，当报文达到告警阈值时启动指纹学习。如果相同的特征频繁出现，就会被学习成指纹，后续命中指纹的报文则被判定为攻击报文，而后直接丢弃。动态指纹学习的防御原理如图6-24所示。

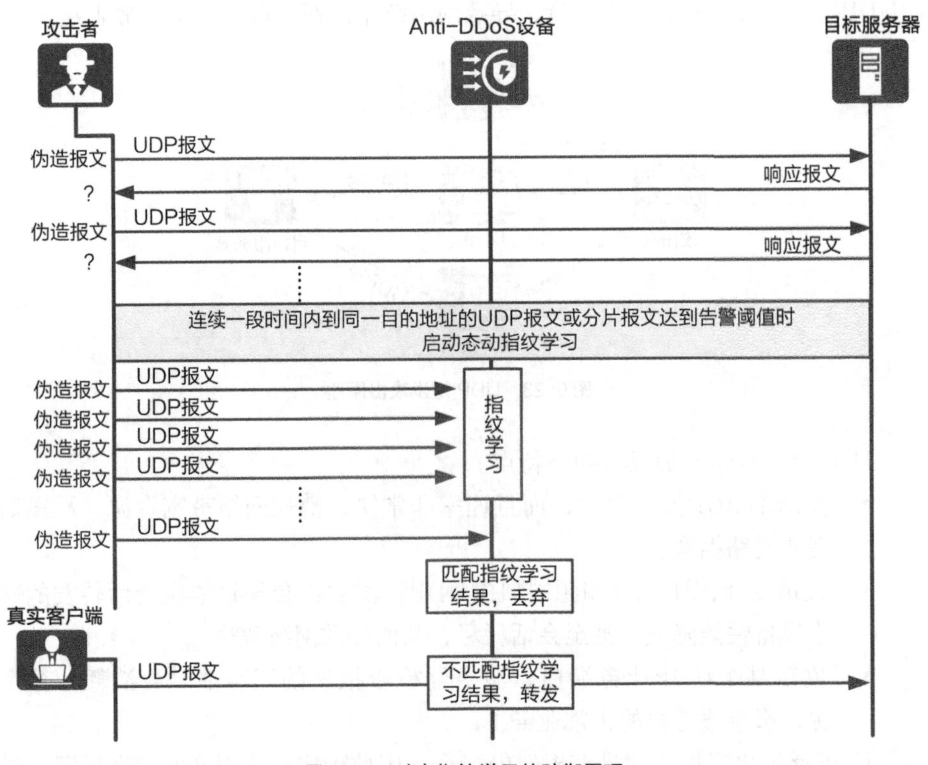

图 6-24　动态指纹学习的防御原理

3. UDP 反射攻击和防御手段

近年来，攻击者越来越多地使用UDP反射攻击。攻击者控制僵尸主机，向网络中的开放UDP服务器（如NTP、DNS、SSDP等）发送特殊的请求报文，报文的源IP地址伪造成目标服务器的IP地址。开放UDP服务器收到请求报文后，会将数倍的响应报文发送给目标服务器，导致目标服务器所在的网络拥塞。从图6-25中可以发现，UDP反射攻击中，少量的攻击流量即可形成超大带宽的攻击流量，有明显的放大效果，是攻击者进行超大带宽攻击的惯用手段。

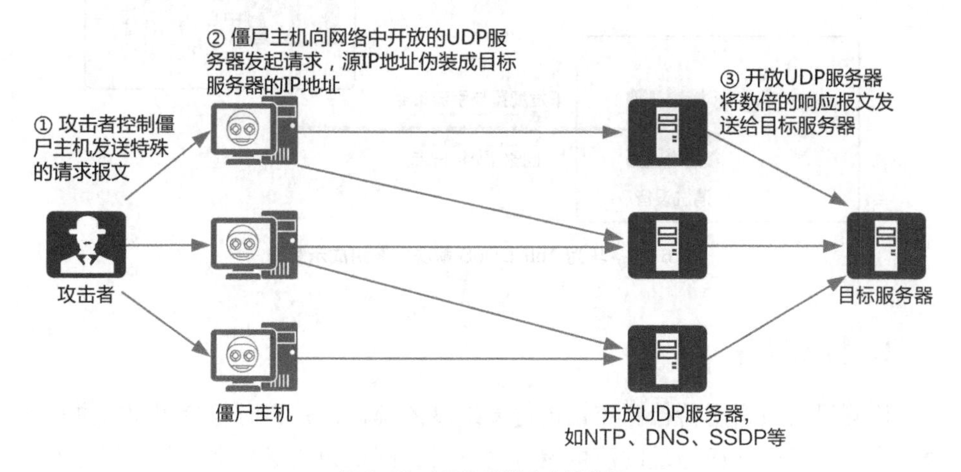

图6-25　UDP反射攻击示意图

UDP反射攻击的防御手段和UDP泛洪攻击的一样，也是利用攻击报文的特征进行过滤，此处不赘述。

6.3　华为Anti-DDoS解决方案

华为Anti-DDoS方案包括检测设备、清洗设备和管理中心三大组件，支持直路和旁路两种部署方式，可广泛应用于企业网、IDC（Internet Data Center，互联网数据中心）、运营商骨干网和城域网等场景。

6.3.1　解决方案概述

华为Anti-DDoS解决方案组成如图6-26所示。

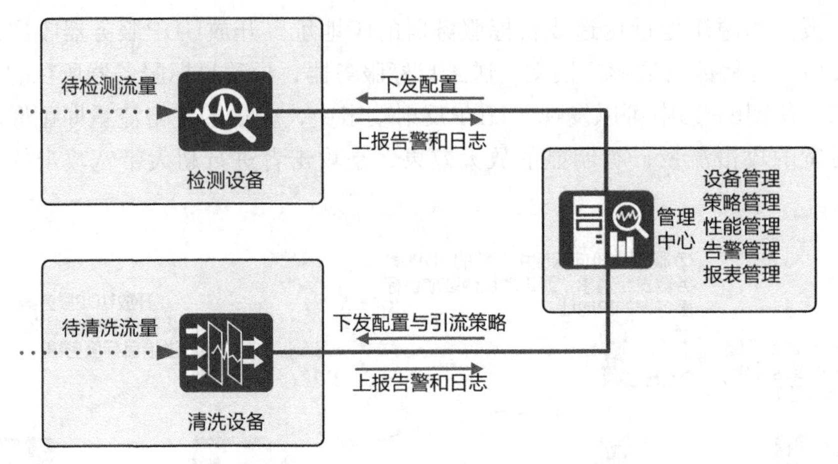

图 6-26　华为 Anti-DDoS 解决方案组成示意图

1. 检测设备

检测设备负责对待检测流量进行多维度的统计，并实时与检测阈值进行比较。当发现某防护IP地址的流量超过阈值时，则认为流量异常，并上报管理中心。管理中心触发清洗设备对异常流量引流和清洗。

检测设备采用的检测技术主要有两种：Flow检测技术和逐包检测技术。

Flow检测技术基于防护网络边界路由交换设备产生的xFlow日志实现。检测设备收集、分析路由交换设备基于网络流量抽样产生的xFlow日志，实现对防护网络的流量分析和攻击检测。xFlow日志通常有NetFlow、NetStream、IPFIX（IP Flow Information Export，IP数据流信息输出）等。因较大的抽样比和xFlow协议的限制，Flow检测技术更适合检测大流量网络层攻击，不适合检测慢速的会话层和应用层攻击。

逐包检测技术基于网络全流量采集分析实现，由网络流量报文触发。逐包检测技术对大流量攻击可提供几乎是零延迟的毫秒级响应，非常适合防御Fast Flooding攻击。而且，逐包检测技术中，流量分析的内容除了基础的网络层信息之外，还包括常见的应用层协议和会话层信息，因此适合检测各种慢速攻击和应用层攻击。

2. 清洗设备

清洗设备根据管理中心下发的策略进行引流和清洗，并将清洗后的正常流量回注到链路中，同时将这些动作记录在日志中上报管理中心。清洗设备可提供多种DDoS攻击流量的清洗手段，通过深入分析报文的每个字节，基于图6-27所示的七层智能过滤技术，逐层过滤L3/L4/L7层DDoS攻击流量，保障防护网络的链路带宽及在线业务系统可用。

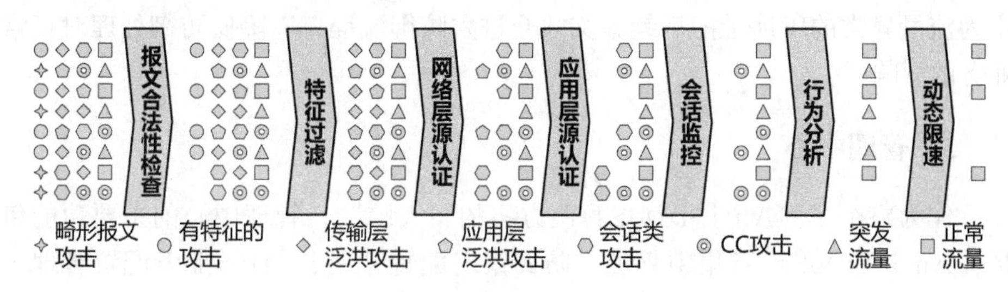

图 6-27　七层智能过滤技术示意图

七层智能过滤技术包括报文合法性检查、特征过滤、网络层源认证、应用层源认证、会话监控、行为分析和动态限速。

- **报文合法性检查：**检查报文的合法性，过滤利用协议栈漏洞发起的畸形报文攻击。
- **特征过滤：**基于报文特征静态匹配来过滤攻击报文，用于防御有特征的攻击。
- **网络层源认证：**用于防范虚假源发起的SYN泛洪、SYN-ACK泛洪、ACK泛洪等L3/L4传输层泛洪攻击。按认证模式可分为被动认证和主动挑战认证。
- **应用层源认证：**用于防范虚假源发起的应用层泛洪攻击及僵尸网络发起的针对Web网站的HTTP应用层泛洪攻击。按认证模式可分为被动认证和主动挑战认证。
- **会话监控：**基于多维度会话检查，用于防范TCP泛洪及会话类攻击，如ACK泛洪、FIN/RST泛洪等。
- **行为分析：**由僵尸网络发起的攻击流量和用户正常访问的业务流量在行为上存在很大差异。僵尸网络攻击流量的最大特征是访问频率较恒定、访问具有明显的周期性且访问资源固定，而用户正常访问的流量具有突发性，访问资源也比较分散。基于行为分析可防御TCP慢速攻击、真实源发起的TCP泛洪等CC攻击。

- **动态限速**：采用各类协议精细化限速，包括源IP地址限速和目的IP地址限速等，抵御突出流量攻击使到达服务器的流量处于服务器的安全带宽范围内。

此外，清洗设备也具备检测功能，常用于直路部署场景。攻击检测流程判定为流量异常的IP地址的后续报文才会进入防御流程，以降低防御处理对正常业务的影响。

3. 管理中心

作为整个华为Anti-DDoS解决方案的“大脑”，管理中心的主要功能包括：Anti-DDoS设备集中管理、防御策略配置管理、DDoS业务配置管理、系统及攻击告警管理、业务报表呈现、Anti-DDoS设备及管理中心自身性能监控，并可通过API（Application Program Interface，应用程序接口）与第三方系统集成。管理中心基于防护对象进行防御策略配置管理和呈现业务报表。

管理中心由数据采集器和管理服务器两部分组成。数据采集器负责对Anti-DDoS设备的流量、异常、攻击等相关数据进行采集和解析，并向管理服务器提供统计数据。管理服务器负责Anti-DDoS设备集中管理、防御策略配置管理、DDoS业务配置管理和呈现业务报表。

6.3.2 直路部署

直路部署组网简单，不需要额外增加接口。直路部署组网中无须部署检测设备，仅需要将清洗设备以透明模式串接在互联网和路由器之间。为了提升整体组网的可靠性，可串接Bypass设备，如图6-28所示。当清洗设备断电或接口发生故障时，接口的光信号消失会触发Bypass接通，所有流量直接通过Bypass设备转发。

直路部署时，清洗设备一旦检测到攻击就会即刻触发防御，提供毫秒级的攻击响应。由于防护设备可以实时监控双向流量，在个别攻击防护上要优于旁路部署。但所有流量都将经过清洗设备，清洗设备必须能够提供足够的可靠性，避免单点故障，并减少算法上的误判。

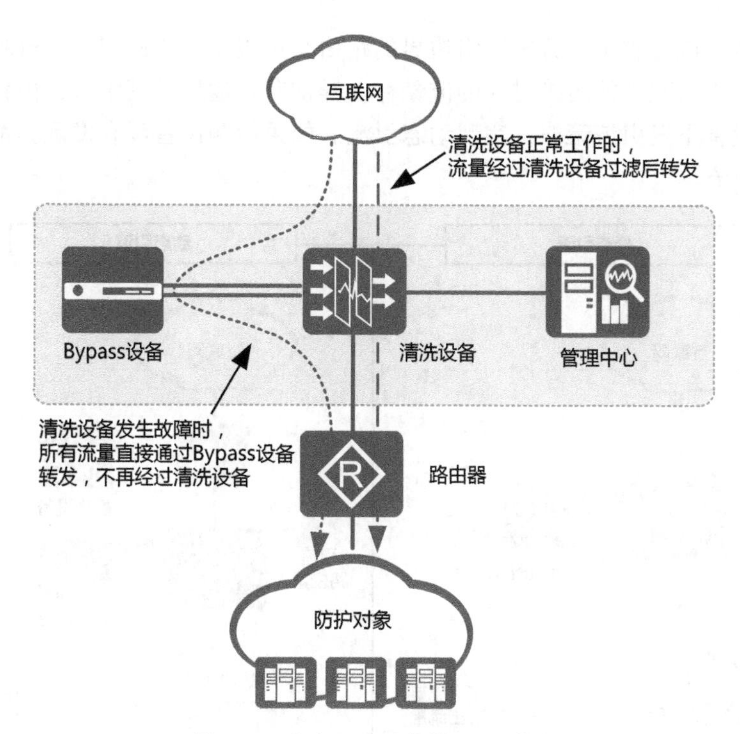

图 6-28　直路 Bypass 部署组网示意图

6.3.3　旁路部署

在大流量场景下，如果采用直路部署方式，会使清洗设备因处理所有流量而耗费大量的转发资源，增加安全设备的投资。而且，在一些结构较为复杂的网络中，也难以使用直路方式部署，于是旁路部署应运而生。这种部署方式中，清洗设备处在旁挂位置，可在不破坏原有组网的前提下，通过引流和回注两个过程实现对异常流量的处理。

1. 引流

引流是将待清洗的流量引导到清洗设备的过程。引流分为静态引流和动态引流两种，如图6-29所示。静态引流是指不论流量是否异常，所有去往防护对象的流量都被引导到清洗设备进行清洗。动态引流时，将去往防护对象的流量通过1：1分光或镜像的方式复制一份到检测设备。检测设备可采用全流量逐包检测技术，或者收集、分析网络边界的路由交换设备产生的xFlow日志进行攻击检测。当发现去往防护对象的流量存在异常时，通知管理中心，由管理中心向清洗设备下发引流策略，实现动态引流。如果检测设备没有发现异常，则不会触发引流。

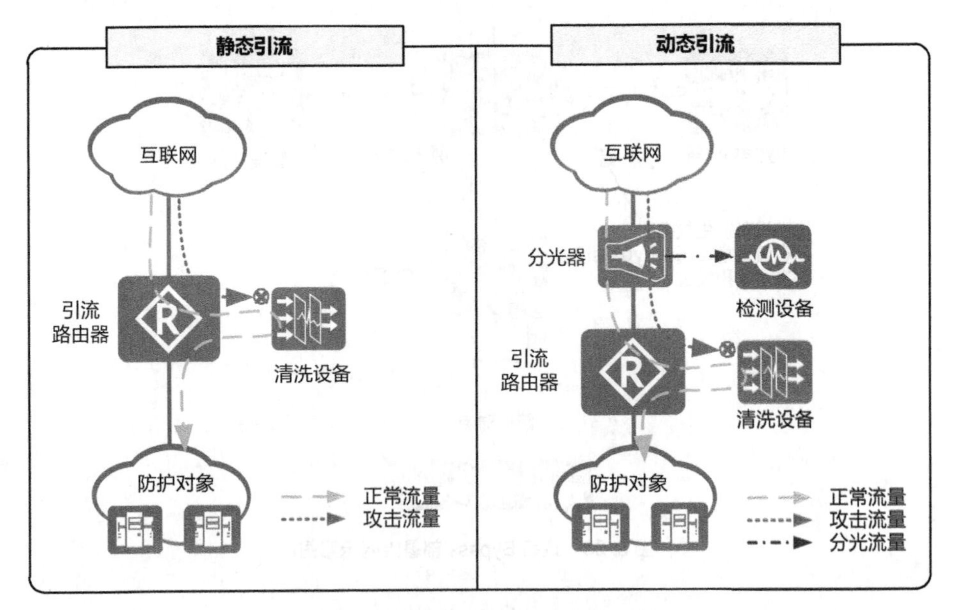

图6-29 旁路部署中两种引流方式示意图

根据配置方法的不同，引流可分为以下两种。

- **策略路由引流：**也称为路由重定向，只需要在引流路由器上配置，将目的地址为防护对象的流量引导到清洗设备。策略路由引流不考虑流量是否异常，用于静态引流。
- **BGP引流：**分为BGP静态引流和BGP动态引流两种方式。前者不考虑流量是否异常，始终将流量引导到清洗设备；后者是检测到异常后触发引流。不管是哪种方式，管理中心都会下发引流任务到清洗设备。BGP引流需要在引流路由器、清洗设备和管理中心上进行配置。

和策略路由引流相比，BGP引流更加灵活，可合理控制清洗设备的资源分配。

2. 回注

引流完成后，清洗设备会对异常流量进行清洗。清洗后需要将正常流量送回原有网络，这就是回注。常见的回注方式如下。

二层回注：清洗设备通过二层方式将流量回注到防护对象，不通过路由转发。二层回注常用于核心交换设备与防护对象之间只有二层转发设备、没有三层转发设备的场景。

静态路由回注：通过在清洗设备上配置静态路由，将清洗后的流量回注到路由器上，最后送到防护对象。静态路由回注是最简单的回注方式之一，一般用于只有一条回注链路的场景。

策略路由回注：通过在清洗设备和路由器上配置策略路由，将清洗后的流量回注到不同路径，最后送到防护对象。策略路由回注一般用于网络结构固定、防护对象集中，且存在多个回注接口的情况。如果网络拓扑结构发生变化，需要手动修改策略路由的配置。

GRE协议回注：通过在清洗设备和回注路由器之间建立GRE（Generic Routing Encapsulation，通用路由封装）隧道，将清洗后的流量直接回注到路由器上，最后送到防护对象。GRE回注对路由器的路由特性要求不高，具备GRE功能和基本路由转发功能即可，适用于回注路由器比较少的场景。

UNR回注：通过在清洗设备上配置UNR（User Network Route，用户网络路由），将清洗后的流量回注到路由器上，最后送到防护对象。

3. 引流和回注的配合应用

在华为Anti-DDoS解决方案中，引流和回注一般是配合使用的。在选择引流和回注方式时，一方面可以根据引流策略来选择匹配的回注方式，另一方面也要考虑网络的实际部署情况，选择合适的回注方式。下面以BGP动态引流+UNR回注为例，介绍引流和回注的配合应用，其组网如图6-30所示。

流量正常时，清洗设备不进行引流，流量直接转发到防护对象。当检测设备检测到异常流量时，处理步骤如下。

① 管理中心收到检测设备发送的流量异常日志后，向清洗设备下发一条引流任务。

② 清洗设备自动生成一条32位主机UNR，此路由的目的IP地址为防护对象的IP地址即1.1.1.1/32，下一跳为与清洗设备10GE2/0/2接口直连的路由器1的10GE1/0/2接口地址。

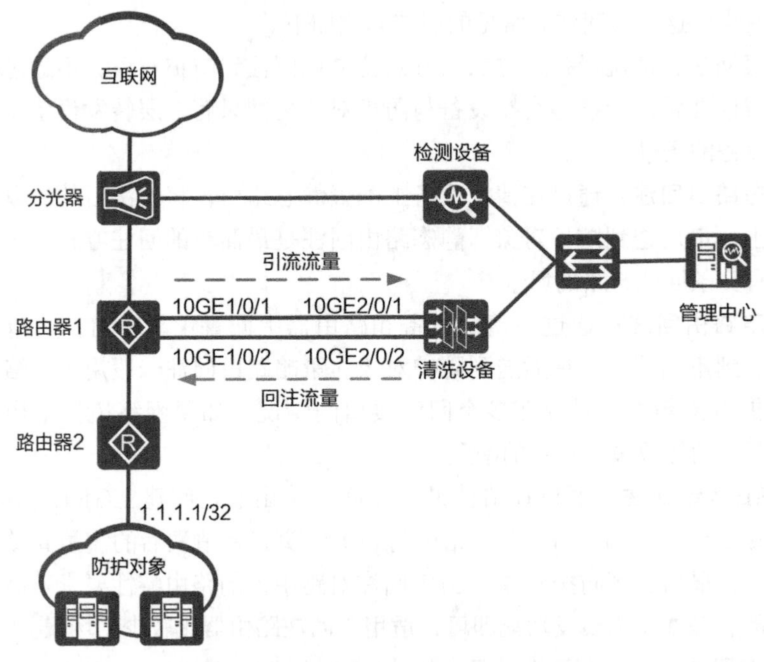

图 6-30　BGP 动态引流 +UNR 回注组网示意图

③ 生成UNR后，清洗设备的10GE2/0/1接口与路由器1的10GE1/0/1接口建立BGP Peer，清洗设备将生成的UNR引入BGP中并通过BGP发布给路由器1。

④ 路由器1上会生成一条目的地址为1.1.1.1/32、下一跳为清洗设备10GE2/0/1接口的32位主机路由。

⑤ 后续路由器1收到互联网发来的目的地址为1.1.1.1/32的流量时，首先查找路由表，根据最长掩码匹配原则，优先将流量从路由器1的10GE1/0/1接口送到清洗设备的10GE2/0/1接口，完成引流。

⑥ 清洗完成后，流量可以通过清洗设备之前生成的UNR，再被送回路由器1的接口10GE1/0/2。此时，为了避免流量再被路由器1送回清洗设备而形成环路，需要在10GE1/0/2接口上配置策略路由。通过策略路由将流量送到下行路由器路由器2，最终将流量送到防护对象。清洗设备将清洗日志发送给管理中心生成报表。

| 6.4 华为Anti-DDoS解决方案典型场景 |

本节以一个典型场景为例，介绍华为Anti-DDoS解决方案的部署和调测过程。

6.4.1 场景介绍

IDC是网络基础资源的一部分，为互联网内容提供商、企业、媒体和各类网站提供大规模、高质量、安全、可靠的数据传输服务和高速接入服务。IDC主要提供DNS服务器、Web服务器、游戏服务器等业务。当前，针对IDC的DDoS攻击越来越多，导致重要用户的服务器遭受攻击、数据中心链路带宽被占用，视频、游戏等业务也遭受应用层攻击。

针对IDC的流量特点，在做整体规划时可以从以下几方面考虑。

部署方式：数据中心场景一般选择检测设备和清洗设备联动旁路部署，并使用动态引流的方式。动态引流只会将攻击流量引导到设备上，其他用户的业务流量不会经过清洗设备，因此，即使清洗设备流量很大也不会影响其他用户。倘若使用静态引流清洗，会出现一个用户受到攻击进而波及其他用户业务的现象，毕竟清洗攻击流量非常消耗设备性能。如果此时还有其他用户的流量需要转发，只要设备性能稍有问题，没有遭受攻击的用户业务也会受影响。

性能选择：依据用户链路带宽，规划匹配的接口规格。DDoS攻击的防御比较消耗性能，需要为清洗和检测性能预留部分空间。

防御策略：首先明确需要防护的目的IP地址，针对目标建立防护对象，而后配置相应的防护策略。对于其他不明确的目标，配置默认防护对象的防御策略进行防护。

例如，IDC网络中有3台Web服务器、2台DNS服务器和5台游戏服务器。我们可以为每一个服务器建立一个防护对象，共需建立10个防护对象，然后为不同的防护对象配置不同的防御策略。例如，Web服务器重点配置HTTP类的防御策略，DNS服务器重点配置DNS类的防御策略，游戏服务器则重点配置UDP/TCP类的防御策略。

此外，如果同一类型的服务器业务基本相同，则可以只针对Web服务器、DNS服务器和游戏服务器配置3个防护对象，然后在每个防护对象中添加IP地址（每个防护对象可以配置多个IP地址或者网段）。再配置相应的防御策略，这样每一类服务器只需要配置一次策略即可。

上面的配置完成后，就完成了对重点目标的防护。对于IDC中其他的网络资源，使用默认防护对象的防御策略进行防御即可。

流量引导方式：清洗设备旁路部署在路由器旁，通过BGP旁路引流+策略路由回注的方式对流量进行引导。

管理中心：由管理服务器和数据采集器两部分组成，有集中式和分布式两种部署方式。集中式部署是指管理服务器和数据采集器同时安装在同一台物理服务器上，分布式部署是指管理服务器和数据采集器分别安装在不同的物理服务器上。多台数据采集器可以共用一台管理服务器。

6.4.2 典型组网

如图6-31所示，分光器先将到达防护对象的流量复制一份到检测设备进行检测，清洗设备旁路部署在核心路由器路由器1和路由器2旁，对检测设备检测到的异常流量进行清洗。由于是旁路部署的，需要将到达防护对象的下行流量通过BGP引流方式实时引导至清洗设备。清洗完成后，再将正常流量通过策略路由的方式回注到原链路中，最终送至防护对象。

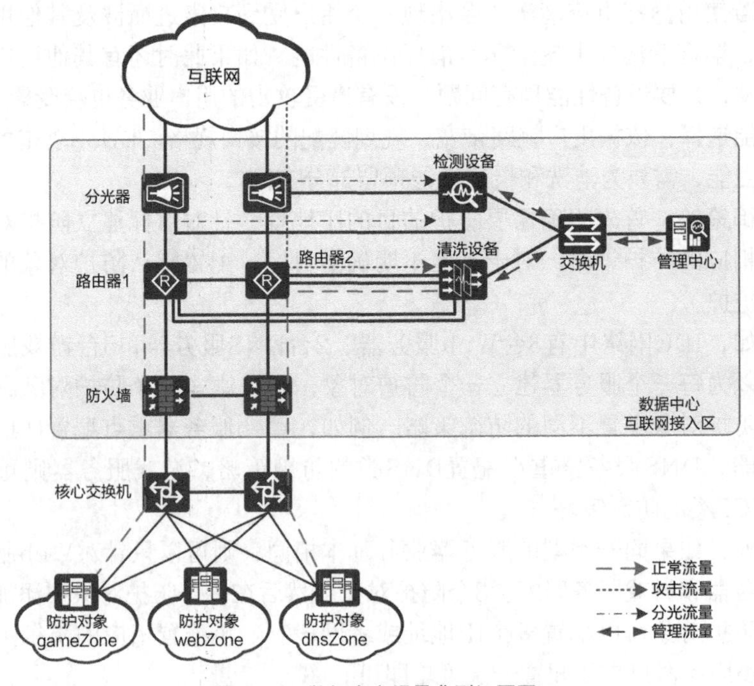

图 6-31　数据中心场景典型组网图

6.4.3 数据规划

检测设备、清洗设备和管理中心的IP地址规划如表6-2所示，本小节中涉及的接口均为虚拟规划的接口，实际配置中需选择可配置的接口。本小节以AntiDDoS1800 V600R007C00版本为例进行介绍，具体配置请以实际版本为准。

表6-2　IP地址规划

设备名称	接口	IP地址	备注
检测设备	10GE2/0/1	—	检测接口1
	10GE2/0/2	—	检测接口2
	10GE3/0/0	10.1.6.3/24	与管理中心通信的日志接口，此接口IP地址与管理中心IP地址必须路由可达，本例中两者在同一网段
	MEth0/0/0	10.1.6.4/24	与管理中心通信的管理接口，此接口IP地址与管理中心IP地址必须路由可达，本例中两者在同一网段，且绑定了默认VPN实例“_management_vpn_”
清洗设备	10GE1/0/1	10.1.0.2/24	与路由器1直连的引流接口，即引流流量入接口，清洗设备对从该口进入的流量应用各种防御策略，对流量进行分析和清洗
	10GE1/0/2	10.1.1.2/24	与路由器1直连的回注接口，清洗后的正常流量通过此接口回注到原链路
	10GE2/0/1	10.1.2.2/24	与路由器2直连的引流接口，即引流流量入接口，清洗设备对从该口进入的流量应用各种防御策略，对流量进行分析和清洗
	10GE2/0/2	10.1.3.2/24	与路由器2直连的回注接口，清洗后的正常流量通过此接口回注到原链路
	10GE3/0/0	10.1.6.1/24	与管理中心通信的日志接口，此接口IP地址与管理中心IP地址必须路由可达，本例中两者在同一网段
	MEth0/0/0	10.1.6.5/24	与管理中心通信的管理接口，此接口IP地址与管理中心IP地址必须路由可达，本例中两者在同一网段，且绑定了默认VPN实例“_management_vpn_”
管理中心	—	10.1.6.2/24	与检测设备、清洗设备间路由可达
路由器1	10GE1/0/1	10.1.0.1/24	引流接口
	10GE1/0/2	10.1.1.1/24	回注接口
	10GE1/0/3	10.1.4.1/24	与防火墙直连

续表

设备名称	接口	IP 地址	备注
路由器 2	10GE1/0/1	10.1.2.1/24	引流接口
	10GE1/0/2	10.1.3.1/24	回注接口
	10GE1/0/3	10.1.5.1/24	与防火墙直连

如图6-32所示，路由器1的接口10GE1/0/1与清洗设备的接口10GE1/0/1、路由器2的接口10GE1/0/1与清洗设备的接口10GE2/0/1之间的通道均为引流通道，路由器1的接口10GE1/0/2与清洗设备的接口10GE1/0/2、路由器2的接口10GE1/0/2与清洗设备的接口10GE2/0/2之间的通道均为回注通道。管理中心采用集中式部署，即数据采集器与管理服务器部署在同一台服务器上。

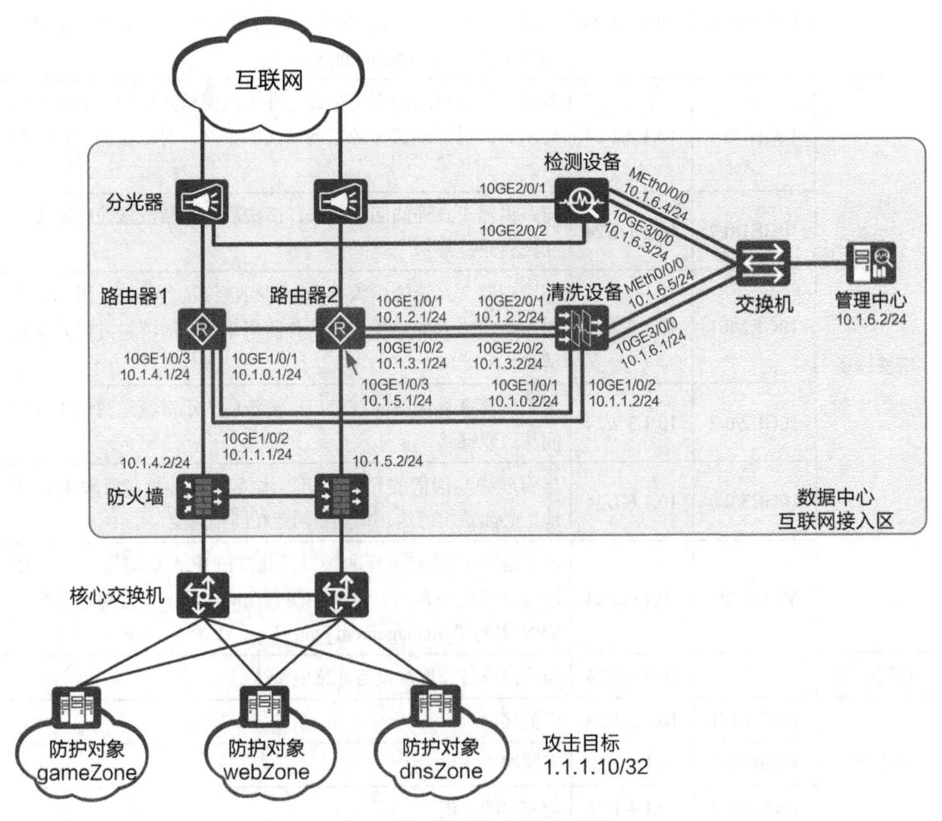

图 6-32 IP 地址规划示意图

6.4.4　配置过程

在介绍配置过程前，先梳理一下具体的配置思路。检测设备、清洗设备和管理中心三大组件的关键配置如表6-3所示。

表 6-3　三大组件的关键配置

设备	检测设备	清洗设备	管理中心
关键配置	① 加载 License，启用设备的检测功能。 ② 指定业务 CPU 为检测类型。 ③ 配置 STelnet 功能。 ④ 配置接口 IP 地址，并将各接口加入对应的安全区域，打开域间默认包过滤，其中检测接口无须配置 IP 地址。 ⑤ 配置 SNMP（Simple Network Management Protocol，简单网络管理协议）功能，用于对接管理中心。 ⑥ 配置检测接口，并在检测接口开启流量统计功能。 ⑦ 保存配置	① 加载 License，启用设备的清洗功能。 ② 配置 STelnet 功能。 ③ 配置接口 IP 地址，并将各接口加入对应的安全区域，引流接口和回注接口配置 Link-Group 功能，打开域间默认包过滤。 ④ 配置 SNMP 功能，用于对接管理中心。 ⑤ 配置清洗接口，并在清洗接口开启流量统计功能。 ⑥ 配置引流和回注功能。 ⑦ 保存配置	① 登录管理中心。 ② 创建 Anti-DDoS 设备和自定义防护对象。 ③ 配置和部署防御策略。 ④ 配置基线学习功能，必要时调整防御阈值。 ⑤ 保存配置

此外，还需要完成对接路由器的相关配置。以下过程中给出的路由器配置仅供参考，实际应用中请以现网具体设备为准进行配置。

1. 配置检测设备

① 加载License，启用设备的检测功能。

```
<AntiDDoS> system-view
[AntiDDoS] license active lic_detect_20200530.dat
```

初始状态下，License文件处于未激活状态，在系统中未生效。为了保证更换或升级后的License文件生效，可通过执行以上命令，激活新的License文件。

② 指定业务CPU为检测类型，配置检测功能。

```
[AntiDDoS] firewall ddos detect-spu
[AntiDDoS] firewall ddos detect-spu slot 12
```

默认情况下，AntiDDoS1800为清洗设备，执行**firewall ddos detect-spu**命令将其切换为检测设备后，设备会提示系统重启，确认重启后切换的设备类型才生效。

③ 创建管理员账号atic，并配置STelnet功能。

```
[AntiDDoS] user-interface vty 0 4
[AntiDDoS-ui-vty0-4] authentication-mode aaa
[AntiDDoS-ui-vty0-4] user privilege level 3
[AntiDDoS-ui-vty0-4] protocol inbound ssh
[AntiDDoS-ui-vty0-4] quit
[AntiDDoS] aaa
[AntiDDoS-aaa] manager-user atic
[AntiDDoS-aaa-manager-user-atic] password
Enter Password:
Confirm Password:
[AntiDDoS-aaa-manager-user-atic] service-type ssh
[AntiDDoS-aaa-manager-user-atic] level 15
[AntiDDoS-aaa-manager-user-atic] quit
[AntiDDoS-aaa] quit
[AntiDDoS] rsa local-key-pair create
The key name will be: AntiDDoS_Host
The range of public key size is (512 ~ 2048).
NOTES: A key shorter than 1024 bits may cause security risks.
The generation of a key longer than 512 bits may take several minutes.
Input the bits in the modulus[default = 2048]:
Generating keys...
...++++++++
..++++++++
...................................+++++++++
............+++++++++
[AntiDDoS] stelnet server enable        //默认情况下，设备不作为STelnet服务器。只
有执行该命令启动设备作为STelnet服务器功能后，客户端才能以STelnet方式登录设备
[AntiDDoS] ssh user atic
[AntiDDoS] ssh user atic authentication-type password
[AntiDDoS] ssh user atic service-type stelnet
```

④ 配置接口IP地址，并将各接口加入对应的安全区域，打开域间默认包过滤。

```
[AntiDDoS] interface 10GE 3/0/0
[AntiDDoS-10GE3/0/0] undo service-manage enable
[AntiDDoS-10GE3/0/0] ip address 10.1.6.3 24
```

```
[AntiDDoS-10GE3/0/0] anti-ddos detect enable
[AntiDDoS-10GE3/0/0] anti-ddos detect-device manage-port enable
[AntiDDoS-10GE3/0/0] quit
[AntiDDoS] firewall zone trust
[AntiDDoS-zone-trust] add interface 10GE 2/0/1
[AntiDDoS-zone-trust] add interface 10GE 2/0/2
[AntiDDoS-zone-trust] add interface 10GE 3/0/0
[AntiDDoS-zone-trust] quit
[AntiDDoS] security-policy
[AntiDDoS-policy-security] default action permit
[AntiDDoS-policy-security] quit
```

⑤ 配置SNMP功能，用于对接管理中心。

```
[AntiDDoS] acl 2998
[AntiDDoS-acl-basic-2998] rule permit source 10.1.6.2 0 description for
snmp access
[AntiDDoS-acl-basic-2998] quit
[AntiDDoS] snmp-agent acl 2998
[AntiDDoS] snmp-agent sys-info version v3
[AntiDDoS] snmp-agent mib-view included ddos iso
[AntiDDoS] snmp-agent group v3 atic privacy read-view ddos write-view ddos
notify-view ddos
[AntiDDoS] snmp-agent group v3 atic privacy acl 2998
[AntiDDoS] snmp-agent usm-user v3 atic
[AntiDDoS] snmp-agent usm-user v3 atic group atic
[AntiDDoS] snmp-agent usm-user v3 atic authentication-mode sha
Please configure the authentication password (8-64)
Enter Password:
Confirm Password:
[AntiDDoS] snmp-agent usm-user v3 atic privacy-mode aes128
Please configure the privacy password (8-64)
Enter Password:
Confirm Password:
```

⑥ 配置检测接口，并在检测接口开启流量统计功能。

```
[AntiDDoS] interface 10GE 2/0/1
[AntiDDoS-10GE2/0/1] anti-ddos detect enable
[AntiDDoS-10GE2/0/1] anti-ddos flow-statistic enable
[AntiDDoS-10GE2/0/1] quit
[AntiDDoS] interface 10GE 2/0/2
[AntiDDoS-10GE2/0/2] anti-ddos detect enable
[AntiDDoS-10GE2/0/2] anti-ddos flow-statistic enable
[AntiDDoS-10GE2/0/2] quit
```

⑦ 保存配置。

```
<AntiDDoS> save
```

2. 配置清洗设备

① 加载License，启用设备的清洗功能。请参考检测设备的配置，此处从略。

② 创建管理员账号atic，并配置STelnet功能。从略。

③ 配置接口IP地址，并将各接口加入对应的安全区域，引流接口和回注接口配置Link-Group功能，打开域间默认包过滤。

```
[AntiDDoS] interface 10GE 1/0/1
[AntiDDoS-10GE1/0/1] undo service-manage enable
[AntiDDoS-10GE1/0/1] ip address 10.1.0.2 24
[AntiDDoS-10GE1/0/1] link-group 1  //配置Link-Group功能，确保回注链路Down时引流链路也及时Down，保证业务的正常转发不受影响
[AntiDDoS-10GE1/0/1] quit
[AntiDDoS] interface 10GE 1/0/2
[AntiDDoS-10GE1/0/2] undo service-manage enable
[AntiDDoS-10GE1/0/2] ip address 10.1.1.2 24
[AntiDDoS-10GE1/0/2] link-group 1
[AntiDDoS-10GE1/0/2] quit
[AntiDDoS] interface 10GE 2/0/1
[AntiDDoS-10GE2/0/1] undo service-manage enable
[AntiDDoS-10GE2/0/1] ip address 10.1.2.2 24
[AntiDDoS-10GE2/0/1] link-group 2
[AntiDDoS-10GE2/0/1] quit
[AntiDDoS] interface 10GE 2/0/2
[AntiDDoS-10GE2/0/2] undo service-manage enable
[AntiDDoS-10GE2/0/2] ip address 10.1.3.2 24
[AntiDDoS-10GE2/0/2] link-group 2
[AntiDDoS-10GE2/0/2] quit
[AntiDDoS] interface 10GE 3/0/0
[AntiDDoS-10GE3/0/0] undo service-manage enable
[AntiDDoS-10GE3/0/0] ip address 10.1.6.1 24
[AntiDDoS-10GE3/0/0] quit
[AntiDDoS] firewall zone trust
[AntiDDoS-zone-trust] add interface 10GE 1/0/1
[AntiDDoS-zone-trust] add interface 10GE 1/0/2
[AntiDDoS-zone-trust] add interface 10GE 2/0/1
[AntiDDoS-zone-trust] add interface 10GE 2/0/2
[AntiDDoS-zone-trust] add interface 10GE 3/0/0
[AntiDDoS-zone-trust] quit
[AntiDDoS] security-policy
[AntiDDoS-policy-security] default action permit
[AntiDDoS-policy-security] quit
```

④ 配置SNMP功能，用于对接管理中心，从略。

⑤ 配置清洗接口，并在清洗接口开启流量统计功能。

```
[AntiDDoS] interface 10GE 1/0/1
[AntiDDoS-10GE1/0/1] anti-ddos clean enable
[AntiDDoS-10GE1/0/1] anti-ddos flow-statistic enable
[AntiDDoS-10GE1/0/1] quit
[AntiDDoS] interface 10GE 2/0/1
[AntiDDoS-10GE2/0/1] anti-ddos clean enable
[AntiDDoS-10GE2/0/1] anti-ddos flow-statistic enable
[AntiDDoS-10GE2/0/1] quit
```

⑥ 配置引流和回注功能。

配置生成路由时使用的下一跳地址（虚拟地址10.10.10.10），对生成的32位主机路由进行FIB（Forwarding Information Base，转发信息库）过滤。

```
[AntiDDoS] firewall ddos bgp-next-hop 10.10.10.10
[AntiDDoS] ip route-static 10.10.10.10 32 10.1.3.1
[AntiDDoS] ip route-static 10.10.10.10 32 10.1.1.1
[AntiDDoS] firewall ddos bgp-next-hop fib-filter  //过滤清洗设备生成的UNR，使其不下发到FIB表中，确保清洗设备的流量不根据这条UNR进行转发
```

配置BGP功能及团体属性。

```
[AntiDDoS] route-policy 1 permit node 1
[AntiDDoS-route-policy] apply community no-advertise  //设置团体属性，在BGP路由策略中应用，用于通告BGP Peer路由器接收此32位主机路由后不再对其他任何对等体发布此路由。因为此路由只用于对需要清洗的流量进行引流，对外发布可能造成路由环路等不可预知的影响
[AntiDDoS-route-policy] quit
[AntiDDoS] bgp 100
[AntiDDoS-bgp] peer 10.1.0.1 as-number 100
[AntiDDoS-bgp] peer 10.1.2.1 as-number 100
[AntiDDoS-bgp] ipv4-family unicast
[AntiDDoS-bgp-af-ipv4] import-route op-route
[AntiDDoS-bgp-af-ipv4] peer 10.1.0.1 route-policy 1 export
[AntiDDoS-bgp-af-ipv4] peer 10.1.0.1 advertise-community
[AntiDDoS-bgp-af-ipv4] peer 10.1.2.1 route-policy 1 export
[AntiDDoS-bgp-af-ipv4] peer 10.1.2.1 advertise-community
[AntiDDoS-bgp-af-ipv4] quit
[AntiDDoS-bgp] quit
```

配置到这里，清洗设备上生成的UNR会被引入BGP中，并通过BGP发布到路由器。当路由器收到目的地址为1.1.1.1/32的流量时，通过查路由表，根据最长掩码匹配原则，优先将流量从接口10GE1/0/1转发至清洗设备。

在10GE2/0/1和10GE1/0/1接口配置策略路由，实现回注功能。

```
[AntiDDoS] policy-based-route
[AntiDDoS-policy-pbr] rule name huizhu1
[AntiDDoS-policy-pbr-rule-huizhu1] ingress-interface 10GE 2/0/1
[AntiDDoS-policy-pbr-rule-huizhu1] action pbr egress-interface 10GE 2/0/2
next-hop 10.1.3.1
[AntiDDoS-policy-pbr-rule-huizhu1] quit
[AntiDDoS-policy-pbr] rule name huizhu2
[AntiDDoS-policy-pbr-rule-huizhu2] ingress-interface 10GE 1/0/1
[AntiDDoS-policy-pbr-rule-huizhu2] action pbr egress-interface 10GE 1/0/2
next-hop 10.1.1.1
[AntiDDoS-policy-pbr-rule-huizhu2] quit
[AntiDDoS-policy-pbr] quit
```

⑦ 保存配置。

```
<AntiDDoS> save
```

3. 配置管理中心

首先，登录管理中心，创建Anti-DDoS设备和自定义防护对象。

① 选择“防御 > 网络配置 > 设备”。

② 单击“创建”，分别创建检测设备和清洗设备，并添加到网元列表中。此处的Telnet参数和SNMP参数必须与检测设备和清洗设备的配置一致。

③ 单击“确定”，检测设备和清洗设备被成功添加到网元列表中。

④ 选择“防御 > 策略配置 > 防护对象”，创建防护对象，并配置防护对象基本信息，如图6-33所示。

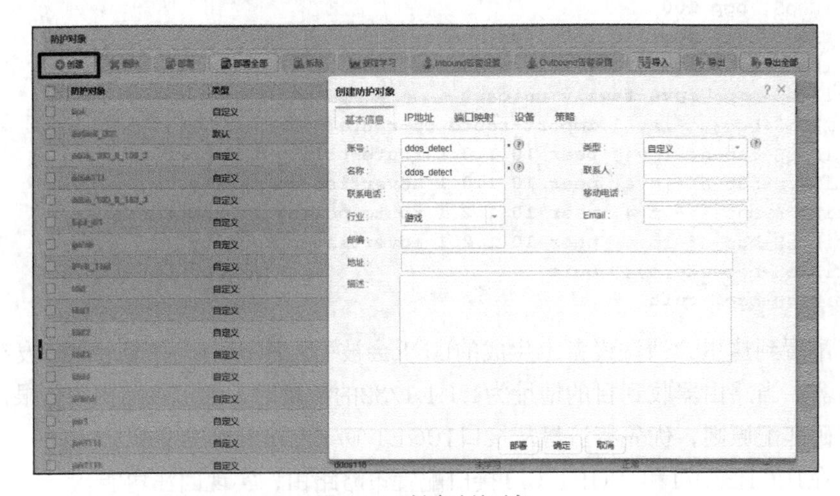

图6-33　创建防护对象

⑤ 在“创建防护对象”界面，单击“IP地址”页签。单击“创建”，创建IP地址，如图6-34所示。防护对象的IP地址为需要保护的服务器IP地址。针对不同业务类型的服务器创建不同的防护对象，例如，针对游戏服务器，创建防护对象gameZone；针对Web服务器，创建防护对象webZone；针对DNS服务器，创建防护对象dnsZone。

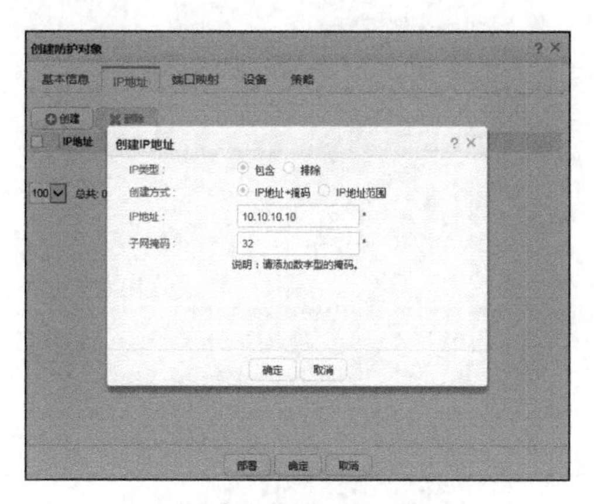

图6-34　添加服务器的IP地址

⑥ 单击“设备”页签，为防护对象关联Anti-DDoS设备。选中检测设备（ddos-detect）和清洗设备（ddos-clean）前的复选框，单击“确定”，如图6-35所示。

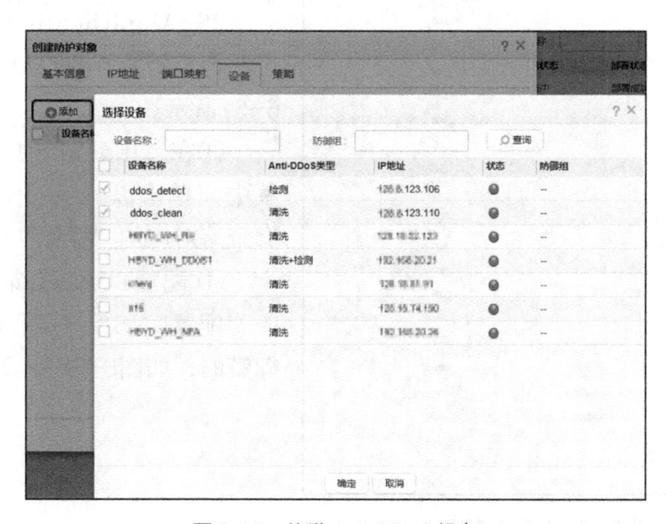

图6-35　关联Anti-DDoS设备

然后，配置和部署防御策略，此处以配置DNS服务器的防御策略为例介绍。

① 配置防御模式。选择“防御 > 策略配置 > 防护对象”，单击防护对象dnsZone对应的图标，配置防御模式，如图6-36所示。

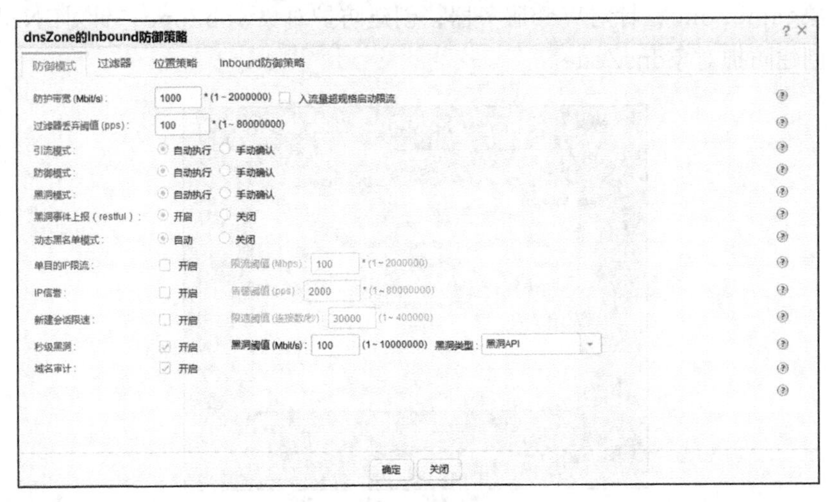

图6-36　配置防御模式

② 关联过滤器。单击“过滤器”页签，单击“关联过滤器”按钮，选择管理中心默认提供的除“DNS_Amplification”外的所有过滤器模板，单击“确定”，如图6-37所示。

③在“Inbound防御策略”页签中，单击以basic开头的默认防御策略对应的“操作”列。

④ 配置TCP防御策略。

配置DNS授权服务器的TCP防御策略，如图6-38所示。

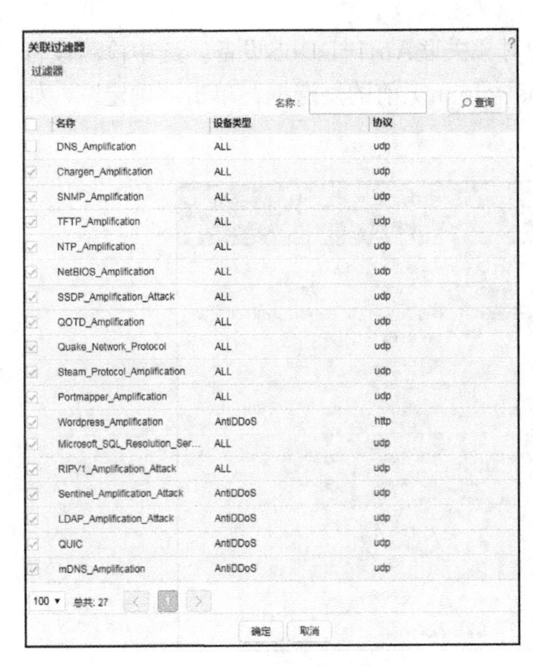

图6-37　关联过滤器

配置防御策略 ?

TCP　UDP　ICMP　Other　DNS　SIP　HTTP　HTTPS　Top N学习

☐ 阻断

☐ 限流

☑ 防御

☐ TCP异常报文防御

包速率阈值 (pps)：1000 * (1～80000000)

☑ TCP基本防御

☑ SYN Flood防御

包速率阈值 (pps)：2000 * (1～80000000)

☑ 认证模式：○ error-seq ◉ right-seq

☑ SYN 首包检查

时间间隔：2 * (0～20) ～ 6 * (1～20)

☑ 源IP SYN报文比例异常限速

SYN-Ratio比例阈值 (%)：50 * (0～100)

SYN报文数阈值 (个)：10 * (0～80000000)

检查周期 (秒)：10 * (1～600)

SYN报文个数限速阈值 (个)：2000 * (1～80000000)

限速周期 (秒)：10 * (1～600)

☐ 源IP加入黑名单条件

异常次数 (次)：3 * (1～255)

总的检查次数 (次)：10 * (1～255)

☑ SYN-ACK Flood防御

包速率阈值 (pps)：2000 * (1～80000000)

☑ SYN-ACK源认证防御

☑ SYN-ACK 首包检查

时间间隔：1 * (0～20) ～ 6 * (1～20)

☐ 异常会话检查

异常连接数阈值：5 * (1～60000)

检查周期 (秒)：10 * (1～60000)

每次连接最小报文数：1 * (1～200)

检查周期 (秒)：3 * (1～60000)

☐ ACK Flood防御

防御模式：宽松　严格

包速率阈值 (pps)：20000 * (1～80000000)

☐ TCP分片攻击防御

包速率阈值 (pps)：2000 * (1～80000000)

☐ FIN/RST Flood防御

包速率阈值 (pps)：500 * (1～80000000)

图 6-38　配置 DNS 授权服务器的 TCP 防御策略

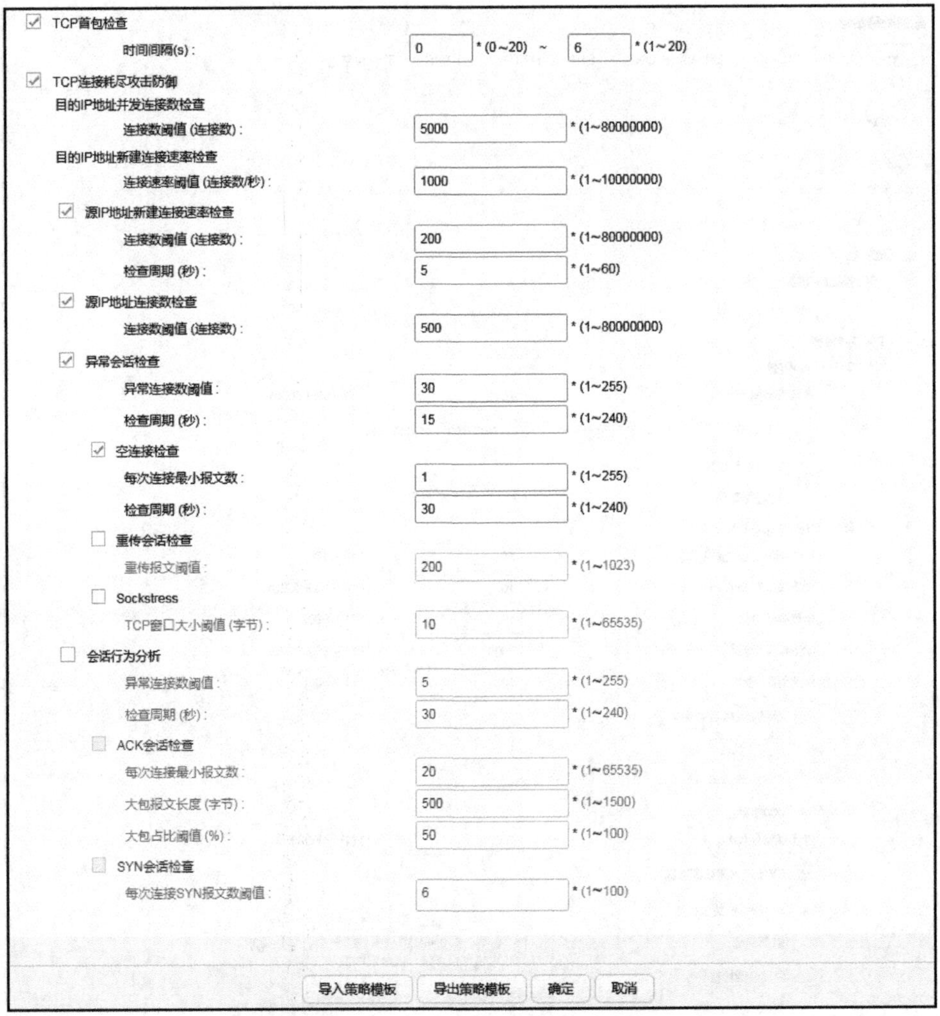

图 6-38　配置 DNS 授权服务器的 TCP 防御策略　（续）

配置DNS缓存服务器的TCP防御策略，如图6-39所示。

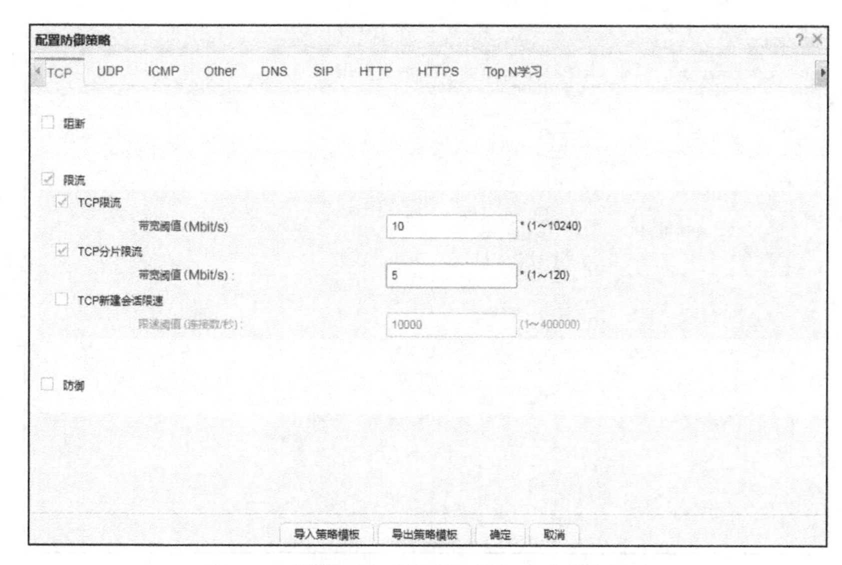

图 6-39　配置 DNS 缓存服务器的 TCP 防御策略

⑤ 配置UDP防御策略，如图6-40所示。

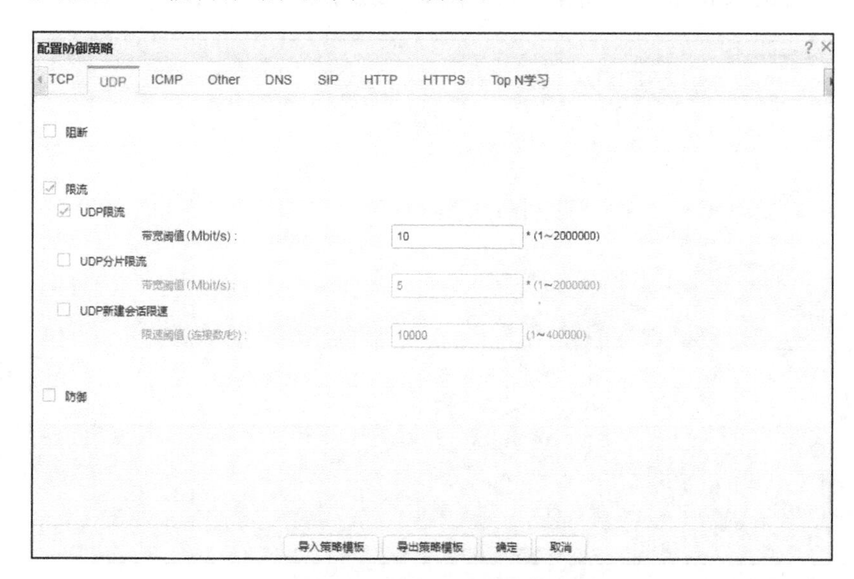

图 6-40　配置 UDP 防御策略

⑥ 配置ICMP防御策略，如图6-41所示。

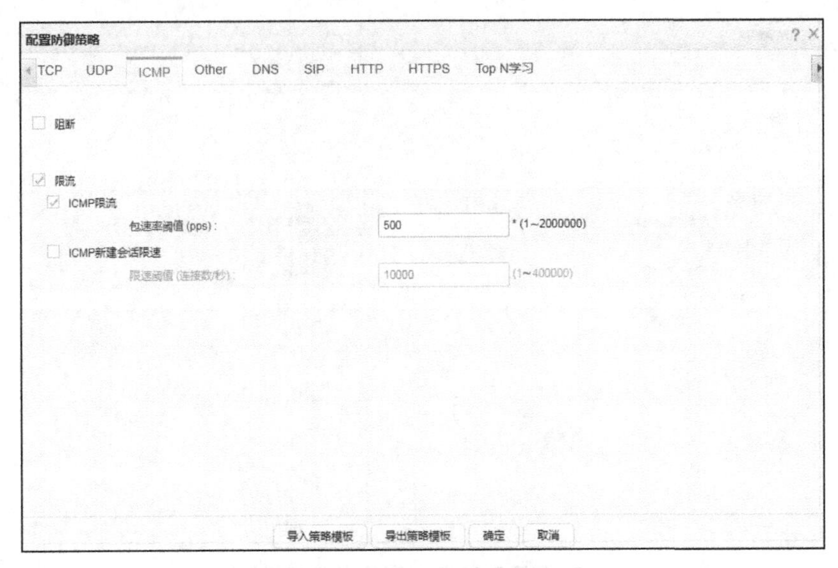

图 6-41　配置 ICMP 防御策略

⑦ 配置Other协议防御策略，如图6-42所示。

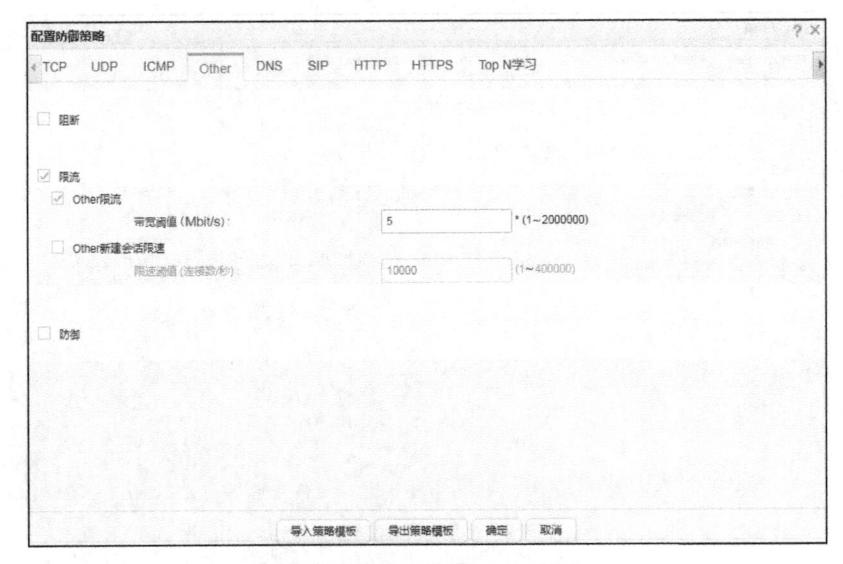

图 6-42　配置 Other 协议防御策略

⑧ 配置DNS授权服务器防御策略。需要判断DNS服务器类型。如果无法确定服务器类型，则配置为被动防御模式。

配置DNS授权服务器的防御策略如图6-43所示。

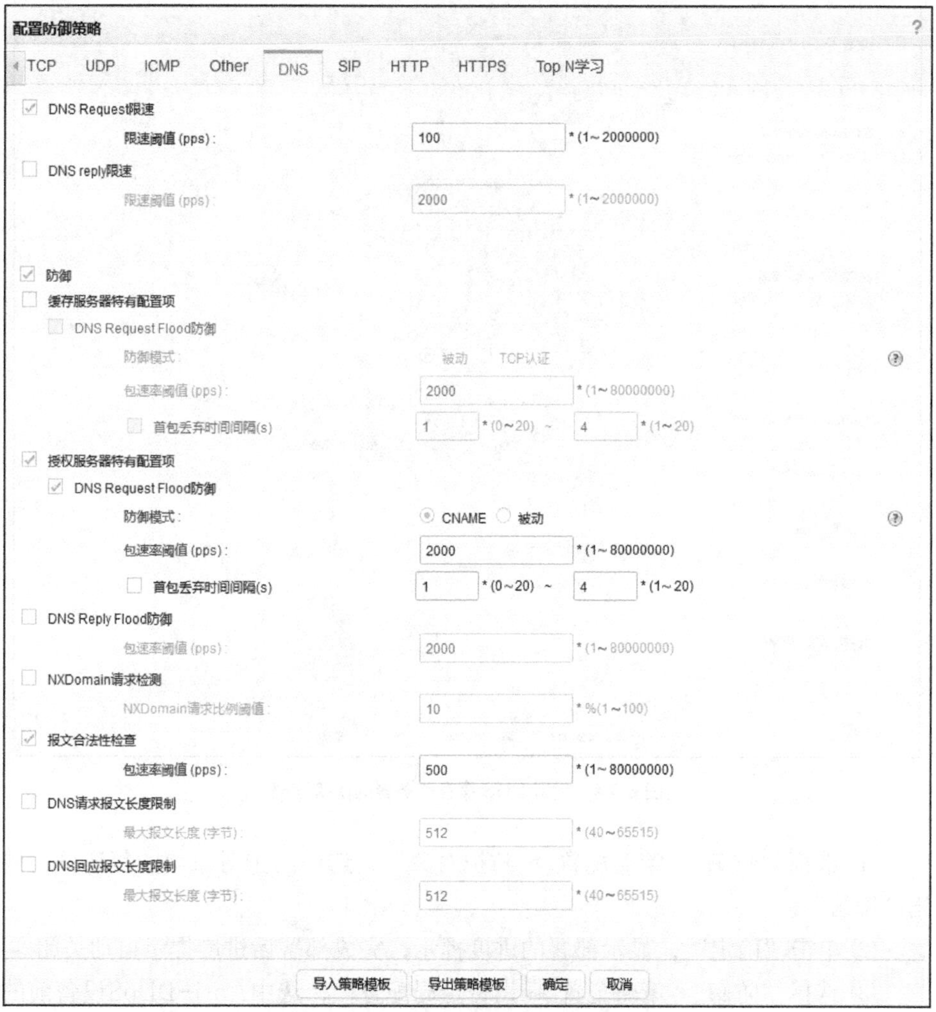

图 6-43　配置 DNS 授权服务器的防御策略

配置DNS缓存服务器的防御策略如图6-44所示。

⑨ 配置HTTP防御策略，如图6-45所示。

⑩ 配置HTTPS防御策略，如图6-46所示。

部署防御策略，并保存配置。

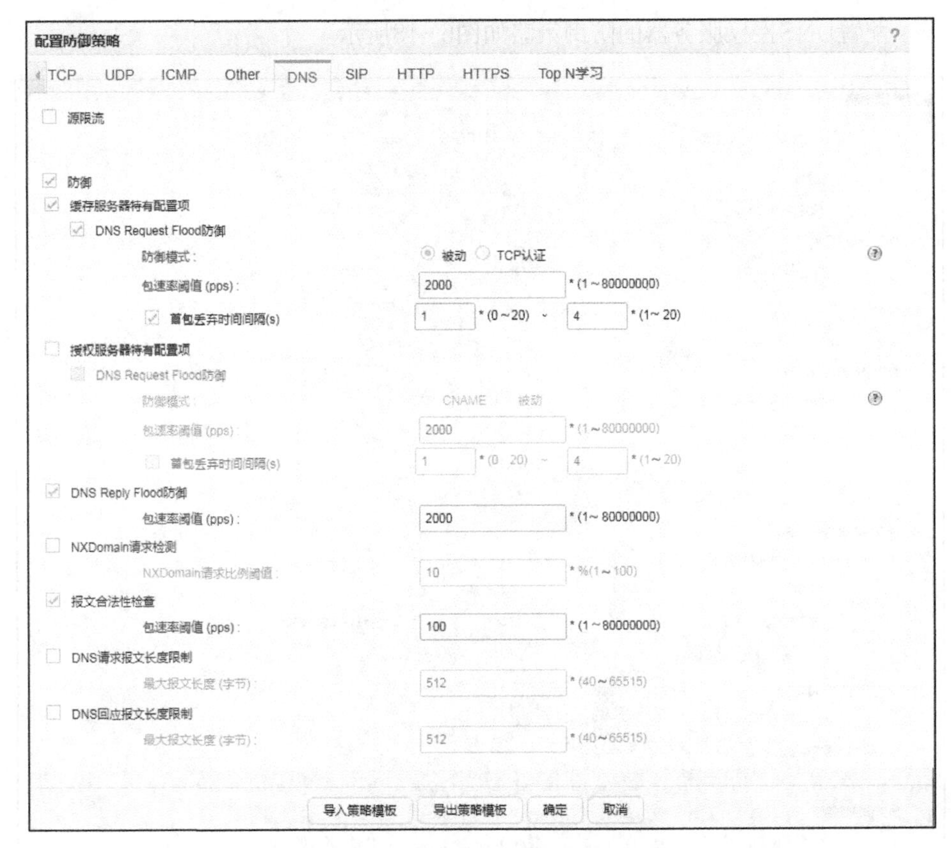

图 6-44　配置 DNS 缓存服务器的防御策略

① 选择“防御 > 策略配置 > 防护对象”，选中防护对象前的复选框，单击“部署”。

② 单击“确定”，显示部署的进度提示，完成部署后进度提示自动关闭。

③ 选择“防御 > 策略配置 > 设备全局配置”，选中Anti-DDoS设备前的复选框，单击“保存设备配置”。

④ 单击“确定”，显示保存的进度提示，完成保存后进度提示自动关闭。

配置基线学习功能，必要时调整防御阈值。

选择“防御 > 策略配置 > 防护对象”，单击“基线学习状态”列的具体状态，开启基线学习功能。如图6-47所示。一般情况下，如果应用基线学习的数据后产生的告警比较多，则需要对阈值或其他参数进行适当调整，如调整抽样比为0等。

配置防御策略

TCP　UDP　ICMP　Other　DNS　SIP　HTTP　HTTPS　Top N学习

☑ 防御

HTTP防御

基于目的IP统计

请求速率阈值(qps)　8000　*(1～80000000)

☐ 基于源IP统计

包速率阈值(pps)：　0　*(0～80000000)

请求速率阈值(qps)：　0　*(0～80000000)

☑ HTTP源认证防御

防御模式：　◉ 302重定向　○ 验证码　○ cookie源认证　○ JavaScript重定向

☐ 验证码输入框标题设置　*

☐ 代理检测

☐ 自定义HTTP代理关键字　*

☐ 源认证终止条件

最大尝试次数(次)：　100　*(3～1000)

尝试时间(秒)：　30　*(1～300)

☐ syn报文限速　100　*(1～80000000)

☐ ack报文限速　100　*(1～80000000)

☐ HTTP首包检查

时间间隔(s)：　0　*(0～20)　～　6　*(1～20)

☐ HTTP指纹学习

学习周期(秒)：　30　*(1～60)

匹配次数(次)：　20　*(1～100)

☑ HTTP慢速连接防御

并发连接数：　20000　*(1～80000000)

总报文长度(字节)：　3500　*(100～100000000)

检查报文个数：　100　*(1～1000)

载荷长度(字节)：　100　*(1～1000)

目的IP的URI行为监测

监测阈值：　500　*‰(1～1000)

☐ 源IP的URI行为监测

防御阈值：　900　*‰(1～1000)

重点监测URI：　添加

URI	操作
没有数据显示	

导入策略模板　导出策略模板　确定　取消

图6-45　配置 HTTP 防御策略

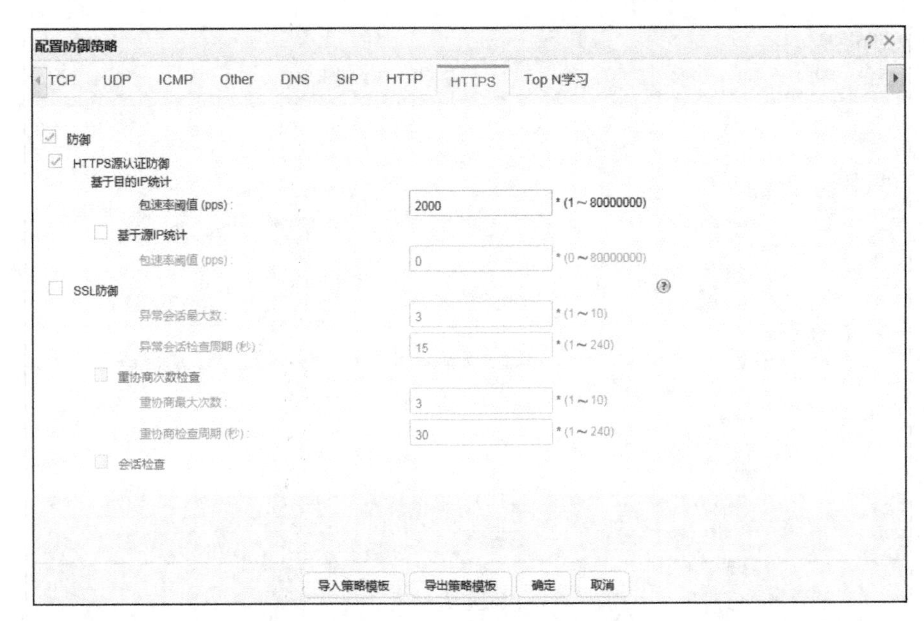

图 6-46　配置 HTTPS 防御策略

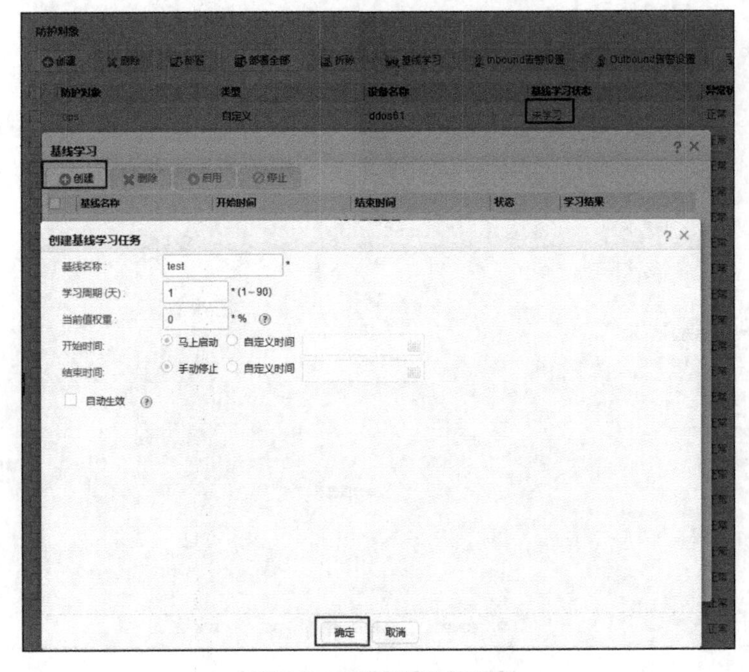

图 6-47　开启基线学习功能

4. 配置路由器

以华为路由器NE40E为例，介绍路由器1的BGP和策略路由的配置过程。不同版本的路由器配置不同，需根据实际版本进行配置，以下配置仅供参考。路由器2的配置与路由器1类似，此处不赘述。

① 配置路由器1接口的IP地址（略）。

② 配置路由器1的BGP功能。

```
[Router1] bgp 100
[Router1-bgp] peer 10.1.0.2 as-number 100
[Router1-bgp] quit
```

③ 在10GE1/0/2接口上配置策略路由。

定义流分类。

```
[Router1] acl 3001
[Router1-acl-adv-3001] rule permit ip
[Router1-acl-adv-3001] quit
[Router1] traffic classifier class1
[Router1-classifier-class1] if-match acl 3001
[Router1-classifier-class1] quit
```

配置流行为并配置报文转发动作。

```
[Router1] traffic behavior behavior1
[Router1-behavior-behavior1] redirect ip-nexthop 10.1.4.2 interface 10GE
1/0/3
[Router1-behavior-behavior1] quit
```

定义流量策略并在策略中为类指定行为。

```
[Router1] traffic policy policy1
[Router1-trafficpolicy-policy1] classifier class1 behavior behavior1
[Router1-trafficpolicy-policy1] quit
```

在接口上应用策略路由。

```
[Router1] interface 10GE 1/0/2
[Router1-10GE1/0/2] traffic-policy policy1 inbound
[Router1-10GE1/0/2] quit
```

6.4.5 结果调测

完成配置后，可以通过对引流和回注功能的验证，来检查检测设备、清洗设备、管理中心和路由器的各项配置是否正确。

我们在内网部署一台测试Web服务器，然后从外网PC向测试Web服务器发送SYN报文，通过对Anti-DDoS设备及管理中心进行如下配置，验证引流和回注功能配置的正确性。

1. Ping测试验证网络连通性

通过Ping测试验证外网PC是否可以成功访问内网的测试Web服务器。执行**display firewall session table**命令查看设备会话表项，存在Ping会话表，则Ping测试通过。

如果Ping测试失败，则按照如下步骤排查。

① 在外网PC上做Tracert测试，确认丢包点。

② 如果是路由器丢包，则排查回注后流量的转发路由。

③ 如果是清洗设备丢包，通过**display firewall statistic system discarded**命令查看设备丢包计数原因，并联系华为技术支持。

2. 创建防护对象并关联检测设备和清洗设备

参考第6.4.4节，为测试Web服务器创建防护对象，关联检测设备和清洗设备，并完成部署。

3. 调整防御阈值

修改检测设备的SYN泛洪防御阈值为1，修改清洗设备的SYN泛洪的防御阈值为1，使小流量触发防御动作。

① 选择“防御 > 策略配置 > 防护对象”。单击防护对象对应的图标，修改引流模式和防御模式执行方式为“自动执行”，如图6-48所示。

② 在“配置防御策略”页签中，单击“操作”列。选择“TCP”页签，修改检测设备的SYN泛洪防御包速率阈值为1，修改清洗设备的SYN泛洪的防御包速率阈值为1，如图6-49所示。

③ 如果部署状态变为“部分部署”，则需要重新部署。

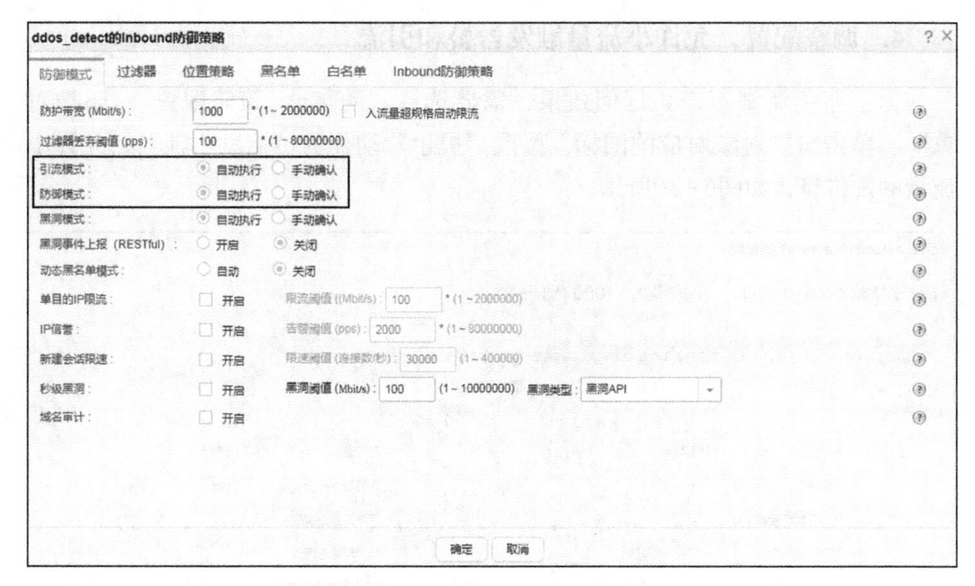

图 6-48　修改引流模式和防御模式执行方式

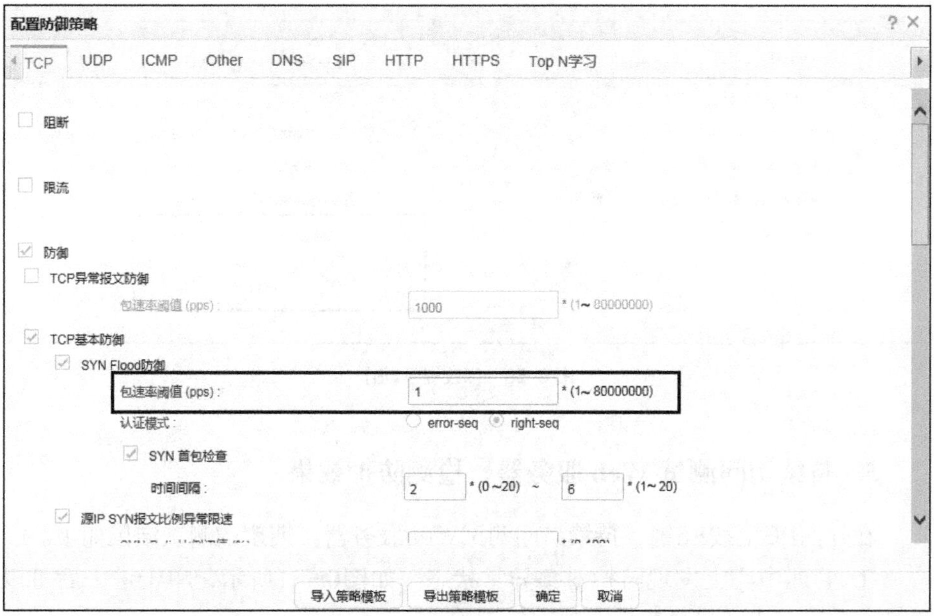

配置防御策略

TCP　UDP　ICMP　Other　DNS　SIP　HTTP　HTTPS　Top N学习

阻断

限流

防御

TCP异常报文防御

包速率阈值 (pps) :　1000　* (1~ 80000000)

TCP基本防御

SYN Flood防御

包速率阈值 (pps) :　1　* (1~ 80000000)

认证模式 :　error-seq　right-seq

SYN 首包检查

时间间隔 :　2　* (0 ~20)　~　6　* (1~ 20)

源IP SYN报文比例异常限速

导入策略模板　导出策略模板　确定　取消

图 6-49　修改防御阈值

4. 调整配置，允许小流量触发告警和引流

为了避免测试不产生任何效果，需要选择“防御 > 策略配置 > 防护对象”。单击防护对象对应的图标。修改“提示”动作为“启动引流”，允许小流量触发告警，如图6-50所示。

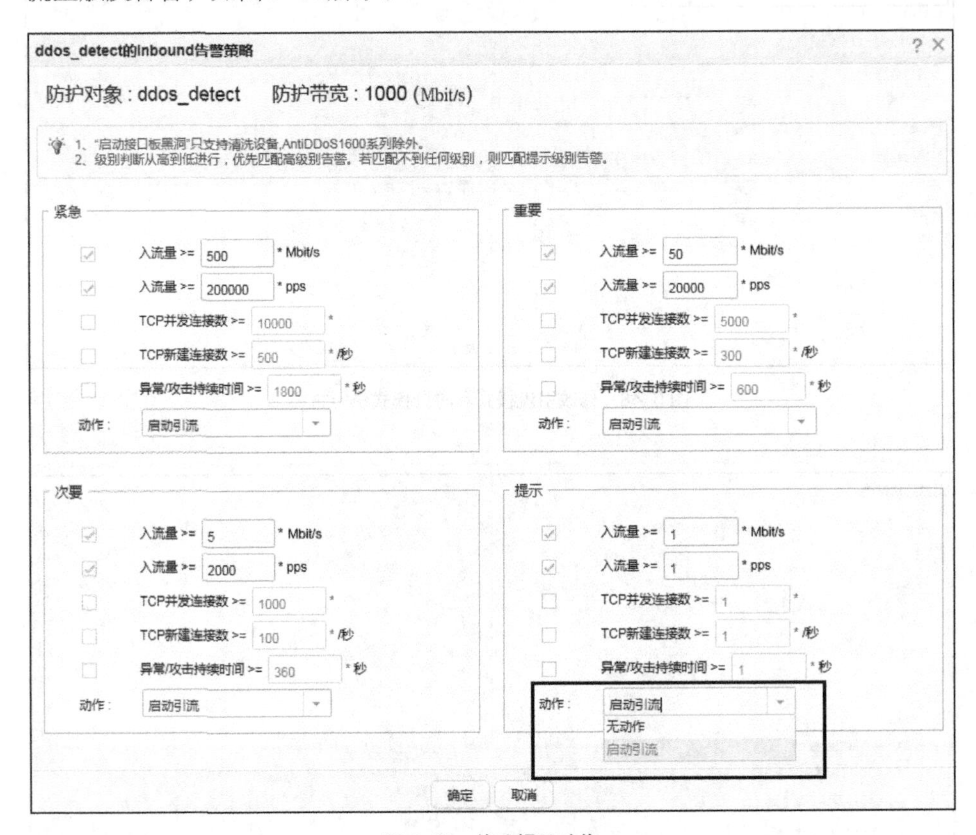

图6-50 修改提示动作

5. 持续访问测试Web服务器，检测防护效果

在外网PC上按F5键，持续访问测试Web服务器。期望的测试结果如下。

① 管理中心上发现防护对象异常状态，如图6-51所示，单击进去后可以看到检测设备上的异常事件，如图6-52所示。

② 选择“报表 > 专项报表 > 流量分析”，选择“流量对比”页签。从下拉列表中选择检测设备或清洗设备，分别查看对应的报表。

③ 引流后，如果外网PC仍可以成功访问测试Web服务器，则说明回注功能也是正常的。

④ 验证完毕后，恢复配置。

防护对象

创建　删除　部署　部署全部　拆除　基线学习　Inbound告警设置　Outbound告警设置　导入　导出　导出全部

防护对象	类型	设备名称	基线学习状态	异常状态	防御状态
ddos_detect	自定义	ddos61	未学习	异常	自动防御
ddos_clean	默认	ddos61	未学习	正常	未防御
[illegible]	自定义	ddos113	未学习	正常	--
[illegible]	自定义	ddos61	学习中	正常	--
[illegible]	自定义	ddos61	未学习	正常	--
[illegible]	自定义	--	未学习	正常	--
[illegible]	自定义	ddos61;ddos113	学习中	正常	--
[illegible]	自定义	ddos113	未学习	正常	--
[illegible]	自定义	ddos61	未学习	正常	--

图 6-51　防护对象异常状态示

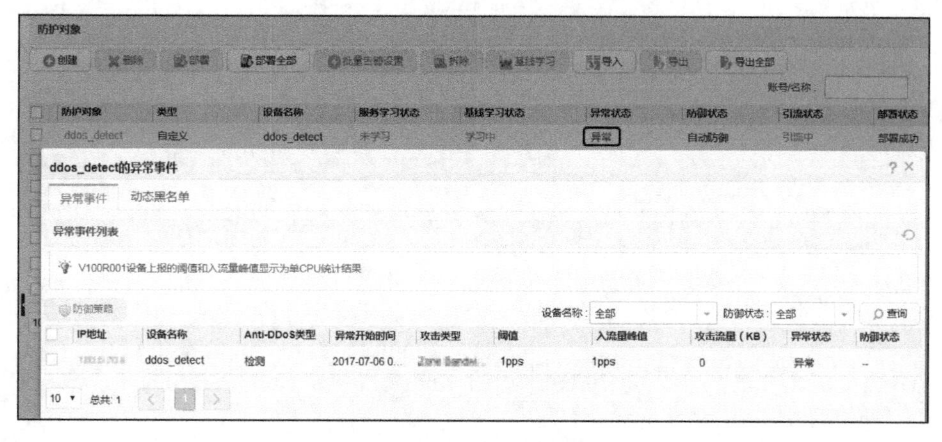

图 6-52　检测设备上的异常事件

6.5 习题

第7章　安全沙箱

当前，很多网络中部署了防火墙、IPS、终端安全软件等安全防护设施，可以实现对主流安全威胁的检测。然而，传统安全防御手段使用基于签名的检测技术，只能识别已知威胁，难以应对快速演进的新型威胁。近年来，以APT（Advanced Persistent Threat，高级持续性威胁）攻击为代表的“下一代威胁”开始频频出现在大众视野中，网络世界已经和现实世界一样充满了风险，这对社会和国家都产生了深刻的影响。

防范APT攻击的最佳手段之一就是在网络中部署安全沙箱。安全沙箱使用基于行为的检测技术，可以有效应对包括APT攻击在内的未知威胁。本章介绍安全沙箱的作用及特点，并对华为安全沙箱FireHunter的检测原理及配置方法进行详细说明。

|7.1 APT简介|

APT攻击在十几年前非常罕见，一般常见于大型网络攻击中，动用的物质资源和人力资源往往是国家层面才能负担的。近年来，随着计算机技术的不断发展，APT攻击的技术门槛有所降低，攻击者组织开始瞄准企业机构实施APT攻击，以获得经济利益为目标的攻击事件频频发生。

本节从APT的基本概念入手，通过剖析各个关键要素的含义，帮助你理解APT攻击的复杂性和危害性。然后，我们给出几个APT攻击经典案例，使你对APT攻击的特点及其后果的严重性有一个直观的了解。最后，我们对APT攻击过程进行分解，并对各个攻击阶段的主要活动进行介绍。

7.1.1 APT的基本概念

APT中文名称为高级持续性威胁或高级长期威胁。我们可以根据APT的中文名称，将它分解为3个要素：高级、持续和威胁。

- **高级：**相比于传统的攻击方式，APT攻击会采用复杂度更高的组合攻击方式，制作定制化程度更高的攻击工具，花费更多时间和金钱等资源。此外，APT攻击大都需要利用零日漏洞来获取权限，并通过未知木马对攻击目标进行远程控制。这些原因使传统安全检测设备在APT攻击面前显得无能为力。

- **持续：**APT攻击的过程一般都很长，从最初的筹划、渗透到最终的窃取数据、破坏关键目标，往往会历经几个月甚至几年。有的攻击者在入侵网络后并不发动攻击，而是选择长期潜伏，持续监控攻击目标，等待合适的时机再发动致命一击。传统的检测方式是基于单个时间点的实时检测，自然难以对时间跨度如此长的攻击进行有效的跟踪和检测。
- **威胁：**通过对高级、持续两个要素的描述，我们可以看出APT攻击所需的攻击成本是非常高的，所以其选择的攻击目标往往具有非常高的价值，例如大型企业、政府机构、科研机构或金融机构等。攻击一旦得手，将会给攻击目标带来巨大的经济损失，甚至会影响国家未来的发展，造成巨大的政治影响。

APT攻击是一种复杂的、持续的网络攻击，具有极强的隐蔽性和针对性。下面，我们将通过表7-1所示的传统攻击和APT攻击的区别，对两者进行更加细致的对比，帮助你更全面地了解APT攻击的危害性。

表7-1　传统攻击和APT攻击的区别

比较维度	传统攻击	APT攻击
攻击者	攻击者或其他类型的网络犯罪分子，往往是一个人或几个人分工合作的松散团队	有组织的网络犯罪集团，高度专业化，分工明确。通常具有全球化背景，部分攻击者甚至具有国家或政府机构背景
攻击目标	具备一定随机性，通常以个人金融账户、有价值的网络账户、网络中的虚拟资产等为目标	经过精心挑选的明确的目标，例如国防、电力、能源、电信、金融等国家命脉行业
攻击动机	获取金钱、身份盗用、网络欺诈、炫耀技术等	获取商业利益、破坏关键设施、窃取高精尖技术、达成政治目的等
攻击频次	以一次性攻击为主	持续时间长，具备长期潜伏性
攻击手段	利用现有的恶意软件进行攻击，通过大规模、随机性扩散恶意软件来增大攻击面和增加获利的机会	通常需要利用零日漏洞，或者针对攻击目标的具体情况定制编写恶意软件。在攻击过程中，需要分阶段、有针对性地使用各种恶意软件，配合达到攻击目的

续表

比较维度	传统攻击	APT 攻击
攻击技术	攻击手段比较单一，技术门槛要求不高	攻击者需要具备社会工程学、网络安全、组织管理等专业技术领域方面的高水平专业知识，技术门槛要求很高
检测难度	攻击活动的存活时间短，攻击行为容易被捕获，检出率很高	攻击活动的存活时间长，攻击行为很难被发现，检出率非常低

通过表7-1所示的内容不难看出，传统攻击就像普通的治安事件，例如一个犯罪分子拿着菜刀拦路抢劫；APT攻击更像一场战斗，攻击者拥有组织化的专业队伍和杀伤力巨大的攻击武器，针对目标开展定点攻击。

7.1.2 APT 攻击经典案例

APT攻击所带来的危害是巨大的，轻则造成公司核心商业机密泄露，给公司造成无法估计的经济损失；重则影响金融、能源、交通、医疗等涉及国计民生的行业，使整个国家陷入困境，其后果不亚于一场战争所造成的后果。下面，我们将列举几个APT攻击经典案例，使你可以直观地感受到APT攻击的特点及其后果的严重性。

1. SolarWinds 供应链攻击

2020年底，攻击者利用SolarWinds公司的软件漏洞攻击了多个国家政府机构和世界500强企业，该攻击事件被认为是“史上最严重”的供应链攻击。

攻击者选择SolarWinds公司的Orion软件作为潜伏目标，这显然是精心挑选的结果。因为SolarWinds Orion软件是一个全球范围内被广泛使用的软件，攻击者可以通过SolarWinds间接入侵目标机构，这比发动正面攻击更隐蔽。实际上，攻击者早在2019年甚至更早之前就已经控制了SolarWinds公司的代码仓库，但是等到2020年才开始开展实际攻击。在潜伏期内，攻击者通过投放测试代码来预演攻击过程，验证攻击手法能否成功。同时，攻击者不断收集攻击目标的相关信息，根据回传信息筛选目标并定制具体的攻击方案。之所以能够潜伏如此长的时间，还与攻击者的编码方式有关。攻击者高度模仿了SolarWinds公司的编码风格和规范，成功绕过该公司的测试验证和交叉审核等环节，凸显了攻击者技术水平和攻击思路。

在被曝光前，SolarWinds公司总共发布了6个带有恶意代码的版本，影响了大约18000名SolarWinds的客户。攻击者通过恶意后门对SolarWinds的客户进行攻击，投放定制病毒文件，并在内网中横向移动和攻击，最终窃取了大量的关键信息资产。

2. 极光行动攻击

2010年1月，谷歌公司宣称遭受了一系列精心策划的网络攻击，攻击者的目标是获取该公司的源代码及部分谷歌用户的邮箱权限。该攻击事件随后被命名为“极光行动”。事实上，极光行动不仅针对谷歌公司，还包括其他30多家高科技公司，其中不乏专业的安全厂商。

攻击者在Twitter等社交媒体上搜集信息，寻找特定的谷歌员工作为攻击目标，最终锁定了一名爱好摄影的员工。攻击者首先搭建了一个恶意网站，并伪装成正常的摄影网站。然后，他们入侵了该员工一位朋友的计算机，并向该员工发送包含恶意网站链接的信息。当谷歌员工通过IE浏览器打开链接时，攻击者利用该浏览器的零日漏洞向其系统中植入恶意程序。攻击者与该员工的计算机建立连接后，持续监听其行为，最终获得该员工访问谷歌服务器的权限。然后，攻击者进一步攻击并获得了特定谷歌用户的邮箱权限，建立加密隧道，外发邮件内容等敏感信息。

3. 震网攻击

2010年，震网病毒攻击了Y国的军工设施，在短时间内使得大量的离心机报废，给Y国造成了严重损失。据事后报道称，震网病毒是首个针对工业控制系统的蠕虫病毒，被称为有史以来最复杂的网络武器。

震网病毒采用了多种先进技术，具有极强的隐身性和破坏力，其所利用的零日漏洞数量多达4个。根据后续披露信息，攻击目标所在的网络并不连接外网，震网病毒是由“内鬼”偷偷带入，并通过U盘摆渡的方式入侵网络的。成功入侵后，震网病毒并没有立即爆发，因为它被设计为精确打击特定的攻击目标，所以其他非攻击目标并不会感知到它的存在。通过应用隐身、伪装、欺骗等手法，震网病毒得以在网络中长期隐匿和传播，当其终于接触到攻击目标后启动破坏功能。一方面，震网病毒控制并破坏离心机设备，使其运行失控，最终对设备造成永久性损害；另一方面，震网病毒向监控系统传递离心机一切正常的指令，导致管理人员无法及时发现异常情况。最终，在这场没有硝烟的战争中，攻击者达到了军事和政治目的，也令世人认识到网络空间手段同样可以达到物理空间的攻击效果，而且代价更低。

7.1.3 APT 攻击过程

APT攻击过程非常复杂且持续时间长，我们可以将APT攻击过程分为多个阶段进行研究和分析，如图7-1所示。APT攻击过程常被称为攻击链或杀伤链（Kill Chain），不同厂商对攻击链的阶段划分略有差异，但本质上相差不大。

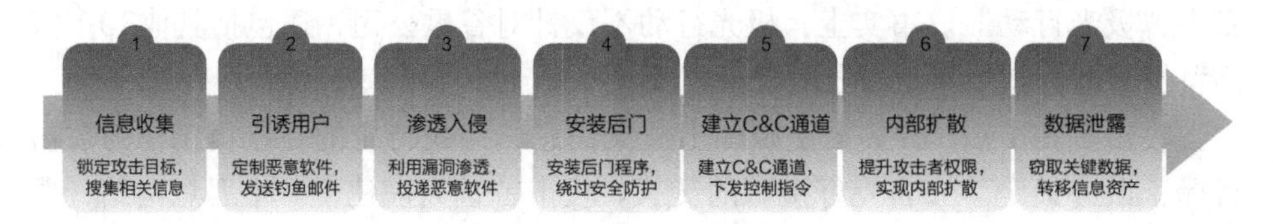

图 7-1　APT 攻击过程

1. 信息收集

锁定攻击目标后，攻击者首先要做的就是收集所有与目标相关的信息。这些信息可能是攻击目标的组织架构、办公地点、产品及服务、员工通讯录、管理层邮箱地址、高层领导会议日程、门户网站目录结构、内部网络架构、网络安全设备部署情况、对外开放端口、办公操作系统和邮件系统、Web服务器使用的系统和版本等。攻击者常常采用社会工程学的方法收集这些信息，利用的就是相关组织或个人安全意识差、敏感信息对外扩散、网络安全要求形同虚设等薄弱点。

2. 引诱用户

获得攻击目标的相关信息后，攻击者需要根据其特点定制攻击所需的恶意软件，并选择合适的媒介向攻击目标投递恶意软件。常用媒介包括钓鱼邮件、恶意网站和U盘等。

- **钓鱼邮件：**攻击者根据攻击目标的特点，精心构造一封以假乱真的邮件，让收件人放松警惕、产生兴趣。当收件人打开邮件附件或单击邮件正文中的URL链接后，恶意软件将被下载到本地。

- **恶意网站：** 攻击者需要根据攻击目标的兴趣爱好搭建一个恶意网站，或者入侵攻击目标常访问的网站并植入恶意软件。当攻击目标访问网站时，恶意软件将被下载到本地。
- **U盘：** 如果攻击目标没有连接互联网，则攻击者需要利用物理载体来投递恶意软件，U盘就是一种常见的载体。例如，攻击者在行业活动中向攻击目标免费赠送U盘，攻击目标一旦将其插入设备，就会下载恶意软件到本地。

3. 渗透入侵

当攻击者成功引诱攻击目标下载恶意软件后，即可根据其防护薄弱点选择合适的渗透方法，继续进行后面的攻击行为。

例如，攻击者通过前期的信息收集获知，攻击目标使用了某款操作系统，且该系统没有针对近期爆出的高危漏洞进行系统升级。攻击者针对这些高危漏洞制作恶意软件，如带有恶意代码的PDF文件或Office文件，当攻击目标运行恶意软件时即被入侵。防范这类利用公开漏洞制作的恶意软件相对容易，只要保证及时升级软件即可。很多APT攻击组织会从暗网购买零日漏洞，或者组织内就有一批专门挖掘零日漏洞的人，利用这种未公开漏洞制作的恶意软件很难被发现或防御。

4. 安装后门程序

实施APT攻击的恶意软件往往不只有一个，而是很多个，不同的恶意软件应用在不同的攻击阶段，其作用也有很大差异。在渗透入侵阶段投递的恶意软件往往体积很小。道理也很好理解，因为恶意软件越大，被发现并中断下载的概率越大，所以攻击者在攻击初期的目标是快速建立据点。当攻击者渗透入侵成功后，将会在目标主机上安装后门程序。攻击者通过后门程序可以绕过安全防护措施，秘密对程序或系统进行访问和控制，并为后面的攻击行为做准备。

5. 建立C&C通道

虽然攻击者可以通过后门程序秘密访问攻击目标的网络或主机，但是他并不会经常这样做，因为这很容易暴露自己的行踪，导致前功尽弃。所以，攻击者需要选择一种隐蔽的方式与被入侵的主机进行联系。攻击者利用C&C技术在攻击目标与控制服务器之间建立C&C通道，用于获取攻击目标更全面的信息，为后面的攻击行为做参考。同时，攻击者也会通过C&C通道下发控制指令，例如让目标主机下载恶意软件，或者将目标主机当作跳板，感染网络内更多的主机。

6. 内部扩散

一般来讲，最初的攻击目标不会拥有太高的权限，所以攻击者入侵网络后需要继续寻找其他攻击目标，提升访问和管理等方面的权限。同一个组织内的主机往往采用相同的操作系统和类似的应用软件环境，而这也意味着它们可能拥有相同的漏洞，这为攻击者实现内部扩散提供了极大的便利。

7. 数据泄露

攻击者获得关键目标主机或服务器的管理权限后，会在合适的时机将信息资产转移出去。

在信息资产外发的过程中，攻击者会采用各种技术手段来躲避网络安全设备，防止被发现。例如，攻击者可以将信息资产打散、加密或混淆，躲避DLP（Data Loss Prevention，数据防泄露）设备的关键字扫描功能；还可以限制报文发送的速率，令其小于网络安全设备的告警阈值，躲避相关检测功能。

7.2 安全沙箱简介

APT攻击难以防范，而安全沙箱是有效检测APT攻击的手段之一。本节介绍安全沙箱的作用及优势，并介绍华为自研的安全沙箱FireHunter、利用FireHunter防御APT攻击及FireHunter检测原理。

7.2.1 安全沙箱的作用及优势

安全沙箱也称为沙箱或沙盒（Sandbox）。在计算机安全领域，安全沙箱提供了一种在隔离环境下运行程序的安全机制，主要用于检测不受信任的文件或应用程序，确认是否存在安全风险。由于安全沙箱提供了一个独立、隔离的环境，在这个环境中运行恶意程序，既不会对系统造成实质性破坏，又能追踪到检测对象的恶意行为细节。完成检测后，安全沙箱会恢复成初始状态，就像从未被破坏过一样。

当前，很多网络中部署了防火墙和IPS等传统安全产品，但是受限于检测机制，这些传统安全产品存在弱点和风险，如表7-2所示。对于以APT攻击为代表的下一代威胁，传统安全防御手段无法完全有效应对，必须考虑增加新的防御手段。

表 7-2　传统安全防御手段的弱点和风险

防御手段	弱点	风险
防火墙	主要通过基于签名的检测技术来识别威胁，对新增威胁的响应时间通常为几天到几个月不等	无法应对基于零日漏洞的攻击、定向攻击、快速变化的威胁
IPS	IPS 特征库只能基于已知漏洞或弱点进行检测，且应对高级逃逸技术的手段有限	无法应对基于零日漏洞的攻击、基于高级逃逸技术的攻击
反病毒	反病毒特征库的更新周期较长，且病毒样本的收集范围和实效性有局限，对于小范围内传播的病毒无法及时获得样本	无法应对快速变化的病毒威胁、定向攻击、小范围内传播的病毒威胁
人工防御	安全意识较差，工作过程中不严格按照安全标准进行操作	充满不确定性

防范APT攻击的最佳手段之一就是在网络中部署安全沙箱。安全沙箱使用基于行为的检测技术，可以有效应对包括APT攻击在内的大量未知威胁。通过在虚拟环境中运行可疑文件，安全沙箱还能检测出基于高级逃逸技术的攻击，如传统安全防御手段无法识别出的报文分片、分段、加壳等逃逸手段。

7.2.2　华为安全沙箱 FireHunter

FireHunter是华为推出的高性能APT威胁检测系统，可以精确识别未知恶意文件渗透。FireHunter可以自行从流量中提取出文件，或者接收防火墙提取的文件。FireHunter在虚拟环境内对文件进行分析，实现对未知恶意文件的检测。凭借独有的高级威胁检测引擎技术，FireHunter可以与华为防火墙配合，对“灰度”流量进行检测和阻断，并输出检测报告，有效避免未知威胁攻击的扩散和企业核心信息资产的损失，特别适用于金融机构、政府机要部门、能源公司、高科技企业等具有高价值资产的用户。

FireHunter的系统架构如图7-2所示，主要模块介绍如下。

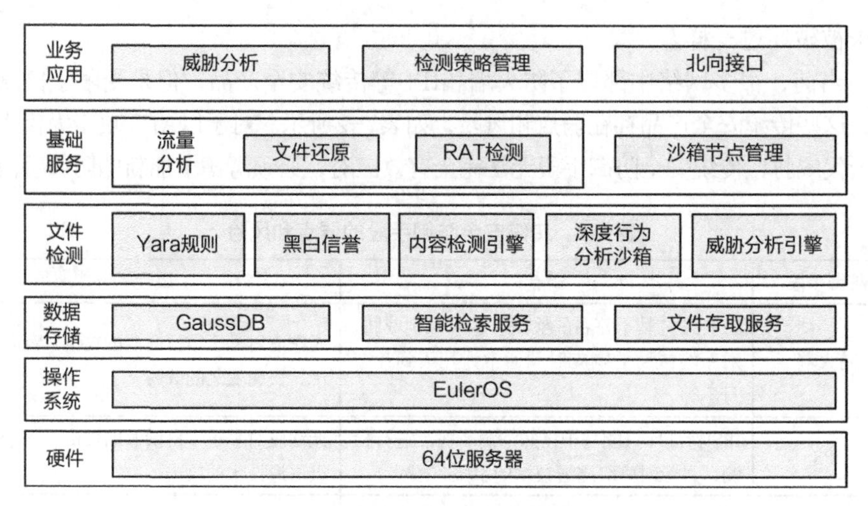

图 7-2　FireHunter 的系统架构

FireHunter的硬件采用64位服务器，安装华为自研的欧拉操作系统（EulerOS）作为宿主机。数据存储采用华为高斯数据库（GaussDB），支持智能检索服务和文件存取服务。FireHunter通过智能检索服务检索数据，并通过文件存取服务对威胁事件进行调查取证和回溯分析。文件检测包括Yara规则、黑白信誉、内容检测引擎、深度行为分析沙箱、威胁分析引擎等，提供多层次的防御检测体系。FireHunter的基础服务和业务应用均运行在宿主机上，提供流量分析、沙箱节点管理、威胁分析、检测策略管理等业务功能。

FireHunter的特点如下。

全面的流量检测：支持独立还原流量，可以识别主流的网络协议，确保识别所有通过网络传输的文件。可以模拟通用的操作系统，针对主流的应用软件和文档进行检测和分析，全面防御未知威胁攻击。

分层的检测体系：采用多层次化的恶意文件行为检测机制，包括RAT（Remote Access Tool，远程访问工具）检测、内容安全检测、Windows深度行为分析检测等，提高针对以APT攻击为代表的下一代威胁的检测能力，及时发现潜在威胁。

丰富的威胁场景展示：通过展示外部渗透的路径，直观回放高级威胁的攻击现场，帮助管理员快速调查和确认威胁事件。

准实时的处理能力：提供接近实时的处理能力，响应时间从几周下降到分钟级或秒级，超高的准确性与极低的误报率可以高效应对APT攻击。

7.2.3 利用 FireHunter 防御 APT 攻击

图7-3所示为针对APT攻击链不同阶段的防护措施，以及该防护措施可防御的威胁类型。我们可以看到，现在的网络安全不再是单点防御，而是立体防御，APT攻击链的各个阶段需要采用不同的防护措施来应对。其中，渗透入侵和安装后门程序阶段是攻击者需要耗费大量精力的环节，如果无法突破这些环节的安全防护措施，后续的攻击行为都将无法实施。FireHunter主要就是在这些阶段起作用。

	信息收集	引诱用户	渗透入侵	安装后门	建立C&C通道	内部扩散	数据泄露
URL过滤		阻断已知恶意网站			阻断已知恶意域名		
入侵防御			阻断已知漏洞攻击		阻断后门程序流量	阻断已知漏洞攻击	
反病毒			阻断已知恶意软件	阻断已知后门程序		阻断已知恶意软件	
文件过滤			阻断特定类型文件				阻断特定类型文件
内容过滤							阻断敏感内容外发
FireHunter			未知威胁检测	后门程序检测			

图 7-3　针对 APT 攻击链不同阶段的防护措施

在渗透入侵和安装后门程序阶段，攻击者诱使攻击目标访问恶意网站，或者向攻击目标发送带有恶意文件的邮件。当攻击目标访问恶意网站或打开邮件附件时，恶意文件即渗透入侵内网，并安装后门程序。FireHunter提供的文件检测功能采用创新的信誉体系、内容检测引擎、深度行为分析沙箱、威胁分析引擎等技术，有效弥补了传统网络安全设备基于签名检测技术的不足。

需要说明的是，虽然本章着重强调安全沙箱对于APT攻击检测的重要性，但是基于签名的检测技术并没有过时，相应的网络安全设备仍然在安全防护体系中扮演着重要角色。事实上，当前大部分威胁事件仍然是由传统网络安全设备检出的，且检测效率和准确率都比较高。如果将网络安全防护建设比喻为排兵布阵，那么网络安全设备的作用就是形成一定防御纵深，阻止随机性的攻击，延缓攻击速度，扩大检测和响应的时间窗口。我们需要认识到：网络攻击一直在发生，再强的防御也难以抵御所有的攻击。因此，网络被入侵后的安全防护措施非常重要，安全沙箱的作用就在于可以及时发现隐藏在网络内部的恶意程序，协助其他设备阻断攻击，防止产生更大的损失。

7.2.4 FireHunter 检测原理

FireHunter主要依靠文件检测技术检测网络安全威胁，下面将对其检测原理进行介绍。

渗透入侵和安装后门程序是APT攻击的关键阶段，只有成功渗透进攻击目标的网络并安装后门程序，才有可能进一步实施后续的攻击行为。文件检测技术能够在渗透入侵和安装后门程序阶段对恶意软件进行检测，有效检出未知威胁。

如图7-4所示，FireHunter通过高级威胁检测引擎提供多层次化的防御检测体系。文件经过信誉体系、内容检测引擎、深度行为分析沙箱检测后，最终在威胁分析引擎中对各个检测结果进行关联、分析和威胁判定，并给出威胁检测结果。

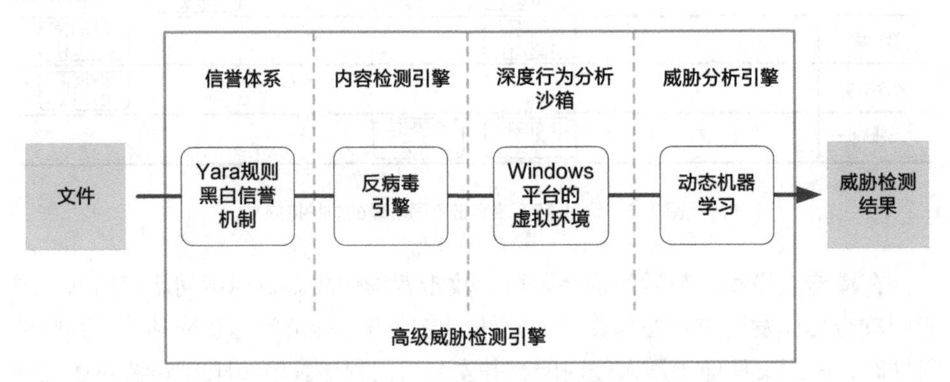

图 7-4 文件检测技术原理

1. 信誉体系

FireHunter的信誉体系主要通过Yara规则和黑白信誉机制来实现。

Yara是一款能够帮助安全研究人员识别和分类恶意软件的工具，FireHunter支持管理员自行编写并导入Yara规则文件。导入的Yara规则类型为扫描规则，主要用于对文件进行静态分析检测，匹配Yara规则的文件将被判定为恶意文件。

黑白信誉机制主要用于提高FireHunter的检测效率，管理员可以手动添加文件MD5值、IP地址、邮件收件人、邮件发件人、邮件X-header字段为白名单或黑名单，满足不同场景下的检测需求。以下以文件MD5值为例进行讲解。

- 如果管理员判定某个文件为可信文件，可以将该文件MD5值添加到白名单中。如果文件MD5值命中白名单，则直接判定为可信文件，FireHunter不再对其进行检测。
- 如果管理员判定某个文件为恶意文件，可以将该文件MD5值添加到黑名单中。如果文件MD5值命中黑名单，则直接判定为恶意文件，FireHunter不再对其进行检测。

2. 内容检测引擎

内容检测引擎是华为第三代智能签名反病毒引擎，包含具有自主知识产权的反病毒引擎和签名库，可以针对亿级的已知病毒开展检测，并持续对抗每日百万级的新增病毒。

内容检测引擎支持对恶意文件进行深度分析，并对海量病毒进行精准分类。同时，利用华为专有病毒描述语言可以耗费较少的资源，精准覆盖海量变种，通过集成神经网络算法，有效检测亿级数量的恶意文件。内容检测引擎支持检测勒索、挖矿、木马、僵尸、后门、蠕虫等各类恶意病毒，配合云端安全中心，持续检测新增的恶意文件和最近流行的病毒。

3. 深度行为分析沙箱

深度行为分析沙箱提供支持Windows XP、Windows 7、Windows 10的虚拟环境，可以动态执行和分析恶意文件，深度解析文件的基础信息数据，检测异常格式和异常信息。

- 通过动态执行恶意文件，深度行为分析沙箱可以提取出关键的行为数据，掌握恶意文件的行为特征。例如，恶意文件可能会调用操作系统中的关键API函数，深度行为分析沙箱可以分析出调用了哪些关键API函数、执行了什么恶意操作。
- 深度行为分析沙箱可以对关键内存的使用情况进行监控，通过检测恶意文件运行过程中申请和释放的关键动态内存，挖掘出恶意IOC（Indicator of Compromise，入侵指标）和恶意代码的相关信息。
- 深度行为分析沙箱可以监控文件运行时的动态行为数据，包括进程操作、文件操作、网络操作等，并对相关恶意行为进行记录。

- 深度行为分析沙箱支持防逃逸检测，对于操作系统逃逸、时间逃逸、注册表逃逸、调试逃逸、网络逃逸等各类主流逃逸手段，可以保证其恶意行为被正确触发，监控逃逸细节。
- 深度行为分析沙箱支持对Windows API调用进行细颗粒度监控，全面掌握恶意文件对Windows API的调用情况，为管理员提供丰富的监控数据进行参考。

4. 威胁分析引擎

威胁分析引擎是FireHunter的检测“大脑”，其作用是对前面几个阶段的威胁检测结果进行多维度综合分析，关联孤立的行为和数据，消除误报信息，提升检测结果的准确性和运维的效率。

例如，同一个恶意文件触发了多条低级别的威胁事件告警，由于人工分析效率较低，主要关注高级别的威胁事件，那么这些低级别的威胁事件大概率就被遗漏了。但是，攻击者很可能通过这些微操作逐步实施渗透入侵并提高权限，最终对攻击目标造成致命伤害。FireHunter可以对这些低级别的威胁事件进行关联分析，根据其攻击路径给出合适的威胁事件级别，帮助管理员快速识别威胁。

至此，我们对FireHunter的系统架构、检测原理等内容有了一定了解。下面，我们将对FireHunter的典型部署场景进行介绍。FireHunter的典型部署场景主要包括FireHunter独立部署、FireHunter与华为防火墙联动部署。在每个部署场景中，FireHunter的作用和功能配置都不尽相同，管理员需要根据实际场景选择对应的资料内容进行参考。

7.3 FireHunter 独立部署场景

FireHunter支持单机独立部署在网络中，通过接收交换机的镜像流量，FireHunter可以对流量进行RAT检测和流量还原，并对还原出的文件进行威胁检测。

7.3.1 场景简介

FireHunter独立部署时，FireHunter的端口需要与交换机的镜像接口直连。交换机通过镜像接口将待检测的网络流量发送给FireHunter后，由FireHunter对流量进行RAT检测和流量还原，并对还原出的文件进行威胁检测。FireHunter的管理员可以在Web界面上查看RAT检测和文件检测结果，并可导出文件的检测报告和结果，查看威胁分析的相关信息。

如图7-5所示，FireHunter旁路部署在网络中，接收交换机发送过来的镜像流量。管理员可以在FireHunter上配置相应的检测功能，并查询检测结果。需要注意的是，在该场景下，FireHunter只能对镜像流量进行威胁检测，威胁拦截功能需要由网络中的其他安全设备实施。

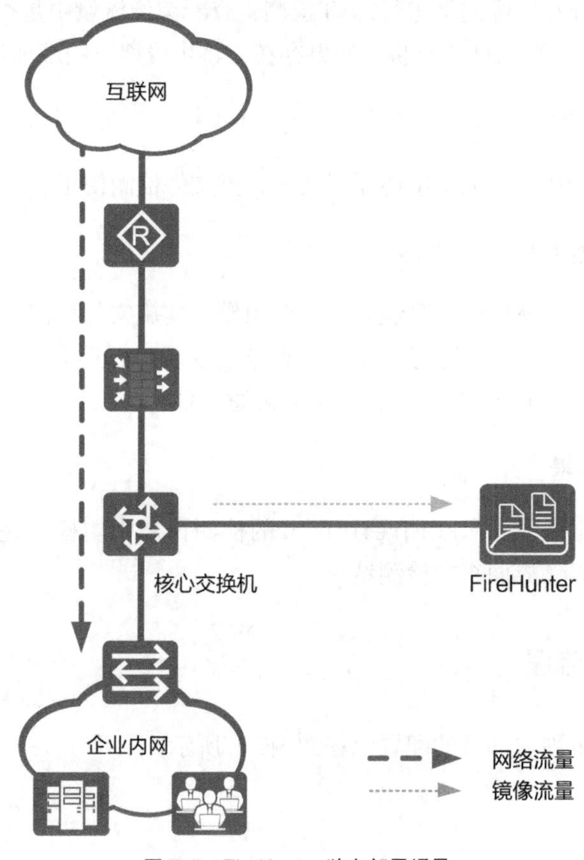

图7-5 FireHunter独立部署场景

7.3.2 检测流程

FireHunter独立部署场景的检测流程如图7-6所示。

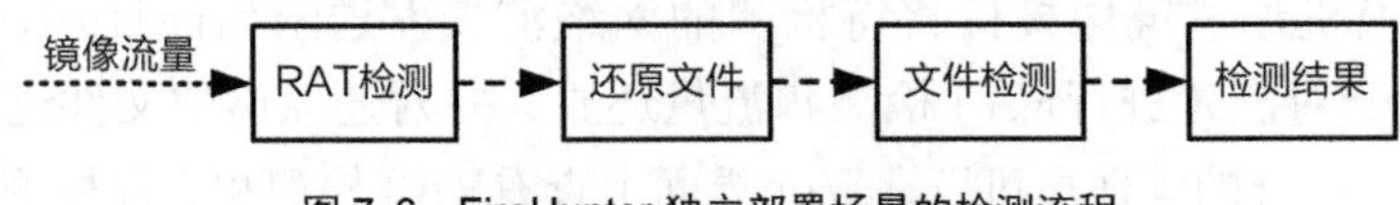

图7-6 FireHunter独立部署场景的检测流程

交换机将镜像流量发送给FireHunter之后，FireHunter针对镜像流量的处理过程如下。

1. RAT检测

FireHunter对镜像流量进行RAT检测，查看镜像流量中是否存在僵尸、木马、蠕虫等远程控制工具类威胁。如果存在，将生成相应的威胁日志。

2. 还原文件

FireHunter从镜像流量中还原出文件，供文件检测使用。

3. 文件检测

FireHunter将文件送入高级威胁检测引擎，实施文件检测。FireHunter首先将文件的特征与签名库进行对比，如果未发现威胁，还会在高级威胁检测引擎中运行该文件，进一步判断文件是否为恶意文件。

4. 检测结果

文件的检测结果记录在FireHunter的检测日志中。检测完成后，可以在FireHunter的Web界面查看检测结果。

7.3.3 配置流程

FireHunter独立部署的配置流程如图7-7所示。

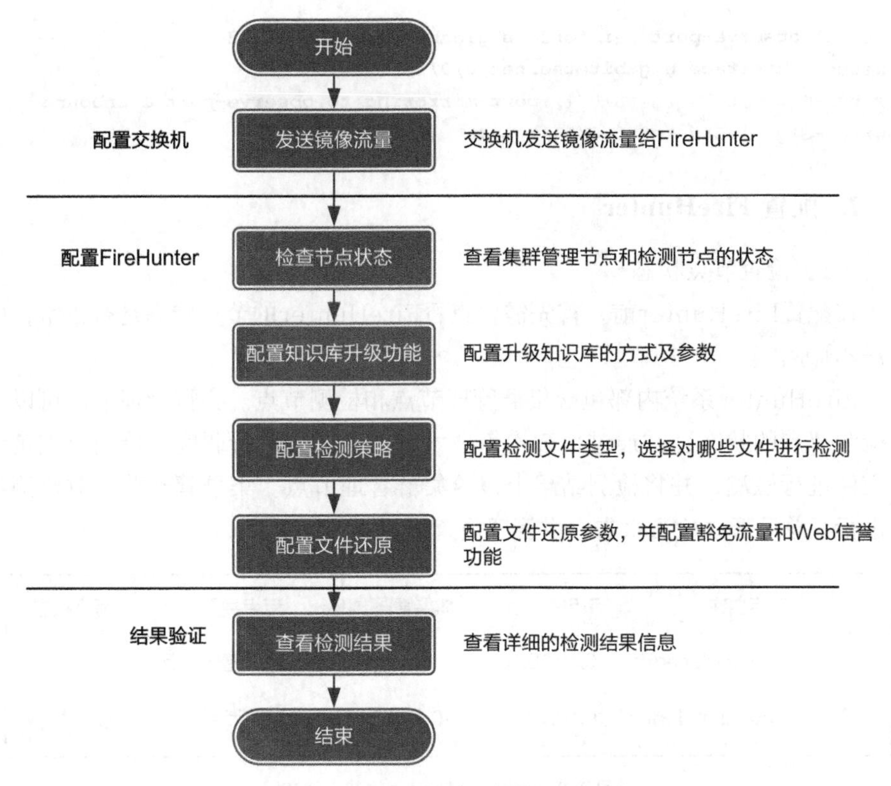

图 7-7　FireHunter 独立部署的配置流程

7.3.4　配置方法

FireHunter独立部署场景下，管理员需要在交换机上配置流量镜像功能，在FireHunter上配置检测策略和文件还原功能。

1. 配置交换机

下面以华为S5700交换机为例，介绍如何在交换机上配置本地接口的流量镜像功能。

假设，GE0/0/2接口为本地观察接口，负责向FireHunter转发镜像报文；GE0/0/1接口为镜像接口，将互联网到内网的流量复制一份到本地观察接口。

```
[Switch] observe-port 1 interface gigabitethernet 0/0/2
[Switch] interface gigabitethernet 0/0/1
[Switch-GigabitEthernet0/0/1] port-mirroring to observe-port 1 inbound
[Switch-GigabitEthernet0/0/1] return
```

2. 配置 FireHunter

（1）检查节点状态

在配置FireHunter前，首先需要查看FireHunter的节点状态是否正常，如图7-8所示。

FireHunter系统内部包含集群管理节点和检测节点。集群管理节点可以获取检测节点的状态，并通过负载均衡技术对检测任务进行调度。检测节点负责对文件进行检测，并将检测结果上报给集群管理节点。集群管理节点对检测结果进行汇总后形成检测报告，供管理员查询。

	节点名称	节点IP	集群管理器IP	节点类型	节点状态
☐	ClusterManager	10.10.10.10		集群管理节点	●
☐	DetectionNode...	10.10.10.10	10.10.10.10	检测节点	●

图 7-8　查看 FireHunter 的节点状态

（2）配置知识库升级

为了保证FireHunter的安全防护能力能够持续得到更新，管理员需要定期升级知识库。FireHunter支持在线升级和离线升级两种方式，推荐采用在线升级方式，如图7-9所示。

- 当FireHunter可以访问公网时，管理员可以设置定时升级时间，FireHunter即可定期从华为安全中心自动下载并更新知识库。
- 当FireHunter不能访问公网时，管理员需要登录网站isecurity.huawei.com，手动下载知识库升级文件，再上传至FireHunter进行离线升级。

（3）配置检测策略

通过配置检测策略，可以选择FireHunter的检测文件类型，同时，也可以开启“个人数据匿名化”功能，保护个人数据隐私，如图7-10所示。

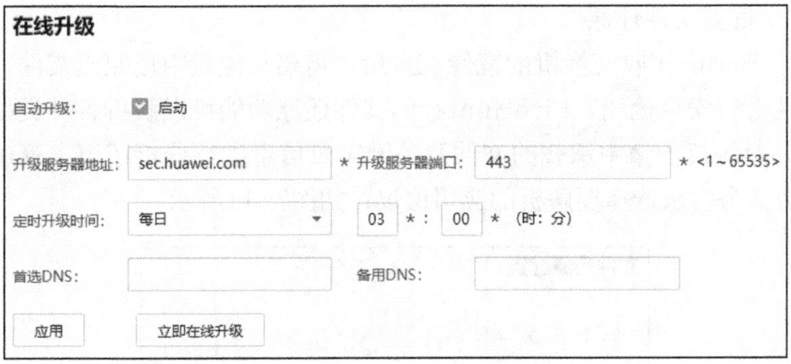

在线升级

自动升级：☑ 启动

升级服务器地址：sec.huawei.com　* 升级服务器端口：443　* <1~65535>

定时升级时间：每日　03 *：00 *（时：分）

首选DNS：　备用DNS：

应用　立即在线升级

图 7-9　配置 FireHunter 自动在线升级

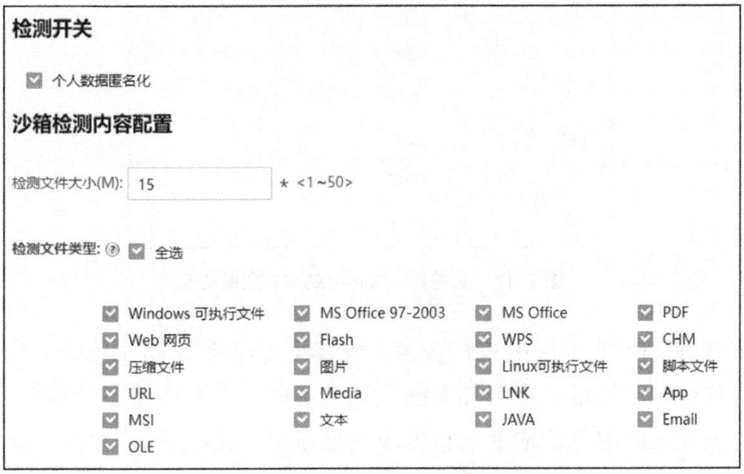

检测开关

☑ 个人数据匿名化

沙箱检测内容配置

检测文件大小(M)：15　* <1~50>

检测文件类型：☑ 全选

☑ Windows 可执行文件　☑ MS Office 97-2003　☑ MS Office　☑ PDF
☑ Web 网页　☑ Flash　☑ WPS　☑ CHM
☑ 压缩文件　☑ 图片　☑ Linux可执行文件　☑ 脚本文件
☑ URL　☑ Media　☑ LNK　☑ App
☑ MSI　☑ 文本　☑ JAVA　☑ Email
☑ OLE

图 7-10　选择 FireHunter 的检测文件类型

“个人数据匿名化”功能用于对邮件协议中收件人和发件人的个人数据进行匿名化处理，如果需要保护个人数据，可以开启该功能。“检测文件大小”用于限制FireHunter检测的最大文件规格。当文件大于“检测文件大小”中设定的值时，FireHunter不会对该文件进行检测。这里存在一个问题，“检测文件大小”的值是否越大越好？实际上不是这样的，管理员需要根据实际情况配置一个适中的值，既能对大多数可疑文件进行检测，又能满足检测效率方面的要求。

FireHunter支持对多种类型的文件进行检测，管理员可以根据实际业务需求勾选检测文件类型。只有勾选上的文件类型才会进行流量还原及文件检测。

（4）配置文件还原

FireHunter接收交换机的镜像流量后，需要从流量中还原出文件，对还原出的文件进行安全检测。FireHunter的文件还原功能可以解析各种类型的应用协议，并对协议传输中承载的文件及关键字段信息进行分析还原，管理员可以根据实际业务需求选择要解析的应用协议，如图7-11所示。

文件还原配置

文件还原: 启用

协议类型	状态	状态修改
HTTP	启用	
FTP	启用	
SMTP	启用	
POP3	启用	
IMAP	启用	
NFS	启用	
SMB	启用	

图 7-11 配置 FireHunter 的文件还原功能

为了节省FireHunter的设备资源，管理员可以将信任的IP地址（段）或不需要重点关注的IP地址（段）加入豁免流量名单，新增豁免流量规则如图7-12所示。当流量对应的源IP地址或目的IP地址命中豁免流量规则时，FireHunter不会对此流量进行文件还原处理。

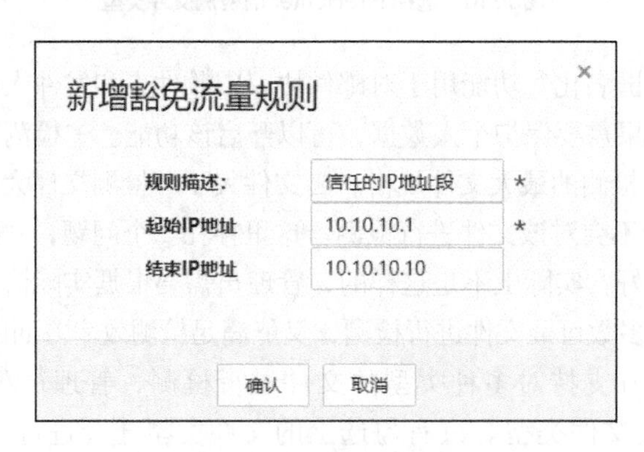

图 7-12 新增豁免流量规则

豁免流量规则针对IP地址（段）进行配置，FireHunter还支持基于域名配置可信网站名单或恶意网站名单。当某个网站被加入可信网站名单时，FireHunter将不再对访问该网站的流量进行还原和检测，如图7-13所示。当某个网站被加入恶意网站名单时，FireHunter将对访问该网站的所有流量进行还原和检测。需要注意，添加域名时需要输入完整的网站顶级域名或二级域名。

Web信誉配置

Web信誉：启用　应用

可信网站　恶意网站

新增　删除

网站名称

www.huawei.com

图 7-13　将域名加入可信网站名单

3. 查看配置结果

在FireHunter上查看接口流量统计，如图7-14所示，如果页面显示有流量曲线，表明交换机与FireHunter对接成功。

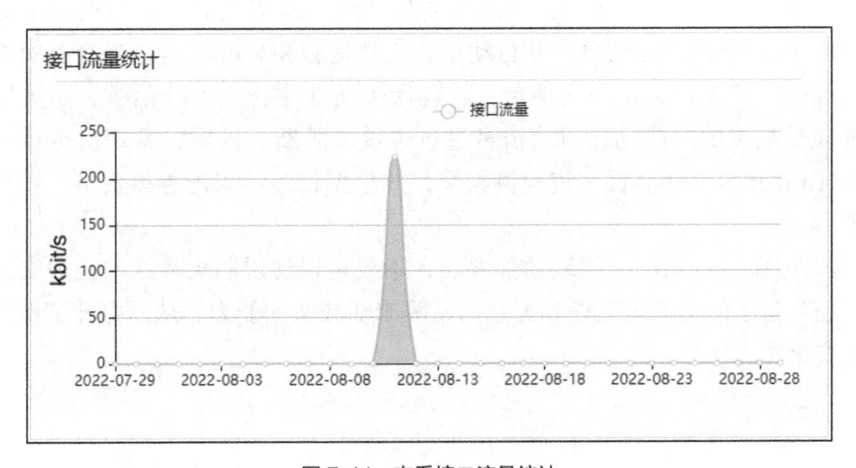

图 7-14　查看接口流量统计

在FireHunter上查看流量统计（按协议类型），如果页面显示有流量曲线，表明FireHunter流量还原功能生效。

确定FireHunter独立部署成功后，接下来就是查看详细的检测结果信息了，如文件检测结果、邮件检测结果、Web检测结果等，具体方法请参考第7.5节的内容。

7.4 FireHunter与华为防火墙联动部署场景

FireHunter支持与华为防火墙联动部署在网络中，由防火墙提取网络流量中的文件并发送给FireHunter进行文件威胁检测。防火墙定时向FireHunter查询检测结果，并自动更新文件信誉和Web信誉。

7.4.1 场景简介

在FireHunter与防火墙联动部署场景中，防火墙既可以双机部署，也可以单机部署。本小节以双机部署场景为例介绍，单机部署场景也可参考本小节内容。

如图7-15所示，防火墙双机部署在企业网络出口，提取网络流量中的文件并发送给FireHunter进行文件威胁检测。检测完成后，防火墙定时向FireHunter查询检测结果，并自动更新文件信誉和Web信誉。当含有同样恶意特征的网络流量到达防火墙后，将会命中文件信誉或Web信誉，防火墙根据管理员配置的响应动作对该流量进行告警或阻断。同时，管理员也可登录FireHunter的Web界面查询检测结果，并根据检测结果配置黑名单、安全策略等。

FireHunter与防火墙联动部署后，不仅可以通过防火墙抵御已知安全威胁，还具备了防御恶意文件和恶意网站等未知威胁的能力，从而提升了整个网络的安全性。

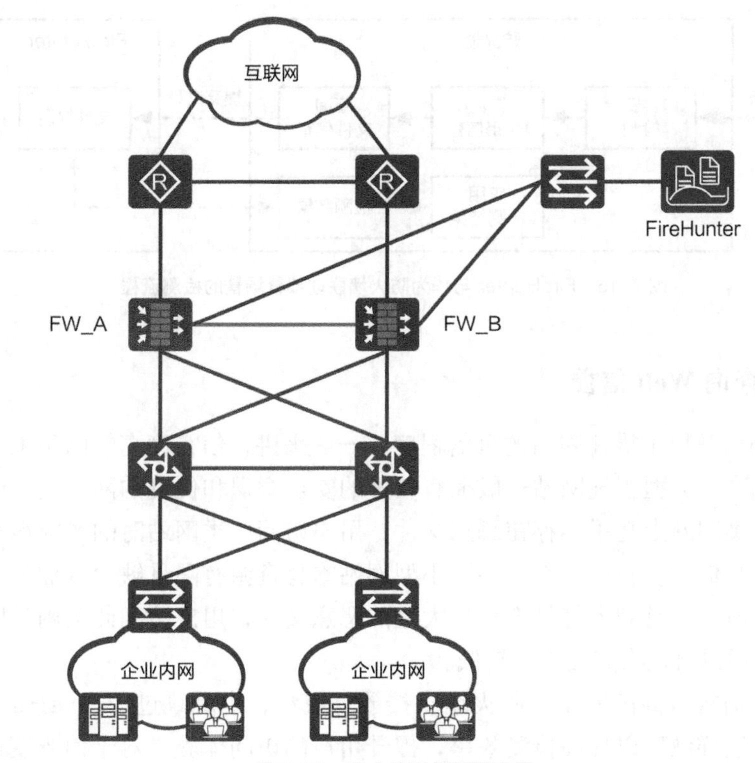

图7-15 防火墙双机部署场景

7.4.2 检测流程

FireHunter与防火墙联动部署场景中，防火墙决定将哪些文件提交给FireHunter检测。网络流量到达防火墙后，首先要经过安全策略检查，并实施内容安全检测。只有当安全策略中引用了APT防御配置文件，且流量符合该配置文件的条件时，防火墙才可能会联动FireHunter。FireHunter与华为防火墙联动部署场景的检测流程如图7-16所示。

FireHunter与华为防火墙联动部署的检测流程如下。

1. 内容安全检测

网络流量通过安全检查策略后，将会进行内容安全检测，如反病毒、URL过滤、IPS等。如果流量通过了前述检测，且命中了该安全策略中引用的APT防御配置文件，则继续查询Web信誉。

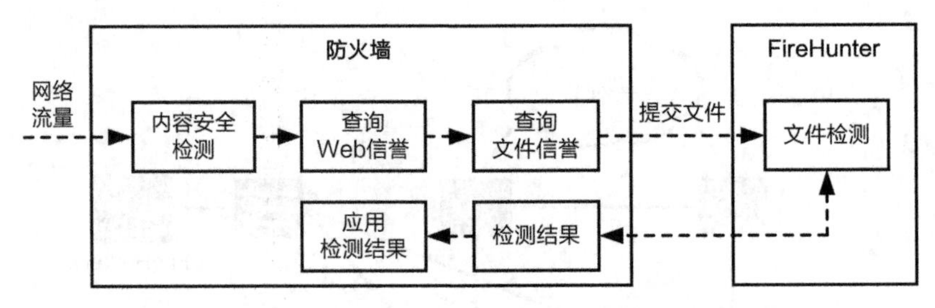

图 7-16 FireHunter 与华为防火墙联动部署场景的检测流程

2. 查询 Web 信誉

Web信誉用于描述网站的可信程度。一般来讲，信誉度高的网站上文件的安全性也高。大型正规网站一般拥有较好的安全意识和优良的网络安全防护能力，在这类网站上几乎不存在恶意文件，用户访问此类网站时的风险很小，所以可认为其信誉度较高。而大多数小型网站本身资源有限且缺少专业的安全维护人员，所以极易被入侵且充斥着大量的恶意文件，用户访问此类网站时的风险极大，所以可认为其信誉度较低。

对于信誉度高的网站，防火墙直接放行流量，也就跳过了FireHunter检测环节。这样做可以提高检测效率，提升用户的访问体验。对于信誉度低的网站，防火墙将提取出网络流量中的文件，然后送往FireHunter进行检测。

3. 查询文件信誉

防火墙从网络流量中还原出文件后，不会直接提交文件到FireHunter，而是首先查询待检测文件的信誉，以判断该文件是否为恶意文件。如果判定为恶意文件，则直接将该文件删除，无须再送往FireHunter进行检测。如果未判定为恶意文件，则送往FireHunter进行检测。

4. 文件检测

FireHunter收到防火墙提交的文件后，将文件送入高级威胁检测引擎，实施文件检测。FireHunter首先将文件的特征与签名库进行对比，如果未发现威胁，还会在高级威胁检测引擎中运行该文件，进一步判断文件是否为恶意文件。

5. 检测结果

文件检测的结果信息记录在FireHunter的检测日志中。检测完成后，可以在FireHunter的Web界面查看检测结果。同时，防火墙也会定期向FireHunter查询文件检测结果，并根据检测结果更新缓存中的文件信誉和Web信誉。

6. 应用检测结果

当含有同样恶意特征的网络流量到达防火墙后，在查询Web信誉或文件信誉时，就会被识别为恶意URL或者恶意文件。如果命中了Web信誉中的恶意URL列表，防火墙将阻断流量。如果命中了文件信誉中的恶意文件，防火墙将根据管理员配置的响应动作进行处理。

7.4.3 配置流程

FireHunter与华为防火墙联动部署的配置流程如图7-17所示。

7.4.4 配置方法

假设两台防火墙以主备备份方式部署在企业网络出口处，FW_A为主用设备，FW_B为备用设备（参见图7-15）。两台防火墙使用接口的IP地址与FireHunter联动，FireHunter上需要分别指定FW_A和FW_B为联动设备。网络流量到达防火墙后，防火墙从网络流量中提取文件，并将文件通过联动协议发送给FireHunter。FireHunter收到文件后进行检测，并将检测结果通过联动接口返回防火墙。最终，在防火墙上可以查看文件检测日志，在FireHunter上可以查看恶意文件的检测结果和检测报告，并支持导出检测报告。

1. 配置 FireHunter

与FireHunter独立部署场景一样，FireHunter与防火墙联动部署场景也需要检查FireHunter的节点状态、配置知识库升级、配置检测策略。具体配置方法请参考第7.3.3节，本小节不赘述。

在FireHunter与防火墙联动部署场景中，还需要在FireHunter上添加两台防火墙作为联动设备。下面以添加FW_A为例介绍配置方法。

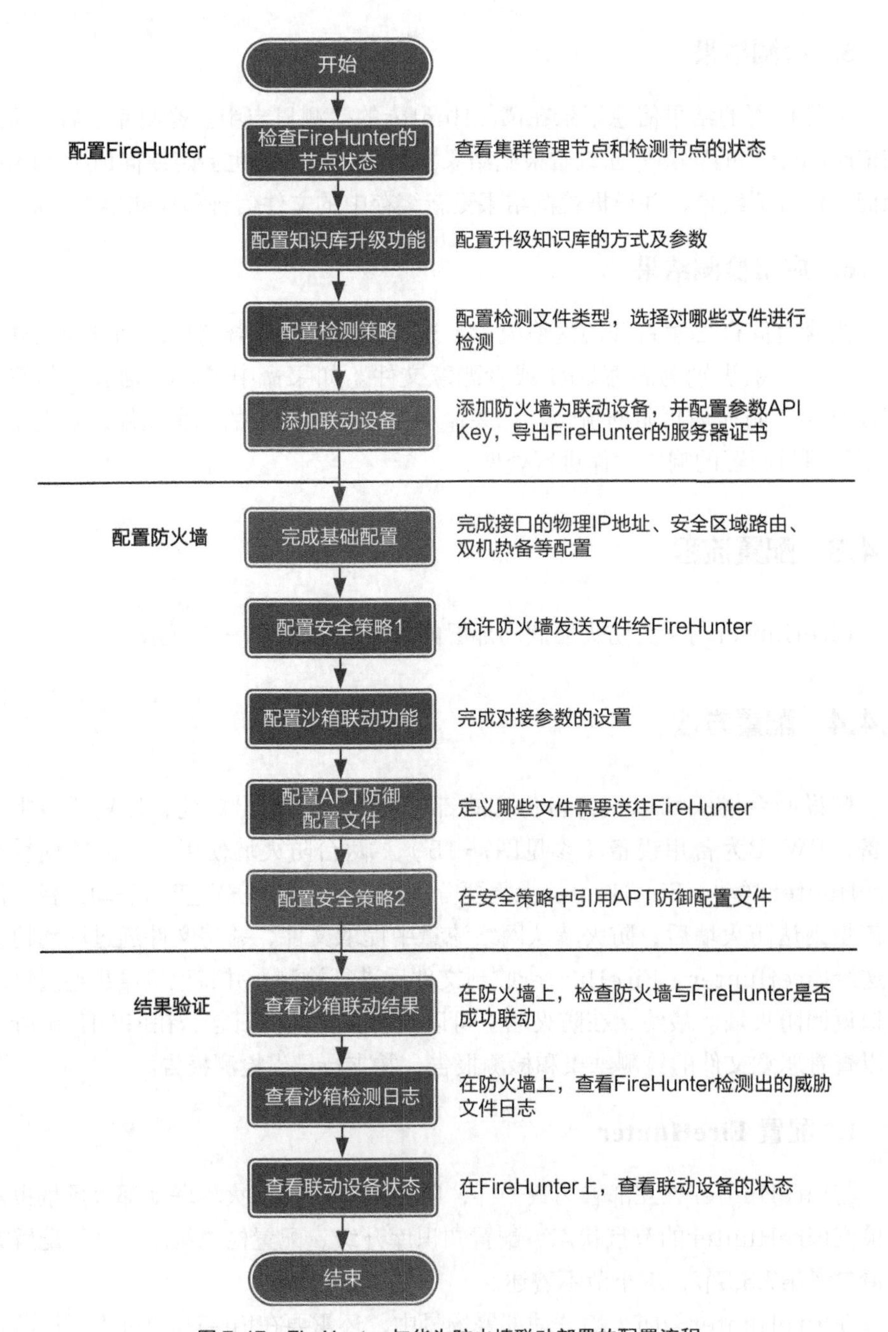

图 7-17　FireHunter 与华为防火墙联动部署的配置流程

首先，添加联动设备，如图7-18所示，此处的“联动设备IP”需要填写FW_A的接口IP地址。

为了保证FireHunter与防火墙对接时的安全性，还需要配置参数API Key，并将FireHunter的证书导入防火墙。参数API Key主要用于校验联动设备的身份，防火墙上也要配置相同的参数API Key。管理员需要登录FireHunter的运维面，然后修改原API Key，如图7-19所示。

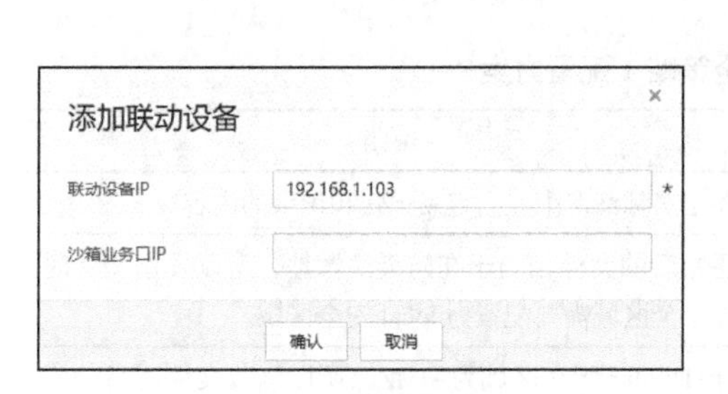

图7-18 添加联动设备

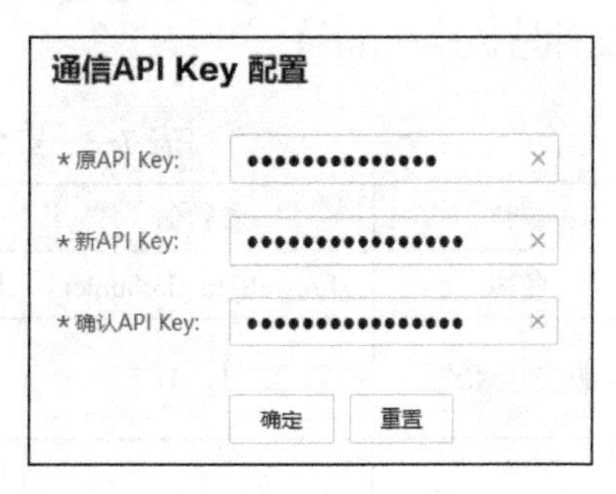

图7-19 配置对接参数 API Key

然后，从运维面导出FireHunter的服务器证书，如图7-20所示。这个服务器证书要导入防火墙。

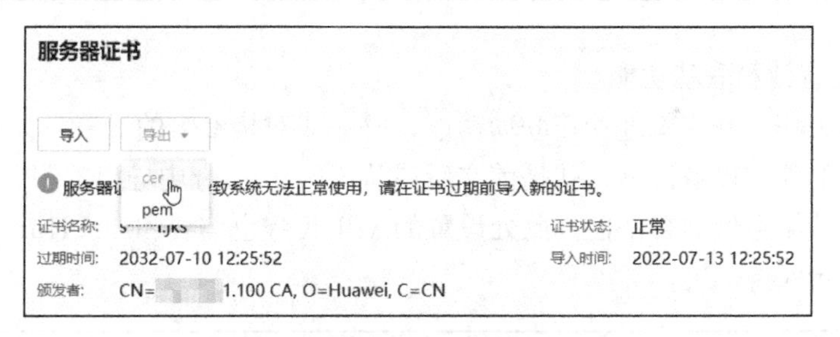

图7-20 导出 FireHunter 的服务器证书

2. 配置防火墙

① 完成防火墙基本配置。

首先在FW_A和FW_B上完成基本配置，包括接口的物理IP地址、安全区域、路由等。然后配置双机热备功能，使FW_A和FW_B工作在主备备份方式的双机热备状态。对接参数、安全策略、APT防御配置文件等配置即可自动从主用设备备份到备用设备。

这里需要注意，当防火墙上存在多个虚拟系统时，需要在根系统下配置防火墙与FireHunter联动的对接参数，然后在虚拟系统下分别配置APT防御配置文件，并在虚拟系统的安全策略中引用配置的APT防御配置文件，所有符合条件的文件被送往根系统下配置的FireHunter中进行检测。

② 配置安全策略1，允许防火墙发送文件给FireHunter。

防火墙上需要配置安全策略，允许源安全区域与目的安全区域之间相互通信，安全策略1配置方案如表7-3所示。这条安全策略的作用就是允许防火墙发送文件给FireHunter。

表 7-3　安全策略 1 配置方案

参数	参数值	说明
名称	firewall_to_firehunter	根据实际情况配置为容易记忆和识别的内容
源安全区域	local	还原后的文件相当于在防火墙本地，所以发送文件时源安全区域需要配置为 local 安全区域
目的安全区域	dmz	FireHunter 所在区域为 DMZ，所以接收文件时目的安全区域需要配置为 DMZ
目的地址 / 地区	10.10.10.10	FireHunter 的业务接口 IP 地址，用于接收防火墙还原后的文件

③ 配置沙箱联动功能。

在防火墙上开启本地沙箱联动功能，并完成对接参数的设置，如图7-21所示。此处的沙箱设备证书，就是前文所述从FireHunter中导出的服务器证书，用于验证沙箱身份的合法性。此处设置的API Key也需要和FireHunter上设置的API Key保持一致。

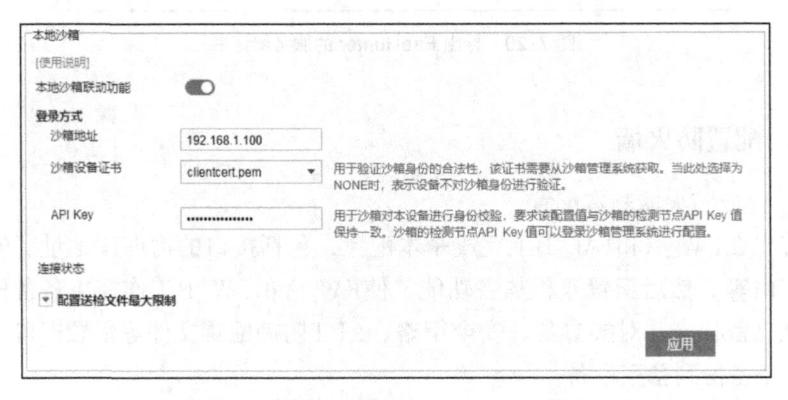

图 7-21　配置防火墙与 FireHunter 的对接参数

④ 配置APT防御配置文件。

网络流量中包含的文件可能多种多样，但并不是所有的文件都需要送往FireHunter进行检测。防火墙上使用APT防御配置文件来定义哪些文件需要送往FireHunter，主要参数包括文件的应用协议类型和文件类型，如图7-22所示。

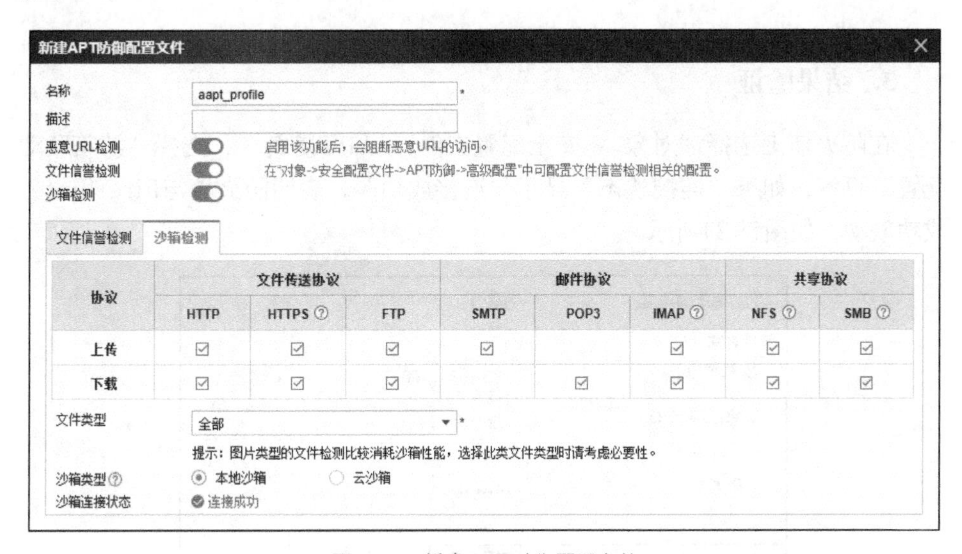

图 7-22　新建 APT 防御配置文件

为了提高检测效率，你还可以启用恶意URL检测和文件信誉检测功能。恶意URL检测主要查询网络流量是否来自信誉度高的网站，对于信誉度高的网站，防火墙不会提取网络流量中的文件，也就跳过了FireHunter检测环节；对于信誉度低的网站，防火墙将提取出网络流量中的文件，然后送往FireHunter进行检测。文件信誉检测会将待检测文件与防火墙缓存中的恶意文件信息进行匹配，如果能匹配上，则按照配置的响应动作处理该文件，无须再送往FireHunter进行检测；如果匹配不上，则需要将文件送往FireHunter进行检测。

⑤ 配置安全策略2，引用APT防御配置文件。

APT防御配置文件配置完成后并不能立即生效，还需要在安全策略中引用才能生效，如图7-23所示。需要注意的是，这里配置的安全策略2和前文中配置的安全策略1是两条不同的策略，这里的策略针对的是待检测的流量。配置完成后，提交编译，使配置生效。

名称	描述	源安全区域	目的安全区域	源地址/地区	目的地址/...	用户	服务	应用	动作	内容安全
untrust_to_trust		untrust	trust	Any	Any	Any	Any	Any	允许	aapt_profile
[illegible]	[illegible]	[illegible]	[illegible]	[illegible]	[illegible]	[illegible]	[illegible]	[illegible]	[illegible]	
[illegible]	[illegible]	[illegible]	[illegible]	[illegible]	[illegible]	[illegible]	[illegible]	[illegible]	[illegible]	

图 7-23　在安全策略中引用 APT 防御配置文件

3. 结果验证

在防火墙上选择“对象 > 安全配置文件 > APT防御”，选择“沙箱联动配置”页签，如果“连接状态”显示“连接成功”，表明防火墙与FireHunter成功联动，如图7-24所示。

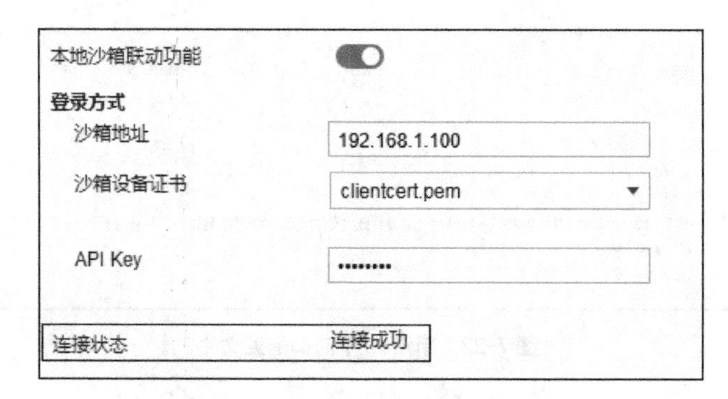

图 7-24　防火墙与 FireHunter 联动成功

在防火墙上选择“监控 > 日志 > 沙箱检测日志”，查看FireHunter检测出的威胁文件日志，如图7-25所示。

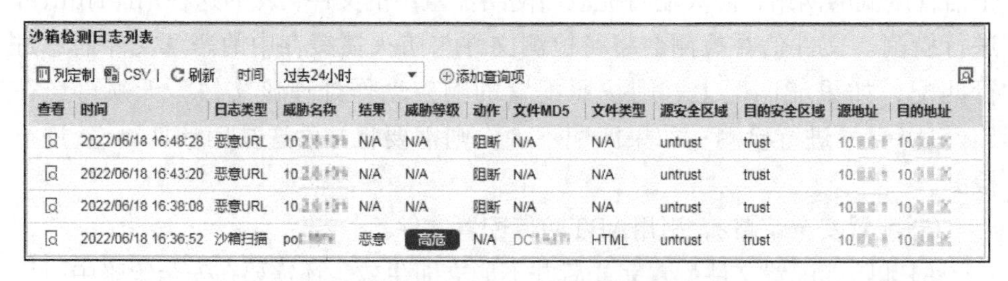

沙箱检测日志列表

列定制　CSV　刷新　时间　过去24小时　添加查询项

查看	时间	日志类型	威胁名称	结果	威胁等级	动作	文件MD5	文件类型	源安全区域	目的安全区域	源地址	目的地址
	2022/06/18 16:48:28	恶意URL	10[illegible]	N/A	N/A	阻断	N/A	N/A	untrust	trust	10[illegible]	10[illegible]
	2022/06/18 16:43:20	恶意URL	10[illegible]	N/A	N/A	阻断	N/A	N/A	untrust	trust	10[illegible]	10[illegible]
	2022/06/18 16:38:08	恶意URL	10[illegible]	N/A	N/A	阻断	N/A	N/A	untrust	trust	10[illegible]	10[illegible]
	2022/06/18 16:36:52	沙箱扫描	po[illegible]	恶意	高危	N/A	DC[illegible]	HTML	untrust	trust	10[illegible]	10[illegible]

图 7-25　查看 FireHunter 检测出的威胁文件日志

在FireHunter上选择“配置 > 联动设备”，如果看到联动设备状态正常，表明FireHunter与防火墙联动成功，如图7-26所示。

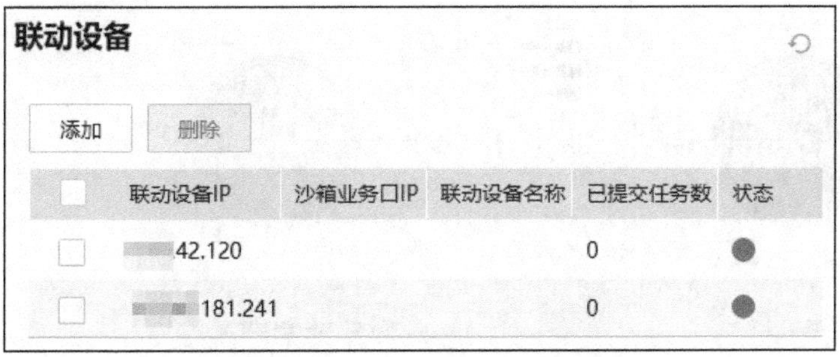

联动设备

添加 删除

联动设备IP	沙箱业务口IP	联动设备名称	已提交任务数	状态
42.120			0	●
181.241			0	●

图 7-26 FireHunter 与防火墙联动成功

确定FireHunter与防火墙联动部署成功后，接下来查看具体的检测结果，如文件检测结果、邮件检测结果、Web检测结果等，具体方法请参考第7.5节的内容。

7.5 查看 FireHunter 的检测结果

1. 查看 DashBoard

FireHunter通过DashBoard页面来展示文件检测和流量检测的各类统计信息。DashBoard页面支持定制，用户可以根据实际需求，选择在DashBoard页面中显示的统计项信息。

文件检测页面如图7-27所示，通过文件检测结果占比、威胁文件占比、威胁文件传播次数趋势、TOP威胁文件传播数量等项目，展示文件检测结果的分类统计信息。

流量检测页面如图7-28所示，通过流量还原文件占比（按文件类型）、当前协议流量、接口流量统计、流量统计（按协议类型）等项目，展示FireHunter在过去一段时间内还原的文件及各种应用协议的流量统计信息。需要注意的是，流量检测页面只有在FireHunter独立部署场景下才有统计数据。

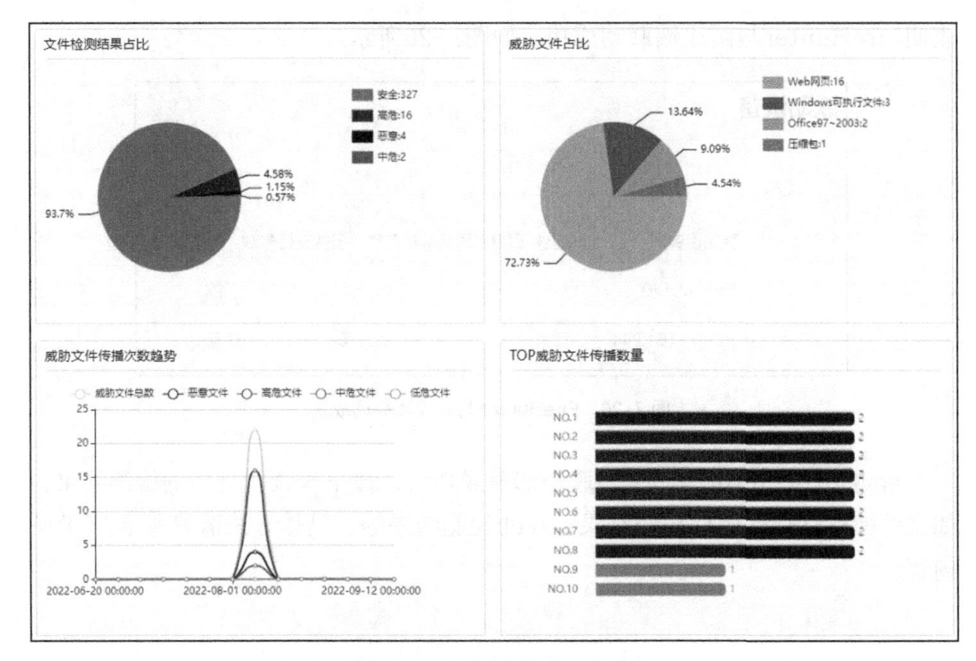

图 7-27　文件检测页面局部图

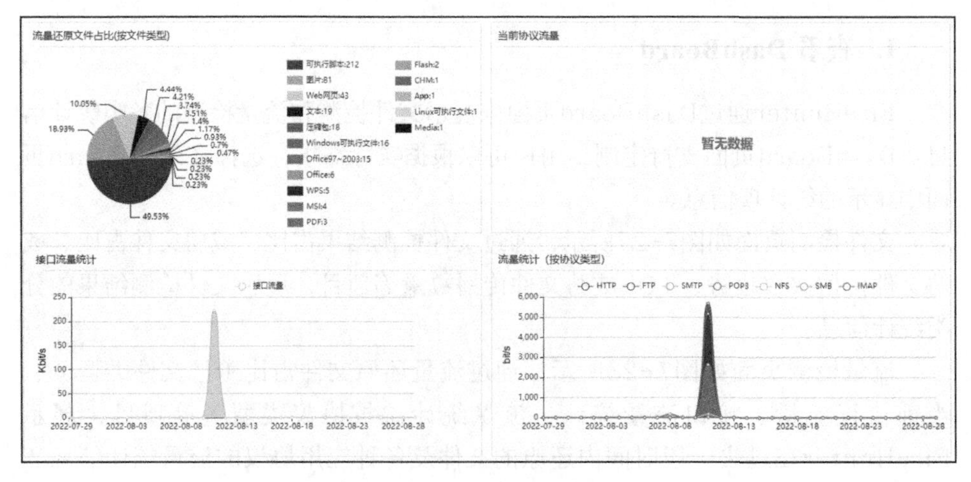

图 7-28　流量检测页面局部图

2. 查看邮件检测结果

FireHunter支持进行邮件威胁检测，主要应用在以下两个场景中。

- 在FireHunter独立部署场景下，FireHunter可以从镜像流量中还原出邮件中的附件，然后对其进行威胁检测。当FireHunter检测出邮件附件为恶意文件时，则判定此邮件为恶意邮件，同时展示出该邮件的传播路径以及详细检测信息。
- 在FireHunter与防火墙联动部署场景下，FireHunter接收防火墙发送过来的邮件附件，然后对其进行威胁检测。当FireHunter检测出邮件附件为恶意文件时，则判定此邮件为恶意邮件，同时展示出该邮件的传播路径以及详细检测信息。

管理员在查看邮件检测结果前，可以先设置查询条件，包括时间范围、检测结果、邮件协议、邮件主题、发件人、收件人等，提高查询效率。邮件检测结果如图7-29所示，单击还可以进一步查看详细的威胁场景分析和检测报告。

恶意邮件列表

检测结果	邮件主题	邮件发件人	协议	恶意附件数	恶意链接数	邮件发送时间	最近发现时间	操作
中危	zip	t***@fh.com	SMTP	2	0	2022-08-11 1...	2022-08-11 16:...	
高危	Security risk found i...	bingj***@hu...	SMTP	1	0	2022-08-08 1...	2022-08-08 19:...	
恶意	Security risk found i...	bingj***@hu...	SMTP	1	0	2022-08-08 1...	2022-08-08 19:...	

图 7-29　查看邮件检测结果

3. 查看 Web 检测结果

FireHunter支持进行Web检测，主要应用在以下两个场景中。

- 在FireHunter独立部署场景下，FireHunter旁路部署在企业网络出口的核心交换机上，接收交换机的镜像流量，还原流量中通过HTTP访问的文件、上传的文件、下载的文件，然后对其进行威胁检测。当FireHunter检测出文件为恶意文件时，则判定此文件对应的URL为恶意链接，同时展示出该链接对应的文件扩散路径以及详细检测信息。

- 在FireHunter与防火墙联动部署场景下，FireHunter接收防火墙发送过来的文件，然后对其进行威胁检测。当FireHunter检测出文件为恶意文件时，则判定此文件对应的URL为恶意链接，同时展示出该链接对应的文件扩散路径以及详细检测信息。

管理员在查看Web检测结果前，可以先设置查询条件，包括时间范围、检测结果、威胁类型、文件名称、文件对应的URL等。Web检测结果如图7-30所示，单击还可以进一步查看详细的威胁场景分析和检测报告。

恶意web访问列表

检测结果	威胁类型	URL	最近发现文件名称	检测次数	最近发现时间	操作
高危	后门	http://172.16....	AK-74 Security Tea...	1	2022-08-11 16:35:44	
高危	后门	http://172.16....	AK-74 Security Tea...	1	2022-08-11 16:35:44	
高危	后门	http://172.16....	AK-74 Security Tea...	5	2022-08-11 16:35:44	

图7-30 查看Web检测结果

4. 查看文件检测结果

“文件检测”页面汇总了FireHunter所有的文件检测结果，文件来源包括以下3种。

联动客户端：在FireHunter与防火墙联动部署场景下，防火墙就是联动客户端，防火墙可以提交文件到FireHunter进行检测。

镜像设备：在FireHunter独立部署场景下，交换机就是镜像设备。交换机将镜像流量发送给FireHunter，然后FireHunter对流量进行还原，并提取需要检测的文件。

管理员手动提交：管理员可以登录FireHunter，手动提交待检测的文件、URL、IP地址或域名，然后FireHunter对待检测对象进行检测。

管理员在查看文件检测结果前，可以先设置查询条件，包括时间范围、检测结果、文件类型、协议、文件来源、威胁类型、文件名称、文件MD5值等。文件检测结果如图7-31所示，单击还可以进一步查看详细的文件检测报告，该报告提供文件检测的全部细节，包括文件威胁行为和文件的传播信息等。管理员可以下载检测报告和检测结果，供日后分析和参考使用。

文件列表

导出检测报告　导出检测结果　我的导出任务

	检测结果	威胁类型	文件名称	文件类型	文件MD5	文件大小...	协议	检测次数	首次发现时间	最近发现时间	操作
	高危	后门	AK-74 Security ...	Web网页	ef19819e72f...	106,761	HTTP	2	2022-08-11 16:...	2022-08-11 16...	
	高危	后门	AK-74 Security ...	Web网页	e03c3f18e3c...	7,388	HTTP	2	2022-08-11 16:...	2022-08-11 16...	
	高危	后门	AK-74 Security ...	Web网页	a746a39f721...	4,152	HTTP	2	2022-08-11 16:...	2022-08-11 16...	
	高危	后门	AK-74 Security ...	Web网页	a2c45aa0713...	4,604	HTTP	2	2022-08-11 16:...	2022-08-11 16...	
	高危	后门	AK-74 Security ...	Web网页	6d8f3b259c2...	6,380	HTTP	2	2022-08-11 16:...	2022-08-11 16...	

图 7-31　查看文件检测结果

5. 查看 RAT 检测结果

在FireHunter独立部署场景下，当FireHunter检测出流量中含有RAT威胁时，将生成威胁日志。管理员在查看RAT检测结果前，可以先设置查询条件，包括时间范围、检测结果、威胁类型、攻击者、受害者等。RAT检测结果如图7-32所示，单击还可以查看威胁日志。管理员可以导出RAT威胁检测结果到本地，方便进一步筛选、查询。

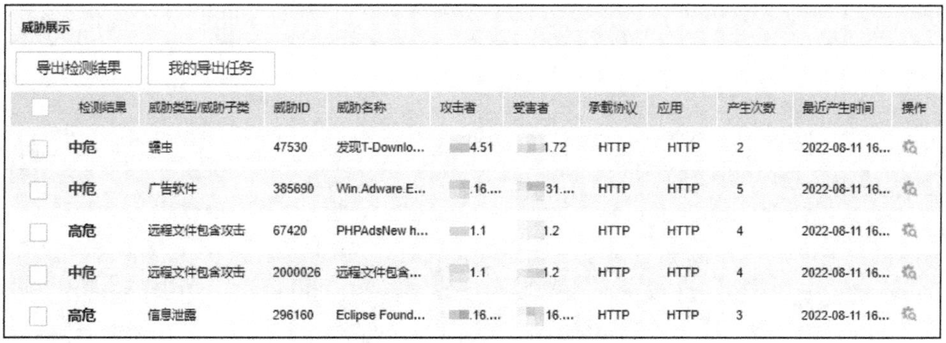

威胁展示

导出检测结果　我的导出任务

	检测结果	威胁类型/威胁子类	威胁ID	威胁名称	攻击者	受害者	承载协议	应用	产生次数	最近产生时间	操作
	中危	蠕虫	47530	发现T-Downlo...	4.51	1.72	HTTP	HTTP	2	2022-08-11 16...	
	中危	广告软件	385690	Win.Adware.E...	.16....	31....	HTTP	HTTP	5	2022-08-11 16...	
	高危	远程文件包含攻击	67420	PHPAdsNew h...	1.1	1.2	HTTP	HTTP	4	2022-08-11 16...	
	中危	远程文件包含攻击	2000026	远程文件包含...	1.1	1.2	HTTP	HTTP	4	2022-08-11 16...	
	高危	信息泄露	296160	Eclipse Found...	.16....	16....	HTTP	HTTP	3	2022-08-11 16...	

图 7-32　查看 RAT 检测结果

7.6 习题

缩略语表

英文缩写	英文全称	中文全称
3DES	Triple Data Encryption Standard	三重数据加密标准
AAA	Authentication, Authorization and Accounting	身份认证、授权和记账协议
AC	Access Controller	接入控制器
AD	Active Directory	活动目录
ADSL	Asymmetric Digital Subscriber Line	非对称数字用户线
AES	Advance Encrypt Standard	高级加密标准
AP	Access Point	接入点
API	Application Program Interface	应用程序接口
APT	Advanced Persistent Threat	高级持续性威胁
AV	Antivirus	反病毒
BGP	Border Gateway Protocol	边界网关协议
C&C	Command and Control	命令与控制
CA	Certification Authority	认证机构
CC	Challenge Collapsar	挑战黑洞
CC	Carbon Copy	复写
CDE	Content Detect Engine	内容检测引擎
CFCA	China Financial Certification Authority	中国金融认证中心
CN	Common Name	通用名
CNAME	Canonical Name	规范名称
CRL	Certificate Revocation List	证书吊销列表
CSV	Comma-Separated Values	逗号分隔值
CVE	Common Vulnerabilities and Exposures	通用漏洞披露
DC	Domain Controller	域控制器

续表

英文缩写	英文全称	中文全称
DDoS	Distributed Denial of Service	分布式拒绝服务
DER	Distinguished Encoding Rules	可识别编码规则
DES	Data Encryption Standard	数据加密标准
DHCP	Dynamic Host Configuration Protocol	动态主机配置协议
DLP	Data Loss Prevention	数据防泄漏
DN	Distinguished Name	区别名
DNS	Domain Name Service	域名服务
DNSBL	DNS-Based Blackhole List	基于 DNS 的黑名单
DoS	Denial of Service	拒绝服务
DSA	Digital Signature Algorithm	数字签名算法
ECA	Encrypted Communication Analytics	加密通信分析
EE	End Entity	终端实体
EICAR	European Institute for Computer Antivirus Research	欧洲反计算机病毒协会
ELF	Executable and Linkable Format	可执行可链接文件格式
ESN	Equipment Serial Number	设备序列号
FIB	Forwarding Information Base	转发信息库
FTP	File Transfer Protocol	文件传送协议
GBK	Chinese Character GB Extended Code	汉字国标扩展码
GRE	Generic Routing Encapsulation	通用路由封装协议
HTTP	HyperText Transfer Protocol	超文本传送协议
HTTPS	Hypertext Transfer Protocol Secure	超文本传送安全协议
HWTACACS	Huawei Terminal Access Controller Access Control System	华为终端访问控制器访问控制系统
IAE	Intelligent Awareness Engine	智能感知引擎
ID	Identity	身份标识
IDC	Internet Data Center	互联网数据中心
IDS	Intrusion Detection System	入侵检测系统
IETF	Internet Engineering Task Force	因特网工程任务组
IM	Instant Messaging	即时通信
IMAP	Interactive Mail Access Protocol	交互邮件访问协议
IOC	Indicator of Compromise	入侵指标
IoT	Internet of Things	物联网
IP	Internet Protocol	互联网协议

续表

英文缩写	英文全称	中文全称
IPFIX	IP Flow Information Export	IP 数据流信息输出
IPS	Intrusion Prevention System	入侵防御系统
L2TP	Layer 2 Tunneling Protocol	二层隧道协议
LAC	License Authorization Code	License 授权码
LDAP	Lightweight Directory Access Protocol	轻型目录访问协议
LDP	Label Distribution Protocol	标签分发协议
MD5	Message Digest Algorithm 5	消息摘要算法第 5 版
MERS	Middle East Respiratory Syndrome	中东呼吸综合征
MIME	Multipurpose Internet Mail Extension	多用途互联网邮件扩展
MS	Master Secret	主密钥
NAS	Network Access Server	网络访问服务器
NAT	Network Address Translation	网络地址转换
NFS	Network File System	网络文件系统
NTP	Network Time Protocol	网络时间协议
OPC	Open Packaging Conventions	开放打包约定
OS	Operation System	操作系统
OSPF	Open Shortest Path First	开放最短路径优先
OU	Organization Unit	组织单位
P2P	Peer to Peer	对等网络
PC	Personal Computer	个人计算机
PDF	Portable Document Format	便携式文件格式
PE	Portable Executable	可移植可执行
PEM	Privacy Enhanced Mail	增强安全的邮件
PKCS	Public Key Cryptography Standards	公钥密码标准
PKI	Public Key Infrastructure	公钥基础设施
PMS	Pre-Master Secret	预主密钥
POC	Proof Of Concept	概念验证
POP3	Post Office Protocol 3	邮局协议第 3 版
PPPoE	PPP over Ethernet	以太网承载 PPP 协议
QUIC	Quick UDP Internet Connection	快速 UDP 互联网连接
RA	Registration Authority	注册机构
RADIUS	Remote Authentication Dial-In User Service	远程身份验证拨号用户服务
RAT	Remote Access Tools	远程访问工具

续表

英文缩写	英文全称	中文全称
RBL	Realtime Black List	实时黑名单
RFC	Request for Comments	征求意见稿
RN	Random Number	随机数
RPC	Remote Procedure Call	远程过程调用
RSA	Rivest-Shamir-Adleman	RSA 加密算法
RST	Reset	重置
RTMPT	Real Time Messaging Protocol Tunneled	实时消息传输协议的 HTTP 封装
RTSP	Real-Time Streaming Protocol	实时流协议
SA	Service Awareness	业务感知
SAN	Subject Alternative Name	使用者可选名称
SHA	Secure Hash Algorithm	安全哈希算法
SIP	Session Initiation Protocol	会话起始协议
SMB	Server Message Block	服务器消息块
SMTP	Simple Mail Transfer Protocol	简单邮件传送协议
SNI	Server Name Indication	服务器名称指示
SORBS	Spam and Open Relay Blocking System	垃圾邮件和开放中继阻塞系统
SSDP	Simple Service Discovery Protocol	简单服务发现协议
SSL	Secure Socket Layer	安全套接字层
SSO	Single Sign On	单点登录
TC	Truncated	可截断的
TCP	Transmission Control Protocol	传输控制协议
TFTP	Trivial File Transfer Protocol	简单文件传送协议
TLS	Transport Layer Security	传输层安全协议
UDP	User Datagram Protocol	用户数据报协议
UNR	User Network Route	用户网络路由
URI	Uniform Resource Identifier	统一资源标识符
URL	Uniform Resource Locator	统一资源定位符
VA	Validation Authority	验证机构
VLAN	Virtual Local Area Network	虚拟局域网
VoIP	Voice over Internet Protocol	基于 IP 的语音传输
VPN	Virtual Private Network	虚拟专用网
WMI	Windows Management Instrumentation	Windows 管理规范